INGENIEUR
DES UNIVERSUMS
CHIEF ENGINEER
OF THE UNIVERSE

Albert
Einstein

**DOKUMENTE
EINES LEBENSWEGES
DOCUMENTS
OF A LIFE'S PATHWAY**

Abenteuer Wissensgeschichte ist eine neue Reihe bei WILEY-VCH / *History of Knowledge* is a new series from WILEY-VCH. International anerkannte Experten eröffnen hier neue Perspektiven auf unsere Wissensgeschichte und führen die Leser in bisher unbekannte Welten der Forschung und ihre konfliktreiche Geschichte ein. Die Reihe erscheint in Kooperation mit dem Max-Planck-Institut für Wissenschaftsgeschichte, Berlin. / Internationally acclaimed experts bring new perspectives to the history of knowledge and introduce readers to hitherto unknown worlds of research and its conflictual history. The series is published in cooperation with the Max Planck Institute for the History of Science, Berlin.

Die drei Bände *Albert Einstein – Ingenieur des Universums:* / The three volumes *Albert Einstein – Chief Engineer of the Universe:*
Einsteins Leben und Werk im Kontext / *Einstein's Life and Work in Context*
Hundert Autoren für Einstein / *One Hundred Authors for Einstein*
Dokumente eines Lebensweges / *Documents of a Life's Pathway*
sind Begleitpublikationen zur Ausstellung *Albert Einstein – Ingenieur des Universums*, die vom Max-Planck-Institut für Wissenschaftsgeschichte anlässlich des Einsteinjahres 2005 entwickelt wurde / have been published to accompany the exhibition of the same title: *Albert Einstein – Chief Engineer of the Universe*, which was conceived by the Max Planck Institute for the History of Science on the occasion of The Einstein Year 2005.

Herausgeber / Editor	Jürgen Renn
Redaktion / Editorial Team	Hartmut Amon
	Giuseppe Castagnetti, Lindy Divarci, Carmen Hammer, Simone Rieger, Urs Schoepflin, Tanja Starkowski
Autoren / Authors	Peter Damerow, Dieter Hoffmann, Horst Kant, Christoph Lehner, Jürgen Renn, Michael Schüring, Matteo Valleriani, Milena Wazeck, Jörg Zaun
Bildredaktion / Photo Editors	Hartmut Amon, Edith Hirte, Tanja Starkowski
Übersetzungen / Translators	Robert Culverhouse, Lindy Divarci, Susan Richter, Pamela Selwyn
Gestaltung, Herstellung / Design, Production	Regelindis Westphal Grafik-Design, Berlin
	Berno Buff, Norbert Lauterbach
Bildbearbeitung / Image Editing	Satzinform, Berlin
Druck, Bindung / Print, Binding	NEUNPLUS1 – Verlag + Service GmbH, Berlin

Diese Publikation wurde ermöglicht durch die Unterstützung der Fritz Thyssen Stiftung für Wissenschaftsförderung, Köln.
This publication was made possible due to the kind support of the Fritz Thyssen Foundation for the Advancement of Science, Cologne.

Jürgen Renn (Hrsg.): *Albert Einstein – Ingenieur des Universums. Einsteins Leben und Werk im Kontext* sowie
Dokumente eines Lebensweges im Set (bilingual), Berlin: WILEY-VCH, 2005.

Buchhandelsausgabe
ISBN-13: 978-3-527-40569-5
ISBN-10: 3-527-40569-0

Jürgen Renn (Ed.): *Albert Einstein – Chief Engineer of the Universe. Einstein's Life and Work in Context* together with
Documents of a Life's Pathway, two-volume-set (bilingual), Berlin: WILEY-VCH, 2005.

Book trade edition
ISBN-13: 978-3-527-40571-8
ISBN-10: 3-527-40571-2

Die weiteren Bände im Buchhandel / Further titles:
Jürgen Renn (Hrsg.): *Albert Einstein – Ingenieur des Universums. Einsteins Leben und Werk im Kontext*, Berlin: WILEY-VCH, 2005.
Buchhandelsausgabe ISBN: 3-527-40573-9
Jürgen Renn (Hrsg.): *Albert Einstein – Ingenieur des Universums. Hundert Autoren für Einstein*, Berlin: WILEY-VCH, 2005. -
Buchhandelsausgabe ISBN: 3-527-40579-8 / Jürgen Renn (Ed.): *Albert Einstein – Chief Engineer of the Universe.*
One Hundred Authors for Einstein, Berlin: WILEY-VCH, 2005. Book trade edition ISBN: 3-527-40574-7

Jürgen Renn (Hrsg./Ed.)

INGENIEUR
DES UNIVERSUMS

CHIEF ENGINEER
OF THE UNIVERSE

Albert
Einstein

**DOKUMENTE
EINES LEBENSWEGES**

**DOCUMENTS
OF A LIFE'S PATHWAY**

WILEY-VCH Verlag GmbH & Co. KGaA

Albert Einstein – Ingenieur des Universums
Ausstellung im Kronprinzenpalais, Berlin
vom 16. Mai bis 30. September 2005

Albert Einstein – Chief Engineer of the Universe
Exhibition in the Kronprinzenpalais, Berlin
from 16 May to 30 September 2005

www.einsteinausstellung.de

Veranstalter / Organizers

MAX-PLANCK-GESELLSCHAFT

Max-Planck-Gesellschaft zur Förderung
der Wissenschaften

Max-Planck-Society
for the Advancement of Science

**MAX-PLANCK-INSTITUT
FÜR WISSENSCHAFTSGESCHICHTE**

**MAX PLANCK INSTITUTE
FOR THE HISTORY OF SCIENCE**

Im Rahmen des Einsteinjahres 2005 /
within the framework of the Einstein Year 2005

EIN
STEIN
JAHR
2005

Eine gemeinsame Initiative von Bundesregierung,
Wissenschaft, Wirtschaft und Kultur
A joint initiative of the Federal Government,
science, industry and culture

**Planung und Umsetzung /
Design and Implementation**

IGLHAUT PARTNER
+

Förderer / Sponsors

KULTURSTIFTUNG
DES
BUNDES

 Bundesministerium
für Bildung
und Forschung

 Federal Ministry
of Education
and Research

**Stiftung
Deutsche Klassenlotterie Berlin**

Eine Ausstellung ohne Wände – interaktiv und online
mit Unterstützung der Heinz Nixdorf Stiftung

An Exhibition without Walls – interactive and online
with the kind support of the Heinz Nixdorf Foundation

 BASF

SIEMENS

Fritz Thyssen Stiftung
FÜR WISSENSCHAFTSFÖRDERUNG

 KTS
Klaus Tschira Stiftung
gemeinnützige GmbH

ROBERT BOSCH STIFTUNG

sowie mit freundlicher Unterstützung durch
die Wilhelm und Else Heraeus-Stiftung und durch
die Central European University Budapest

as well as the Wilhelm and Else Heraeus Foundation,
and the Central European University, Budapest

Ausstellungspartner / Exhibition Associates

 Deutsches Museum

HEBRÄISCHE UNIVERSITÄT JERUSALEM
HEBREW UNIVERSITY JERUSALEM

UNIVERSITÀ DEGLI STUDI
DI PAVIA

Medienpartner / Media Associates

DW-TV
DEUTSCHE WELLE

rbb ①
RUNDFUNK BERLIN-BRANDENBURG

3sat

INHALT / CONTENTS

Vorwort und Dank des Herausgebers

Ist über Einstein nicht schon längst alles Wesentliche gesagt worden, so dass es im Grunde nichts Neues mehr zu entdecken gibt? Der Name Einstein steht für eine epochale Veränderung unseres wissenschaftlichen Weltbildes und zugleich für eine große Wissenschaftlerpersönlichkeit, die nicht nur Faszination ausstrahlt, sondern uns nach wie vor in ihrem Denken und Handeln vielfältig beschäftigt – auch wenn uns das nicht immer bewusst ist.

Aber was wissen wir eigentlich über Einstein und woher wissen wir es? Der Blick auf seine wissenschaftlichen Errungenschaften und sein wechselhaftes Leben ist vielfach durch die Legenden verstellt, die beide umgeben und die schon zu seinen Lebzeiten gewoben wurden. Sie werden durch populäre Aufsätze und Biografien weiter kolportiert und befestigen das Bild eines genialen, aber etwas weltfernen Professors, dessen Geschichte uns fast so fern liegt wie ein Märchen aus Tausendundeiner Nacht. Wie kann Einstein uns da noch Vorbild sein für die Bewältigung der Probleme unserer Zeit?

Ein ganz anderes Bild von Einstein und seiner Zeit entsteht dagegen, wenn wir uns den historischen Dokumenten nähern, in denen sich die Spuren seines Lebens erhalten haben. Auch in ihnen offenbart sich zunächst – allerdings mit immer wieder überraschend neuen Perspektiven – eine längst untergegangene Welt. Zugleich aber erzählen sie uns von den Spannungen, die diese Welt zerrissen haben und auch von den bis heute ungelösten Konflikten, um deren Lösung sich Einstein und seine Zeitgenossen bemüht haben. Plötzlich rücken sie uns auf diese Weise näher und werden uns sogar zu Bundesgenossen in den Auseinandersetzungen unserer Zeit, im Streben nach wissenschaftlicher Wahrheit und nach einer demokratischeren, gerechteren, freieren Gesellschaft.

Der vorliegende Band versammelt mehr als 130 Dokumente zum Lebensweg Albert Einsteins. Sie werden ergänzt durch Einführungen und kurze Erläuterungen zu den einzelnen Dokumenten sowie durch 60 Fotografien, die die unterschiedlichen historischen Kontexte deutlich werden lassen, die diesen Lebensweg geprägt haben. Hinzu kommen kurze Exkursionen zu weniger bekannten Aspekten aus Einsteins Leben, wie Einsteins Rolle als Erfinder oder Einsteins Verhältnis zu seinen Söhnen. In Einsteins Leben spiegeln sich viele der Umbrüche und Dramen zwischen dem ausgehenden 19. und der Mitte des 20. Jahrhunderts, von den beiden Weltkriegen und dem Holocaust über den Kalten Krieg bis zur Entstehung der modernen Physik, zu der er entscheidende Beiträge geleistet hat.

Aber Einstein war nicht nur Zeitzeuge. Er hat zu den wesentlichen Herausforderungen seiner Zeit – innerhalb und außerhalb seiner Wissenschaft – prononciert Stellung genommen. Seine Schriften und seine Korrespondenz bieten daher tiefe Einblicke nicht nur in die Bedingungen, unter denen die Menschen seiner Zeit gelebt haben, sondern auch in die Möglichkeiten, die sie hatten, sich als Individuen zu behaupten und sich über Zumutungen von Staat und Gesellschaft hinwegzusetzen, um für ein menschenwürdiges Leben einzutreten.

Aus vielen der hier abgedruckten Schriften und Briefe spricht Einsteins klarer Blick für die Verhältnisse seiner Zeit, der Humor, mit dem er sie zu nehmen wusste, aber auch der Mut, mit dem er sich für ihre Veränderung einsetzte. Zugleich bieten sie unvermutete Einblicke in sein privates Leben und seine Persönlichkeit, wie sie Lebensbeschreibungen nur schwer vermitteln können. Denn die historischen Dokumente sprechen uns mit einer Unmittelbarkeit an, in der auch das Viele, das wir aus ihnen nicht mehr herauslesen können, mitschwingt, so dass wir nie der Illusion verfallen, der Person, die sich in ihnen äußert, ganz habhaft werden zu können.

Eine Sammlung historischer Dokumente bietet aber auch einen einzigartigen Zugang zur Geschichte der Wissenschaft im eigentlichen Sinne. Denn hier ist nichts nachträglich begradigt und beschönigt, hier tritt man ein in fremde Gedankenwelten und trifft auf den oft verzweifelt um Klarheit ringenden Forscher, man begegnet Unterstützern und Feinden, die in der Heldenchronik der Wissenschaft keine Namen besitzen. Hier findet man auch die Spuren, aus denen sich vielleicht der Entdeckungsweg jenseits der Legenden rekonstruieren lässt, so dass sich mit etwas Glück Einblicke in das Geheimnis wissenschaftlicher Revolutionen eröffnen. Mit einem Wort, man hat Teil am Abenteuer der Geschichte des Wissens, in der der Einzelne immer zugleich in seiner eigenen Welt lebt und Zeitgenosse all derer ist, die in dieser Geschichte eine Rolle gespielt haben.

Einstein selbst hat das Privileg, das in der Möglichkeit zu einer solchen Begegnung liegt, im Vorwort zu einer Sammlung historischer Texte der Astronomie so zum Ausdruck gebracht:

„Jedermann hat eine ungefähre Kenntnis davon, wie unsere Vorstellung von der Konstruktion der Sternenwelt und der Stellung der Erde in dieser Welt zustande gekommen ist. Jeder kennt auch die Namen der Männer, welche zur Bildung dieser Vorstellungen, Meinungen und Theorien in erster Linie beigetragen haben. Aber wenige nur haben Gelegenheit, jene Männer näher kennen zu lernen; dies kann am besten nicht durch Lektüre ihrer Biographien sondern dadurch geschehen, dass man Äußerungen dieser Persönlichkeiten im Originaltext kennen lernt, welche für ihre Denkweise charakteristisch sind."

(Einstein, Albert: *Builders of the Universe. From the Bible to the Theory of Relativity*.

Los Angeles, California: The U.S. Library Association Inc., at Westwood Village, 1932)

Dieser Band ist im Zusammenhang der Ausstellung *Albert Einstein – Ingenieur des Universums* entstanden und dokumentiert die historischen Quellen, die in ihrem Rahmen versammelt wurden, allerdings mit einem stärker ausgeprägten biografischen Schwerpunkt. Dieser Dokumentenband ergänzt somit die beiden anderen Bände zur Ausstellung, *Einsteins Leben und Werk im Kontext*, den eigentlichen Ausstellungskatalog, und den *Essayband Hundert Autoren für Einstein*.

Der vorliegende Band beginnt mit einem Abschnitt zu Einsteins Kindheit, setzt sich fort mit Quellen zu seiner Studienzeit und zur wissenschaftlichen Revolution von 1905, mit Dokumenten zu Einsteins akademischem Aufstieg, zur Entwicklung von Relativitäts- und Quantentheorie und zu Einsteins langjährigen Bemühungen um eine einheitliche Feldtheorie. Es folgen Abschnitte, die vor allem Einsteins Berliner Zeit gewidmet sind, der Zeit des Weltkrieges und der Revolution, den Auseinandersetzungen um die Relativitätstheorie in der Weimarer Republik, und dem privaten und öffentlichen Leben, das er in dieser Zeit geführt hat. Es schließt sich ein Abschnitt zu der von den NS-Machthabern erzwungenen Emigration Einsteins aus Deutschland an, der durch die darin abgedruckten Quellen das tragische Schicksal von Verfolgung und Emigration eindrücklich vor Augen führt. Der Band schließt mit Dokumenten aus Einsteins letzten Lebensjahren in den USA, die vor allem seinen unablässigen Einsatz für Abrüstung, Frieden und Demokratie deutlich machen, aber auch seine unversöhnliche Haltung denen gegenüber, die für den Massenmord an den europäischen Juden Mitverantwortung tragen.

Die Dokumente sind innerhalb der thematisch gegliederten Abschnitte chronologisch angeordnet. Sie werden durch eine kurze Einführung ergänzt und sind im Allgemeinen vollständig wiedergegeben. Im Falle schwer lesbarer Handschriften ist eine Transkription als Lesehilfe beigefügt. Im Anschluss an die kurze Einführung zum Dokument ist der Standort des jeweiligen Originals genannt. Einige der Dokumente und Fotografien sind hier zum ersten Mal veröffentlicht, während andere bereits andernorts ediert worden sind, insbesondere in den bei Princeton University Press bisher publizierten Bänden der Collected Papers of Albert Einstein. Im letzteren Falle ist der Erscheinungsort ebenfalls im Anschluss an den kurzen erläuternden Text zum jeweiligen Dokument angegeben. Der Band umfasst ferner eine Chronologie zu Einsteins Leben, ein Personenregister und ein Verzeichnis der abgebildeten Fotografien.

Dieses Buch wäre nicht entstanden ohne die sorgfältige redaktionelle Betreuung von Hartmut Amon, der vor allem auch die Bilder ausgewählt hat, die die abgedruckten Quellen ergänzen. Für seinen Ideenreichtum, seine Umsicht und sein zuverlässiges Engagement sei ihm an dieser Stelle besonders herzlich gedankt. An der Redaktion des Bandes sowie an der Abfassung der erläuternden Texte haben darüber hinaus die wissenschaftlichen Mitarbeiter des Max-Planck-Instituts für Wissenschaftsgeschichte Giuseppe Castagnetti, Peter Damerow, Lindy Divarci, Carmen Hammer, Edith Hirte, Dieter Hoffmann, Horst Kant, Christoph Lehner, Simone Rieger, Urs Schoepflin, Michael Schüring, Tanja Starkowski, Matteo Valleriani, Milena Wazeck und Jörg Zaun mitgewirkt. Für wertvolle Hinweise sei darüber hinaus Diana Buchwald, Michel Janssen und Jeroen van Dongen gedankt. Neben der aufreibenden Arbeit an der Ausstellung hat das Redaktionsteam in zahlreichen, oft nächtlichen Sitzungen die Konzeption des Bandes, die Zusammenstellung der Quellen und die erläuternden Texte besprochen. Die Mitarbeiter der Bibliothek und der Digitalisierungsgruppe des Max-Planck-Instituts für Wissenschaftsgeschichte waren an der Bereitstellung und Digitalisierung zahlreicher Dokumente beteiligt. Ihnen allen gilt mein besonderer Dank für ihre Kreativität und für die unermüdlich geleistete Arbeit.

Der Ausstellungsmacher Stefan Iglhaut hat auch dieses Projekt – neben seinen anderen vielfältigen Verpflichtungen im Rahmen der Ausstellung – umsichtig vorbereitet und mit Liebe zum Detail betreut. Für sein beeindruckendes Engagement sei ihm auch an dieser Stelle noch einmal sehr herzlich gedankt.

Die Gestaltung des Bandes lag ebenso wie die der anderen Bände in den bewährten Händen von Regelindis Westphal. Ihr Name steht für das hochwertige grafische Erscheinungsbild dieser Publikation.

Ihr sowie dem Verlag Wiley-VCH, insbesondere Alexander Grossmann, gebührt Dank für das Qualitätsbewusstsein, mit dem sie in einem knapp bemessenen Zeitrahmen auch diesen Baustein des Gesamtprojekts realisiert haben.

Ohne die großzügige Unterstützung der Max-Planck-Gesellschaft wäre die Umsetzung eines so ehrgeizigen Projektes unmöglich gewesen.

Die Grundlage für die vorliegende Zusammenstellung von Dokumenten lieferten die zahlreichen Archive, die sich bereit erklärt haben, ihre Schätze unserem Ausstellungsprojekt zur Verfügung zu stellen, in erster Linie der Hebräischen Universität Jerusalem, die den Nachlass Albert Einsteins verwaltet und sich in jeder Hinsicht - zusammen mit den anderen Hauptpartnern, dem Deutschen Museum München und der Universität Pavia - als ein wohlwollender Unterstützer unseres Projekts bewährt hat. Darüber hinaus sei den zahlreichen Archiven und Leihgebern gedankt, die dieses Projekt unterstützt haben, unter anderem dem Geheimen Staatsarchiv Preußischer Kulturbesitz, dem Archiv zur Geschichte der Max-Planck-Gesellschaft, dem Archiv der Berlin-Brandenburgischen Akademie der Wissenschaften, der Staatsbibliothek zu Berlin – Preußischer Kulturbesitz, dem Politischen Archiv des Auswärtigen Amtes in Berlin, dem Landesarchiv Berlin, der Niedersächsische Staats- und Universitätsbibliothek in Göttingen, der Zentralbibliothek Zürich, dem Staatsarchiv des Kantons Zürich, dem Schweizerischen Bundesarchiv in Bern, der Bibliothek und dem Thomas-Mann-Archiv der Eidgenössischen Technischen Hochschule in Zürich, der Österreichischen Zentralbibliothek für Physik in Wien, der Franklin D. Roosevelt Presidential Library and Museum in New York, der Pierpont Morgan Library in New York, der Syracuse University Library in Syracuse (NY) sowie der Familie Besso für die leihweise Überlassung von zahlreichen Dokumenten und die Genehmigung zum Abdruck in diesem Band.

Besonders dankbar sind wir der Universität Leiden, die es möglich gemacht hat, ein kürzlich wieder entdecktes Einstein-Manuskript in diesem Band zum ersten Mal zu publizieren.

Wo immer möglich, haben wir uns darum bemüht, im Einklang mit der Open-Access-Politik der Max-Planck-Gesellschaft die historischen Dokumente auch im Internet verfügbar zu machen:

www.einsteinausstellung.de

Im Übrigen sei auch auf die Website der Collected Papers of Albert Einstein und der Albert Einstein Archives der Hebräischen Universität in Jerusalem verwiesen:

www.alberteinstein.info

Den Archiven, Bibliotheken und Leihgebern, die hierbei mitgewirkt und sich dabei über manches immer noch wirksame Vorurteil oder die kurzsichtige Hoffnung auf die Kommerzialisierung von Kulturgut hinweggesetzt haben, gilt dabei der Dank aller am Projekt Beteiligten und wohl auch all derer, die die neuen Medien extensiv als Träger kulturellen und wissenschaftlichen Wissens nutzen wollen.

Die wissenschaftliche Konzeption und Betreuung dieser Publikation wurde ermöglicht durch die großzügige Unterstützung der Fritz Thyssen Stiftung für Wissenschaftsförderung, Köln.

Editor's Introduction and Acknowledgments

Hasn't everything worth saying about Einstein already been said? What can we possibly still discover about the man? The name Einstein represents an epoch-making transformation of our scientific world-view and a great scientific personality, who not only fascinates us but whose thinking and actions continue to preoccupy us – even if we are not always aware of it.

But what do we really know about Einstein, and how do we know it? In many respects, our view of his scientific achievements and varied life is distorted by the legends surrounding both, legends already spun during his lifetime. They continue to be passed on in popular articles and biographies and solidify the image of a brilliant but somewhat unworldly professor, whose life story is almost as remote from us as one of the tales from the Arabian Nights. How can this Einstein serve as a role model for us in solving the problems of our own time?

A wholly different image of Einstein and his age emerges when we look more closely at the historical documents in which the traces of his life are preserved. They too, at first glance reveal to us– albeit again and again with astonishing new perspectives – a world that disappeared long ago. At the same time, however, they tell us of the tensions that tore that world apart and of the still unresolved conflicts whose solution Einstein and his contemporaries sought. Suddenly, they seem a good deal closer to us, and even appear as potential allies in the struggles of our own time, in the striving for scientific truth and a more democratic, more just and freer society.

The present volume assembles more than 130 documents on Albert Einstein's life. They are supplemented by introductions and brief explanations of the individual documents as well as 60 photographs, which help to illustrate the various historical contexts that shaped his life's pathway. The collection of documents is supplemented by short excursions to lesser-known aspects of Einstein's life, for instance his role as an inventor or his relationship to his sons. Einstein's life mirrors many of the upheavals and dramas of the period between the late nineteenth and mid-twentieth century, from the two world wars and the Holocaust to the Cold War and the birth of modern physics, to which he made decisive contributions.

But Einstein was more than a mere witness to his age. He took strong positions on the significant challenges of his time, both within and outside the sciences. His writings and correspondence thus offer deep insights not just into the conditions under which the people of his day lived, but also into the possibilities they had to assert themselves as individuals and to disregard the unreasonable demands of state and society and work towards a decent life for all.

Many of the writings and letters reproduced here reveal Einstein's clear-headed view of the circumstances of his time, and the humor that helped him get through them, but also the courage with which he worked for change. At the same time, they offer the kind of unexpected insights into his private life and personality that are often difficult to convey in biographies. The historical documents speak to us with an immediacy that resonates with the many things they can no longer tell us, so that we never succumb to the illusion that we can completely grasp the person expressing him- or herself in them.

A collection of historical documents, however, also offers unique access to the history of science as such. Nothing here has been smoothed out or whitewashed; we encounter a world of ideas foreign to us, and watch researchers often desperately struggling for clarity, we meet supporters and adversaries unrecorded in the heroic chronicles of science; and also find trails that serve to reconstruct the path to discoveries beyond the legends, so that with a bit of luck, vistas open up onto the secret of scientific revolutions. In short, we can participate in the adventure of the history of knowledge in which the individual always also lives in his or her own world and is the contemporary of all those who played a role in this history.

In the preface to a collection of historical texts on astronomy, Einstein himself speaks of the privilege that lies in the possibility of such an encounter:

"Everybody knows approximately how our ideas about the construction of the astronomic world and the position of the earth within it have been determined. Everybody knows the names of the men who have in the first place contributed to the creation of these ideas, opinions, and theories. Few people, however, have the opportunity to become acquainted with those men. This is best done, not by reading their biographies, but by getting acquainted with utterances of those great personalities in the original wording that characterizes their ways of thinking."

(Einstein, Albert: *Builders of the Universe. From the Bible to the Theory of Relativity*.
Los Angeles, California: The U.S. Library Association Inc., at Westwood Village, 1932)

This volume arose in conjunction with the exhibition *Albert Einstein – Chief Engineer of the Universe* and documents the historical sources collected during research for the exhibition, albeit with a stronger biographical focus. Thus the volume of documents supplements two of the other exhibition volumes, *Einstein's Life and Work in Context*, the exhibition catalogue proper, and the volume of essays *One Hundred Authors for Einstein*.

The present volume begins with a section on Einstein's childhood, continues with sources on his student days and the scientific revolution of 1905, documents on Einstein's academic rise, the development of the theory of relativity and quantum theory and on Einstein's tireless efforts to develop a unified field theory. These are followed by sections devoted above all to Einstein's Berlin period, the era of the First World War and the Revolution, the debates around the theory of relativity in the Weimar Republic, and his private and public life during this period. The next section explores Einstein's forced emigration from Nazi Germany, with documents that vividly illustrate the tragic fate of persecution and exile. The volume closes with documents from Einstein's final years living in the USA, which illuminate in particular his unceasing commitment to disarmament, peace, and democracy, but also his uncompromising attitude towards all those who bore responsibility for the mass murder of the European Jews.

The documents are arranged chronologically within the thematically organized sections. They are supplemented by a brief introduction and in most cases reproduced in their entirety. In the case of illegible handwriting, a transcription has been added as an aid for readers. Following the short introduction, the location of the original document is given. Some of the documents and photographs are published here for the first time, while others have already been edited elsewhere, especially in the volumes of the Collected Papers of Albert Einstein published thus far by Princeton University Press. In the latter case, the place of publication is given following the brief explanatory text about each corresponding document. The volume also contains a chronology of Einstein's life, an index of personal names, as well as an index of the photographs.

This book would not have emerged without the meticulous editorial oversight of Hartmut Amon, who also selected the pictures that enhance the printed sources. I would like to take this opportunity to thank him warmly for his wealth of ideas, his circumspection and his unflagging commitment. The scholarly staff of the Max Planck Society for the History of Science who participated in editing the volume as well as in writing the explanatory texts include Giuseppe Castagnetti, Peter Damerow, Lindy Divarci, Carmen Hammer, Edith Hirte, Dieter Hoffmann, Horst Kant, Christoph Lehner, Simone Rieger, Urs Schoepflin, Michael Schüring, Tanja Starkowski, Matteo Valleriani, Milena Wazeck and Jörg Zaun. Furthermore I would like to thank Diana Buchwald, Michel Janssen and Jeroen van Dongen for their valuable suggestions. Alongside their exhaustive involvement in the exhibition, the editorial team discussed the concept of this volume and the arrangement of the sources and the explanatory texts in meetings that often continued late into the night. I am grateful to all of them for their creativity and tireless work.

The exhibition organizer Stefan Iglhaut carefully prepared this project, too, alongside his many other duties in the context of the exhibition, supervising it with much devotion to detail. Warmest thanks to him for his impressive commitment to the project.

The design of the volume, as of the other exhibition volumes, was in the capable hands of Regelindis Westphal. Her name stands for the high-quality graphic appearance of this publication.

Many thanks to her as well as to the publisher, Wiley-VCH, particularly its director Alexander Grossmann, for the dedication to quality with which they produced this segment of the broader project on a very tight time schedule.

The realization of such an ambitious project would have been impossible without the generous support of the Max Planck Society.

The foundation for this compilation of documents was provided by the numerous archives that agreed to place their treasures at the disposal of the exhibition, chief among them the Hebrew University in Jerusalem, which houses the Albert Einstein Papers and proved in every respect to be a benevolent supporter of our project, along with our other main partners the Deutsches Museum in Munich and the University of Pavia. In addition, I would like to thank the numerous archives and lenders who have supported this project, among them the Geheimes Staatsarchiv Preußischer Kulturbesitz, the Archiv zur Geschichte der Max-Planck-Gesellschaft, the Archiv der Berlin-Brandenburgischen Akademie der Wissenschaften, the Staatsbibliothek zu Berlin – Preußischer Kulturbesitz, the Politisches Archiv des Auswärtigen Amtes in Berlin, the Landesarchiv Berlin, the Niedersächsische Staats- und Universitätsbibliothek in Göttingen, the Zentralbibliothek Zürich, the Staatsarchiv des Kantons Zürich, the Schweizerisches Bundesarchiv in Bern, the Bibliothek und the Thomas-Mann-Archiv der Eidgenössischen Technischen Hochschule in Zurich, the Österreichischen Zentralbibliothek für Physik in Vienna, the Franklin D. Roosevelt Presidential Library and Museum in New York, the Pierpont Morgan Library in New York, the Syracuse University Library in Syracuse (NY) as well as the Besso family for the loan of documents and the permission to reproduce them in the present volume.

Special thanks go out to the Leiden University, who made it possible to publish for the first time a recently rediscovered Einstein manuscript.

In keeping with the Max Planck Society's open access policy, we have also tried wherever possible to make the historical documents accessible on the Internet:

www.einsteinausstellung.de

Furthermore, we refer to the website of The Collected Papers of Albert Einstein and the Albert Einstein Archives of the Hebrew University in Jerusalem:

www.alberteinstein.info

The archives, libraries and other institutions and individuals who participated, casting aside a number of still current preconceptions or short-sighted hopes for the commercial exploitation of cultural goods, deserve the thanks of everyone involved in the project, and also all those who would like to use the new media extensively as vehicles of cultural and scholarly information.

The scholarly work on this publication was made possible by the generous support of the Fritz Thyssen Foundation for the Advancement of Science, Cologne

Milieu einer Kindheit

**Einstein entstammt einer weltoffenen Familie.
Seine Jugend ist vom industriellen Aufbruch geprägt.**

Albert Einstein wird am 14. März 1879 in Ulm geboren. Auf Betreiben von Einsteins Onkel Jakob siedelt die Familie 1880 nach München über. Dort gründen Einsteins Vater Hermann und Jakob Einstein einen elektrotechnischen Betrieb. Als die Familie 1894 nach Pavia umzieht, bleibt Einstein in München zurück, um das Gymnasium abzuschließen. Der militärähnliche Drill verleidet ihm jedoch die Schule. Noch im selben Jahr beschließt er, seinen Eltern nach Italien zu folgen.

Schon früh hatte Einstein Vergnügen an Geduldsspielen und dem Lösen physikalischer und geometrischer Probleme. Diese Interessen werden vom Umfeld zu Hause und in der Fabrik gefördert. Durch den jüdischen Medizinstudenten Max Talmey (Talmud), regelmäßiger Gast bei der Familie Einstein, kommt er obendrein in Kontakt mit populärwissenschaftlicher und philosophischer Literatur.

Milieu of a Childhood

**Einstein descends from a cosmopolitan family.
His youth is shaped by the rise of large industry.**

Albert Einstein is born in Ulm, Germany on 14 March 1879. In 1880, at the instigation of his uncle Jakob Einstein, the family relocates to Munich, where Jakob and Einstein's father Hermann found an electrical business. When the family moves to Pavia in 1894, Einstein remains in Munich to finish high school. However, he is so put off by the military-style drill there that he decides to follow his parents to Italy later that year.

From an early age Einstein enjoys puzzles and solving problems in physics and geometry. These interests are encouraged by his home environment and the atmosphere of the factory. The Jewish medical student Max Talmey (Talmud), a regular guest of the Einstein family, brings him into contact with popular scientific and philosophical literature.

Warenexport nach Italien

Brief von Jakob Einstein an Theodor Peters, München, 11. April 1890

Bitte an den Vorsitzenden des Vereins Deutscher Ingenieure Peters um Unterstützung bei einer Klage gegen eine italienische Firma, die Projektierungsarbeiten nicht bezahlen will. Es geht unter anderem um eine notarielle Bestätigung der Honorar-Normen des Vereins Deutscher Ingenieure. Peters hatte sich um die Entwicklung des Vereins zu einer effizienten Berufsorganisation verdient gemacht.

Exports to Italy

Letter from Jakob Einstein to Theodor Peters, Munich, 11 April 1890

A request for support by the Chairman of the Association of German Engineers Peters in a suit against an Italian company that does not want to pay for project planning work. Among other things, it concerns the notarial confirmation of the Association's scale of standard fees. Peters had rendered outstanding services in developing the association into an efficient professional organization.

ELECTRO-TECHNISCHE FABRIK J. EINSTEIN & COMP.

München, 11. April 1890

Herrn Th. Peters
General-Director des Vereins Deutscher Ingenieure

Berlin W
Potsdamerstrasse 131.

ELECTRO-TECHNISCHE FABRIK J. EINSTEIN & COMP.

München, 11. April 1890

Herrn Th. Peters
General-Secretär des Vereins Deutscher Ingenieure
Berlin W.
Potsdamerstrasse 131.

Mit Gegenwärtigem erlaube ich mir nachfolgende Bitte an Sie zu richten:
Meine Firma erhielt von einer italienischen Firma den Auftrag ein Project über eine electri-
sche Beleuchtungs-Anlage auszuarbeiten & sie entledigte sich dieser Aufgabe durch Anfer-
tigung von Plänen & Kostenanschlägen etc. Da die Arbeiten meiner Firma nicht übertragen
wurden, stellte sie für die Arbeiten & Auslagen Rechnung, welche jedoch von der italieni-
schen Firma nicht anerkannt wurde. Als Grundlage der Rechnung diente die Honorar-Norm,
welche von der Delegierten-Versammlung in Gotha am 12./13. April 1878 aufgestellt wurde.
Nach erfolgter Klagestellung wurde meine Firma aufgefordert, die Belege herbeizuschaffen:
1. daß die Rechnungsstellung auf Grund obiger Honorar-Norm erfolgt ist und
2. daß ich Mitglied des Vereins bin.
Ich wäre Ihnen nun sehr verbunden, wenn Sie die Freundlichkeit hätten, mir ein Formular
dieser Honorar-Norm zukommen zu lassen & zu bestätigen, oder durch den italienischen
Consul oder einen Notar bestätigen zu lassen, daß der Verein Deutscher Ingenieure diese
Honorar-Norm aufgestellt hat. Außerdem bitte ich mir zu bestätigen, daß ich Mitglied des
Vereins bin.
Die entstehenden Auslagen wollen Sie mir berechnen, eventl. würde ich sie Ihnen schon
im Voraus einsenden, wenn Sie mir die Höhe derselben angeben wollten.
Schon im Voraus bestens dankend zeichne
Hochachtungsvoll!
Jacob Einstein, Ingenieur
in Firma JEinsteinuCie

Einsteins Unabhängigkeit

Einstein war nicht nur ein Rebell in der Physik, auch sonst zeichnet sich seine Persönlichkeit durch ein hohes Maß an Selbstbewusstsein und Unabhängigkeit aus. Bereits als Teenager steht er mit dem autoritären deutschen Schulsystem auf Kriegsfuß. Er folgt seinen Eltern nach Italien und betreibt seine Entlassung aus der Schule wie auch aus der württembergischen Staatsbürgerschaft – nicht zuletzt um der verhassten Wehrpflicht zu entgehen. „Wenn einer mit Vergnügen in Reih und Glied zu einer Musik marschieren kann, dann verachte ich ihn schon; er hat sein großes Gehirn nur aus Irrtum bekommen, da für ihn das Rückenmark schon völlig genügen würde", bekennt er noch Jahrzehnte später.

Einstein's independence

Einstein was not only a rebel in physics. In other respects, too, his personality is characterized by a high degree of self-confidence and independence. Even as a teenager he is at war with the authoritarian German school system. He joins his parents in Italy, and pursues his school-leaving and release from Wurttemberg citizenship – not least to avoid the hated military service. "If someone can take pleasure in marching in rank and file to music, then I do despise him; he got his big brain by mistake – spinal marrow would be quite sufficient for him," he still declares decades later.

Albert Einstein in
Aarau, 1895

Albert Einstein in
Aarau, 1895

Albert Einsteins erster wissenschaftlicher Aufsatz

Manuskript von Albert Einstein „Über die Untersuchung des Aetherzustandes im magnetischen Felde", [Sommer? 1895]

Als 16-jähriger schreibt Einstein seinen ersten physikalischen Aufsatz, den er an seinen Onkel Caesar Koch schickt. Er nimmt darin im Einklang mit der Physik seiner Zeit die Existenz einer raumfüllenden elastischen Substanz, des Äthers, an. Einstein untersucht die Frage des Einflusses magnetischer Felder auf den Äther. Solche Felder sollten eine mechanische Deformation des Äthers verursachen, die sich auf die Ausbreitungsgeschwindigkeit elektromagnetischer Wellen in ihm auswirkt.

Albert Einstein's first scientific essay

Manuscript by Albert Einstein "On the Investigation of the State of the Aether in a Magnetic Field," [summer? 1895]

At the age of 16 Einstein writes his first physics essay, which he sends to his uncle Caesar Koch. In accordance with the physics of his day, he assumes the existence of an elastic substance that fills space, the aether. Einstein investigates the issue of the influence of magnetic fields on the aether. Such fields should cause a mechanical deformation of the aether, which affects the speed of propagation of electromagnetic waves within it.

Kaller Historical Documents, Marlboro (NJ), USA

Published in: The Collected Papers of Albert Einstein, vol. 1,
Princeton: Princeton University Press, 1987, doc. 5/6, pp. 6–10

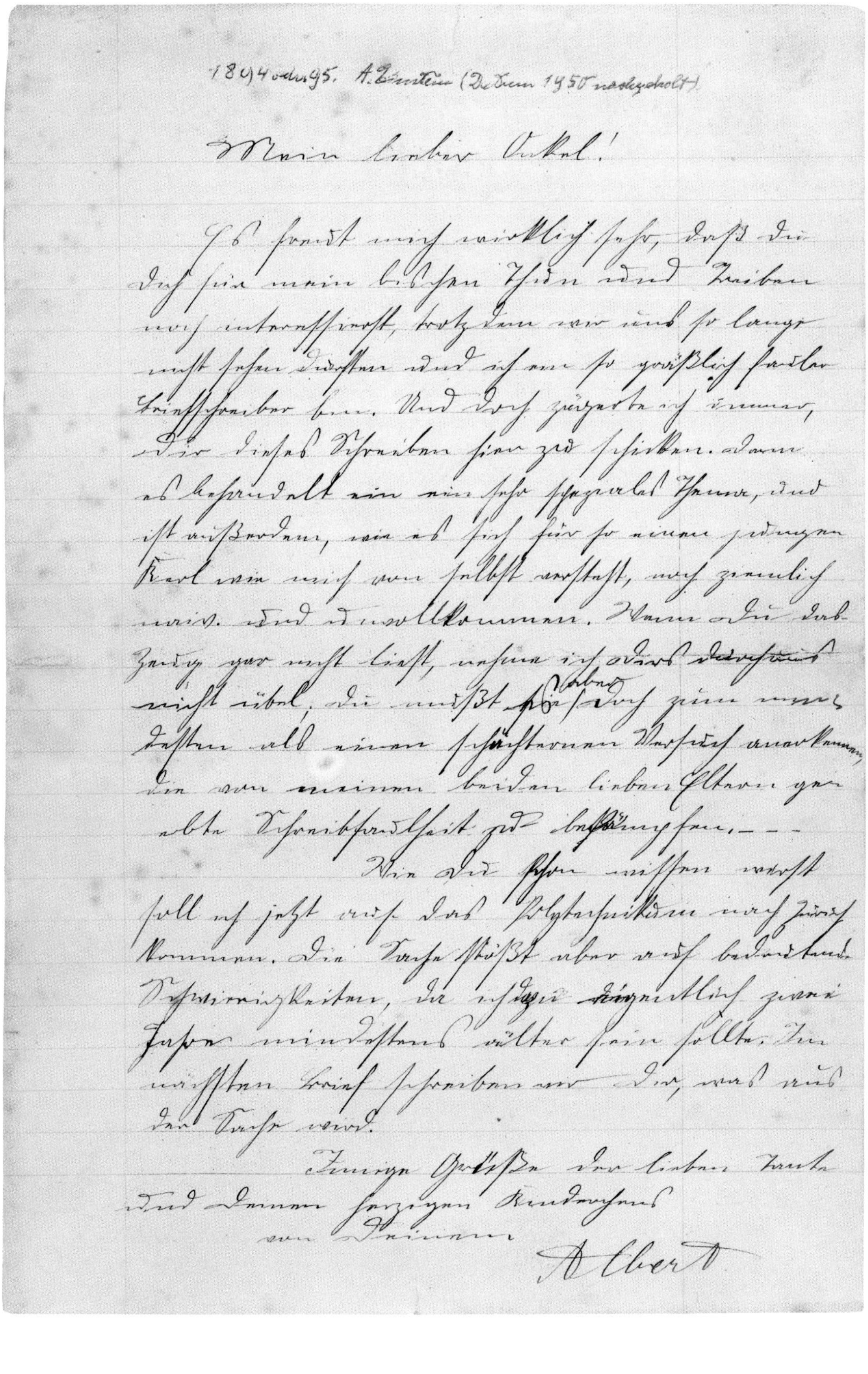

1894 oder 95. A. Einstein (Datum 1950 nachgeholt)

Mein lieber Onkel!

Es freut mich wirklich sehr, daß Du Dich für mein bißchen Thun und Treiben noch interessierst, trotzdem wir uns so lange nicht sehen durften und ich ein so gräßlich fauler Briefschreiber bin. Und doch zögerte ich immer, Dir dieses Schreiben hier zu schicken, denn es behandelt ein ein sehr spezielles Thema, und ist außerdem, wie es sich für so einen jungen Kerl wie mich von selbst versteht, noch ziemlich naiv und unvollkommen. Wenn Du das Zeug gar nicht liest, nehme ich Dirs durchaus nicht übel; Du mußt es aber doch zum mindesten als einen schüchternen Versuch anerkennen, die von meinen beiden lieben Eltern geerbte Schreibfaulheit zu bekämpfen. ———

Wie Du schon wissen wirst, soll ich jetzt auf das Polytechnikum nach Zürich kommen. Die Sache stößt aber auf bedeutende Schwierigkeiten, da ich eigentlich zwei Jahre mindestens älter sein sollte. Im nächsten Brief schreibe ich Dir, was aus der Sache wird.

Innige Grüße der lieben Tante und Deinen herzigen Kindern

von Deinem

Albert

Über die Untersuchung
des Aetherzustandes im magnetischen Felde.

Nachfolgende Zeilen sind der erste bescheidene Ausdruck einiger einfacher Gedanken über dies schwierige Thema. Mit schwerem Herzen dränge ich dieselben in einen Aufsatz zusammen, der eher ein Programm als eine Abhandlung vorstellt. Weil es mir aber vollständig an Material fehlte, um tiefer in die Sache eindringen zu können, als das bloße Nachdenken gestattete, so bitte ich, mir diesen Umstand nicht als Oberflächlichkeit anzurechnen. Möge die Nachsicht des geneigten Lesers den bescheidenen Gefühlen entsprechen, mit denen ich ihm diese Zeilen übergebe.

Der elektrische Strom setzt bei seinem Entstehen den umliegenden Äther in irgend eine, bisher ihrem Wesen nach noch nicht näher bestimmte, momentane Bewegung. Trotz Fortdauer der Ursache dieser Bewegung, nämlich des elektrischen Stromes, hört die Bewegung auf, der Äther verbleibt in einem potentiellen Zustande und bildet ein magnetisches Feld. Daß das magnetische Feld ein potentieller

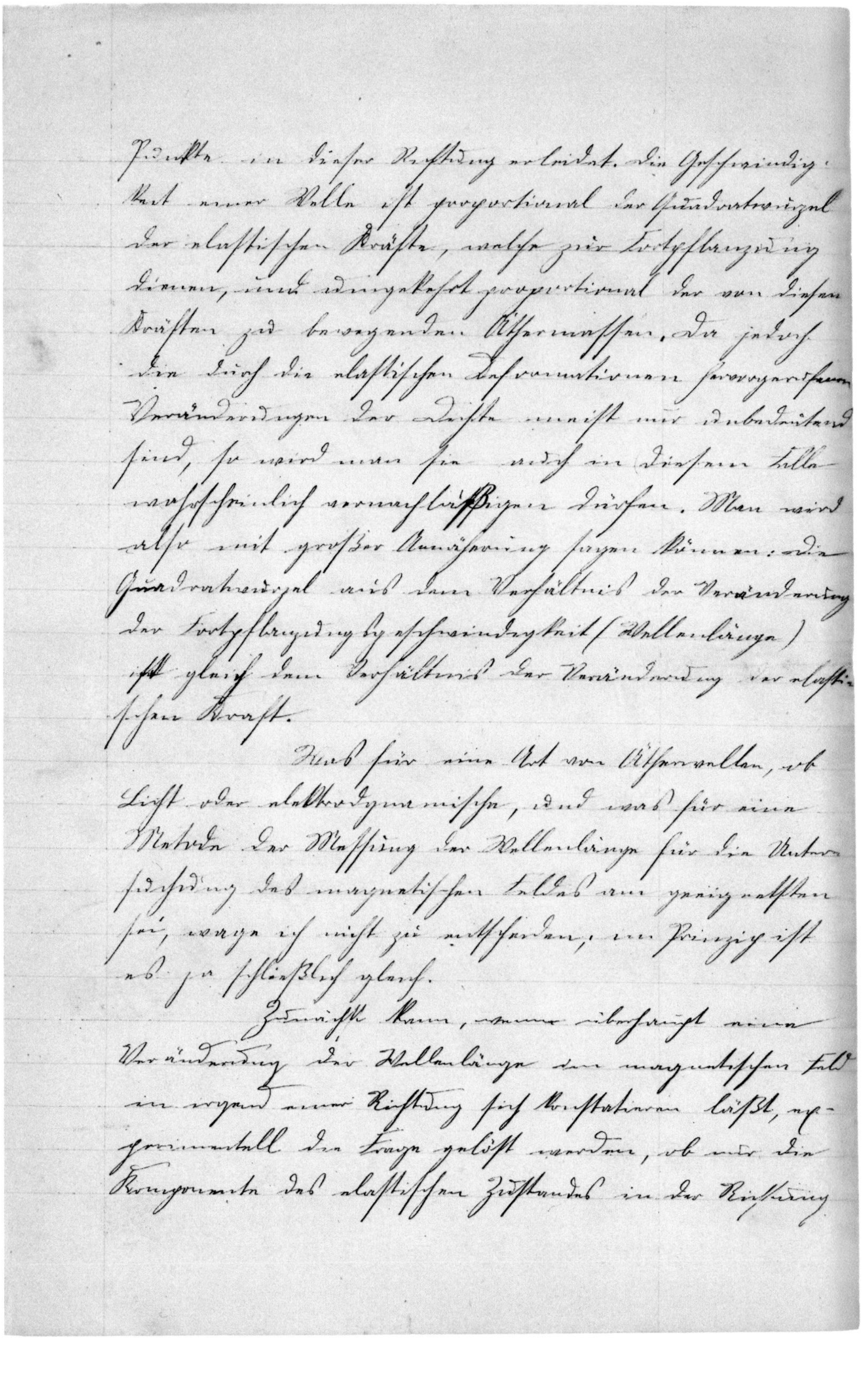

Punkte in dieser Richtung erleidet. Die Geschwindigkeit einer Welle ist proportional der Quadratwurzel der elastischen Kräfte, welche die Fortpflanzung bewirken, und umgekehrt proportional der von diesen Kräften zu bewegenden Äthermassen. Da jedoch die durch die elastischen Deformationen hervorgerufenen Veränderungen der Dichte meist nur unbedeutend sind, so wird man sie auch in diesem Falle wahrscheinlich vernachlässigen dürfen. Man wird also mit großer Annäherung sagen können: Die Quadratwurzel aus dem Verhältnis der Veränderung der Fortpflanzungsgeschwindigkeit (Wellenlänge) ist gleich dem Verhältnis der Veränderung der elastischen Kraft.

Was für eine Art von Ätherwellen, ob Licht oder elektrodynamische, und was für eine Methode der Messung der Wellenlänge für die Untersuchung des magnetischen Feldes am geeignetsten sei, wage ich nicht zu entscheiden; im Prinzip ist es ja schließlich gleich.

Zunächst kann, wenn überhaupt eine Veränderung der Wellenlänge im magnetischen Feld in irgend einer Richtung sich konstatieren lässt, experimentell die Frage gelöst werden, ob nur die Komponente des elastischen Zustandes in der Richtung

2. [...]

3. [...]

An Caesar Koch
[Pavia, Sommer 1895]

Mein lieber Onkel!

Es freut mich wirklich sehr, daß Du Dich für mein bischen Thun und Treiben noch interessierst, trotzdem wir uns so lange nicht sehen durften und ich ein so gräßlich fauler Briefschreiber bin. Und doch zögerte ich immer, Dir dieses Schreiben hier zu schicken. Denn es behandelt ein sehr speziales Thema, und ist außerdem, wie es sich für so einen jungen Kerl wie mich von selbst versteht, noch ziemlich naiv und unvollkommen. Wenn Du das Zeug gar nicht liest, nehme ich Dirs durchaus nicht übel; Du mußt es aber doch zum mindesten als einen schüchternen Versuch anerkennen, die von meinen beiden lieben Eltern geerbte Schreibfaulheit zu bekämpfen. Wie Du schon wissen wirst soll ich jetzt auf das Polytechnikum nach Zürich kommen. Die Sache stößt aber auf bedeutende Schwierigkeiten, da ich dazu eigentlich zwei Jahre mindestens älter sein sollte. Im nächsten Brief schreiben wir Dir, was aus der Sache wird.
Innige Grüße der lieben Tante und Deinen herzigen Kinderchens von Deinem
Albert.

Über die Untersuchung des Aetherzustandes im magnetischen Felde.

Nachfolgende Zeilen sind der erste bescheidene Ausdruck einiger einfacher Gedanken über dies schwierige Thema. Mit schwerem Herzen dränge ich dieselben in einen Aufsatz zusammen, der eher wie ein Programm als wie eine Abhandlung aussieht. Weil es mir aber vollständig an Material fehlte, um tiefer in die Sache eindringen zu können, als es das bloße Nachdenken gestattete, so bitte ich, mir diesen Umstand nicht als Oberflächlichkeit auszulegen. Möge die Nachsicht des geneigten Lesers den bescheidenen Gefühlen entsprechen, mit denen ich ihm diese Zeilen übergebe.

Der elektrische Strom setzt bei seinem Entstehen den umliegenden Äther in irgendeine, bisher ihrem Wesen nach noch nicht sicher bestimmte, momentane Bewegung. Trotz Fortdauer der Ursache dieser Bewegung, nämlich des elektrischen Stromes, hört die Bewegung auf, der Äther verbleibt in einem potentiellen Zustande und bildet ein magnetisches Feld. Daß das magnetische Feld ein potentieller Zustand sei, beweist der permanente Magnet, da das Gesetz von der Erhaltung der Energie hier die Möglichkeit eines Bewegungszustandes ausschließt. Die Bewegung des Äthers, welche durch einen elektrischen Strom bewirkt wird, wird so lange dauern, bis die wirkenden motorischen Kräfte durch äquivalente passive Kräfte kompensiert werden, welche von der durch die Bewegung des Äthers selbst erzeugten Deformation herrühren.

Die wunderbaren Versuche von Hertz haben die dynamische Natur dieser Erscheinungen, die Fortpflanzung im Raume, sowie die qualitative Identität dieser Bewegungen mit Licht und Wärme aufs genialste beleuchtet. Ich glaube nun, daß es für die Erkenntnis der elektromagnetischen Erscheinungen von Wichtigkeit wäre, auch die potentiellen Zustände des Äthers in magnetischen Feldern aller Art einer umfassenden experimentellen Betrachtung zu unterziehen, oder mit andern Worten, die elastischen Deformationen und die wirkenden deformierenden Kräfte zu messen.

Jede elastische Veränderung des Äthers an irgend einem (freien) Punkte in einer Richtung muß sich konstatieren lassen aus der Veränderung, welche die Geschwindigkeit einer Ätherwelle an diesem Punkte in dieser Richtung erleidet. Die Geschwindigkeit einer Welle ist proportional der Quadratwurzel der elastischen Kräfte, welche zur Fortpflanzung dienen, und umgekehrt proportional der von diesen Kräften zu bewegenden Äthermassen. Da jedoch die durch die elastischen Deformationen hervorgerufenen Veränderungen der Dichte meist nur unbedeutend sind, so wird man sie auch in diesem Falle wahrscheinlich vernachlässigen dürfen. Man wird also mit großer Annäherung sagen können: Die Quadratwurzel aus dem Verhältnis der Veränderung der Fortpflanzungsgeschwindigkeit (Wellenlänge) ist gleich dem Verhältnis der Veränderung der elastischen Kraft.

Was für eine Art von Ätherwellen, ob Licht oder elektrodynamische, und was für eine Metode der Messung der Wellenlänge für die Untersuchung des magnetischen Feldes am geeignetsten sei, wage ich nicht zu entscheiden; im Prinzip ist es ja schließlich gleich.

Zunächst kann, wenn überhaupt eine Veränderung der Wellenlänge im magnetischen Feld in irgend einer Richtung sich konstatieren läßt, experimentell die Frage gelöst werden, ob nur die Komponente des elastischen Zustandes in der Richtung der Fortpflanzung der Welle oder auch die dazu senkrechten Komponenten eine Wirkung auf die Fortpflanzungsgeschwindigkeit ausüben, da a priori klar ist, daß in einem regelmäßigen magnetischen Feld, sei es zylinder- oder pyramidenförmig, die elastischen Zustände an einem Punkte senkrecht zur Richtung der Kraftlinien vollständig homogen sind und anders in der Richtung der Kraftlinien. Läßt man daher senkrecht zur Richtung der Kraftlinien polarisierte Wellen durchdringen, so wäre für die Fortpflanzungsgeschwindigkeit die Richtung der Schwingungsebene von Bedeutung – wenn die zur Fortpflanzung einer Welle senkrechte Komponente der elastischen Kraft wirklich auf die Geschwindigkeit der Fortpflanzung einen Einfluß ausübt. Dies dürfte jedoch wahrscheinlich nicht der Fall sein, trotzdem das Phänomen der Doppelbrechung darauf hinzuweisen scheint.

Nachdem so die Frage entschieden wäre, wie die drei Komponenten der Elastizität auf die Geschwindigkeit einer Ätherwelle einwirken, kann zur Untersuchung des magnetischen Feldes geschritten werden. Um den Zustand des Äthers in demselben recht begreifen zu können, dürften drei Fälle unterschieden werden:

1. Kraftlinien, die sich pyramidenartig am Nordpol vereinigen.

2. Kraftlinien, die sich pyramidenartig am Südpol vereinigen

3. Parallele Kraftlinien.

In diesen Fällen ist die Fortpflanzungsgeschwindigkeit einer Welle in der Richtung der Kraftlinien und senkrecht dazu zu untersuchen. Unzweifelhaft müssen sich so die elastischen Deformationen samt ihrer Entstehungsursache ergeben, wenn es nur gelingt, genügend genaue Instrumente zur Messung der Wellenlänge zu bauen.

Der interessanteste, aber auch subtilste Fall wäre die direkte experimentelle Untersuchung des magnetischen Feldes, welches um einen elektrischen Strom herum entsteht; denn die Erforschung des elastischen Zustandes des Äthers in diesem Falle erlaubten uns, einen Blick zu werfen in das geheimnisvolle Wesen des elektrischen Stromes. Die Analogie erlaubt uns aber auch sichere Schlüsse über den Ätherzustand im magnetischen Felde, das den elektrischen Strom umgibt, wenn nur die vorher angeführten Untersuchungen zu einem Ziele führen.

Die quantitativen Forschungen über die absoluten Größen der Dichte und elastischen Kraft des Äthers können, wie ich glaube, erst beginnen, wenn qualitative Resultate existieren, die mit sicheren Vorstellungen verbunden sind; nur eins glaube ich noch sagen zu müßen. Sollte sich die Wellenlänge nicht proportional erweisen A + k, wobei A die elastischen Ätherkräfte a priori, also für uns eine empirisch zu findende Konstante, k die (variable) Stärke des magnetischen Feldes bedeutet, die natürlich den erzeugten in Betracht kommenden elastischen Kräften proportional ist, so wäre der Grund hiefür in der durch die elastische Deformation erzeugten Veränderung der Dichte des bewegten Äthers zu suchen.

Vor allem aber muß sich zeigen lassen, daß es für den elektrischen Strom zur Bildung des magnetischen Feldes einen passiven Widerstand gibt, der proportional ist der Länge der Strombahn und unabhängig vom Querschnitt und Material des Leiters.

Einsteins Abituraufsatz über seine Zukunftspläne

Manuskript von Albert Einstein „Mes projets d'avenir", [Aarau, 18. September 1896]

1896 legt Einstein an der Kantonsschule Aarau die Abiturprüfung ab. Das Thema seines Aufsatzes für die Französischprüfung lautet „Meine Zukunftspläne". Darin schreibt er, dass er Mathematik und Physik studieren will. Er möchte sich auf den theoretischen Teil dieser Wissenschaften konzentrieren, da er meint, kein praktisches Talent zu haben.

Einstein's final exam paper on his future plans

Manuscript by Albert Einstein "Mes projets d'avenir," [Aarau, 18 September 1896]

In 1896 Einstein takes his final exams at the Aarau Canton School. The topic of his essay for the French exam is "My Plans for the Future." In this essay he writes that he wants to study mathematics and physics. He would like to concentrate on the theoretical parts of these sciences, as he believes that he has no talent for practical matters.

Staatsarchiv des Kantons Aargau, Aarau, Switzerland
Call number: StAAG DE/KS05/1896/2270

Published in: The Collected Papers of Albert Einstein, vol. 1,
Princeton: Princeton University Press, 1987, doc. 22, p. 28

Albert Einstein

Mes projets d'avenir.

Un homme heureux est trop content de la présence <u>du présent</u> pour penser beaucoup à l'avenir. Mais de l'autre côté ce sont surtout les jeunes gens qui aiment s'occuper de hardis projets. Du reste c'est aussi une chose naturelle pour un jeune homme sérieux, qu'il se fasse une idée aussi précise que possible du but de ses désirs.

Si j'avais le bonheur de passer heureusement mes examens, j'irai à l'école polytechnique de Zurich. J'y resterais quatre ans pour étudier les mathématiques et la physique. Je m'imagine (de) devenir professeur dans ces branches de la science de la nature <u>naturelles</u> en choisissant la partie théorétique de ces sciences.

Voici les ~~choses~~ raisons ~~causes~~ qui m'ont
porté ~~me décider pour~~ à ce projet. C'~~l~~ est surtout la disposition
individuelle pour les pensées abstractes et
mathématiques, le manque de la phantaisie
et du talent pratique. Ce sont aussi mes
désirs qui ~~me présentent le même but,~~
~~m'ont inspiré~~ résolution
~~me conduisaient~~ à la même ~~profession~~.
C'est tout naturel, on aime toujours faire
les ~~ces~~ choses, pour lesquelles on a le talent.
Puis c'est aussi une certaine indépendance
de la profession ~~qui~~ scientifique qui me
plaît beaucoup.

3—4.

Albert Einstein,   Albert Einstein,
um 1898   ca. 1898

Jugenderinnerungen

Brief von Albert Einstein an Ernesta Marangoni, [Princeton], 16. August 1946

Einstein schreibt an die Freundin seiner Schwester Maja über seine Erinnerungen an die
Zeit in Pavia: „[...] Auch bin ich glücklich zu hören, dass alle Freunde [...] unversehrt sind
und der liebe Mussolini [am Galgen hängt], wie er es ehrlich verdient hat. Die glücklichen
Monate meines Aufenthalts in Italien sind meine schönsten Erinnerungen [...] Tage und
Wochen ohne Angst und ohne Sorgen."

Childhood memories

Letter from Albert Einstein to Ernesta Marangoni, [Princeton], 16 August 1946

Einstein writes to his sister Maja's friend about his memories of the time in Pavia:
"[...] I, too, am happy to hear that all friends [...] are uninjured and dear Mussolini
[on the gallows], as he honestly deserved. The happy months of my stay in Italy are
my fairest memories [...] Days and weeks without fear and without worries."

Museo per la Storia dell'Università di Pavia, Italy

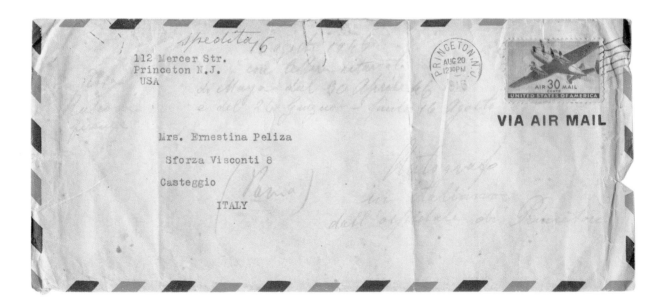

16. VIII. 46

Cara Ernestina!

Fui felice di vedere dopo tanti anni una lettera Sua — e chè anni! Sono anche felice di sentire, che tutti gli amici Casteggiani eccetto il marito di Iulia Mia siano incolumi — e caro Mussolini [symbol], come onestamente meritato. I mesi felici del mio soggorno in Italia sono le più belle ricordanze. Suo padre in mezzo come un secondo Leonardo da Vinci. Giorni e settimane senza ansie e senza tensione. Tanti saluti alla cara signora Iulia chè ha sofferto e ancora soffre più di tanti altri. Mi sono stabilito in America già 1932 mancando della vera fiducia negli uomini e in Iddio — vita raminga con una sola costante — lavoro mathematico.

Ho visto con orgoglia la Sua fiducia nella mia potenza del mondo materiale — fiducia illusionaria. Le mie relazioni colla ufficialità Inglese sono explicitamente fredde perchè ho accusato publicamente il regime coloniale inglese in occasione del problema Palestinense. Capirà benissimo chè in queste condizioni la mia benedizione non sarebbe molto efficace per il rinascimento del ponte sul ticino a Pavia. E lo farei tanto volontieri, se vedessi una qualche possibilità di riescita.

Cordiali saluti e auguri a tutti loro

Suo Alberto Einstein.

(Con disperato aiuto di Maja
a letto con la gamba rotta
nell' hospedale di Princeton).

Barbarensprache

Brief von Albert Einstein an Ernesta Marangoni, [Princeton, Anfang Oktober 1947]

Einstein entschuldigt sich, dass er den Brief auf Deutsch, der „Barbaren-Sprache",
verfasst habe, da er sich im Italienischen nicht mehr sicher genug fühle.

Language of barbarians

Letter from Albert Einstein to Ernesta Marangoni, [Princeton, beginning of October 1947]

Einstein apologizes for having written the letter in German, the "language of barbarians,"
because he no longer feels confident enough of his Italian.

Museo per la Storia dell'Università di Pavia, Italy

7 Ott. 1947

Liebe Marangoni!

Verzeihen Sie die Barbaren-Sprache.
Das Italienisch ist zu eingerostet
in Amerika.

Ihr Freund wird gewiss wissen,
an welche Fach-Kollegen er sich
wenden will. Ich bin gern bereit,
ihm dort als Persönlichkeit zu
empfehlen, sobald ich die Adressen
erhalte.

An die schöne Brücke in
Pavia habe ich oft gedacht, aber
mein schwacher Arm reicht
lange nicht so weit.

Herzliche Grüsse
Ihr
A. Einstein.

Erinnerungen an Maja

Brief von Albert Einstein an Ernesta Marangoni, Princeton, 1. Oktober 1952

Einstein berichtet Majas Jugendfreundin Ernesta über die vergangenen Jahre und Monate, die er gemeinsam mit seiner Schwester in Princeton verbracht hat.

Memories of Maja

Letter from Albert Einstein to Ernesta Marangoni, Princeton, 1 October 1952

Einstein writes to Maja's childhood friend Ernesta about the past years and months he spent with his sister in Princeton.

Museo per la Storia dell'Università di Pavia, Italy

A. EINSTEIN.
112, MERCER STREET.
PRINCETON.
NEW JERSEY. U.S.A.
October 1rst,1952

Dear Marangoni:

        I thank you for your two letters. The gentle reproach
I feel expressed in your second one is not justified,because
you did not give your address and your married name in your
first letter. Therefore I wrote you to Pavia without street etc.
and addressed to Marangoni. This letter came back,of course.
I hope,however, that the post will find you in Casteggio.

        What beautiful memory is Casteggio. What charm has the little
town seen with the admiring eyes of youth. I see again before me
your father who so benevolently looked upon the world and who
seemed to resemble Lionardo da Vinci. I see gain before me also
lovely Samazaro and Signorina Mai. It is difficult for me to
realize that we all have grown old together. In the imagination
the distance fixes everything as it was at that time.

        I did not know that you have relations with the Besso family
(Michele Besso is an old friend of mine) so that you know about
the death of Maja and Pauli. Maja has lived with me the last 12
years of her life to avoid the Nazis. Her dream was to return to
Italy but I knew that her illness would not permit this anymore.
But she was cheerful and of vivid mind until the last and did
always try to keep up the bonds with her old friends who all were
touchingly attached to her. I,myself,on the other hand always
loved solitude, a trait which tends to increase with age. It is
a strange thing to be so widely known and yet be so lonely. But
it is a fact that this kind of popularity - as it has become the
case with me - is forcing its victim into a defensive position
which leads to isolation.
                                    political
        We had to witness gigantic/upheavals and shall witness still
more if we are not called away in time. Essentially everything is
always the same. The nations always walk again into the trap,because
the atavistic impulses are stronger than reason and aquired con-
victions. Old Lichtenberg said rightly: "Experience does not make
clever, because each new folly appears in a new light".

        With cordial regards and wishes,

                            yours,

                            A. Einstein.

                            Albert Einstein.

Milieu einer Revolution

**Einsteins wissenschaftliche Revolution von 1905
ist auch das Ergebnis eines intellektuellen Milieus,
zu dem Auflehnung gegen Autoritäten und Kritik
an der zeitgenössischen Wissenschaft gehören.**

Einstein schreibt sich im Oktober 1896 am Züricher Polytechnikum ein. Dort trifft
er Mileva Marić, seine spätere Ehefrau, ebenso wie Marcel Grossmann und Michele
Besso, zwei Freunde, die ihm aus mancher Bredouille helfen.

Nach dem Abschluss des Studiums unterrichtet Einstein zunächst an Schulen in
Winterthur und Schaffhausen und zieht 1902 nach Bern, wo er eine Anstellung als
technischer Experte am Patentamt findet. Im gleichen Jahr wird Einstein zum ersten
Mal Vater: Die Tochter Lieserl kommt zur Welt. Im Jahr darauf heiratet er Mileva.
1904 wird der Sohn Hans Albert geboren.

Bald nach seiner Ankunft in Bern gründet Einstein zusammen mit den Freunden
Maurice Solovine und Conrad Habicht die „Akademie Olympia". Man debattiert über
Literatur, Philosophie und Wissenschaft und nimmt die Engstirnigkeit und den Auto-
ritätsdusel der akademischen Fachwelt aufs Korn. Aus diesen Diskussionen gehen
zahlreiche Anregungen für Einsteins revolutionäre Ideen hervor.

Milieu of a Revolution

**Einstein's scientific revolution of 1905 is also
the product of an intellectual environment to
which resistance against authority and criticism
of contemporary science belongs.**

In October 1896, Einstein enrolls at the Polytechnikum in Zurich. There he meets
his future wife, Mileva Marić, as well as Marcel Grossmann and Michele Besso, two
friends who help him out of many a spot of trouble. After completing his studies,
at first Einstein teaches at various schools in Winterthur and Schaffhausen before
moving to Bern in 1902, where he takes up a position as a technical expert at the
Patent Office. In the same year, Einstein becomes a father for the first time: his
daughter Lieserl is born. In the following year he marries Mileva, and in 1904 his
son Hans Albert is born.

Shortly after his arrival in Bern, Einstein founds the "Olympia Academy" together
with his friends Maurice Solovine and Conrad Habicht. They debate on literature,
philosophy, and science whereby the narrow-mindedness and belief in authority
of professional academia comes under fire. From these discussions, numerous
impulses for Einstein's revolutionary ideas evolve.

Stellensuche

Postkarte von Albert Einstein an Carl Paalzow, Mailand, 12. April 1901

Bei seiner Suche nach einer Assistentenstelle schreibt Einstein zahlreiche Blindbewerbungen. Im April 1901 kauft er einen Stapel frankierter Antwortpostkarten und verschickt sie. Eine erreicht Carl Paalzow, Professor an der Technischen Hochschule in Berlin. Die Bewerbung bleibt erfolglos.

Job search

Postcard from Albert Einstein to Carl Paalzow, Milan, 12 April 1901

While searching for a position as assistant professor, Einstein writes many unsolicited applications. In April 1901 he buys a stack of stamped reply cards and sends them off. One reaches Carl Paalzow, a professor at the Technische Hochschule of Berlin. The application is not successful.

*Archiv zur Geschichte der Max-Planck-Gesellschaft, Berlin, Germany
Call number: Abt. Va, Rep. 2, Nr. 2*

*Published in: The Collected Papers of Albert Einstein, vol. 5,
Princeton: Princeton University Press, 1993, doc. 98a, p. 4*

(Zustellvermerk von Charlottenburg am 14.4.01)
Italienische Postkarte mit Rückantwort

An Herrn Dr. Paalzow
Professor der Physik
an der Technischen Hochschule
Charlottenburg-Berlin
Germania
Mailand den 12. April 1901

Sehr geehrter Herr Professor!
Ich erlaube mir, bei Ihnen anzufragen, ob eine Assistentenstelle bei Ihnen frei ist, und mich in diesem Falle um dieselbe zu bewerben. Ich studierte 4 Jahre an der Abteilung für Mathematik und Physik des Polytechnikums in Zürich, wobei ich mich für Physik spezialisierte. Dort erwarb ich mir letzten Sommer das Diplom. Meine Zeugnisse stehen Ihnen natürlich gerne zur Verfügung.
Auch beehre ich mich, Ihnen mit gleicher Post einen Abdruck meiner jüngst in den Annalen der Physik erschienenen Abhandlung zu unterbreiten.
Mit vorzüglicher Hochachtung
Albert Einstein.

anhängende Rückantwortkarte (unbenutzt)
An Herrn Albert Einstein
Via Bigli 21
Milano, Italia

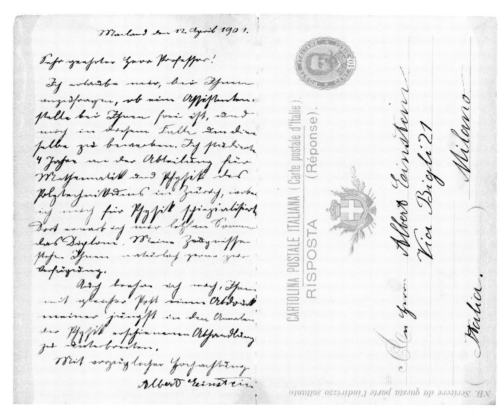

Ein furibunder Einstein

Postkarte von Albert Einstein an Conrad Habicht, [Bern, 6. August 1904]

„Lieber Habicht! Sie sind ein miserabler Mensch. ------------------
Alles andere hoffentlich bald mündlich in Bern.
Mit Grüßen an Sie und Angehörige Ihr furibunder E.
S[olovine] ist nach Lyon abgereist."

A furious Einstein

Postcard from Albert Einstein to Conrad Habicht, [Bern, 6 August 1904]

"Dear Habicht! You are a villainous person. ------------------
Everything else verbally in Bern hopefully soon.
Greetings to you and your family Your furious E.
S[olovine] left for Lyon."

Bibliothek der Eidgenössischen Technischen Hochschule, Zurich, Switzerland
Call number: Hs 1457:16

Published in: The Collected Papers of Albert Einstein, vol. 5,
Princeton: Princeton University Press, 1993, doc. 22, p. 28

Die angekündigte Revolution

Brief von Albert Einstein an Conrad Habicht, Bern, Donnersta[g],
[18. oder 25. Mai 1905]

Einstein kündigt seinem Freund vier Arbeiten an: seine Arbeit über die Lichtquantenhypothese, seine Doktorarbeit über die Größe der Atome, seine Arbeit über die
Brown'sche Bewegung und seine Arbeit über die Elektrodynamik bewegter Körper,
die seine Spezielle Relativitätstheorie enthält.

The revolution proclaimed

Letter from Albert Einstein to Conrad Habicht, Bern, Thursday,
[18 or 25 May 1905]

Einstein announces four papers to his friend: his paper on the light-quantum
hypothesis, his doctoral disseration on the size of atoms, his paper on Brownian
motion and his paper on the electrodynamics of moving bodies, which contains
his special theory of relativity.

Bibliothek der Eidgenössischen Technischen Hochschule, Zurich, Switzerland
Call number: Hs 1457: 20

Published in: The Collected Papers of Albert Einstein, vol. 5,
Princeton: Princeton University Press, 1993, doc. 27, pp. 31–32

Lieber Herbert!

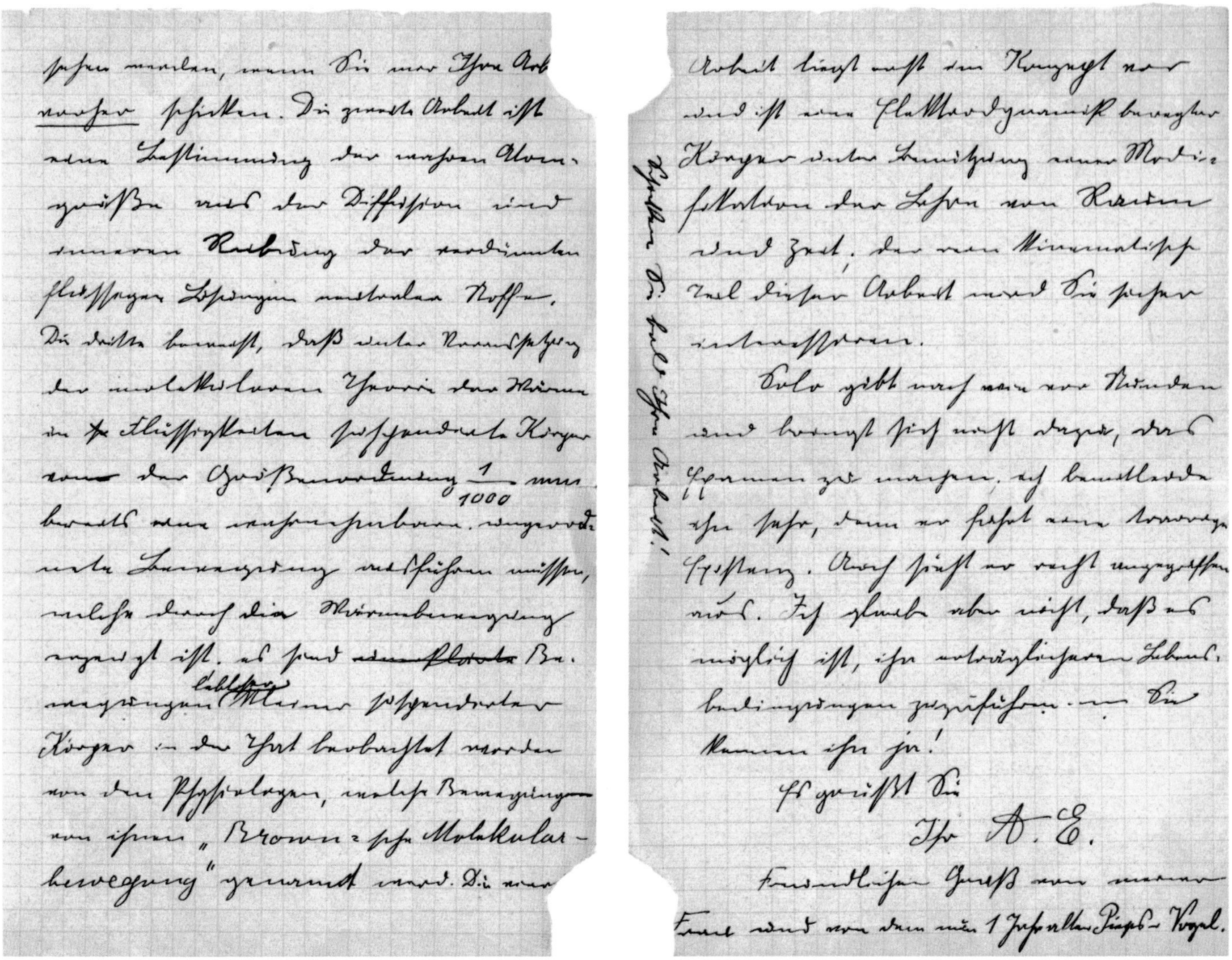

[Handwritten letter in German Kurrentschrift]

... gehen werden, wenn Sie mir Ihre Arbeit nachher schicken. Die zweite Arbeit ist eine Bestimmung der wahren Atomgrößen aus der Diffusion und inneren Reibung der verdünnten flüssigen Lösungen neutraler Stoffe. Die dritte beweist, daß unter Voraussetzung der molekularen Theorie der Wärme in Flüssigkeiten suspendirte Körper von der Größenordnung $\frac{1}{1000}$ mm bereits eine wahrnehmbare ungeordnete Bewegung vollführen müssen, welche durch die Wärmebewegung erzeugt ist. Es sind solche Bewegungen kleiner suspendirter Körper in der That beobachtet worden von den Physiologen, welche Bewegungen von ihnen „Brown'sche Molakularbewegung" genannt werden. Die ...

... Arbeit liegt noch im Konzept vor und ist eine Elektrodynamik bewegter Körper unter Benützung einer Modifikation der Lehre von Raum und Zeit; der rein kinematische Teil dieser Arbeit wird Sie gewiss interessiren.

Solo geht noch wie vor Windeln und braucht sich noch drei, vier Stunden zu machen. Ich bedaure ihn sehr, denn er steht eine schwere Stellung. Auch sieht er recht angegriffen aus. Ich glaube aber nicht, daß es möglich ist, ihm erträglichere Lebensbedingungen zu verschaffen. — Du kennen ihn ja!

Es grüßt Dich

Ihr A. E.

Freundliche Grüße von meiner Frau und von dem mir 1 Jahr alten Buben — Vogel.

Bern, Donnersta[g,] [18 oder 25 Mai 1905]

Lieber Habicht!

Es herrscht ein weihevolles Stillschweigen zwischen uns, so daß es mir fast wie eine sündige Entweihung vorkommt, wenn ich es jetzt durch ein wenig bedeutsames Gepappel unterbreche. Aber geht es dem Erhabenen in dieser Welt nicht stets so?
Was machen Sie denn, Sie eingefrorener Walfisch, Sie geräuchertes, getrocknetes einge-büchstes Stück Seele, oder was ich sonst noch, gefüllt mit 70% Zorn und 30% Mitleid, Ihnen an den Kopf werfen möchte! Nur letzteren 30% haben Sie es zu verdanken, daß ich Ihnen neulich, nachdem Sie Ostern so sang- und klanglos nicht erschienen waren, nicht eine Blechbüchse voll aufgeschnittenen Zwiebeln und Knobläuchern zuschickte. Aber warum haben Sie mir Ihre Dissertation immer noch nicht geschickt? Wissen Sie denn nicht, daß ich einer von den 1 1/2 Kerlen sein würde, der dieselbe mit Interesse und Vergnügen durchliest, Sie Miserabler? Ich verspreche Ihnen vier Arbeiten dafür, von denen ich die erste in Bälde schicken könnte, da ich die Freiexemplare baldigst erhalten werde. Sie handelt über die Strahlung und die energetischen Eigenschaften des Lichtes und ist sehr revolutionär, wie Sie sehen werden, wenn Sie mir Ihre Arb[eit] vorher schicken. Die zweite Arbeit ist eine Bestim-mung der wahren Atomgröße aus der Diffusion und inneren Reibung der verdünnten flüssigen Lösungen neutraler Stoffe. Die dritte beweist, daß unter Voraussetzung der molekularen Theorie der Wärme in Flüssigkeiten suspendirte Körper von der Größenordnung 1/1000 mm bereits eine wahrnehmbare ungeordnete Bewegung ausführen müssen, welche durch die Wärmebewegung erzeugt ist; es sind <unerklärte> Bewegungen lebloser kleiner suspendirter Körper in der That beobachtet worden von den Physiologen, welche Bewegungen von ihnen „Brown-sche Molekularbewegung" genannt wird. Die vier[te] Arbeit liegt erst im Konzept vor und ist eine Elektrodynamik bewegter Körper unter Benützung einer Modifikation der Lehre von Raum und Zeit; der rein kinematische Teil dieser Arbeit wird Sie sicher interessiren.
*Solo gibt nach wie vor Stunden und bringt sich nicht dazu, das Examen zu machen; ich bemit-leide ihn sehr, denn er führt eine traurige Existenz. Auch sieht er recht angegriffen aus. Ich glaube aber nicht, daß es möglich ist, ihn erträglicheren Lebensbedingungen zuzuführen –
Sie kennen ihn ja!*

Es grüßt Sie Ihr
A.E.

Freundlichen Gruß von meiner Frau und von dem nun 1 Jahr alten Pieps-Vogel.
Schicken Sie bald Ihre Arbeit!

Einladung zum abendlichen Treff

Postkarte von Albert Einstein an Conrad Habicht, [Zürich, 3. Mai 1913 oder später]

In launigem Ton lädt Einstein den Freund samt Frau und Bruder ein. Er unterzeichnet die Karte mit „St.B." als Abkürzung für „Steißbein", seinem Spitznamen in der „Akademie Olympia".

Invitation to an evening get-together

Postcard from Albert Einstein to Conrad Habicht, [Zurich, 3 May 1913 or later]

In a whimsical tone, Einstein invites his friend along with his wife and brother.
He signs the card "St.B.," an abbreviation for "Steißbein" ("tailbone"), his nickname in the "Olympia Academy".

Bibliothek der Eidgenössischen Technischen Hochschule, Zurich, Switzerland
Call number: Hs 1457:43

Published in: The Collected Papers of Albert Einstein, vol. 5,
Princeton: Princeton University Press, 1993, doc. 439, p. 522

Die „Akademie Olympia": Conrad Habicht, Maurice Solovine und Albert Einstein (v.l.n.r.), um 1903

The "Olympia Academy": Conrad Habicht, Maurice Solovine and Albert Einstein (from l. to r.), ca. 1903

Teilnahme an der schweizerischen Naturforscherversammlung

Albert Einsteins Teilnehmerkarte für die 96. Jahresversammlung der schweizerischen Naturforschenden Gesellschaft vom 7. bis 10. September 1913 in Frauenfeld

Einstein hält dort einen Vortrag über seine kurz zuvor vollendete „Entwurftheorie", eine Gravitationstheorie, an der er auf der Suche nach der Allgemeinen Relativitätstheorie lange Zeit festhält.

Participation in the Swiss Natural History Society Convention

Albert Einstein's ticket for the 96th Annual Convention of the Swiss Natural History Society, 7 to 10 September 1913 in Frauenfeld

There Einstein holds a lecture on the "Entwurf theory" he has just completed. He adheres to this theory for a long time in his search for the general theory of relativity.

Bibliothek der Eidgenössischen Technischen Hochschule, Zurich, Switzerland
Call number : HS 1457:73

PROGRAMM

Sonntag den 7. September.

Nachmittags 5½ Uhr: Sitzung der vorberatenden Kommission im Rathaus.
Abends 8¼ Uhr: Empfang und Begrüßung der Gäste im Hôtel Bahnhof durch die Thurgauische Naturforschende Gesellschaft.

Montag den 8. September.

Vormittags 8 Uhr: Erste allgemeine Sitzung im Rathaussaale.
10½ Uhr: Erfrischungspause.
Nachmittags 1 Uhr: Bankett im Hotel Bahnhof.
3 Uhr: Besichtigung der Konservenfabrik Frauenfeld und Ausflug nach der Karthause Ittingen.
Abends 8 Uhr: Gesellige Vereinigung im Hotel Bahnhof.

Dienstag den 9. September.

Vormittags 8 Uhr: Sitzungen in Lehrzimmern der Kantonsschule.
10½ Uhr: Erfrischungspause.
Nachmittags 1 Uhr: Mittagessen nach Sektionen.
3 Uhr: Fahrt mit Extrazug über Weinfelden und Berg nach Schloß Arenenberg am Untersee.
Abends 7 Uhr: Gemeinschaftliches Abendessen in Ermatingen.
8⁵⁵: Rückfahrt nach Frauenfeld.

Huber & Co. in Frauenfeld

Mittwoch den 10. September.

Vormittags 8 Uhr: Zweite allgemeine Sitzung im Rathaussaale.
10½ Uhr: Schlußbankett im Hotel Bahnhof.

FEST-ABZEICHEN

Allgemeines Abzeichen: rot-weiße Rosette.
Jahresvorstand: rot mit grün-weißem Knopf.
Finanzkomitee: gelb.
Empfangs- und Quartierkomitee: weiß.
Wirtschaftskomitee: grün.
Unterhaltungskomitee: lila.

FAHRGELEGENHEIT
MIT DEN ABENDZÜGEN

Richtung Winterthur	3⁵⁸	4³⁰	5²²	6¹²	8⁰²	10²³
„ Romanshorn	3⁵⁰		5¹⁴	6⁵⁸ Expreß	7¹⁷	9⁴⁵
„ Wil		4⁰²			7¹⁰	8¹⁶

Nr. 1
Empfangsabend im Hotel Bahnhof
Sonntag den 7. September 1913

Nr. 2
Mittagsbankett im Hotel Bahnhof
Montag den 8. September 1913

Nr. 3
Abendunterhaltung im Hotel Bahnhof
Montag den 8. September 1913

Nr. 5
Abendessen im Hotel Adler in Ermatingen
Dienstag den 9. September 1913

Nr. 6
Schlußbankett im Hotel Bahnhof
Mittwoch den 10. September 1913

Nachruf auf die „Akademie Olympia"

Brief von Albert Einstein an Maurice Solovine, Princeton, 3. April 1953

Die „Akademie Olympia" existierte nur wenige Jahre, doch Einstein erinnert sich sein
Leben lang an die anregenden Zusammenkünfte. Als Solovine und Habicht ihrem
ehemaligen „Präsidenten" ein halbes Jahrhundert später eine Postkarte aus Paris
schreiben, erwidert Einstein diese mit einem wehmütigen Nachruf.

Obituary for the "Olympia Academy"

Letter from Albert Einstein to Maurice Solovine, Princeton, 3 April 1953

The "Olympia Academy" only existed for a few years, yet Einstein remembers the
stimulating gatherings for the rest of his life. When Solovine and Habicht write their
former "president" a postcard from Paris half a century later, Einstein responds
with wistful nostalgia.

An die unsterbliche Akademie Olympia.

In deinem kurzen aktiven Dasein hast du in kindlicher Freude dich ergötzt an allem was klar und gescheit war. Deine Mitglieder haben dich geschaffen, um sich über deine grossen, alten und aufgeblasenen Schwestern lustig zu machen. Wie sehr sie damit das Richtige getroffen haben, hab ich durch langjährige sorgfältige Beobachtungen voll zu würdigen gelernt.

Wir alle drei Mitglieder haben uns zum Mindesten als dauerhaft erwiesen. Wenn sie auch schon etwas kränklich sind, so strahlt doch noch etwas von deinem heitern und belebenden Licht auf unsern einsamen Lebenspfad; denn du bist nicht mit ihnen alt geworden und ausgewachsen wie eine ins Kraut gewachsene Salatpflanze.

Dir gilt meine Treue und Anhänglichkeit bis zum letzten hochgelehrten Schnaufer! Das nunmehr nur korrespondierende Mitglied

A. E.

Princeton 3. IV. 53.

Einsteins akademischer Aufstieg

Einsteins Karriere erreicht mit dem Ruf nach Berlin einen ersten Höhepunkt.

Einsteins Durchbruch von 1905 bleibt nicht unbemerkt, doch umstritten – keine sichere Basis für eine akademische Karriere. Nach einem Lehrauftrag an der Universität Bern kündigt Einstein erst 1909 den Dienst im Patentamt, weil ihm eine Stelle als außerordentlicher Professor für theoretische Physik an der Universität Zürich vermittelt wird. Nun beginnt der Aufstieg: 1910 wird er ordentlicher Professor an der Deutschen Universität Prag, 1911 an der ETH Zürich. Im Sommer 1913 besuchen Planck und Nernst Einstein mit dem Angebot einer Stelle an der Preußischen Akademie der Wissenschaften in Berlin und einer Direktorenstelle am geplanten Kaiser-Wilhelm-Institut für Physik. Einsteins Kommentar: „Die Herren Berliner spekulieren mit mir wie mit einem prämierten Leghuhn; aber ich weiß nicht, ob ich noch Eier legen kann."

Einstein's Academic Career

Einstein's career first took off with his call to Berlin.

Albert Einstein is elected a member of the Royal Academy of Sciences in Madrid. To Einstein's right is the king of Spain, Alfons XIII, 1923

Einstein's breakthrough in 1905 does not go unnoticed, but it is controversial and therefore not a firm foundation for an academic career. Einstein obtains a lectureship at the University of Bern but does not resign his post at the Patent Office until 1909, when he is offered a position as associate professor of theoretical physics at the University of Zurich. His career then takes off: in 1910 he becomes a full professor at the German University of Prague, and in 1911 at the ETH in Zurich. During the summer of 1913, Planck and Nernst visit Einstein with offers of a position at the Prussian Academy of Sciences in Berlin, and of a directorship at the planned Kaiser Wilhelm Institute for Physics. Einstein's comment: "The Berliners are speculating with me as with a prize-winning laying hen; but I don't know if I can still lay eggs."

Forschungsförderung

Dankschreiben von Albert Einstein an Emil Fischer, Zürich, 5. November 1910

Franz Oppenheim, der Mitbegründer der Agfa, stellt Einstein 15 000 Mark als Unterstützung für seine Forschung zur Verfügung. Der großzügige Gönner will aber anonym bleiben und beauftragt Emil Fischer, den Ordinarius für Chemie an der Berliner Universität, die Mittel an Einstein weiterzuleiten.

Research sponsorship

Letter of thanks from Albert Einstein to Emil Fischer, Zurich, 5 November 1910

Franz Oppenheim, the co-founder of Agfa, provides Einstein with 15,000 marks to support his research. However, the generous patron wishes to remain anonymous, authorizing Emil Fischer, professor of chemistry at the University of Berlin, to forward the funds to Einstein.

Published in: The Collected Papers of Albert Einstein, vol. 5,
Princeton: Princeton University Press, 1993, doc. 232, p. 262

acc. Darmst 1917.141.

5

Zürich. 5. XI. 1910.

Hochgeehrter Herr Prof. Fischer!

Sehr geehrt und noch mehr beschämt fühle ich mich, meine Arbeiten von einem solchen Forscher rühmen zu hören. Täglich fühle ich es ja mit aller Deutlichkeit, wie ohnmächtig ich den drängenden Problemen meiner Wissenschaft gegenüberstehe. Jene Theorie des spezifischen Wärme, deren Prüfung Herr Prof. Nernst so erfolgreich begonnen hat, ist beispielsweise noch recht unbefriedigend. sie hat die Ungültigkeit unserer Mechanik zur Voraussetzung, und alle Bemühungen, die Molekularmechanik den gebieterischen Anforderungen der ~~Mecha~~ Erfahrung ~~nik~~ anzupassen, waren ohne Erfolg.

Ihr grossmütiges Anerbieten nehme ich mit vielem Dank an, zumal mir durch

Fie* 1908

das in Aussicht gestellte Kapital wirklich das wissenschaftliche Arbeiten beträchtlich erleichtert würde. Ich bitte Sie, dem Manne, der so bedeutende Summen zu spenden gesonnen ist, zu sagen, dass ich die mir anvertrauten Mittel aufs Gewissenhafteste anwenden werde.

Indem ich Ihnen nochmals von Herzen danke, verbleibe ich

mit aller Hochachtung

Ihr ergebener A. Einstein.

Albert Einstein
mit seiner
Mutter Pauline,
um 1910

Albert Einstein
with his
mother Pauline,
ca. 1910

Statistik und Kausalität

Manuskript von Albert Einstein „Über das Boltzmann'sche Prinzip und einige unmittelbar aus demselben fliessende Folgerungen", [Ende 1910]

Einstein diskutiert am Boltzmann'schen Prinzip das Verhältnis von Kausalitätsprinzip und statistischer Thermodynamik. Ausarbeitung eines am 2. November 1910 in Zürich gehaltenen Vortrags, in dem Einstein seine Beiträge zur statistischen Physik resümiert.

Statistics and causality

Manuscript by Albert Einstein "On Boltzmann's Principle and a Number of Conclusions Directly Following from It," [late 1910]

Einstein uses Boltzmann's principle to discuss the relationship between the principle of causality and statistical thermodynamics. Elaboration of a lecture held in Zurich on 2 November 1910, in which Einstein sums up his contributions to statistical physics.

1

Über das Boltzmann'sche Prinzip und einige unmittelbar aus demselben fliessende Folgerungen.

Die Thermodynamik beruht bekanntlich auf zwei Prinzipien, dem Energieprinzip (auch 1. Hauptsatz genannt) und dem Prinzip von der Nichtumkehrbarkeit des Naturgeschehens (auch 2. Hauptsatz genannt). Der Inhalt des letzteren Prinzip lässt sich nach Planck so aussprechen

Alle Wissenschaft ist auf die Voraussetzung der vollständigen kausalen Verknüpfung jeglichen Geschehens begründet. Nehmen wir an Galilei hätte bei seinen Pendelversuchen gefunden, dass dasselbe Pendel so schwingt, dass die Dauer einer Schwingung in unregelmässigster Weise wechselt. Nehmen wir ferner an, dass dieser Wechsel mit dem Wechsel irgend welcher anderer beobachtbarer Verhältnisse nicht hätte in Verbindung gebracht werden können. Dann wäre es Galilei unmöglich gewesen seine Beobachtungen zu einem Gesetze zu vereinigen. Hätten alle uns zugänglichen Erscheinungen einen derart unregelmässigen Charakter, wie wir dies in dem soeben fingierten Falle uns vorgestellt haben, so wären die Menschen gewiss nie auf naturwissenschaftliche Bestrebungen verfallen.

Welchen Charakter müssten die Erscheinungen haben, damit Wissenschaft möglich sei? Darauf möchte man zuerst etwa folgendermassen antworten: Bringen wir ein System in einen bestimmten Zustand, so ist falls dies System von anderen Systemen — etwa durch grosse räumliche Entfernung getrennt ist, der zeitliche Ablauf der Zustände dieses Systems vollkommen bestimmt, d. h. bringen wir beliebig viele gleichbeschaffene isolierte Systeme in genau denselben Zustand und überlassen wir diese Systeme sich selbst, so ist für alle diese Systeme der zeitliche Ablauf der Erscheinungen genau derselbe.

2

Wie steht es nun nach unserem heutigen Wissen mit der (vollständigen) ~~lückenlosen~~ kausalen Verknüpfung des Geschehens? Die Frage ist nicht zu beantworten, bevor man sie genauer fixiert hat. Wir wollen dies sogleich thun, indem wir uns eines Beispiels bedienen. Es liege ein Würfel aus Kupfer von gegebener Grösse vor, der ~~nach~~ ~~wissen~~ durch eine für Wärme undurchlässige Hülle ganz bestimmte Temperaturverteilung her ~~überlassen ihn dann, nachdem wir ihn~~ ~~In diesem Würfel~~ ~~stellen wir~~ durch Einwirkungen von aussen eine ~~abgeschlossen ist.~~ Die Temperatur ~~verteilung~~ in dem Würfel zu einer bestimmten mit einer wärmeisolierenden Hülle umgeben haben, sich selbst. Zeit, die wir Anfangszeit nennen, ~~zu bestimmter~~ sei vollständig bekannt.

Wir wissen, dass sich dann durch den Vorgang der Wärmeleitung im Laufe der Zeit ein Temperaturausgleich vollzieht. Der Temperaturverlauf in allen Punkten des Würfels wird sich ~~im Laufe der Zeit~~ ~~in bestimmter Weise ändern~~, mit dem dabei als durch den Anfangszustand "eindeutig bestimmt" erweisen Ausdruck, "~~in bestimmter Weise~~" "eindeutig bestimmt" meinen wir dabei, dass wir stets dieselben Temperaturverläufe wahrnehmen werden, wie oft ~~man~~ wir auch das Experiment wiederholen mögen, d. h. wie oft wir auch die anfängliche Temperaturverteilung herstellen und den Würfel dann sich selbst überlassen mögen. Besteht diese eindeutige Bestimmtheit des Verlaufes, diese vollständige kausale Verknüpfung des Geschehens wirklich? ~~Um~~ einem naheliegenden, uns aber nicht interessierenden Einwand zu begegnen, stellen wir die Frage lieber in folgender Form: Konstatieren wir die vollständige kausale Verknüpfung des Geschehens stets mit umso grösserer Annäherung, je genauer wir den Anfangszustand realisieren, und je genauer wir den zeitlichen Verlauf messend verfolgen?

Der Standpunkt, ~~welchen die~~ der Physiker dieser Frage gegenüber ~~einnehmen~~ hat sich im Laufe des letzten Jahrhunderts erheblich geändert. Wenn wir von ~~den Erscheinungen~~ der Brown'schen Bewegung, den radioaktiven Schwankungen und einigen wenigen anderen Erscheinungen einstweilen absehen, die erst in den letzten Jahren in den Brennpunkt des wissenschaftlichen Interesses gerückt wurden, so kommen wir entschieden zu dem Urteil, dass ~~eine~~ vollständige kausale Verknüpfung in dem zuletzt angegebenen Sinne nach der Erfahrung vorhanden sei. Trotzdem kann die

3

Physiker, und zwar speziell die Wärmetheoretiker dazu, die vollständige kausale Verknüpfung des Geschehens, soweit genauer gesprochen des Geschehens soweit es Gegenstand der Beobachtung sein kann, in Abrede zu stellen. Werfen
wir einen flüchtigen Blick auf diese Entwicklung! Aus der einfachen Vorstellung
heraus, dass die Gase bestehen aus materiellen Punkten (Molekülen bestehen) die im Wesentlichen nur
durch Berührung (Zusammenstoss) aufeinander mechanisch einwirken, vermochte
Clausius eine Beziehung zwischen den spezifischen Wärmen und der Konstante
der Zustandsgleichung einatomiger Gase, sowie eine Beziehung zwischen
Wärmeleitung, innerer Reibung und Diffusion von Gasen abzuleiten,
welche Grössen bezw. Erscheinungen ohne Clausius' Theorie vollständig
ohne Zusammenhang dastanden. Dieser grosse Erfolg veranlasste die Physiker, dazu
die Wärmeerscheinungen auf unregelmässige Bewegungen der Moleküle zurückzuführen. Diese
kinetische Theorie der Wärme brachte es aber mit sich, dass die Gesetze der Wärmeleitung etc. nur als angenähert gültige Gesetze aufgefasst werden mussten. Ein exakt
gültiges Gesetz der Wärmeleitung kann es nach dieser Theorie überhaupt nicht
geben, sondern nur ein Durchschnittsgesetz. Dass die Abweichungen von diesen
Durchschnittsgesetzen für gewöhnlich sehr klein sein müssen ist prinzipiell gleich-
gültig.

Die durch die Erfahrung in soweitgehendem Masse gestützte kinetische
Theorie ist aber nicht nur unvereinbar mit der Voraussetzung, dass das
beobachtbare Geschehen exakt vollständig kausal verknüpft sei: Die
von Maxwell, Boltzmann und Gibbs ausgeführten Un-
tersuchungen zeigen auch, dass beliebig grosse der Beobachtung zugängliche Abweichungen von jenen
Mittelwertgesetzen vorkommen müssen, wenn dies auch bei den
meisten der Erfahrung zugänglichen Erscheinungsgruppen Systemen nach der
Theorie so selten auftritt, dass wir nicht dazu kommen, jene Abweichungen
wirklich zu konstatieren.

4

Am prägnantesten zeigt folgende wohlbekannte Überlegung, dass ~~es auf dem~~ die Gesetze der Wärmeleitung sowie alle anderen Gesetze, welche nicht-umkehrbare Vorgänge betreffen, nicht exakt sein können. Nach der ~~kinetischen~~ Wärmetheorie ist die (zeitliche) Umkehrung jedes molekularen Bewegungsvorganges gleichfalls ein möglicher Bewegungsvorgang, also gibt es überhaupt keinen (thermischen) Vorgang, der nicht auch in umgekehrten Sinne verlaufen könnte. So muss es also als vom Standpunkt der molekularen Theorie der Wärme (als) möglich angesehen werden, dass durch blosse Wärmeleitung Wärme ~~aus~~ einem kälteren ~~zu~~ (in einem) wärmeren Körper überströmt. Warum beobachten wir dies nicht? Zeigt diese Überlegung nicht, dass die ~~kinetische~~ Theorie der Wärme fallen gelassen werden muss?

Diese Frage ist von Boltzmann beantwortet worden, und zwar in folgendem Sinne: Es sei irgend ein (abgeschlossenes) physikalisches System betrachtet, dessen Energie einen bestimmten gegebenen Wert habe. Wir bezeichnen alle beobachtbaren Zustände, welche dies System bei dem gegebenen Energiewert annehmen kann, mit $Z_1, Z_2 \ldots Z_\ell$. Bei dem Beispiel des Kupferwürfels würde also jedes Z_ν eine bestimmte Temperaturverteilung bedeuten, wobei im Ganzen ℓ von einander unterscheidbare Temperaturverteilungen möglich sind. Es werde nun aber angenommen, diese Zustände Z seien von ganz verschiedener Wahrscheinlichkeit, derart, dass von allen von einem gegebenen Zustande Z sehr wenig ab- weichenden Zuständen einer (Z_ℓ) weitaus wahrscheinlicher ist als alle übrigen, dann wird das System, falls es ~~vom~~ (in den) Zustand Z_a ~~ausgehend~~ (gebracht und dann) (sich selbst über- lassen wird), weit wahrscheinlicher in den Zustand Z_ℓ übergehen als in in einen anderen der dem Zustand Z_a benachbarten Zustände. Die Wahrschein- lichkeit dafür, dass dies eintrete, kann der Einheit (~~mt~~ d. h. der Gewissheit) beliebig nahe kommen, wobei es aber prinzipiell ausgeschlossen ist, dass ~~man~~ dieser Übergang vollkommen gewiss sei. D. h. Wenn wir das System sehr oft in der

5

Zustand Z_a bringen, so wird auf den Zustand Z_a in der grossen Mehrzahl der Fälle, aber keineswegs immer der Zustand Z_b folgen; ~~auch~~ ein Übergang in jeden andern der dem Zustand Z_a benachbarten Zustände wird gelegentlich (wenn auch höchst selten) auftreten. Was vom Übergang aus dem Zustande Z_a in den benachbarten Zustand Z_b gesagt wurde, das gilt ~~dasss~~ wieder von der Aenderung welche das System vom Zustande Z_b im folgenden Zeitteilchen erfährt. So gelangt man zu einer Auffassung der (scheinbar) ~~nicht umkehrbaren Prozesse~~.

Diese Skizze von der Boltzmann'schen Auffassung ist unvollständig. Es müssen noch die Fragen beantwortet werden: „Was ist unter der Wahrscheinlichkeit der einzelnen Zustände Z_1, Z_2 ... zu verstehen" und „Warum ist ein ~~findet der~~ Übergang von einem Zustande Z_a zu dem wahrscheinlichsten benachbarten Zustande Z_b wahrscheinlicher als ein Übergang zu den übrigen benachbarten Zuständen?"

In der ersten dieser Fragen bemerken wir folgendes. Nach der ~~molekularen~~ ~~Th~~ kinetischen Theorie der Wärme kann es ein Temperaturgleichgewicht im strengen Sinne ~~überhaupt nicht~~ nicht geben. Derjenige Zustand, welchen wir ~~als~~ den des Temperaturgleichgewichtes nennen, ist derjenige, welchen ein sich selbst ungeheuer lange überlassenes System am häufigsten hat. Aber es ist eine Konsequenz der kinetischen Theorie, dass das System alle möglichen Zustände im Laufe langer Zeiten von selbst annimmt, und zwar nimmt das System einen Zustand umso seltener an, je ~~weiter dieser von~~ Zustande des Thermodynamischen Gleichgewichts abliegt. Der unendlich lange sich selbst überlassene Kupferwürfel ändert unaufhörlich seine Temperaturverteilung, wobei er ~~sich~~ aber höchst selten Temperaturverteilungen annimmt, die sich beträchtlich von (der Temperaturverteilung des) Temperaturgleichgewichtes unterscheiden. Wenn wir ein System die Zeit hindurch ~~ungeheuer~~ lange beobachtet denken, so wird es einen für die meisten Zustände Z_v angemein kleinen ~~Bruchteil~~ dieser Gesamtzeit geben, während dessen ~~welchem~~ das System gerade den Zustand Z_v einnimmt. ~~Das~~ Verhältnis $\frac{\tau}{T}$ nennen wir die Wahrscheinlichkeit W_v des betreffenden Zustandes.

6

Legte man diese Definition der Wahrscheinlichkeit eines Zustandes zu Grunde, so kann man allgemein einsehen, dass sich ein System aus einem Zustande Z_a im Durchschnitt so ändert, dass auf diesen Zustand der benachbarte Zustand Z_i grösster Wahrscheinlichkeit folgt. Ich muss dies nur erwähnen, ohne auf die Begründung einzutreten. ~~Dies ist die Antwort auf die zweite der oben gestellten Fragen.~~

Wesentlich ist, dass man die Definition der Wahrscheinlichkeit eines Zustandes unabhängig von dem kinetischen Bilde definieren kann; die Wahrscheinlichkeit W ist eine prinzipiell der Beobachtung zugängliche Grösse, wenn auch deren direkte Beobachtung wegen der Kürze der uns zur Verfügung stehenden Zeit in den meisten Fällen ausgeschlossen ist.

Überlässt man ein System in einem von ~~Temperat~~ thermodynamischen Gleichgew nicht erheblich verschiedenen Zustande sich selbst, so nimmt es successive Zustände von grösserem W an. Diese Eigenschaft hat die Zustandswahrscheinlichkeit W mit der Entropie S des Systems gemeinsam, und es hat ~~bereits~~ Boltzmann gefunden, dass zwischen W und S die Beziehung

$$S = k \lg W$$

d. h. von der ~~gewählten~~ der Wahl des Systems unabhängige

besteht, wobei k eine universelle Konstante bedeutet. Dies ist die ~~wichtige~~ Gleichung, die den ~~mathematischen~~ Ausdruck der Boltzmann'schen Auffassung

Diese Boltzmann'sche Gleichung kann in zwei verschiedenen

angewendet werden.

Weise~~n~~ ~~Anwendung finden~~ Es kann erstens ein mehr oder weniger vollständiges molekular-theoretisches Bild vorliegen, auf Grund dessen man die Wahrscheinlichkeit W berechnen kann. Die Boltzmann'sche Gleichung liefert dann die Entropie S. ~~In dieser Weise~~ So wurde Boltzmanns Gleichung bisher meist angewendet.

d. h. ein Grammmolekül,

Beispiel. In einem Volumen V seien N Moleküle gewisser Art vorhanden.

im Vergleich zum Eigenvolumen der N Moleküle

Das Volumen sei so gross, und die ausser den N Molekülen vorhandene Materie – ~~über V~~ falls solche vorhanden ist – über V gleichmässig verteilt, derart, dass es

7

für jedes der N Moleküle die verschiedenen Punkte von V_0 gleichwertig sind. Es ist dies ein unvollständiger Ausdruck des Bildes, welchen wir uns von einem idealen Gase oder von einer verdünnten Lösung machen. Wie gross ist die Wahrscheinlichkeit W dafür, dass sich alle N Moleküle in einem zufällig herausgegriffenen Augenblick im Teilvolumen V des Volumens V_0 befinden?

Eine einfache Überlegung ergibt

$$W = \left(\frac{V}{V_0}\right)^N,$$

~~sollen wir~~ Hieraus finden wir mit Benutzung der Boltzmannschen ~~Konstante~~ Gleichung

$$S = k\, N \lg\left(\frac{V}{V_0}\right) = k\, N \lg V + \text{konst.},$$

wobei die ~~Integra tions~~ Konstante „konst" wohl von der Temperatur, nicht aber vom Volumen abhängen kann. Hieraus erhalten wir sogleich die Kraft, welche die N Moleküle auf eine Wand auszuüben vermögen, die sie zwingt, im Volumen V zu verbleiben. Ist nämlich die Energie des Systems von V unabhängig, ~~dann ist~~ und bedeutet $\mathfrak{A}$ die bei einer unendlich kleinen Ver~~~minderung~~~ grösserung des Volumens V auf umkehrbarem Wege aufgenommene Arbeit, so ist

$$p\, dV = \left|-\frac{dE}{T}\right| + \mathfrak{A} = + T\, dS = + k\, N T \frac{dV}{V},$$

also

$$p\, V = k\, N T.$$

Wir haben also die Gleichung der idealen Gase und des osmotischen Druckes erhalten. Dabei zeigt sich gleichzeitig, dass die universelle Konstante $k\, N$ dieser Gleichung der Konstante R der Gasgleichung gleich ist.

Die Hauptbedeutung der Boltzmann'schen Gleichung liegt aber nach meiner ~~Meinung~~ nicht darin, dass man bei bekanntem molekularem Bilde mit ihrer Hilfe die Entropie berechnen kann. Die wichtigste Anwendungsweise ~~eine Gleichung~~ ~~aufgrund der thermodynamisch ermittelt~~ besteht vielmehr darin, dass man aus der empirisch ermittelten Entropiefunktion S mit Hilfe von Boltzmanns Gleichung umgekehrt die statistischen Wahrscheinlichkeit der einzelnen Zustände ermitteln kann. Man erhält so eine Möglichkeit, zu beurteilen, wieviel ~~die~~ das Verhalten der Systeme abweicht von demjenigen Verhalten, welches die

8

Thermodynamik fordert.

Beispiel. In einer Flüssigkeit suspendiertes Teilchen, das etwas schwerer ist als die von ihm verdrängte Flüssigkeit.

Ein solches Teilchen sollte nach der Thermodynamik ~~zu~~ auf den Boden des Gefässes sinken und dort bleiben. Nach Boltzmanns Gleichung aber wird jeder Höhe z über dem Boden eine Wahrscheinlichkeit W zukommen; das Teilchen wechselt seine Höhe ohne Aufhören in unregelmässiger Weise. Wir wollen S und daraus W bestimmen. Ist μ die Masse des Teilchens, μ_0 diejenige der von dem verdrängten Flüssigkeit, so muss man die Arbeit $A = (\mu - \mu_0)gz$ aufwenden ~~um das Teilchen auf die Höhe z vom Boden zu heben~~. Damit hierbei die Energie des Systems konstant bleibe, muss man ~~ihm~~ dem System die Wärmemenge $Q = A$ entziehen, wobei die Entropie um $\frac{Q}{T} = \frac{A}{T}$ abnimmt. Es ist also

$$S = \text{konst} - \frac{1}{T}(\mu - \mu_0)gz.$$

Aus der Boltzmann'schen Gleichung folgt daraus, wenn man für k den Wert $\frac{R}{N}$ einsetzt:

$$W = \text{konst}\, e^{-\frac{N}{RT}(\mu - \mu_0)gz}$$

Sind viele gleiche Teilchen statt eines einzigen in der Flüssigkeit vorhanden, so gibt die rechte Seite der Gleichung die ~~Häufigkeits~~ Verteilungsdichte der Teilchen in Funktion der Tiefen. Diese Beziehung hat Perrin geprüft und bestätigt gefunden.

Aus dieser Beziehung kann sehr leicht das Gesetz der Brown'schen Bewegung gefolgert werden. Es folgt nämlich aus ihr unmittelbar zunächst, dass die mittlere Höhe $\bar{z}$ eines Teilchens über dem Gefässboden gleich

$$\frac{\int z\, e^{-\frac{N}{RT}(\mu - \mu_0)gz}\, dz}{\int e^{-\frac{N}{RT}(\mu - \mu_0)gz}\, dz} = \frac{RT}{N} \cdot \frac{1}{g(\mu - \mu_0)}$$

ist. Nun fällt das Teilchen aber wegen seiner grösseren Dichte nach dem Gesetz von Stokes (um in der Zeit τ) $D = \frac{g(\mu - \mu_0)}{6\pi\eta P}\tau$

in der Zeit τ, wenn η den Koeffizienten der Viskosität der Flüssigkeit und P den

9

Radius des (kugelförmigen) Teilchens bedeutet. Ausserdem wird aber in derselben Zeit τ infolge der Unregelmässigkeit des molekularen Wärmevorganges eine Strecke Δ nach oben oder unten verschoben, wobei positive und negative Werte von Δ gleichoft vorkommen, also $\bar{\Delta} = 0$ ist.

Ein Teilchen, das vor Ablauf der Zeit τ in der Höhe z sich befindet, ist nach Ablauf von τ in der Höhe $z - D + \Delta = z'$. Da das Verteilungsgesetz aller Teilchen von der Zeit nicht abhängen soll, muss der Mittelwert von z^2 gleich dem von z'^2 sein, also

$$\overline{(z - D + \Delta)^2} = \overline{z^2},$$

oder bei genügend kleinem τ D^2 zu vernachlässigen ist und $\overline{z\Delta} = \overline{D\Delta} = 0$ ist

$$\overline{\Delta^2} = 2\bar{z}D = \frac{RT}{N} \cdot \frac{1}{3\pi\eta P} \tau.$$

Dies ist das bekannte Gesetz der Brown'schen Bewegung, welches ebenfalls durch die Erfahrung bestätigt wurde. —

Das eben behandelte Beispiel von dem in der Flüssigkeit schwebenden Teilchen gibt eine treffliche Veranschaulichung von Boltzmanns Auffassung der nicht umkehrbaren Vorgänge. Stellen wir uns nämlich ein suspendiertes Teilchen vor, das in einem so hohen Gefäss sich befindet, und so viel schwerer als die verdrängte Flüssigkeit ist, dass der Verteilungsfunktion der Ausdruck für die Wahrscheinlichkeit W schon in geringer Höhe z über dem Gefässboden gegenüber dem Werte W_0 für $z = 0$ sehr klein ist, so wird sich das Teilchen sehr selten beträchtlich über den Boden erheben, (thermodynamisches Gleichgewicht) wenn es einmal am Boden unten gewesen ist) Wenn wir das Teilchen auf eine beträchtliche Höhe z heben, so wird es offenbar mit grösster Wahrscheinlichkeit zurücksinken (nicht umkehrbarer Prozess) bis zum der Boden) um dann in der Nähe desselben ebenso wie vorhin auf- und ab zu tanzen. Wenn dies Zurücksinken nicht in der überwältigenden Zahl der Fälle stattfände, könnte eben eine Wahrscheinlichkeitsfunktion von dem angenommenen Charakter nicht zutreffen. —

Bevor ich auf weitere Anwendungen der Boltzmann'schen Gleichung eingehe, will [ich] eine allgemeine Folgerung aus derselben ziehen, betreffend die mittlere Grösse der Schwankungen, welche die Parameter eines Systems um die Werte des idealen thermodynamischen Gleichgewichtes herum ausführen. $\lambda_1 \cdots \lambda_n$ seien Parameter, die den Zustand eines Systems bestimmen. Die Nullwerte der λ seien so gewählt, dass beim Temperaturgleichgewicht $\lambda_1 = \lambda_2 \cdots = 0$ sei. Die Arbeit, welche man nach der Thermodynamik leisten müsste, um das System (aus dem Zustande thermodynamischen Gleichgewichtes) in den durch die Werte $\lambda_1 \cdots \lambda_n$ charakterisierten, dem Zustand thermodynamischen Gleichgewichtes sehr benachbarten Zustand zu bringen, sei

$$A = \Sigma A_\nu = \frac{1}{2} \sum_1^n a_\nu \lambda_\nu^2.$$

Damit nach Herstellung des Zustandes die Energie des Systems dieselbe sei wie vorher, muss demselben die Wärmemenge $Q = A$ entzogen werden, was einer Abnahme der Entropie des Systems um $\frac{Q}{T} = \frac{A}{T}$ entspricht. Wenn also das System von selbst den betrachteten Zustand angenommen hat, ist seine Entropie

$$S = konst - \frac{1}{T} \sum_1^n \frac{a_\nu}{2} \lambda_\nu^2.$$

Setzt man dies ein in die Boltzmann'sche Gleichung, so erhält man

$$W = konst\; e^{-\frac{N}{RT} \sum_1^n \frac{a_\nu}{2} \lambda_\nu^2}$$

In diesem Falle gilt also für die Abweichungen der einzelnen Parameter von den Werten des thermodynamischen Gleichgewichtes das Gauss'sche Fehlergesetz. Für den Mittelwert $\bar{A_\nu}$ der Arbeit, welche man nach der Thermodynamik aufwenden müsste, um ~~das Syst Parameter~~ durch einen unmittelbaren Vorgang ~~eine solche Abwei~~ den Parameter λ_ν vom Gleichgewichtswerte zum zeitlichen Mittelwerte $\sqrt{\overline{\lambda_\nu^2}}$ zu bringen, erhält man den Wert

$$\bar{A_\nu} = \frac{RT}{2N}$$

~~In all diesen Fällen.~~ Man kann dies Resultat so aussprechen. Falls A in der oben angegebenen Weise in der Umgebung des ~~Temperaturgleich~~ thermodynamischen Gleichgewichtes sich darstellen lässt, stellen sich Abweichungen vom Zustande idealer thermodynamischen Gleichgewichtes

12

von selbst ein. ~~diese mittlere Grösse dieser~~ Abweichungen sind im Mittel *(für jeden Parameter)* so gross, dass die nach der Thermodynamik zur ~~Herstellung~~ willkürlichen Erzeugung der Abweichung nötige Arbeit gleich ist dem dritten Teil der mittleren kinetischen Energie der fortschreitenden Bewegung eines Gasmoleküls bei derselben Temperatur. Wahrnehmbare Abweichungen vom Zustande des idealen ~~Thermodynamik~~ *Gleichgewichts* treten also überall da ein, wo durch Leistung einer so kleinen Arbeit ein wahrnehmbarer Effekt erzielt werden kann. Die Messung jeder derartigen Abweichung liefert uns eine Bestimmung der Energie des einatomigen Gasmoleküls, also auch eine Bestimmung der absoluten Atomgrösse.

Eine sehr interessante Anwendung dieses allgemeinen Resultates hat Smoluchowski angegeben. Nach der klassischen Thermodynamik sind die unabhängigen Bestandteile einer Phase im Falle thermodynamischen Gleichgewichtes gleichmässig über das Volumen der Phase verteilt. Nach dem vorher Gesagten müssen dagegen Unregelmässigkeiten in der räumlichen Verteilung der Materie auftreten, die desto grösser sind, je geringere Kräfte sich einer Veränderung der gleichmässigen Verteilung der Materie bezw. der einzelnen unabhängigen Bestandteile entgegenstellen. Die ~~Substanz der~~ Phase ist also in Wirklichkeit inhomogen, was sich durch eine optische Trübung (Opaleszieren) derselben bemerkbar macht. Dieses Opaleszieren ist besonders stark in der Nähe der kritischen Zustände, *(bei einheitlichen Substanzen und bei Lösungen)* weil hier einer Aenderung der Dichte bezw. Konzentration sich nur geringe Kräfte entgegenstellen. Ich habe kürzlich gezeigt, dass sich auf Grund der skizzierten Auffassung Smoluchowskis eine exakte Berechnung des durch Opaleszenz abgebeugten Lichtes möglich ist.

Endlich möchte ich nicht unerwähnt lassen, dass sich mit Hilfe der Boltzmann'schen Gleichung aus dem Gesetze der Wärmestrahlung in einfacher Weise die statistischen ~~Gesetze~~ *Eigenschaften* der Wärmestrahlung ableiten lassen, und zwar ohne dass die Elektromagnetik und die kinetische Theorie der Wärme zuhilfe genommen werden müssten. Das Problem ist folgendes. In einem Hohlraum, der von Körpern von der Temperatur T umgeben ist, befindet sich Strahlung von durch die Temperatur allein bestimmter Qualität. Durch eine Fläche σ, die irgendwo im Hohlraum gelegt gedacht wird geht in der Zeit τ eine bestimmte Strahlungsenergie $\mathcal{E}$ hindurch, deren Richtungsbereich durch den Elementarkegel $d\Omega$ gegeben, und deren Frequenzbereich $d\nu$ sei. Denkt man sich diese Strahlungsenergie oft, & und zwar ganz genau, gemessen, so würde man nicht stets die gleiche Grösse $\mathcal{E}$ finden, sondern eines von einem Mittelwert $\mathcal{E}_0$ etwas abweichende Grösse $\mathcal{E} = \mathcal{E}_0 + \varepsilon$. Man frägt nach dem quadratischen Mittelwert $\overline{\varepsilon^2}$ dieser Grösse ε. Dies Problem hat deshalb ein wesentliches Interesse, weil dessen Lösung eine Aussage über die Struktur der Wärmestrahlung enthält.

Die Art, wie dies Problem gelöst werden kann, will ich nur andeuten. Wenn ein beliebiger Körper K mit einem solchen von relativ unendlich grosser Wärmekapazität in wärmeleitender Verbindung steht, so wird nach der Thermodynamik K die Temperatur jenes zweiten Körpers annehmen und dauernd behalten. Nach dem Boltzmann'schen Prinzip wird aber die Temperatur von K unaufhörlich sich ändern, wobei sie sich allerdings selten beträchtlich von der Temperatur des thermischen Gleichgewichtes entfernt; die Boltzmann'sche Gleichung liefert den Mittelwert jener Temperaturschwankungen. Die so erhaltenen Temperaturschwankungen sind vollkommen unabhängig davon, auf welche Weise der thermische Verkehr zwischen K und dem relativ unendlich grossen Körper stattfindet; die mittlere Grösse der Temperaturschwankung ist also auch dann von der berechneten Grösse, wenn dieser thermische Verkehr ausschliesslich auf dem Wege der Strahlung stattfindet Man hat also dann nur noch die Frage zu untersuchen: welches müssen die statistischen Eigenschaften der Strahlung sein, damit die berechneten Temperaturschwan-

14

kungen wirklich erzeuge? Führt man die angedeutete Untersuchung durch, so erhält man das Resultat, dass die zeitlichen Schwankungen der Wärmestrahlung bei geringer Strahlungsintensität und grosser Frequenz weit grösser sind, als nach unserer heutigen Theorie zu erwarten wäre. —

Stellen wir uns zum Schlusse noch einmal die Frage, "Sind die beobachtbaren physikalischen Thatsachen vollständig kausal miteinander verknüpft?", so müssen wir diese Frage entschieden verneinen. Die Lagen, welche ein in Brown'scher Bewegung begriffenes Teilchen in zwei um eine Sekunde auseinanderliegenden Zeitwerten einnimmt, müssen stets auch dem gewissenhaftesten Beobachter als voneinander unabhängig erscheinen, und dem grössten Mathematiker wird es nie gelingen, den von einem solchen Teilchen in einem bestimmten Fall in einer Sekunde zurückgelegten Weg auch nur annähernd vorauszuberechnen. Nach der Theorie müsste man, um das zu können, Lage und Geschwindigkeit aller Einzelmoleküle genau kennen, was prinzipiell ausgeschlossen erscheint. Indessen geben uns die allenthalben sich bewährenden Mittelwertsgesetze sowie die in jenen Gebieten feinster Wirkungen gültigen statistischen Gesetze über die Schwankungen zu der Überzeugung, dass wir an der Voraussetzung der vollständigen kausalen Verknüpfung des Geschehens in der Theorie festhalten müssen, auch wenn wir nicht hoffen dürfen, durch verfeinerte Beobachtungen von der Natur die unmittelbare Bestätigung dieser Auffassung je zu erlangen.

Besuch beim „bedeutendsten aller lebenden theoretischen Physiker"

Brief von Albert Einstein an Alfred Stern, Zürich, 16. Februar [1911]

Einstein hält am 10. Februar 1911 einen Vortrag in Leiden. Hendrik Antoon Lorentz
hat ihn dazu eingeladen, und Einstein lernt ihn nun persönlich kennen. Lorentz ist
so etwas wie eine wissenschaftliche Vaterfigur für ihn.
Einstein berichtet nach der Rückkehr dem Züricher Historiker Stern, bei dem er seit
seinem Studium in Zürich oft zum Essen und Musizieren eingeladen war, begeistert
von dieser Reise.

Visit to the "most eminent of all living theoretical physicists"

Letter from Albert Einstein to Alfred Stern, Zurich, 16 February [1911]

Einstein holds a lecture in Leiden on 10 February 1911. Hendrik Antoon Lorentz invited
him to speak, and now Einstein makes his personal acquaintance. Lorentz is something
of a scientific father-figure to him.
Thrilled by the experience, Einstein upon his return writes about the trip to Stern, a
historian in Zurich, who had often invited him to eat and make music at his home since
Einstein's college days.

21

Zürich. 16. II.

(čpn] onn

Lieber Herr Professor Stern!

Ich danke bestens für das Konzertbillet,
unglücklicherweise kamen wir erst Dienstag von Leiden an, sodass das Billet unbenutzt liegen bleiben musste. In Holland
war es wundervoll, wenn wir auch von den
dortigen Kunstschätzen nur einen verschwindend
kleinen Teil ansehen konnten. Dagegen
lernte ich fast alle Physiker Hollands
kennen, ganz besonders den bedeutendsten
aller lebenden theoretischen Physiker, H.
A. Lorentz.

Seien Sie beide bestens gegrüsst
von Ihrem A. Einstein
Auch meine Frau lässt freundlich grüssen.

„...... aber wissen thut keiner was"

Brief von Albert Einstein an Heinrich Zangger, [Prag], 15. November [1911]

Ende Oktober 1911 nimmt Einstein an der ersten Solvay-Konferenz teil, einer internationalen Konferenz, auf der das Quantenproblem erstmals als Krise der zeitgenössischen Physik im Vordergrund steht. Er berichtet seinem Freund Zangger über seine Eindrücke, insbesondere von den Größen der zeitgenössischen Physik. Über die Diskussion zur Quantentheorie schreibt Einstein: „Planck ist verrannt in einige ohne Zweifel falsche vorgefasste Meinungen ...... aber wissen thut keiner was. Die ganze Geschichte wäre ein Delicium für diabolische Jesuitenpatres gewesen."
Zangger ist Einstein auch ein Ratgeber bei persönlichen Problemen.

"...... but none of them knows anything"

Letter from Albert Einstein to Heinrich Zangger, [Prague], 15 November [1911]

In late October 1911, Einstein participates in the first Solvay Conference, an international conference which, for the first time, focused on the quantum problem as a crisis of contemporary physics. He reports to his friend Zangger about his impressions, especially of the giants of contemporary physics. About the discussion on quantum theory Einstein writes, "Planck is obsessed with a number of doubtlessly incorrect preconceived opinions ...... but none of them knows anything. The entire story would have been a delicium for diabolical Jesuit padres."
Einstein also seeks advice from Zangger on personal problems.

Published in: The Collected Papers of Albert Einstein, vol. 5,
Princeton: Princeton University Press, doc. 305, p. 349

15 XI. 1911

Lieber Freund Zangger!

Seien Sie nicht so wütend und
temperamentvoll! Es thut mir leid,
dass ich Sie in Ihrer Ruhe, die Sie
doch sowieso nie haben, durch
diese öde Berufungsaffäre gestört
habe. Ich denke einfach nicht
mehr daran. Nach Utrecht habe
ich soeben abgeschrieben, und
die lieben Züricher können mich auch
----- gern haben bis auf Sie. Ich bitte
Sie nur das eine: beschäftigen Sie
sich nicht mehr mit der Affäre.
Der Reiz einer Freundschaft, wie
der zwischen uns, leidet, wenn
man etwas sozusagen banal Geschäftliches hineinträgt. Das Polytechnikum
überlassen Sie vertrauensvoll Gottes
unerforschlichem Ratschluss.

Es ist fatal und thut mir aufrichtig leid, dass die Universität
Delft je schon wieder verlieren
muss. Ein Ersatz für ihn dürfte
schwer zu finden sein. Und dann
besteht eben immer die prinzipielle
Sache. Ein tüchtiger Kerl wird unbedingt bald wieder fortberufen und
auch sicher fortgehen von einer so
bescheiden bezahlten Stelle.

In Brüssel war es höchst
interessant. Ausser den Franzosen Curie
Langevin Perrin ~~Rutherford~~ Brillouin Poincaré
und den Deutschen Nernst Rubens Warburg
Sommerfeld waren Rutherford, Jeans dazu
natürlich auch H. A. Lorentz u Kamerlingh
Onnes. H. A Lorentz ist ein Wunder
von Intelligenz und feinem
Takt. Ein lebendiges Kunstwerk!
Er ist nach meiner Meinung immer
noch der intelligenteste unter
den anwesenden Theoretikern

gewesen. Poincaré war einfach allgemein ablehnend, zeigte bei allem Scharfsinn wenig Verständnis für die Situation. Planck ist verrannt in einige ohne Zweifel falsche vorgefasste Meinungen ...... aber wissen thut keiner was. Die ganze Geschichte wäre ein Delirium für diabolische Jesuitenpatres gewesen.

Ihrer Frau lasse ich die beste Gesundheit wünschen und Ihre Kinderchen grüssen. Ihnen herzliche Grüsse und einen baldigen Patienten od. dergl. in der Nähe von Prag!

Schreiben Sie bald einmal wieder recht schön deutlich

Ihren Einstein.

Ich lese gerade die Fundamente der armen gestorbenen Mechanik, die so schön ist. Wie wird ihre Nachfolgerin aussehen? Damit plage ich mich mannhaft.

Welche Staatsangehörigkeit hat Einstein?

Anfrage der Schweizerischen Gesandtschaft in Berlin an den Schulrat Robert Gnehm, Berlin, 12.[?] Juni 1913

Auf Bitten des preußischen Kultusministeriums erkundigt sich die Schweizerische Gesandtschaft, wann und wo Einstein geboren ist, ob er früher eine andere als die schweizerische Nationalität besessen hat und wo er bisher als Lehrer tätig war.

What citizenship does Einstein have?

Inquiry by the Swiss Embassy in Berlin to the school inspector Robert Gnehm, Berlin, 12[?] June 1913

At the request of the Prussian Culture Ministry, the Swiss Embassy inquires where and when Einstein was born, whether he ever had citizenship of a country other than Switzerland, and where he had worked as a teacher so far.

Schweizerische Gesandtschaft
in
Berlin W. 10
Friedrich Wilhelmstr. 10.

Berlin 16 Juny 1913.

Hochgeachteter Herr Präsident.

Auf Veranlassung eines befreundeten höheren Beamten im Preussischen Cultusministerium, beehre ich mich an Sie mit dem ergebensten Ersuchen zu gelangen, mir eine sehr gütige, vertrauliche Auskunft erteilen zu wollen. Es handelt sich um Herrn Doktor Albert Einstein, Professor für theoretische Physik am Polytechnikum; es wird gewünscht zu erfahren, wann und wo er geboren ist, ob er früher eine andere Nationalität besass als die schweizerische und ob bzw. in welchen Anstalten er als Lehrer und für welche Fächer angestellt gewesen ist. Ich vermute, dass eine Berufung des Professors Einstein an eine deutsche Universität in Frage kommt, allein dies ist mir nicht gesagt worden.

Indem ich Ihnen, Herr Präsident, für eine sehr gütige Mitteilung zum Voraus bestens zu danken die Ehre habe, bitte ich Sie den Ausdruck meiner ausgezeichnetsten Hochachtung entgegennehmen zu wollen.

Ihr ergebenster

Herrn Dr. Robert Gnehm
Präsidenten des schweizerischen Schulrates
Zürich.

Einstein ist interessant, aber auch komisch

Brief von Emma Nernst an David Hilbert, Rittergut Rietz, 7. August 1913

Emma Nernst, die Ehefrau von Walther Nernst, berichtet dem befreundeten Hilbert und
seiner Frau über einen Besuch bei Einstein. Der Brief schildert das Familienleben der
letzten Wochen und lädt Hilbert zu ein paar Urlaubstagen auf Nernsts Rittergut Rietz ein.
Zu den mitteilungswürdigen Ereignissen mit wissenschaftlichem Hintergrund gehören
Eindrücke von der 20. Hauptversammlung der Deutschen Bunsen-Gesellschaft, die vom
3. bis 6. August in Breslau stattfand, sowie von einem Ausflug vom 11. bis 15. Juli in die
Schweiz gemeinsam mit dem Ehepaar Planck. Anlass für letzteren war, dass man Albert
Einstein über seine beabsichtigte Wahl in die Berliner Akademie der Wissenschaften
in Kenntnis setzen wollte. Vor allem aber wird Einstein dabei das verlockende Angebot
unterbreitet, eine der beiden bezahlten wissenschaftlichen Akademiestellen in der naturwissenschaftlichen Klasse zu übernehmen, die nicht mit einer Lehrverpflichtung an der
Universität verbunden sind.

Einstein is interesting, but also funny

Letter from Emma Nernst to David Hilbert, Rittergut Rietz, 7 August 1913

Emma Nernst, the wife of Walther Nernst, reports to her friend Hilbert and his wife about
a visit with Einstein. The letter describes her family life of recent weeks and invites Hilbert
to vacation at Nernst's estate in Rietz for a couple of days.
Among the noteworthy events with a scientific background are impressions from the
20th Convention of the German Bunsen Society, which took place in Breslau from 3 to
6 August, as well as an outing to Switzerland with the Plancks from 11 to 15 July. The
occasion for this latter trip was to inform Albert Einstein about the plans to elect him to
the Berlin Academy of Sciences. Mainly, however, they make Einstein the enticing offer
to take over one of the two paid scientific positions in the natural science class of the
Academy, which are not associated with an obligation to teach at the university.

Niedersächsische Staats- und Universitätsbibliothek, Göttingen, Germany
Call number: Cod. Ms. Hilbert 277, Beilage 5 und 6

Beil. 5

W. N.

Rittergut Rietz, den 7 Aug. 1913
b/Treuenbrietzen

Lieber Freund!

nach Berlin zu bringen hatte. Den
fidelen Teil der Ausstellung besuchten wir alle in kleinerem Gruppen
nach dem Souper und amüsierten
uns herrlich. Die Gebirgsbahn ist freilich im Berliner-Lunapark bei
weitem besser, als die Breslauer.
Sind Sie schon mal auf solcher
Bahn gefahren? Ihnen macht es
gewiss auch viel Spass, denn man
ist dann in ganz ausgelassener
Stimmung und es ist einem ganz
eigentümlich zu Mute. — Anfang
Juli waren wir auf dem Pilatus.
Es war uns eine schöne Erholung,
was die Zeit anlangt. Wegen der
Berufung Einstein's nach Berlin an
die Akademie zwischen Planck und
Walther von Zürich und mir hin-

begleiteten den Nernst und mir
wünschten es auch, dass Einstein mit
Nernst schliesslich die Berufung annahm
und zum Sommersemester wird er
in Berlin antreten. Wir reisten am
11ten Juli abends ab, blieben einige Stunden
in Zürich, fuhren am 13ten früh auf den
Pilatus, wo wir am kommenden Morgen eine wunderbare Aussicht hatten
— die Alpenkette bis zum Berner Oberland lag rosig glühend vor uns —
und trafen Dienstag, den 15ten früh wieder.
Ganz munter in Berlin ein. Die ganze
Reise war höchst amüsant, das machte
Einstein interessant, aber auch oft
komisch. Die neue Stellung passt ausgezeichnet für ihn, die ihm jede Vorlesung
eine Qual ist und er dem dieser
Pflicht ganz enthoben ist. — Während
wir in Breslau waren, hatten wir
grosse Hitze und grosse Anregung. Es waren

Hilbert 277

Beil. 6

W. N.

Rittergut Rietz, den 7 Aug. 1913
b/Treuenbrietzen

W.N. *Rittergut Rietz b/Treuenbrietzen, den 7. Aug. 1913*

Lieber Freund!

Gestern kehrten wir von der Bunsen-Gesellschaft aus Breslau zurück, die in jeder Hinsicht nett verlaufen ist. Der Besuch war freilich nicht sehr stark – es waren ca. 100 Personen –, aber es wurden sehr interessante Vorträge gehalten mit anregenden Diskussionen. Solch kleinere Kongresse haben doch etwas ungemein reitzvolles, man trifft fast nur Bekannte und Freunde und lernt einige Kapazitäten der betreffenden Stadt dazu kennen. Breslau selbst verdiente einen besseren Ruf, als ihm voraus geht; es hat eine Menge schöner Stadtbilder, einige gut erhaltene Prachtbauten aus den vorigen Jahrhunderten u. verschiedene stimmungsvolle Winkel aus dem alten Breslau. In der Ausstellung hat mir die kulturhistorische Abteilung am meisten imponiert; fast alle Gegenstände, als da sind Bilder, Porträts, Waffen, Porzellan, Miniaturen, Karrikaturen etc. bezüglich auf die Befreiungskriege, sind geliehen von den Magnaten der Provinz Schlesien. Wir fanden dort auch das Kriegstagebuch eines Großonkels von Walther, der als Adjutant Blücher's die Siegesbotschaft von Belle Alliance nach Berlin zu bringen hatte. Den fidelen Teil der Ausstellung besuchten wir alle in kleineren Gruppen nach dem Souper und amüsierten uns herrlich. Die Gebirgsbahn ist freilich im Berliner Lunapark bei weitem besser, als die Breslauer. Sind Sie schon mal auf solcher Bahn gefahren? Ihnen macht es gewiß auch viel Spaß, denn man ist dann in ganz ausgelassener Stimmung und es ist einem ganz eigentümlich zu Mute. – Anfang Juli waren wir auf dem Pilatus; es war nur eine kleine Exkursion, was die Zeit anlangt. Wegen der Berufung Einstein's nach Berlin an die Akademie reisten Planck und Walther nach Zürich und wir Frauen begleiteten die Männer und wir erreichten es auch, daß Einstein mit Freude schließlich die Berufung annahm; und zum Sommersemester wird er in Berlin antreten. Wir reisten am 11. Juli abends ab, blieben einige Stunden in Zürich, fuhren am 13. früh auf den Pilatus, wo wir am kommenden Morgen eine wunderbare Fernsicht hatten – die Alpenkette bis zum Berner Oberland lag rosig glühend vor uns – und trafen Dienstag, den 15. früh morgens wieder in Berlin ein. Die ganze Reise war höchst amüsant, der Mensch Einstein interessant, aber auch oft komisch. Die neue Stellung paßt ausgezeichnet für ihn, da ihm jede Vorlesung eine Qual ist und er von dieser Pflicht ganz entbunden ist. – Während wir in Breslau waren, hatten wir große Einquartierung. Es waren 8 Officiere bei uns, 27 Mannschaften mit ihren Pferden. Obschon für alles vorgesorgt war, haben doch Gustav und Edithchen die Eltern vertreten müssen und haben sich dieser Aufgabe ganz gewachsen gezeigt. Auf dem Hofe war eine Station für drahtlose Telegraphie eingerichtet, die Schmiede war eine gewöhnliche Telegraphenstation, 5 Aeroplane erschienen über dem Gute, wahrscheinlich Auskundschafterdienste besorgend. Für den Luftverkehr ist überhaupt, wie es scheint, Rietz ein wichtiger Punkt, denn es vergeht kaum ein Tag, daß nicht eine Rumpler-Taube oder Albatros-Doppeltaube über uns wegfliegt.
Für Ihren lieben Brief vielen Dank. Es freut uns, daß Franz sich gut in Frankfurt einlebt. Hildchen ist mit Angela seit 14 Tagen in Helgoland, wo es beiden gut gefällt. Durch Korvettenkapitän Volhard, der eine Nichte von mir zur Frau hat, haben die Mädel allerlei Annehmlichkeiten und Hildchen hat etwas geselligen Verkehr. Wir haben die Absicht, die Töchter dort kurz zu besuchen. Im September sind wir wieder in Rietz. Wie wäre es, wenn Sie uns

hier mal aufsuchten? Sie würden uns etwas auf Jagd begleiten oder wir könnten Tennis zusammen spielen u. ernennen den Walther zum Unparteiischen. Wenn wir abends uns die durch die viele Tätigkeit wohlverdienten Rebhühnchen haben gut munden lassen, dreschen wir noch einen kleinen Skat oder plaudern schließlich noch über unsere Erlebnisse. – Nach Wien werden wir auch wohl nicht gehen. Am 1. Oktober wird wahrscheinlich die Jahressitzung sein für das „Deutsche Museum", wobei Walther diesmal die Rede übernommen hat. Die Vorlesung ist bereits letzten Sonnabend geschlossen, aber Walther hat seine Arbeiten noch im Gange, daß er erst Sonnabend Mittag herkommt mit Roethe, der sein Töchterchen abholt, das die Ferien hier verlebte. Montag fahren wir alle in die Stadt.

Ist Käthe schon auf Reisen? Ich hoffe noch immer, daß sie bei uns Station macht auf der Fahrt in die alte Heimat.

Herzlichste Grüße Käthe und Ihnen von uns allen! Vor 14 Tagen waren wir bei Max Liebermann in Wannsee, der wieder davon sprach, wie sehr Ihr Kopf ihn interessiere. Überlegen Sie es sich noch, ob Sie sich malen lassen? L. würde ja mit viel Liebe an die Aufgabe gehen, aber ob Ihre Züge zu seinem groben Pinsel passen?

Nochmals herzlichst
Ihre E. Nernst.

Einstein über Ehrungen und Jubiläen

„Denn alles was irgendwie mit Personenkultus zu tun hat, ist mir immer peinlich gewesen."
[Einstein an Max von Laue am 3. Februar 1955]

Einstein – obwohl durchaus souverän im Umgang mit seinem Weltruhm – hält ziemlich entschieden nichts von Jubel-Feierlichkeiten in der Wissenschaft. Seine zahlreichen Auszeichnungen schließen auch etwa fünfundzwanzig Ehrendoktorwürden ein. Zuhause packt er sie
in seine „Protzenecke".

In seinen letzten Lebensjahren entzieht er sich ehrenden Geburtstagsfeiern, verfügt, dass
sein Wohnhaus nicht zu einem „Wallfahrtsort" werde und wünscht ein Begräbnis ohne Trauer-
feier – seine Asche wird im Delaware River verstreut.

Die Sorbonne
verleiht Albert
Einstein die Ehren-
doktorwürde, Paris,
9. November 1929

The Sorbonne
awards Albert Ein-
stein an honorary
doctorate, Paris,
9 November 1929

Einstein on honours and anniversaries

"I was always embarrassed by anything resembling a personality cult."
[Einstein to Max von Laue, 3 February 1955]

Einstein – although he deals supremely well with his world fame – is decidedly scathing about
great celebrations and tributes to people in science. His many honours include about twenty-
five honorary doctorates, but he stores these away in his "showing-off corner" at home.

In the last years of his life he avoids public birthday celebrations in his honour, insists that
his house must not be allowed to turn into a "place of pilgrimage," and requests a funeral
without a funeral service. His ashes are scattered in the Delaware River.

Aufnahme in die Berliner Akademie

Dankschreiben von Albert Einstein an die Preußische Akademie der Wissenschaften,
Zürich, 7. Dezember 1913

Einstein teilt der Akademie mit, dass er die ehrenvolle Berufung an die Berliner Akademie
annimmt und sein Amt im April 1914 antreten wird.

Admission to the Academy of Sciences in Berlin

Letter of thanks from Albert Einstein to the Prussian Academy of Sciences,
Zurich, 7 December 1913

Einstein informs the Academy that he accepts the honorable appointment to the Berlin
Academy and will take up his post in April 1914.

Archiv der Berlin-Brandenburgischen Akademie der Wissenschaften, Berlin, Germany
Call number: II–III, Bd. 36, Bl. 54

Published in: The Collected Papers of Albert Einstein, vol. 5,
Princeton: Princeton University Press, doc. 493, p. 582;
Kirsten, Christa, and Hans-Jürgen Treder, eds.:
Albert Einstein in Berlin 1913–1933, vol.1,
Berlin: Akademie-Verlag, 1979, pp. 101–102

wg. 10.12.13; Mann; doch ist sofort dem Ministerium und der Classe Mitteilung zu machen.

Rothe.

J. 874

Zürich. 7. XII. 1913   54

An die kgl. Preussische Akademie der Wissenschaften.

Ich danke Ihnen herzlich dafür, dass Sie mich zum ordentlichen Mitglied Ihrer Körperschaft gewählt haben und erkläre hiemit, dass ich diese Wahl annehme. Nicht minder bin ich Ihnen dafür dankbar, dass Sie mir eine Stellung in Ihrer Mitte anbieten, in der ich mich frei von Berufspflichten wissenschaftlicher Arbeit widmen kann. Wenn ich daran denke, dass mir jeder Arbeitstag die Schwäche meines Denkens dartut, kann ich die hohe, mir zugedachte Auszeichnung nur mit einer gewissen Bangigkeit hinnehmen. Es hat mich aber der Gedanke zur Annahme der Wahl ermutigt, dass von einem Menschen nichts anderes erwartet werden kann, als dass er seine ganze Kraft einer guten Sache widmet; und dazu fühle ich mich wirklich befähigt.

Sie haben in freundlicher Weise die Wahl des Zeitpunktes meiner Übersiedlung nach Berlin mir überlassen. Im Hinblick darauf erkläre ich, dass ich mein neues Amt in den ersten Tagen des April 1914 anzutreten wünsche.

Mit aller Hochachtung

A. Einstein. Zürich.

vorgelegt Phys.-math. Kl. 11.12.13.
Prot. Nr. 1 gez. Waldeyer.
vorgelegt Gesamt. 18.12.13 Prot.
Nr. 1 gez. Rothe.

gedr. 20.12.13.

IIIa

Relativitätstheorie

Ein neuer Blick auf Raum und Zeit

1905 formuliert der 26-jährige Albert Einstein die Spezielle Relativitätstheorie. Sie basiert auf zwei Säulen: dem Relativitätsprinzip der Mechanik, nach dem in jedem Inertialsystem die gleichen mechanischen Gesetze gelten, was nach Einstein auch für Elektrodynamik und Optik gelten soll, und der Konstanz der Lichtgeschwindigkeit, für die Experimente sprechen. Aus diesen beiden Prinzipien folgert er, dass Raum und Zeit vom Bewegungszustand abhängen.

Im Herbst 1915 vollendet Einstein nach jahrelangem Ringen auch die Allgemeine Relativitätstheorie, die auf der Äquivalenz der Beschleunigung und der Gravitation basiert. Einstein erklärt in seiner Theorie Schwerefelder durch eine Krümmung von Raum und Zeit.

So kann er die Drehung der Merkurbahn berechnen, die bislang unerklärlich schien. Dennoch bleiben viele Kollegen skeptisch. Erst die Sonnenfinsternisexpedition von 1919, die die von Einstein vorhergesagte Lichtablenkung im Schwerefeld bestätigt, verhilft der Theorie zu breiter Anerkennung.

Theory of Relativity

A new view of space and time

In 1905, Albert Einstein, aged 26, formulates the special theory of relativity. The theory rests on two pillars: the relativity principle of mechanics, according to which the same mechanical laws apply in every inertial system – and which Einstein asserts should also apply to electrodynamics and optics; and the constancy of the speed of light, which is supported by experimental evidence. From these two principles he concludes that space and time are dependent on the state of motion.

After grappling with the subject for years, in the autumn of 1915 Einstein also completes the general theory of relativity, which is based on the equivalence of acceleration and gravitation. In this theory, Einstein explains gravitational fields as the curvature of space and time.

This enables him to calculate the rotation of Mercury's orbit, which had previously seemed inexplicable. Many of his colleagues remain sceptical nonetheless. Not until the solar eclipse expedition of 1919, which confirms that light is deflected in gravitational fields as Einstein predicted, does the theory find broad acceptance.

Auf dem Weg zur Allgemeinen Relativitätstheorie

Brief von Albert Einstein an Conrad Habicht, Bern, 24. Dezember 1907

Einstein berichtet seinem Freund über einen Artikel zum Relativitätsprinzip, an dem er im Oktober und November gearbeitet hat. Darin versucht er, auch das Verständnis der Gravitation an die Forderungen der Relativitätstheorie anzupassen. Auf diese Weise stößt er auf die Idee einer Verallgemeinerung des Relativitätsprinzips auf beschleunigte Bewegungen. Zugleich hofft er, durch eine relativistische Theorie der Gravitation die rätselhafte Drehung der Bahn des Merkurs zu erklären. Dieser Durchbruch gelingt ihm jedoch erst acht Jahre später, im Dezember 1915.
Auch für die Tintenkleckse im Brief hat Einstein eine überraschende Erklärung bereit: „Der Brief ist wegen der schönen Kleckse zugleich eine Reklame für meinen Patent-Füllfederhalter."

Moving towards the general theory of relativity

Letter from Albert Einstein to Conrad Habicht, Bern, 24 December 1907

Einstein tells his friend about an article on the principle of relativity he was working on in October and November. In it he tries to adapt the understanding of gravitation to the requirements of relativity theory. In this way he hits on the idea of generalizing the relativity principle to cover accelerated motions. At the same time he hopes to use a relativistic theory of gravitation to explain the puzzling perihelion motion of Mercury's orbit. However, it is not until eight years later, in December 1915, that he achieves this breakthrough.
Einstein also has a surprising explanation for the blots of ink on the letter: "Due to the beautiful inkblot, this letter is also an advertisement for my high-class fountain pen."

Bibliothek der Eidgenössischen Technischen Hochschule, Zurich, Switzerland
Call number: Hs 1457:26

Published in: The Collected Papers of Albert Einstein, vol. 5,
Princeton: Princeton University Press, 1993, doc. 69, p. 82

HS 1457:26   Bern. 24. XII. 07.

Lieber Konrad!

Durch Ihren Bruder höre ich
von dem wüsten Pech, das Sie
gehabt haben, sodass Sie die Weih-
nachtsferien nicht geniessen können.
Wir — d. h. Ehrat, ich und meine
Frau haben gestern, als wir so
bis gegen Mitternacht dasassen,
mit gebührender Andacht
an Sie gedacht und von Ihnen
geschwatzt. Wenn nur die argen
Schmerzen bald nachlassen.
Ehrat macht mir viel Freude.
Man sieht so selten einen
solchen Kerl. Er möchte als
Experte aufs Amt kommen,
und ich glaube, dass es gelingen

wird. Es wird für ihn und
für das Amt vorteilhaft
sein.

In den Monaten Oktober und
November war ich sehr stark
beschäftigt mit einer teils refe-
rierenden, teils Neues behandelnden
Arbeit über das Relativitätsprinzip.
Ich schicke Ihnen
dann die Sache. Jetzt bin ich mit
einer ebenfalls relativitätstheoretischen
Betrachtung über das Gravitations-
gesetz beschäftigt, mit der ich die
noch unerklärten säkularen
Aenderungen der Perihellänge des
Merkur zu erklären hoffe.*
Wenn die klimatischen Verhältnisse in Pauls Laboratorium

* bis jetzt scheint es aber nicht
gelingen zu wollen.

wieder mildere sein werden, wird
er das elektrostatische Maschin
chen in der Gestalt ausführen,
die er ihm nun gegeben hat.
Ich bin sehr neugierig, wieviel
sich erreichen lässt — ich mache
mir ziemlich grosse Hoffnungen.
Das Patent habe ich fallen lassen,
hauptsächlich wegen Interesselosig-
keit der Fabrikanten.
    Sei bestens gegrüsst
        von Ihrem A. E.

Noch einen freundlichen Gruss, und
Wunsch af auf baldige Besserung
sendet Ihnen
        M. Einstein.
Der Brief ist wegen der schönen
Kleckse zugleich eine Reklame.
für meinen Patent - Füllfederhalter

Herzlichen Gruss, gute Besserung
        J. Ehrat.

Einstein und Mileva

Mileva Marić ist aus Serbien zum Studieren in die Schweiz gekommen. Einstein verliebt sich in die einzige Frau in der gesamten Mathematischen Sektion des Züricher Polytechnikums. Bald leben die beiden in wilder Ehe zusammen in Bern. Mit Freunden wird ausschweifend diskutiert und gefeiert – „Doxerl" und „Johonzel" sind Teil der Schweizer Bohème. Eine erste Belastung für die Beziehung entsteht, als Mileva ihre Tochter Lieserl bald nach der Geburt weggeben muss – Einstein hat sein Kind nie gesehen. Erst 1903 heiraten sie, gegen den Willen von Einsteins Eltern. Bereits wenige Jahre nach der Hochzeit scheitert die Beziehung endgültig. Mileva weigert sich jedoch lange, einer Scheidung zuzustimmen.

Mileva Einstein mit Sohn Hans Albert, um 1907

Mileva Einstein with her son Hans Albert, ca. 1907

Einstein and Mileva

Mileva Marić came from Serbia to study in Switzerland. Einstein falls in love with the only woman in the entire Mathematics Section of Zurich Polytechnic. Soon the two are living together in sin in Bern. They have wild discussions and parties with friends. "Doxerl" and "Johonzel" belong to the Swiss bohemians. The first strains on the relationship arise when Mileva has to give their daughter Lieserl away soon after birth – Einstein never saw his child. They marry in 1903 – against the will of Einstein's parents. The relationship breaks down for good just a few years after the wedding. However, for many years Mileva refuses to agree to a divorce.

Sind schwere und träge Masse gleich?

Brief von Albert Einstein an Wilhelm Wien, Prag, 10. Juli [1912]

Einstein gründet seine neue Gravitationstheorie auf die Äquivalenz von schwerer und
träger Masse und ist deshalb an einer genauen Prüfung interessiert, auch im Hinblick auf
die Beziehung zwischen Masse und Energie. In seinem Brief diskutiert er eine Methode
mithilfe eines Pendelversuchs, eine andere mithilfe einer Drehwaage – ohne zu wissen,
dass beide schon erfolgreich durchgeführt wurden, die letztere von Lorand von Eötvös
bereits 1891.

Are gravitational and inertial mass equal?

Letter from Albert Einstein to Wilhelm Wien, Prague, 10 July [1912]

Einstein bases his new theory of gravitation on the equivalence of gravitational and inertial mass and is therefore interested in a precise test – also in view of the relationship
between mass and energy. In his letter he discusses one method that uses a pendulum
experiment and another using a torsion balance – without knowing that both have already
been performed successfully, the latter by Lorand von Eötvös back in 1891.

Paul Siebertz, Munich, Germany

Published in: The Collected Papers of Albert Einstein, vol. 5,
Princeton: Princeton University Press, 1993, doc. 413, pp. 497–498

Prag. 10. VII.

Hoch geehrter Herr Kollege!

Wenn wir annehmen, dass die träge Masse des Bleis um so viel kleiner ist, als die Differenz

(Masse des Urans) − (Masse des gebildeten Heliums), als der in kinetische Energie der α Strahlen verwandelten Energie des Urans entspricht, dass aber die ~~Energie~~ Bilanz für die schwere Masse genau erfüllt sei; so müsste der relative Unterschied der Schwingungsdauern eines Uranpendels und eines Bleipendels in dem gleichen Schwere-feld etwa $2 \cdot 10^{-4}$ betragen, was sich leicht nachweisen liesse

$$T_{Blei} = T_{Uran} \cdot (1 + 2 \cdot 10^{-4}).$$

Ganz zwingend wäre die Sache allerdings nur dann, wenn man auch mit Helium Schwingungsversuche von solcher Genauigkeit

anstellen könnte. Wenn sich indes nachweisen lasse, dass der relative Unterschied
der Schwingungsdauern T_{Uran} und T_{Blei}
10^{-5} nicht wesentlich übersteigt, so wäre
die Proportionalität von träger und
schwerer Masse hinreichend erwiesen.
Glauben Sie nicht, dass es möglich wäre,
eine so grosse Versuchs-Genauigkeit zu erzielen?
Jedenfalls wäre dies von grosser Wichtigkeit.

  Mit den besten Grüssen

    Ihr A. Einstein,

  Post-Scriptum. Es kam mir nachträglich eine viel empfindlichere
Methode in den Sinn, um eine recht
genaue Proportionalität der trägen
und der schweren Masse von Uran
und Blei zu konstatieren, falls
es eine solche gibt. Es wäre nämlich

in diesem Falle die auf die Körper
infolge der Erddrehung wirkende
Zentrifugalkraft nicht für alle
Körper der Schwere proportional. Die
scheinbare Lotrichtung eines Uran-
Lotes und eines Blei-Lotes müssten
voneinander abweichen. Es müsste
ferner eine Drehwage, an deren Balken
ein Uranstück bezw. Bleistück
Faden angebracht ist, ein Drehmoment
erfahren, wenn der Wagebalken
in die West-Ost-Richtung
gebracht wird, welches Drehmoment bei Kommutieren der
Wage um $180°$ sein Vorzeichen ändern
würde. Dieser Effekt wäre, wie
ich mich durch Rechnung überzeugte ganz bequem messbar.
Vielleicht hätten Sie die Güte, diesen
einfachen Versuch ausführen zu
lassen, der die Bedeutung eines
experimentum crucis hätte.

Einstein und die Mathematik

Brief von Albert Einstein an Arnold Sommerfeld, [Zürich], 29. Oktober [1912] und Brief von Arnold Sommerfeld an David Hilbert, [München], 1. November 1912 (auf der Rückseite des zweiten Blattes des Briefes von Einstein)

Einstein teilt Sommerfeld mit, dass er zur Quantentheorie nichts Neues zu sagen wisse, berichtet ihm aber über seine mathematischen Schwierigkeiten bei der Arbeit an der Allgemeinen Relativitätstheorie: „Ich beschäftige mich jetzt ausschliesslich mit dem Gravitationsproblem und glaube mit Hilfe eines hiesigen befreundeten Mathematikers aller Schwierigkeiten Herr zu werden. Aber eines ist sicher, dass ich mich im Leben noch nicht annähernd so geplagt habe, [...]! Gegen dies Problem ist die ursprüngliche Relativitätstheorie eine Kinderei."
Hintergrund des Briefes ist eine Anfrage Sommerfelds an Einstein – offenbar auf Anregung Hilberts –, im kommenden Jahr auf einer Tagung in Göttingen über neuere Auffassungen zur kinetischen Theorie der Materie zu sprechen. Sommerfeld leitet Einsteins Brief an Hilbert weiter und kommentiert: „Mein Schreiben an Einstein war vergeblich, [...]. Einstein steckt offenbar so tief in der Gravitation, dass er für alles andere taub ist." – An Stelle Einsteins sprach auf dieser Tagung dann Sommerfelds Schüler Peter Debye.

Einstein and mathematics

Letter from Albert Einstein to Arnold Sommerfeld, [Zurich], 29 October [1912], and letter from Arnold Sommerfeld to David Hilbert, [Munich], 1 November 1912 (on the back of the second sheet of Einstein's letter)

Einstein writes to Sommerfeld that he has nothing new to say about quantum theory, but describes his mathematical difficulties in his work on the general theory of relativity: "I am now working exclusively on the gravitation problem and believe I can overcome all the difficulties with the help of a mathematician friend of mine here. But one thing is certain: never before in my life have I troubled myself over anything so much [...]! Compared with this problem, the original theory of relativity is child's play." The background to the letter is that Sommerfeld has asked Einstein – evidently at Hilbert's suggestion – to speak the following year at a conference in Göttingen about new views on the kinetic theory of matter. Sommerfeld passes Einstein's letter on to Hilbert and comments: "My letter to Einstein was in vain, [...]. Einstein is evidently so deeply involved in gravitation that he is deaf to everything else." – Sommerfeld's student Peter Debye spoke at this conference instead of Einstein.

Published in (letter to Arnold Sommerfeld): The Collected Papers of Albert Einstein, vol. 5,
Princeton: Princeton University Press, 1993, doc. 421, pp. 505–506;
Sommerfeld, Arnold: Wissenschaftlicher Briefwechsel, vol. 1,
Berlin: Verlag für Geschichte der Naturwissenschaften und Technik, 2000, pp. 427–428

2

Dienstag 29.X.

Lieber Herr Kollege!
(NB. da mich, A. Sommerfeld).

Ihr freundliches Briefchen setzt mich noch mehr in Verlegenheit. Aber ich versichere Ihnen, dass ich in der Quantensache nichts Neues zu sagen weiss, was Interesse beanspruchen darf. Die Auffassung von Debije-Born teile ich vollständig, ich habe nichts daran zu kritisieren. Die Lösung der prinzipiellen Schwierigkeiten wird aber durch diesen Fortschritt kaum gefördert. Jedenfalls halte ich es für gut, wenn Debije auch einmal bei einer derartigen Gelegenheit zu Worte kommt und Gelegenheit hat, mit den andern Kollegen

zu sprechen, die sich mit dem Problem abgeben; ich hoffe sehr viel von ihm, weil er grosses physikalisches Verständnis mit seltenen mathematischen Fähigkeiten vereinigt.

Ich beschäftige mich jetzt ausschliesslich mit dem Gravitationsproblem und glaube nun mit Hilfe eines hiesigen befreundeten Mathematikers aller Schwierigkeiten Herr zu werden. Aber das eine ist sicher, dass ich mich im Leben noch nicht annähernd so geplagt habe, und dass ich grosse Hochachtung für die Mathematik eingeflösst bekommen habe, die ich bis jetzt in ihren subtileren

...hielten in meiner Einfalt für puren Luxus ansah! Gegen dieses Problem ist die ursprüngliche Relativitätstheorie eine Kinderei. Abrahams neue Theorie ist zwar, soweit ich sehe logisch richtig, aber nur eine Missgeburt der Verlegenheit. So falsch, wie Abraham meint, ist die bisherige Relativitätstheorie sicherlich nicht.

Hoffentlich sehen wir uns bald wieder, aber nicht zu dem ausgesprochenen Zweck, immer aufs neue uns gegenseitig unser Unvermögen mitzuteilen das Verhalten der Systeme bei tiefen Temperaturen zu begreifen!

Mit den besten Grüssen, auch an Ihre Frau Gemahlin und deren Kinderlein, auch von meiner Frau verbleibe ich Ihr

A. Einstein

1.XI.12

Lieber Hilbert!

Mein Schreiben an Einstein war vergeblich, wie Sie hieraus sehen. Einstein steckt offenbar so tief in der Gravitation, dass er für alles andre taub ist. Ich freue mich nur sehr, wenn Sie an Debye schreiben. – Vor Weihnachten werde ich im hiesigen Colloquium über Ihre Gastheorie sprechen; bei der Gelegenheit schicke ich Ihnen die versprochenen Vorschläge wegen menschenwerter Ergänzungen und Erklärungen.

Wir haben uns heute Augsburg angesehen, da wir Feiertag haben. Sehr schön und historisch.

Herzlich Ihr A. Sommerfeld

Kommen Sie doch ja um Weihnachten mit oder ohne Ski, aber jedenfalls mit Frau!

Albert Einstein,
Prag, 1912

Albert Einstein,
Prague, 1912

Einstein zollt Mach Tribut

Brief von Albert Einstein an Ernst Mach, Zürich, 25. Juni 1913

Einstein sendet die Publikation der „Entwurftheorie" an Ernst Mach. In einem Begleitbrief betont er die Rolle von Machs „genialen Untersuchungen über die Grundlagen der Mechanik" und weist auf die Möglichkeit einer Überprüfung des Äquivalenzprinzips durch die Beobachtung der Krümmung von Lichtstrahlen hin.

Einstein pays tribute to Mach

Letter from Albert Einstein to Ernst Mach, Zurich, 25 June 1913

Einstein sends the publication of the "Entwurf theory" to Ernst Mach. In an accompanying letter he emphasizes the role of Mach's "ingenious studies on the foundations of mechanics" and suggests the possibility of verifying the equivalence principle by observing the deflection of light rays.

Deutsches Museum, Munich, Germany
Call number: Nachlass E. Mach

Published in: The Collected Papers of Albert Einstein, vol. 5,
Princeton: Princeton University Press, 1993, doc. 448, pp. 531–532

Zürich. 25. VI. 13.

Hochgeehrter Herr Kollege!

Dieser Tage haben Sie wohl
meine neue Arbeit über Relativ-
tät und Gravitation erhalten,
die nach unendlicher Mühe und
quälendem Zweifel nun endlich
fertig geworden ist. Nächstes Jahr
bei der Sonnenfinsternis soll sich
zeigen, ob die Lichtstrahlen an
der Sonne gekrümmt werden, ob
m. a. W. die zugrunde gelegte
fundamentale Annahme von
der Aequivalenz von Beschleunigung
des Bezugssystems einerseits und
Schwerefeld andererseits wirklich
zutrifft.

Wenn ja, so erfahren Ihre genialen
Untersuchungen über die Grundlagen
der Mechanik-Planck's ungerecht-
fertigter Kritik zum Trotz — eine

glänzende Bestätigung. Denn
es ergibt sich mit Notwendigkeit,
dass die Trägheit in einer Art
Wechselwirkung der Körper ihren
Ursprung habe, ganz im Sinne
Ihrer Überlegungen zum Newton'-
schen Eimer – Versuch.

Eine erste Konsequenz in diesem
Sinne finden Sie oben auf Seite 6
der Arbeit. Es hat sich ferner folgendes
ergeben:

1) Beschleunigt man
eine träge Kugelschale
S, so erfährt nach
der Theorie ein von ihr
eingeschlossener Körper eine beschleu-
nigende Kraft

2) Rotiert die Schale S um eine durch
ihren Mittelpunkt gehende Achse
(relativ zum System der Fixsterne („Restsystem"), so entsteht im Innern
der Schale ein Coriolis – Feld,
d. h. (die Ebene des)
das Foucault – Pendels wird
(mit feiner allerdings praktisch unmessbar

kleinen 'Geschwindigkeit) mitgenommen.

Es ist mir eine grosse Freude, Ihnen dies mitteilen zu können, zumal jene Kritik Plancks mir schon immer höchst ungerechtfertigt erschienen war.

Mit grösster Hochachtung grüsst Sie herzlich

Ihr ergebener A. Einstein.

Ich danke Ihnen herzlich für die Übersendung Ihres Buches.

Michele Besso und Einsteins „Lochbetrachtung"

Manuskript von Michele Besso, 28. August 1913

Mitte 1913 sucht Einstein verzweifelt nach einer Erklärung für die Tatsache, dass seine „Entwurftheorie" nicht für beliebige Koordinatensysteme gilt, also nicht „allgemein kovariant" ist. Er findet sie schließlich in seiner inzwischen berühmten „Lochbetrachtung", aus der zu folgen scheint, dass eine allgemein kovariante Theorie nicht mit der Forderung nach physikalischer Kausalität vereinbar ist.

Das Manuskript in der Handschrift Michele Bessos, das offenbar einen Austausch mit Einstein Mitte 1913 über verschiedene kritische Themen der neuen Gravitationstheorie dokumentiert, deutet darauf hin, dass es Besso war, der zuerst ein derartiges Argument vorschlug. Er interpretiert den Umstand, dass man das Koordinatensystem in einer materie-freien Region beliebig wählen kann, als Indiz dafür, dass allgemein kovariante Feldgleichungen keine eindeutige Lösung haben können.

Einstein entwickelt dieses Argument dann offenbar zu einer Betrachtung über die Rolle von Koordinatensystemen für die Identifizierung von Punkten in der Raumzeit weiter. Jahre später zieht er es zurück, weil es fälschlicherweise Koordinatensystemen eine physikalische Bedeutung zuschreibt.

Michele Besso and Einstein's "hole argument"

Manuscript by Michele Besso, 28 August 1913

In mid-1913 Einstein is desperately searching for an explanation of why his "Entwurf theory" fails to hold in arbitrary coordinate systems, i.e., why it is not generally covariant. He eventually finds the answer in his now-famous "hole argument," from which it seems to follow that a generally covariant theory would violate physical causality.

The manuscript, in Michele Besso's handwriting and evidently documenting an exchange with Einstein in mid-1913 about various critical issues of the new theory of gravitation, suggests that it was Besso who first came up with such an argument. He regards the fact that any coordinate system can be chosen in a matter-free region as an indication that generally covariant field equations cannot have a unique solution.

Einstein then evidently develops this argument into a consideration of the role of coordinate systems in identifying points in space-time. Years later he retracts the argument, recognizing that it erroneously ascribes physical meaning to coordinate systems.

Laurent Besso, Lausanne, Switzerland

28 VIII 13

a) Zur Planetenbew. nach der Nordströmschen Theorie:

weiss ich nicht, wie das $\frac{d}{dt}$ zu verstehen ist (ob φ als zeitl. const. von der Diff. zeichen zu nehmen ist) — nein, mit dem bewegten Punkt zu verstehen!

Es ergibt sich das Feld wie bei Newton
das Flächen geschwindigkeit eine Constante. Was bleibt da noch Platz für ein Unterschied gegen die Newtonsche Bewegung? Die Bedeutung der Coordinaten? (Kommt nicht in Betracht bei der cycl. Integration)

b) 1. Abgehendes Licht von einem isolirten Leucht Welt körper geht von ihm mit immer grösseren Geschwindigkeit ab, hat aber immer kleinere Energie. Wie kommt diese Energie auf den Leucht körper zurück? — Ob Energie ins Unendliche abfliesst wissen wir nicht weil wir keine strenge Lösung für diesen Fall haben.

2. Stellt man durch Rotation einer Hohlkugel ein Coriolis feld in deren Innerem her, so entsteht ein Centrifugal feld (unabhängig von der Grösse der Hohlkugel), welches nicht dem gleich ist, der in einem rotirenden starren System von gleichem Coriolisfeld stattfinden würde. Man kann also nicht das Centrifugalkräfte die Rotationskräfte ansehen als sich nicht entstanden hervorgebracht denken durch die Rotation der Fixsterne, im Rahmen durch die durch der gemäss nach den Einst. Grav.-Gleichungen, sondern muss für diese annehmen wie für die Gebiet der Mechanik, dass sie nur für ein passend gewähltes System

gelten (welches durch die Erhaltungssätze definiert wäre)

Diesbezüglich : Arbeit aus einem rotierenden System durch die
Zeitschienenverschiebung entnehmbar? ⎰Es

ist ja nicht gesagt, dass die Arbeit direkt am bewegten Punkte er-
haltbar sein solle. Nicht nichts von Betrachtet ein System bestehend
aus einem rot. Schiene und dem darauf umlaufenden Massenpunkt, so sieht man
dass keine Energie dem Lösung gegeben der entnommen werden kann es zwar jede zweite dass
Ist jedes System, welches den Erhaltungssätzen genügt, ein ist, dass wir seit an
berechtigtes System? überzeugen werden
kann (von rot.
Schiene auf andere)

Die Anforderung der allgemeinen Covarianz der Gravitationsgleichungen
für beliebige Transformationen kann nicht auf-
gestellt werden: Wenn in einem Raumes alle Teile des
Materie enthalten wäre gegeben ist und für dessen Teil jeden Coordinaten-
System, so könnte doch ausserhalb desselben das
Coordinatensystem noch, im wesentlichen abgesehen
von den Grenzbedingungen, beliebig gewählt werden,
wodurch die g beliebig eine So dass eine
eindeutig Bestimmbarkeit der g° nicht eintreten könnte.

Es ist nun allerdings nicht nötig,
dass die g selbst eindeutig bestimmt sind, sondern
nur die im Gravitationsraum beobachtbaren
Erscheinungen, z. B. die Bewegung des materiellen Punktes,
müssen es sein. Nicht nichts; denn durch eine
Lösung ist auch eine Bewegung
voll gegeben. Ist im Coordinatensystem
eine Lösung K_1, so ist dieses selbe Gebilde
auch eine Lösung in 2, K_2; K_2 aber auch
eine Lösung in 1. Es ist

Es heisst aber auch bloss *Covarianz*, nicht *Invarianz* der Grav. gl. !?

Logisch denkbar : 1: Gravitationswirkung zwischen zwei Energien

  2: Elektr. Wirkungen zwischen elektr. Massen

  ?: Wirkung zwischen Energie und elektr. Masse ? Die elektr. Masse   Edukt:

    gravitiert nach Massgabe ihrer Trägheitsmasse.

$$\overset{\varepsilon}{\underset{\sigma}{}}, \pm \varepsilon \qquad K_{\sigma\sigma} = -\frac{(\varepsilon, \varepsilon_2)}{z^2} \qquad X_{el.el} = +\frac{(\varepsilon, \varepsilon_2)}{z^2} \qquad K_{g.el} = ? \left(\frac{\varepsilon_2 \cdot (\varepsilon)}{z^3}\right)^{\frac{?}{2}} \; \text{also}$$

— notwendig eingeführt ausserdem

  Kräfte des Elektrons ; Kräfte die das Elektron im

  Wirkungsquantum   Gesetze des Dielektrikums

Fizeau. Michelson. Aberration. Eötvös. — Trägheit der Energie.

  Aus dem Fizeauschen Versuche ergibt sich die Theorie des ruhenden Aethers ; aus dem

Michelsonschen die Lorenzkontraktion (da man, wegen der Aberration, den

Äther nicht, in der Hauptsache, mit der Erde mitbewegt annehmen kann)

  Das Relativitätspostulat sagt aus, dass die physik. Gesetze gleichen Ausdruck

auf beobachtete bezogen, behalten, wenn man Coordinatensysteme benützt

gegen welche der Fixsternhimmel nicht rotiert. Die experimentelle Prüfung

z. B. mittelst des Fizeauschen Versuches, sagt aber aus, dass die Relativität auch für

Systeme gilt, die gegen Erdoberfläche (parallel zu einer Gravitationspotentialfläche) gleichförmig

bewegt sind, was über das Postulat hinaus geht

  Der Eötvössche Versuch sagt aus, dass die ein beschleunigtes System einem in einem Schwerefeld

befindlichen identisch ist, was zur Verallgemeinerung des relativitätstheoretischen Linienelementes

führt. Aus der Grav.-theorie wird geschlossen, dass die Lage und die Beschleunigung beobachteten Massen auf das Linienelement von Einfluss ist (nicht aber dem Geschwindigkeit); und (neuerdings), dass das Resultat von an keiner Stelle ein Gravitationsfeld wegtransformiert werden kann, da ein beschleunigtes Bezugssystem (wegen Nichterfüllung der Erhaltungssätze) kein berechtigtes System ist.

Der Schweretensor ist einerseits bestimmend für die kinematischen Verhältnisse; erfüllte andererseits ist u bestimmt durch den Gravitationstensor; und dieser erfüllt die Erhaltungssätze.

Da bei der Einst. Gravitationstheorie durch Constatirung der Abwesenheit von Coriolis oder Centrifugalkräften noch nicht bewiesen ist, dass man sich in einem geloßten Bezugssystem befindet, ist bei der astronomischen Aufgabe ein von aussen aufgeprägtes solches System von Kräften mit zu berücksichtigen (Schwarzschild-Oppolzersche Fixsternbewegung).

Die Einst.-Grav. Theorie

Einstein und Besso

Michele Besso und Einstein haben sich während Einsteins erstem Studiensemester im Züricher Salon von Selina Caprotti beim Musizieren kennen gelernt. Der sechs Jahre ältere Besso wird bald einer von Einsteins engsten Freunden. Besso ist in Italien aufgewachsen und hat am Polytechnikum Maschinenbau studiert. 1898 heiratet er Anna Winteler, eine Tochter von Einsteins verehrtem Lehrer Jost Winteler, in dessen Hause Einstein während seiner Schulzeit in Aarau wohnte. Besso macht Einstein mit dem Werk Ernst Machs bekannt. Die beiden diskutieren oft stundenlang Grundfragen der Philosophie und Naturwissenschaft. Diese Diskussionen bilden einen wichtigen Kontext für Einsteins Durchbrüche.

Albert Einstein und Michele Besso, Foto mit Doppelbelichtung, um 1920

Albert Einstein and Michele Besso, photo with double exposure, ca. 1920

Einstein and Besso

Michele Besso and Einstein meet while making music at Selina Caprotti's salon in Zurich during Einstein's first semester at university. Besso, who is six years older, soon becomes one of Einstein's closest friends. Besso grew up in Italy and studied mechanical engineering at the Polytechnic. In 1898 he marries Anna Winteler, a daughter of Einstein's admired teacher Jost Winteler, at whose house Einstein lived during his schooldays in Aarau. Besso introduces Einstein to the work of Ernst Mach, and they often discuss fundamental issues of philosophy and natural science for hours. These discussions form an important context for Einstein's breakthroughs.

Auf der Suche nach der Lichtablenkung

Brief von Albert Einstein an George E. Hale, Zürich, 14. Oktober 1913

Wenn das Licht der Schwerkraft unterworfen ist, müssen Lichtstrahlen in der Nähe schwerer Massen gekrümmt sein. Einsteins „Entwurftheorie" von 1913 sagt den in seinem Brief angegebenen, zu geringen Wert voraus. Auf der Suche nach einer astronomischen Bestätigung wendet Einstein sich auch an Hale, den Direktor des Mount-Wilson-Observatoriums in der Nähe von Pasadena in Kalifornien. In seiner Antwort hält Hale Tageslichtbeobachtungen von Sternen, wie Einstein sie vorschlägt, für undurchführbar.

Searching for the deflection of light

Letter from Albert Einstein to George E. Hale, Zurich, 14 October 1913

If light is subject to gravitation, its rays must bend when close to massive objects. Einstein's "Entwurf theory" of 1913 predicts the value given in this letter, which is too low. In the search for astronomical confirmation, Einstein also turns to Hale, Director of the Mount Wilson Observatory near Pasadena, California. In his reply, Hale states that the daytime observation of stars proposed by Einstein is not feasible.

The Huntington Library, San Marino (CA), USA

Published in: The Collected Papers of Albert Einstein, vol. 5,
Princeton: Princeton University Press, 1993, doc. 477, pp. 559–560

Zürich. 14. X. 13.

Hoch geehrter Herr Kollege!

Eine einfache theoretische Über.-
legung macht die Annahme plausibel,
dass Lichtstrahlen in einem Gravitations-
felde eine Deviation erfahren.

Grav. Feld

→ Lichtstrahl

Am Sonnenrande müsste diese Ablenkung
0,84" betragen und wie $\frac{1}{R}$ abnehmen
(R = ~~Entfernung vom Sonnen~~ - ~~Mittelpunkt~~)
~~Sonnenradius~~).

↑0,84"

Sonne

Es wäre deshalb von grösstem
Interesse, bis zu wie grosser Sonnen -
nähe ~~grosse~~ helle Fixsterne bei Anwendung
der stärksten Vergrösserungen bei Tage
(ohne Sonnenfinsternis) gesehen werden
können.

Auf den Rat meines Kollegen, d. Herrn
Prof. Maurer bitte ich Sie deshalb,
mir mitzuteilen, was Sie nach Ihrer
reichen Erfahrung in diesen Dingen
für mit den heutigen Mitteln
erreichbar halten.
Mit aller Hochachtung
Ihr ganz ergebener
A. Einstein

Technische Hochschule
Zürich.

———

Dear Sir,

Many, Many thanks for a friendly reply
to Mr Professor Dr Einstein, my honorable
College of the Polytecnical school.

Yours truly
Maurer

14. X. 13

Albert Einstein in
Berlin, 1920

Albert Einstein in
Berlin, 1920

Wettlauf um die Feldgleichung

Postkarte von Albert Einstein an David Hilbert, [Berlin, 18. November 1915]

Einstein und Hilbert sind in einen Wettlauf um die Aufstellung der Feldgleichung der Gravitation eingetreten. Einstein gesteht zu, dass Hilbert ebenfalls den richtigen mathematischen Ansatz gefunden habe. Zugleich weist er darauf hin, dass die eigentliche Schwierigkeit in der physikalischen Interpretation der Gleichungen bestehe. In Hilberts Arbeit bleibt die Frage nach ihrem Zusammenhang mit der Theorie Newtons ungeklärt.

Race for the field equation

Postcard from Albert Einstein to David Hilbert, [Berlin, 18 November 1915]

Einstein and Hilbert are competing to formulate the gravitational field equation. Einstein admits that Hilbert has also found the right mathematical approach. At the same time he points out that the real difficulty lies in the physical interpretation of the equations. Hilbert's work does not answer the question of how the field equation connects with Newton's theory.

Published in: The Collected Papers of Albert Einstein, vol. 8/A,
Princeton: Princeton University Press, 1998, doc. 148, pp. 201–202

6

Lieber Herr Kollege!

Das von Ihnen gegebene System stimmt — soweit ich sehe — genau mit dem überein, was ich in den letzten Wochen gefunden und der Akademie überreicht habe. Die Schwierigkeit bestand nicht darin allgemein kovariante Gleichungen für die $g_{\mu\nu}$ zu finden; denn dies gelingt leicht mit Hilfe des Riemann'schen Tensors. Sondern schwer war es, zu erkennen, dass diese Gleichungen eine Verallgemeinerung und zwar eine einfache und natürliche Verallgemeinerung des Newton'schen Gesetzes bilden. Dies gelang mir erst in den letzten Wochen (meine erste Mitteilung habe ich Ihnen geschickt) während ich die einzig möglichen allgemein kovarianten Gleichungen, die sich jetzt als die richtigen erweisen, schon vor 3 Jahren mit meinem Freunde Grossmann in Erwägung gezogen hatte. Nur schweren Herzens trennten wir uns davon, weil mir die physikalische Dis-

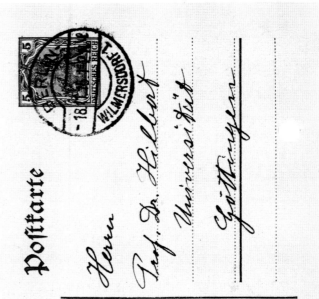

Postkarte

Herrn
Prof. Dr. Hilbert
Universität
Göttingen

kussion scheinbar ihre Unvereinbarkeit mit Newtons Gesetz ergeben hatte. — Die Hauptsache ist, dass die Schwierigkeiten nun überwunden sind. Ich übersende heute der Akademie eine Arbeit, in der ich aus der allgemeinen Relativität ohne Hilfshypothese die von Leverrier entdeckte Perihelbewegung des Merkur quantitativ ableite. Dies gelang bis jetzt keiner gravitationstheorie.

Es grüsst Sie bestens
Ihr Einstein.

Einsteins Coup

Postkarte von David Hilbert an Albert Einstein, [Göttingen, 19. November 1915]

Hilbert gratuliert Einstein, dass er mithilfe der Allgemeinen Relativitätstheorie das Problem der Periheldrehung des Merkurs so schnell lösen konnte: „Wenn ich so rasch rechnen könnte, wie Sie, müsste bei meinen Gleich[un]g[en] entsprechend das Elektron kapituliren und zugleich das Wasserstoffatom sein Entschuldigungszettel aufzeigen, warum es nicht strahlt." Dieser Coup gelingt Einstein, weil er auf Rechnungen zurückgreift, die er bereits 1913/14 mit seinem Freund Besso anstellte.

Einstein's coup

Postcard from David Hilbert to Albert Einstein, [Göttingen, 19 November 1915]

Hilbert congratulates Einstein on solving the problem of Mercury's perihelion motion so quickly with the help of general relativity theory. "If I could calculate as rapidly as you, in my equations the electron would correspondingly have to capitulate, and simultaneously the hydrogen atom would have to produce its note of apology about why it does not radiate." Einstein is able to land his coup because he has recourse to calculations he had already made in 1913/14 with his friend Besso.

Published in: The Collected Papers of Albert Einstein, vol. 8/A, Princeton: Princeton University Press, 1998, doc. 149, p. 202

Das Scheitern der „Entwurftheorie"

Brief von Albert Einstein an Arnold Sommerfeld, Berlin, 28. November [1915]

Im November 1915 beschreibt Einstein Sommerfeld die drei Gründe, aus denen er die „Entwurftheorie" schließlich aufgegeben hat. Es war ihm nicht gelungen, die Trägheitskräfte in einem rotierenden System als Effekte eines Gravitationsfeldes aufzufassen, es ergab sich der falsche Wert für die Periheldrehung des Merkurs, und der Versuch einer Ableitung aus mathematischen Prinzipien war gescheitert.

The failure of the "Entwurf theory"

Letter from Albert Einstein to Arnold Sommerfeld, Berlin, 28 November [1915]

In November 1915 Einstein describes to Sommerfeld the three reasons why he finally gave up the "Entwurf theory". He had not succeeded in interpreting the inertial forces in a rotating system as effects of a gravitational field; the value for the motion of Mercury's perihelion motion was wrong, and the attempt to deduce the theory from mathematical principles had failed.

Published in: The Collected Papers of Albert Einstein, vol. 8/A,
Princeton: Princeton University Press, 1998, doc. 153, pp. 206–208;
Sommerfeld, Arnold: Wissenschaftlicher Briefwechsel, vol. 1
Berlin: Verlag für Geschichte der Naturwissenschaften und Technik,
2000, doc. 221 pp. 500–501

Berlin 28. XI. 15

Lieber Sommerfeld!

Sie dürfen mir nicht böse sein, dass ich erst heute auf Ihren freundlichen und interessanten Brief antworte. Aber ich hatte im letzten Monat eine der aufregendsten, anstrengendsten Zeiten meines Lebens, allerdings auch der erfolgreichsten. Ans Schreiben konnte ich nicht denken.

Ich erkannte nämlich dass meine bisherigen Feldgleichungen der Gravitation gänzlich haltlos waren! Dafür ergaben sich folgende Anhaltspunkte

1) Ich bewies, dass das Gravitationsfeld auf einem gleichförmig rotierenden System den Feldgleichungen nicht genügt.

2) Die Bewegung des Merkur-Perihels ergab sich zu 18" statt 45" pro Jahrhundert

3) Die Kovarianzbetrachtung in meiner Arbeit vom letzten Jahre liefert die Hamilton Funktion H nicht. Sie lässt, wenn sie sachgemäss verallgemeinert wird, ein beliebiges H zu. Daraus ergab sich, dass die Kovarianz bezüglich

„angepasster" Koordinatensysteme ein Schlag
ins Wasser war.

Nachdem so jeder Vertrauen in
Resultate und Methode der früheren
Theorie gewichen war, sah ich klar, dass
nur durch einen Anschluss an die
allgemeine Kovariantentheorie, d. h.
an Riemanns Kovariante, eine befriedigende Lösung gefunden werden konnte.
Die letzten Irrtümer in diesem Kampfe
habe ich leider in den Akademie-Arbeiten,
die ich Ihnen bald senden kann, verewigt. Das endgültige Ergebnis ist folgendes.

Die Gleichungen des Gravitationsfeldes
sind allgemein kovariant. Ist

$$(i k, l m)$$

der Christoffel'sche Tensor vierten Ranges, so
ist $G_{im} = \sum_{kl} g^{kl} (i k, l m)$

ein symmetrischer Tensor zweiten Ranges.
Die Gleichungen lauten

$$G_{im} = -\kappa \left(T_{im} - \frac{1}{2} g_{im} \sum_{\alpha\beta} g^{\alpha\beta} T_{\alpha\beta} \right)$$

Skalar des
Energietensors der
„Materie", für den
ich im Folgenden „T" schreibe,

Es ist natürlich leicht, diese allgemein kovarianten Gleichungen hinzusetzen, schwer aber, einzusehen, dass sie Verallgemeinerungen von Poissons Gleichungen sind, und nicht leicht, einzusehen, dass sie den Erhaltungssätzen Genüge leisten.

Man kann nun die ganze Theorie erneut vereinfachen, indem man das Bezugssystem so wählt, dass $\sqrt{-g} = 1$ wird. Dann nehmen die Gleichungen die Form an,

$$-\sum_\ell \frac{\partial \left\{^{im}_{\ell}\right\}}{\partial x_\ell} + \sum_{\alpha\beta} \left\{^{i}_{\beta}{}^{\alpha}\right\}\left\{^{m\,\beta}_{\alpha}\right\} = -\kappa\left(T^{i}_{im} - \tfrac{1}{2}g_{im}T\right)$$

Diese Gleichungen hatte ich schon vor 3 Jahren mit Grossmann erwogen bis auf das zweite Glied der rechten Seite, war aber damals zu dem Ergebnis gelangt, dass sie nicht Newtons Näherung liefere, was irrtümlich war. Den Schlüssel zu dieser Lösung lieferte mir die Erkenntnis, dass nicht

$$\sum g^{\ell\alpha}\frac{\partial g_{\alpha i}}{\partial x_m}$$

sondern die damit verwandten Christoffel'schen Symbole $\left\{^{im}_{\ell}\right\}$ als natürlicher Ausdruck für die „Komponente" des Gravitationsfeldes anzusehen ist. Hat man dies gesehen, so ist

die obige Gleichung denkbar einfach, weil
man nicht in Versuchung kommt, sie durch
allgemeiner Interpretation umzuformen
durch Ausrechnen der Symbole.

Das Herrliche, was ich erlebte, war nun,
dass sich nicht nur Newtons Theorie als
erste Näherung, sondern auch die Perihelbewegung des Merkur (43″ pro Jahrhundert)
als zweite Näherung ergab. Für die Lichtablenkung an der Sonne ergab sich der
doppelte Betrag wie früher.

Freundlich hat eine Methode, um
die Lichtablenkung an Jupiter zu messen.
Nur die Intriguen armseliger Menschen verhindern es, dass diese letzte wichtige Prüfung
der Theorie ausgeführt wird. Dies ist mir
aber doch nicht so schmerzlich, weil mir die
Theorie besonders auch mit Rücksicht auf die qualitative Bestätigung der Verschiebung der Spektral-
linien genügend gesichert erscheint.

Ihre beiden Abhandlungen will
ich jetzt studieren und Ihnen dann wieder
zusenden. Herzliche Grüsse
von Ihrem rabiaten
Einstein.

Die Akademie-Arbeiten sende ich dann alle
auf einmal!

Einstein und seine Söhne

Einsteins Verhältnis zu seinen Söhnen wird durch die Trennung von Mileva belastet. Hans Albert ist zehn, Eduard vier Jahre alt, als sie mit ihrer tief verletzten Mutter 1914 nach Zürich zurückkehren. Der ältere Sohn schreibt Einstein lange Zeit nicht. In den zwanziger Jahren normalisiert sich die Beziehung jedoch. Auch wenn er manchmal lange nichts von sich hören lässt, hängt Einstein „mit großer Zärtlichkeit" an seinen Söhnen. Er freut sich darauf, die Ferien mit ihnen zu verbringen. Man wandert gemeinsam in den Alpen oder segelt auf der Ostsee. Dass Eduard an Schizophrenie erkrankt und 1932 in eine Heilanstalt gebracht wird, ist für Einstein schwer zu ertragen.

Albert Einstein mit
seinen Söhnen
Hans Albert und
Eduard,
um 1920

Albert Einstein
with his sons
Hans Albert and
Eduard,
ca. 1920

Einstein and his sons

Einstein's separation from Mileva puts a strain on his relationship to his sons. Hans Albert is ten and Eduard four years old when they move back to Zurich in 1914 with their deeply hurt mother. The older son doesn't write to Einstein for a long time. In the 1920s, however, the relationship becomes more stable. Although they sometimes don't hear from him for long periods, Einstein has a great affection for his sons. He looks forward to spending the holidays with them. They go hiking together in the Alps, or sailing on the Baltic Sea. That Eduard develops schizophrenia and is taken to a mental hospital in 1932 is very hard for Einstein to bear.

Hilberts „Entwurftheorie"

Druckfahnen mit handschriftlichen Korrekturen von David Hilbert „Die Grundlagen der Physik (Erste Mitteilung)", Stempel 6. Dezember 1915

Hilbert greift den Ansatz von Einsteins „Entwurftheorie" auf und entwickelt ihn weiter. Er versucht, ihn mit der spekulativen Theorie der Materie zu verknüpfen, die der Physiker Gustav Mie entwickelt hat. Da Hilberts Aufsatz auf den 20. November 1915 datiert ist, an dem Hilbert die Arbeit in Göttingen vorlegt, besteht lange der Eindruck, dass Hilbert als Erster die Feldgleichung der Allgemeinen Relativitätstheorie gefunden hat. Einstein publiziert die Feldgleichung erst am 25. November. Doch die hier abgedruckten Druckfahnen zeigen, dass am 6. Dezember 1915 Hilberts Arbeit noch deutlich von der publizierten Version abweicht. Auf Seite 7, von der oben ein Stück abgeschnitten ist, kann man erkennen, dass Hilbert nur bestimmte Koordinatensysteme zur Formulierung der Theorie zulässt, so, wie es Einstein in seiner „Entwurftheorie" gefordert hatte. Daher würde eine explizite Formulierung der Feldgleichung ohne die Spezifizierung eines Koordinatensystems ohnehin wenig Sinn haben. Entsprechend erscheint sie auch noch nicht in expliziter Form auf Seite 11, wo sie in der Druckversion zu finden ist.

Hilbert's "Entwurf theory"

Galley proof with handwritten corrections by David Hilbert, "The Foundations of Physics (First Communication)," stamped 6 December 1915

Hilbert takes up Einstein's "Entwurf theory" approach and develops it further. He tries to link it with the speculative theory of matter developed by the physicist Gustav Mie. Since Hilbert's essay is dated 20 November 1915, which is when Hilbert presents the work in Göttingen, initially the impression is created that Hilbert was the first to discover the field equation of general relativity theory. Einstein doesn't publish the field equation until 25 November. However, the galley proofs printed here show that Hilbert's work on 6 December 1915 still deviates considerably from the published version. On page 7, from which a piece has been cut off at the top, it can be seen that Hilbert only allows certain coordinate systems for formulating the theory, just as Einstein had demanded in his "Entwurf theory." An explicit formulation of the field equation would therefore not make much sense anyway without specifying a coordinate system. Accordingly this explicit formulation does not yet appear on page 11, where it can be found in the printed version.

Erste Korrektur meiner ersten Note.

I

Die Grundlagen der Physik.

(Erste Mitteilung.)

Von

David Hilbert.

Vorgelegt in der Sitzung vom 20. November 1915.

Die tiefgreifenden Gedanken und originellen Begriffsbildungen, vermöge derer Mie seine Elektrodynamik aufbaut, und die gewaltigen Problemstellungen von Einstein sowie dessen scharfsinnige zu ihrer Lösung ersonnenen Methoden haben der Untersuchung über die Grundlagen der Physik neue Wege eröffnet.

Ich möchte im Folgenden — im Sinne der axiomatischen Methode — aus drei einfachen Axiomen ein ~~neues~~ System von Grundgleichungen der Physik aufstellen, die von idealer Schönheit sind, und in denen, wie ich glaube, die Lösung der gestellten Probleme enthalten ist. Die genauere Ausführung sowie vor Allem die spezielle Anwendung meiner Grundgleichungen auf die fundamentalen Fragen der Elektrizitätslehre behalte ich späteren Mitteilungen vor.

Es seien w_s ($s = 1, 2, 3, 4$) irgendwelche die Weltpunkte wesentlich eindeutig benennende Koordinaten, die sogenannten Weltparameter. Die das Geschehen in w_s charakterisierenden Größen seien:

1) die zehn Gravitationspotentiale $g_{\mu\nu}$ ($\mu, \nu = 1, 2, 3, 4$) mit symmetrischem Tensorcharakter gegenüber einer beliebigen Transformation der Weltparameter w_s;

2) die vier elektrodynamischen Potentiale q_s mit Vektorcharakter im selben Sinne.

Das physikalische Geschehen ist nicht willkürlich, es gelten vielmehr zunächst folgende zwei Axiome:

2   David Hilbert,

Axiom I (Mie's[1]) **Axiom von der Weltfunktion**): *Das Gesetz
des physikalischen Geschehens bestimmt sich durch eine Weltfunktion
H, die folgende Argumente enthält:*

$$(1) \qquad g_{\mu\nu}, \quad g_{\mu\nu l} = \frac{\partial g_{\mu\nu}}{\partial w_l}, \quad g_{\mu\nu lk} = \frac{\partial^2 g_{\mu\nu}}{\partial w_l\, \partial w_k},$$

$$(2) \qquad q_s, \quad q_{sl} = \frac{\partial q_s}{\partial w_l}, \qquad\qquad (l, k = 1, 2, 3, 4)$$

und zwar muß die Variation des Integrals

$$\int H \sqrt{g}\; d\tau;$$
$$(g = |g_{\mu\nu}|, \quad d\tau = dw_1\, dw_2\, dw_3\, dw_4)$$

für jedes der 14 Potentiale $g_{\mu\nu}$, q_s *verschwinden.*

An Stelle der Argumente (1) können offenbar auch die Argumente

$$(3) \qquad g^{\mu\nu}, \quad g_l^{\mu\nu} = \frac{\partial g^{\mu\nu}}{\partial w_l}, \quad g_{lk}^{\mu\nu} = \frac{\partial^2 g^{\mu\nu}}{\partial w_l\, \partial w_k}$$

treten, wobei $g^{\mu\nu}$ die durch g dividierte Unterdeterminante der
Determinante g in Bezug auf ihr Element $g_{\mu\nu}$ bedeutet.

Axiom II[2] (**Axiom von der allgemeinen Invarianz**): *Die
Weltfunktion H ist eine Invariante gegenüber einer beliebigen Transformation der Weltparameter* w_s.

Axiom II ist der einfachste mathematische Ausdruck für die
Forderung, daß die Verkettung der Potentiale $g_{\mu\nu}$, q_s an und für
sich völlig unabhängig ist von der Art, wie man die Weltpunkte
durch Weltparameter benennen will.

Das Leitmotiv für den Aufbau meiner Theorie liefert der folgende mathematische Satz, dessen Beweis ich an einer anderen
Stelle darlegen werde.

Theorem I. Ist J eine Invariante bei beliebiger Transformation
der vier Weltparameter, welche n Größen und ihre Ableitungen

---

1) Mie's Weltfunktionen enthalten nicht genau diese Argumente; insbesondere geht der Gebrauch der Argumente (2) auf B o r n zurück; es ist jedoch
gerade die Einführung und Verwendung einer solchen Weltfunktion im Hamiltonschen Prinzip das Charakteristische der Mie'schen Elektrodynamik.

2) Die Forderung der orthogonalen Invarianz hat bereits Mie gestellt. In
dem oben aufgestellten Axiom II findet der E i n s t e i n sche Grundgedanke fundamentale der allgemeinen Invarianz den einfachsten Ausdruck, wennschon bei E i n -
s t e i n das Hamiltonsche Prinzip nur eine Nebenrolle spielt und seine Funktionen
H keineswegs allgemeine Invarianten sind, auch die elektrischen Potentiale nicht
enthalten.

die Grundlagen der Physik. **3**

enthält, und man bildet dann aus

$$\delta \int J \sqrt{g}\, d\tau = 0$$

in Bezug auf jene n Größen die n Lagrangeschen Variationsgleichungen, so sind in diesem invarianten System von n Differentialgleichungen für die n Größen stets vier eine Folge der $n-4$ übrigen — in dem Sinne, daß zwischen den n Differentialgleichungen und ihren totalen Ableitungen stets vier lineare, von einander unabhängige Kombinationen identisch erfüllt sind.

Bezüglich der Differentialquotienten nach $g^{\mu\nu}$, $g_k^{\mu\nu}$, $g_{kl}^{\mu\nu}$, wie sie in (4) und nachfolgenden Formeln auftreten, sei ein für allemal bemerkt, daß wegen der Symmetrie in μ, ν einerseits und k, l andererseits die Differentialquotienten nach $g^{\mu\nu}$, $g_k^{\mu\nu}$ mit 1 bezw. $\frac{1}{2}$ multipliziert zu nehmen sind, jenachdem $\mu = \nu$ bezw. $\mu \neq \nu$ ausfällt, ferner die Differentialquotienten nach $g_{kl}^{\mu\nu}$ mit 1 bezw. $\frac{1}{2}$ bezw. $\frac{1}{4}$ multipliziert zu nehmen sind, jenachdem $\mu = \nu$ und $k = l$ bezw. $\mu = \nu$ und $k \neq l$ oder $\mu \neq \nu$ und $k = l$ bezw. $\mu \neq \nu$ und $k \neq l$ ausfällt.

Aus Axiom I folgen zunächst bezüglich der zehn Gravitationspotentiale $g^{\mu\nu}$ die zehn Lagrangeschen Differentialgleichungen

$$(4) \qquad \frac{\partial \sqrt{g}\, H}{\partial g^{\mu\nu}} = \sum_k \frac{\partial}{\partial w_k} \frac{\partial \sqrt{g}\, H}{\partial g_k^{\mu\nu}} - \sum_{k,l} \frac{\partial^2}{dw_k\, dw_l} \frac{\partial \sqrt{g}\, H}{\partial g_{kl}^{\mu\nu}}, \qquad (\mu, \nu = 1, 2, 3, 4)$$

und sodann bezüglich der vier elektrodynamischen Potentiale q_s die vier Lagrangeschen Differentialgleichungen

$$(5) \qquad \frac{\partial \sqrt{g}\, H}{\partial q_h} = \sum_k \frac{\partial}{\partial w_k} \frac{\partial \sqrt{g}\, H}{\partial q_{hk}}, \qquad (h = 1, 2, 3, 4).$$

Die Gleichungen (4) mögen die Grundgleichungen der Gravitation, die Gleichungen (5) die elektrodynamischen Grundgleichungen oder die verallgemeinerten Maxwellschen Gleichungen heißen. Infolge des oben aufgestellten Theorems können die vier Gleichungen (5) als eine Folge der Gleichungen (4) angesehen werden, d. h. wir können unmittelbar wegen jenes mathematischen Satzes die Behauptung aussprechen, *daß in dem bezeichneten Sinne die elektrodynamischen Erscheinungen Wirkungen der Gravitation sind.* In dieser Erkenntnis erblicke ich die einfache und sehr überraschende Lösung des Problems von R i e m a n n, der als der Erste theoretisch nach dem Zusammenhang zwischen Gravitation und Licht gesucht hat.

Indem unser mathematisches Theorem lehrt, daß die bisherigen Axiome I und II für die 14 Potentiale nur zehn wesentlich von einander unabhängige Gleichungen liefern können, andererseits bei

David Hilbert,

Aufrechterhaltung der allgemeinen Invarianz mehr als zehn wesentlich unabhängige Gleichungen für die 14 Potentiale $g_{\mu\nu}$, q_s garnicht möglich sind, so ist, wofern wir der Cauchyschen Theorie der Differentialgleichungen entsprechend den Grundgleichungen der Physik den Charakter der Bestimmtheit bewahren wollen, die Forderung von vier weiteren zu (4) und (5) hinzutretenden nicht invarianten Gleichungen unerläßlich. Um zu diesen Gleichungen zu gelangen, stelle ich zunächst eine Definition des Energiebegriffes auf.

Zu dem Zwecke bilden wir aus der Invariante H, indem wir nach $g^{\mu\nu}$ mittelst des willkürlichen contragredienten Tensors $h^{\mu\nu}$ polarisieren, den Ausdruck

$$J^{(h)} = \sum_{\mu,\,\nu} \frac{\partial H}{\partial g^{\mu\nu}} h^{\mu\nu} + \sum_{\mu,\,\nu,\,k} \frac{\partial H}{\partial g_k^{\mu\nu}} h_k^{\mu\nu} + \sum_{\mu,\,\nu,\,k,\,l} \frac{\partial H}{\partial g_{kl}^{\mu\nu}} h_{kl}^{\mu\nu},$$

wo zur Abkürzung

$$h_k^{\mu\nu} = \frac{\partial h^{\mu\nu}}{\partial w_k}, \qquad h_{kl}^{\mu\nu} = \frac{\partial^2 h^{\mu\nu}}{\partial w_k\, \partial w_l}$$

gesetzt ist. Da die Polarisation ein invarianter Prozeß ist, so ist $J^{(h)}$ eine Invariante. Wir behandeln jetzt den Ausdruck $\sqrt{g}\, J^{(h)}$ in derselben Weise wie in der Variationsrechnung den Integranden eines Variationsproblems, wenn man partielle Integration anwenden will; wir erhalten so die folgende Identität:

$$(6) \qquad \sqrt{g}\, J^{(h)} = -\sum_{\mu,\,\nu} H \frac{\partial \sqrt{g}}{\partial g^{\mu\nu}} h^{\mu\nu} + \sum_{\mu,\,\nu} [\sqrt{g}\, H]_{\mu\nu} h^{\mu\nu} + D^{(h)},$$

wo zur Abkürzung

$$[\sqrt{g}\, H]_{\mu\nu} = \frac{\partial \sqrt{g}\, H}{\partial g^{\mu\nu}} - \sum_k \frac{\partial}{\partial w_k} \frac{\partial \sqrt{g}\, H}{\partial g_k^{\mu\nu}} + \sum_{k,\,l} \frac{\partial^2}{\partial w_k\, \partial w_l} \frac{\partial \sqrt{g}\, H}{\partial g_{kl}^{\mu\nu}}$$

und

$$(7) \qquad D^{(h)} = \sum_{\mu,\,\nu,\,k} \frac{\partial}{\partial w_k}\left(\frac{\partial \sqrt{g}\, H}{\partial g_k^{\mu\nu}} h^{\mu\nu} \right) + \sum_{\mu,\,\nu,\,k,\,l} \frac{\partial}{\partial w_k}\left(\frac{\partial \sqrt{g}\, H}{\partial g_{kl}^{\mu\nu}} h_l^{\mu\nu} \right)$$

$$- \sum_{\mu,\,\nu,\,k,\,l} \frac{\partial}{\partial w_l}\left(h^{\mu\nu} \frac{\partial}{\partial w_k} \frac{\partial \sqrt{g}\, H}{\partial g_{kl}^{\mu\nu}} \right)$$

gesetzt ist. Der Ausdruck $[\sqrt{g}\, H]_{\mu\nu}$ ist nichts anders als die Lagrangesche Variationsableitung von $\sqrt{g}\, H$ nach $g^{\mu\nu}$, durch deren Nullsetzen

$$(8) \qquad\qquad [\sqrt{g}\, H]_{\mu\nu} = 0$$

die Gravitationsgleichungen (4) entstehen, und der Ausdruck $D^{(h)}$ ist eine Summe von Differentialquotienten d. h. von reinem Divergenzcharakter.

Nunmehr benutzen wir die leicht beweisbare Tatsache, daß, wenn p^j $(j = 1, 2, 3, 4)$ einen willkürlichen kontravarianten Vektor bedeutet, der Ausdruck

$$p^{\mu\nu} = \sum_s (g_s^{\mu\nu} p^s - g^{\mu s} p_s^\nu - g^{\nu s} p_s^\mu), \qquad \left(p_s^j = \frac{\partial p^j}{\partial w_s}\right)$$

einen symmetrischen kontravarianten Tensor darstellt.

Tragen wir in den invarianten Ausdruck $J^{(h)}$ an Stelle von $h^{\mu\nu}$ den speziellen kontravarianten Tensor $p^{\mu\nu}$ ein, so entsteht wiederum ein invarianter Ausdruck, nämlich

$$J^{(p)} = \sum_{\mu,\nu} \frac{\partial H}{\partial g^{\mu\nu}} p^{\mu\nu} + \sum_{\mu,\nu,k} \frac{\partial H}{\partial g_k^{\mu\nu}} p_k^{\mu\nu} + \sum_{\mu,\nu,k,l} \frac{\partial H}{\partial g_{kl}^{\mu\nu}} p_{kl}^{\mu\nu},$$

wo zur Abkürzung

$$p_k^{\mu\nu} = \frac{\partial p^{\mu\nu}}{\partial w_k}, \qquad p_{kl}^{\mu\nu} = \frac{\partial^2 p^{\mu\nu}}{\partial w_k \, \partial w_l}$$

gesetzt ist. Wir behandeln jetzt den Ausdruck $\sqrt{g}\, J^{(p)}$ in der Weise, wie in der Variationsrechnung den Integranden eines Variationsproblems, wenn man partielle Integration anwenden will — so jedoch, daß bei diesem Verfahren die ersten Differentialquotienten p_s^j der p^j stets unverändert stehen bleiben und nur die zweiten und dritten Ableitungen der p^j in den Divergenzausdruck hinübergenommen werden, überdies jedesmal die angewandten Hülfsausdrücke invariant gegenüber linearer Transformation ausfallen

$$(9) \quad E = \sum \left(H \frac{\partial \sqrt{g}}{\partial g^{\mu\nu}} g_s^{\mu\nu} + \sqrt{g} \frac{\partial H}{\partial g^{\mu\nu}} g_s^{\mu\nu} + \sqrt{g} \frac{\partial H}{\partial g_k^{\mu\nu}} g_{sk}^{\mu\nu} + \sqrt{g} \frac{\partial H}{\partial g_{kl}^{\mu\nu}} g_{skl}^{\mu\nu}\right) p_s$$
$$- \sum (g^{\mu s} p_s^\nu + g^{\nu s} p_s^\mu) [\sqrt{g} H]_{\mu\nu}$$
$$+ \sum \left(\frac{\partial \sqrt{g} H}{\partial g_k^{\mu\nu}} g_s^{\mu\nu} + \frac{\partial \sqrt{g} H}{\partial g_{kl}^{\mu\nu}} g_{sl}^{\mu\nu} - g_s^{\mu\nu} \frac{\partial}{\partial w_l} \frac{\partial \sqrt{g} H}{\partial g_{kl}^{\mu\nu}}\right) p_k^s;$$

wir erhalten so folgende Identität:

$$(10) \quad \sqrt{g}\, J^{(p)} = -\sum_{\mu,\nu} H \frac{\partial \sqrt{g}}{\partial g^{\mu\nu}} p^{\mu\nu} + E + D^{(p)},$$

wo zur Abkürzung

6   David Hilbert,

$$D^{(p)} = \sum \left\{ -\frac{\partial}{\partial w_k} \left(\sqrt{g}\, \frac{\partial H}{\partial g_k^{uv}} \left(g^{us} p_s^v + g^{vs} p_s^u \right) \right) \right.$$
$$+ \frac{\partial}{\partial w_k} \left(\left(p_s^v g^{us} + p_s^u g^{vs} \right) \frac{\partial}{\partial w_l} \left(\sqrt{g}\, \frac{\partial H}{\partial g_{kl}^{uv}} \right) \right)$$
$$\left. + \frac{\partial}{\partial w_l} \left(\sqrt{g}\, \frac{\partial H}{\partial g_{kl}^{uv}} \left(\frac{\partial p^{uv}}{\partial w_k} - g_{sk}^{uv} p^s \right) \right) \right\}$$

gesetzt ist. Der Ausdruck E ist gegenüber linearer Transformation invariant und in Bezug auf den Vektor p^j von der Gestalt

$$E = \sum_s e_s p^s + \sum_{s,l} e_s^l p_l^s$$

wo e_s und e_s^l nach (10) wohl definierte Ausdrücke sind. Insbesondere ergibt sich, wie man sieht:

(11) $$e_s = \frac{d^{(g)} \sqrt{g}\, H}{d w_s};$$

dabei ist die durch $d^{(g)}$ bezeichnete Differentiation total nach w_s, jedoch so auszuführen, daß die elektrodynamischen Potentiale q_s unberührt bleiben.

Der Ausdruck E heiße die Energieform. Um diese Bezeichnung zu rechtfertigen, beweise ich zwei Eigenschaften, die der Energieform zukommen.

Setzen wir in der Identität (6) für h^{uv} den Tensor p^{uv} ein, so folgt daraus zusammen mit (9), sobald die Gravitationsgleichungen (8) erfüllt sind:

(12) $$E = \left(L^{(h)} \right)_{h=p} - D^{(p)}$$

oder

(13) $$E = \sum \left\{ \frac{\partial}{\partial w_k^l} \left(\sqrt{g}\, \frac{\partial H}{\partial g_k^{uv}} g_s^{uv} p^s \right) - \frac{\partial}{\partial w_k} \left(\frac{\partial}{\partial w_l} \left(\sqrt{g}\, \frac{\partial H}{\partial g_{kl}^{uv}} \right) g_s^{uv} p^s \right) \right.$$
$$\left. + \frac{\partial}{\partial w_l} \left(\sqrt{g}\, \frac{\partial H}{\partial g_{kl}^{uv}} g_{sk}^{uv} p^s \right) \right\},$$

d. h. es gilt der Satz:

Satz 1. Die Energieform E wird vermöge der Gravitationsgleichungen einer Summe von Differentialquotienten nach w_s gleich, d. h. sie erhält Divergenzcharakter.

Würden wir bei der obigen Behandlung des Ausdruckes $\sqrt{g}\, J^{(p)}$, die zu (9) führte, noch einen Schritt weitergegangen sein und bei dem in der Variationsrechnung üblichen Verfahren auch die ersten Differentialquotienten p_s^j der p^j in den Divergenzausdruck hinübergeschafft haben, so würde der allein die p^j enthaltende Ausdruck

Dieser Satz zeigt, daß die dem Energiesatz der alten Theorie entsprechende Divergenzgleichung

$$(15) \qquad \sum_l \frac{\partial e_s^l}{\partial w_l} = 0$$

dann und nur dann gelten kann, wenn die vier Größen e_s verschwinden, d. h. wenn die Gleichungen gelten

$$(16) \qquad \frac{d^{(\varphi)} \sqrt{g}\, H}{dw_s} = 0$$

Nach diesen Vorbereitungen stelle ich nunmehr das folgende Axiom auf:

Axiom III (Axiom von Raum und Zeit). *Die Raum-Zeit-koordinaten sind solche besonderen Weltparameter, für die der Energiesatz* (15) *gültig ist.*

Nach diesem Axiom liefern in Wirklichkeit Raum und Zeit eine solche besondere Benennung der Weltpunkte, daß der Energiesatz gültig ist.

Das Axiom III hat das Bestehen der Gleichungen (16) zur Folge: diese vier Differentialgleichungen (16) vervollständigen die Gravitationsgleichungen (4) zu einem System von 14 Gleichungen für die 14 Potentiale $g^{\mu\nu}$, q_s: *dem System der Grundgleichungen der Physik.* Wegen der Gleichzahl der Gleichungen und der zu bestimmenden Potentiale ist für das physikalische Geschehen auch das Kausalitätsprinzip gewährleistet, und es enthüllt sich uns damit der engste Zusammenhang zwischen dem Energiesatz und dem Kausalitätsprinzip, indem beide sich einander bedingen. Dem Übergang von einem Raum-Zeit-Bezugssystem zu einem anderen entspricht die Transformation der Energieform von einer sogenannten „Normalform"

$$E = \sum_{s,\, l} e_s^l p_l^s$$

auf eine andere Normalform.

Da K nur von $g^{\mu\nu}$, $g_s^{\mu\nu}$, $g_{lk}^{\mu\nu}$ abhängt, so läßt sich beim Ansatz (17) die Energie E wegen (13) lediglich als Funktion der Gravitationspotentiale $g^{\mu\nu}$ und deren Ableitungen ausdrücken, sobald wir L nicht von $g_s^{\mu\nu}$, sondern nur von $g^{\mu\nu}$, q_s, q_{sk} abhängig annehmen. Unter dieser Ausnahme, die wir im Folgenden stets machen, liefert die Definition der Energie (10) den Ausdruck

$$(18) \qquad E = E^{(g)} + E^{(e)}$$

wo die „Gravitationsenergie" $E^{(g)}$ nur von $g^{\mu\nu}$ und deren Ableitungen abhängt und die „elektrodynamische Energie" $E^{(e)}$ die Gestalt erhält

$$(19) \qquad E^{(e)} = \sum_{\mu,\nu,s} \frac{\partial \sqrt{g}\, L}{\partial g^{\mu\nu}} (g_s^{\mu\nu} p^s - g^{\mu s} p_s^\nu - g^{\nu s} p_s^\mu),$$

in der sie sich als *eine mit* $\sqrt{g}$ *multiplizierte allgemeine Invariante* erweist.

Des Weiteren benutzen wir zwei mathematische Theoreme, die wie folgt lauten:

Theorem II. Wenn J eine von $g^{\mu\nu}$, $g_l^{\mu\nu}$, $g_{lk}^{\mu\nu}$, q_s, q_{sk} abhängige Invariante ist, so gilt stets identisch in allen Argumenten und für jeden willkürlichen kontravarianten Vektor p^s

$$\sum_{\mu,\nu,l,k} \left(\frac{\partial J}{\partial g^{\mu\nu}} \varDelta g^{\mu\nu} + \frac{\partial J}{\partial g_l^{\mu\nu}} \varDelta g_l^{\mu\nu} + \frac{\partial J}{\partial g_{lk}^{\mu\nu}} \varDelta g_{lk}^{\mu\nu} \right)$$
$$+ \sum_{s,k} \left(\frac{\partial J}{\partial q_s} \varDelta q_s + \frac{\partial J}{\partial q_{sk}} \varDelta q_{sk} \right) = 0;$$

dabei ist

$$\varDelta g^{\mu\nu} = \sum_m (g^{\mu m} p_m^\nu + g^{\nu m} p_m^\mu),$$

$$\varDelta g_l^{\mu\nu} = -\sum_m g_m^{\mu\nu} p_l^m + \frac{\partial \varDelta g^{\mu\nu}}{\partial w_l},$$

die Grundlagen der Physik.   9

$$\Delta g_{lk}^{\mu\nu} = -\sum_m \left(g_m^{\mu\nu} p_{lk}^m + g_{lm}^{\mu\nu} p_k^m + g_{km}^{\mu\nu} p_l^m\right) + \frac{\partial^2 \Delta g^{\mu\nu}}{\partial w_l \partial w_k},$$

$$\Delta q_s = -\sum_m q_m p_s^m,$$

$$\Delta q_{sk} = -\sum_m q_{sm} p_k^m + \frac{\partial \Delta q_s}{\partial w_k}.$$

Theorem III. Wenn J eine nur von $g^{\mu\nu}$ und deren Ableitungen abhängige Invariante ist, und, wie oben, die Variationsableitungen von $\sqrt{g}\,J$ bezüglich $g^{\mu\nu}$ mit $[\sqrt{g}\,J]_{\mu\nu}$ bezeichnet werden, so stellt der Ausdruck — unter $h^{\mu\nu}$ irgend einen kontravarianten Tensor verstanden —

$$\frac{1}{\sqrt{g}} \sum_{\mu,\,\nu} [\sqrt{g}\,J]_{\mu\nu}\, h^{\mu\nu}$$

eine Invariante dar; setzen wir in dieser Summe an Stelle von $h^{\mu\nu}$ den besonderen Tensor $p^{\mu\nu}$ ein und schreiben

$$\sum_{\mu,\,\nu} [\sqrt{g}\,J]_{\mu\nu}\, p^{\mu\nu} = \sum_{s,\,l} \left(i_s\, p^s + i_s^l\, p_l^s\right),$$

wo alsdann die Ausdrücke

$$i_s = \sum_{\mu,\,\nu} [\sqrt{g}\,J]_{\mu\nu}\, g_s^{\mu\nu},$$

$$i_s^l = -2 \sum_\mu [\sqrt{g}\,J]_{\mu s}\, g^{\mu l}$$

lediglich von $g^{\mu\nu}$ und deren Ableitungen abhängen, so ist

(20) $$i_s = \sum_l \frac{\partial i_s^l}{\partial w_l}$$

in der Weise, daß diese Gleichung identisch für alle Argumente, nämlich die $g^{\mu\nu}$ und deren Ableitungen, erfüllt ist.

Wir wenden nun Theorem II auf die Invariante L an und erhalten

(21) $$\sum_{\mu,\,\nu,\,m} \frac{\partial L}{\partial g^{\mu\nu}} \left(g^{\mu m} p_m^\nu + g^{\nu m} p_m^\mu\right) - \sum_{s,\,m} \frac{\partial L}{\partial q_s} q_m p_s^m$$
$$- \sum_{s,\,k,\,m} \frac{\partial L}{\partial q_{sk}} \left(q_{sm} p_k^m + q_{mk} p_s^m + q_m p_{sk}^m\right) = 0.$$

Das Nullsetzen des Koeffizienten von p_{sk}^m linker Hand liefert die Gleichung

$$\left(\frac{\partial L}{\partial q_{sk}} + \frac{\partial L}{\partial q_{ks}}\right) q_m = 0$$

oder

$$(22)\qquad \frac{\partial L}{\partial q_{sk}} + \frac{\partial L}{\partial q_{ks}} = 0,$$

d. h. die Ableitungen der elektrodynamischen Potentiale q_s treten nur in den Verbindungen

$$M_{ks} = q_{sk} - q_{ks}$$

auf. Damit erkennen wir, daß bei unseren Annahmen die Invariante L außer den Potentialen $g^{\mu\nu}$, q_s lediglich von den Komponenten des schiefsymmetrischen invarianten Tensors

$$M = (M_{ks}) = \mathrm{Rot}\,(q_s)$$

d. h. des sogenannten elektromagnetischen Sechservektors abhängt. *Dieses Resultat ergibt sich hier wesentlich als Folge der allgemeinen Invarianz, also auf Grund von Axiom II.*

Setzen wir in der Identität (21) den Koeffizienten von p_m^ν linker Hand gleich Null, so erhalten wir mit Benutzung von (22)

$$(23)\qquad 2\sum_\mu \frac{\partial L}{\partial g^{\mu\nu}} g^{\mu m} - \frac{\partial L}{\partial q_m} q_\nu - \sum_s \frac{\partial L}{\partial M_{ms}} M_{\nu s} = 0,\quad (\mu = 1,2,3,4).$$

Diese Gleichung gestattet eine wichtige Umformung der elektromagnetischen Energie. Der mit p_m^ν multiplizierte Teil von $E^{(e)}$ in (19) wird nämlich wegen (23):

$$(24)\qquad -2\sum_\mu \frac{\partial \sqrt{g}\,L}{\partial g^{\mu\nu}} g^{\mu m} = \sqrt{g}\left\{ L\delta_\nu^m - \frac{\partial L}{\partial q_m} q_\nu - \sum_s \frac{\partial L}{\partial M_{ms}} M_{\nu s} \right\},$$
$$(\mu = 1,2,3,4)\ (\delta_\nu^m = 0,\ \mu \neq \nu,\ \delta_\mu^\mu = 1).$$

Wenn man hier in dem Ausdrucke rechter Hand zur Grenze für

$$(25)\qquad \begin{aligned} g_{\mu\nu} &= 0,\quad (\mu \neq \nu) \\ g_{\mu\mu} &= 1 \end{aligned}$$

übergeht, so stimmt derselbe genau mit demjenigen überein, den Mie in seiner Elektrodynamik aufgestellt hat: der Mie'sche elektromagnetische Energietensor ist also nichts anderes als der durch Differentiation der Invariante L nach den Gravitationspotentialen $g^{\mu\nu}$ entstehende allgemein invariante Tensor beim Übergang zum Grenzfall (25) — ein Umstand, der mich zum ersten Mal auf den notwendigen engen Zusammenhang zwischen der Einsteinschen allgemeinen Relativitätstheorie und der Mie'schen Elektrodynamik hingewiesen und mir die Überzeugung von der Richtigkeit der hier entwickelten Theorie gegeben hat.

die Grundlagen der Physik. 11

Es bleibt noch übrig, bei der Annahme (17) direkt zu zeigen, wie die oben aufgestellten verallgemeinerten Maxwellschen Gleichungen (5) eine Folge der Gravitationsgleichungen (4) in dem oben angegebenen Sinne sind.

Unter Verwendung der vorhin eingeführten Bezeichnungsweise für die Variationsableitungen bezüglich der $g^{\mu\nu}$ erhalten die Gravitationsgleichungen wegen (17) die Gestalt

$$(26) \qquad [\sqrt{g}\,K]_{\mu\nu} + \frac{\partial\sqrt{g}\,L}{\partial g^{\mu\nu}} = 0.$$

Bezeichnen wir ferner allgemein die Variationsableitungen von $\sqrt{g}\,J$ bezüglich des elektrodynamischen Potentials q_h mit

$$[\sqrt{g}\,J]_h = \frac{\partial\sqrt{g}\,J}{\partial q_h} - \sum_k \frac{\partial}{\partial w_k}\frac{\partial\sqrt{g}\,J}{\partial q_{hk}},$$

so erhalten die elektrodynamischen Grundgleichungen wegen (17) die Gestalt

$$(27) \qquad [\sqrt{g}\,L]_h = 0.$$

Da nun K eine lediglich von $g^{\mu\nu}$ und deren Ableitungen abhängige Invariante ist, so gilt nach Theorem III identisch die Gleichung (20), worin

$$(28) \qquad i_s = \sum_{\mu,\,\nu} [\sqrt{g}\,K]_{\mu\nu}\, g_s^{\mu\nu}$$

und

$$(29) \qquad i_s^l = -2\sum_{\mu} [\sqrt{g}\,K]_{\mu s}\, g^{\mu l}, \qquad (\mu = 1, 2, 3, 4)$$

ist.

Wegen (26) und (29) ist die linke Seite von (24) gleich $-i_\nu^m$. Durch Differentiation nach w_m und Summation über m erhalten wir wegen (20)

$$i_\nu = \sum_m \frac{\partial}{\partial w_m}\left(-\sqrt{g}\,L\,\delta_\nu^m + \frac{\partial\sqrt{g}\,L}{\partial q_m}q_\nu + \sum_s \frac{\partial\sqrt{g}\,L}{\partial M_{sm}}M_{s\nu}\right)$$

$$= -\frac{\partial\sqrt{g}\,L}{\partial w_\nu} + \sum_m\left\{q_\nu \frac{\partial}{\partial w_m}\left([\sqrt{g}\,L]_m + \sum_s \frac{\partial}{\partial w_s}\frac{\partial\sqrt{g}\,L}{\partial q_{ms}}\right)\right.$$

$$\left. + q_{\nu m}\left([\sqrt{g}\,L]_m + \sum_s \frac{\partial}{\partial w_s}\frac{\partial\sqrt{g}\,L}{\partial q_{ms}}\right)\right\}$$

$$+ \sum_s\left([\sqrt{g}\,L]_s - \frac{\partial\sqrt{g}\,L}{\partial q_s}\right)M_{s\nu} + \sum_{s,\,m}\frac{\partial\sqrt{g}\,L}{\partial M_{sm}}\frac{\partial M_{s\nu}}{\partial w_m},$$

da ja

$$\frac{\partial\sqrt{g}\,L}{\partial q_m} = [\sqrt{g}\,L]_m + \sum_s \frac{\partial}{\partial w_s}\frac{\partial\sqrt{g}\,L}{\partial q_{ms}}$$

12   David Hilbert,

und

$$-\sum_m \frac{\partial}{\partial w_m} \frac{\partial \sqrt{g}\, L}{\partial q_{sm}} = [\sqrt{g}\, L]_s - \frac{\partial \sqrt{g}\, L}{\partial q_s}.$$

Nunmehr berücksichtigen wir, daß wegen (22)

$$\sum_{m,\,s} \frac{\partial^2}{\partial w_m\, \partial w_s} \frac{\partial \sqrt{g}\, L}{\partial q_{ms}} = 0$$

ist, und erhalten dann bei geeigneter Zusammenfassung:

$$(30) \qquad i_\nu = -\frac{\partial \sqrt{g}\, L}{\partial w_\nu} + \sum_m \left(q_\nu \frac{\partial}{\partial w_m} [\sqrt{g}\, L]_m + M_{m\nu} [\sqrt{g}\, L]_m \right)$$

$$+ \sum_m \frac{\partial \sqrt{g}\, L}{\partial q_m} q_{m\nu} + \sum_{s,\,m} \frac{\partial \sqrt{g}\, L}{\partial M_{sm}} \frac{\partial M_{s\nu}}{\partial w_m}.$$

Andererseits ist

$$-\frac{\partial \sqrt{g}\, L}{\partial w_\nu} = -\sum_{s,\,m} \frac{\partial \sqrt{g}\, L}{\partial g^{sm}} g^{sm}_\nu - \sum_m \frac{\partial \sqrt{g}\, L}{\partial q_m} q_{m\nu} - \sum_{m,\,s} \frac{\partial \sqrt{g}\, L}{\partial q_{ms}} \frac{\partial q_{ms}}{\partial w_\nu}.$$

Das erste Glied der rechten Seite ist wegen (26) und (28) nichts anderes als i_ν. Das letzte Glied rechter Hand erweist sich als entgegengesetzt gleich dem letzten Glied rechter Hand in (30); es ist nämlich

$$(31) \qquad \sum_{s,\,m} \frac{\partial \sqrt{g}\, L}{\partial M_{sm}} \left(\frac{\partial M_{s\nu}}{\partial w_m} - \frac{\partial q_{ms}}{\partial w_\nu} \right) = 0,$$

da der Ausdruck

$$\frac{\partial M_{s\nu}}{\partial w_m} - \frac{\partial q_{ms}}{\partial w_\nu} = \frac{\partial^2 q_\nu}{\partial w_s\, \partial w_m} - \frac{\partial^2 q_s}{\partial w_\nu\, \partial w_m} - \frac{\partial^2 q_m}{\partial w_\nu\, \partial w_s}$$

symmetrisch in s, m und der erste Faktor unter dem Summenzeichen in (31) schiefsymmetrisch in s, m ausfällt.

Aus (30) folgt mithin die Gleichung

$$(32) \qquad \sum_m \left(M_{m\nu} [\sqrt{g}\, L]_m + q_\nu \frac{\partial}{\partial w_m} [\sqrt{g}\, L]_m \right) = 0;$$

d. h. aus den Gravitationsgleichungen (4) folgen in der Tat die vier von einander unabhängigen linearen Kombinationen (32) der elektrodynamischen Grundgleichungen (5) und ihrer ersten Ableitungen. *Dies ist der ganze mathematische Ausdruck der oben allgemein ausgesprochenen Behauptung über den Charakter der Elektrodynamik als einer Folgeerscheinung der Gravitation.*

die Grundlagen der Physik. 13

Da L unserer Annahme zufolge nicht von den Ableitungen der $g^{\mu\nu}$ abhängen soll, so muß L eine Funktion von gewissen vier allgemeinen Invarianten sein, die den von Mie angegebenen speziellen orthogonalen Invarianten entsprechen und von denen die beiden einfachsten diese sind:

$$Q = \sum_{k,\,l,\,m,\,n} M_{mn}\,M_{lk}\,g^{mk}\,g^{nl}$$

und

$$q = \sum_{k,\,l} q_k\,q_l\,g^{kl}.$$

Der einfachste und im Hinblick auf den Bau von K nächstliegende Ansatz für L ist zugleich derjenige, der der Mie'schen Elektrodynamik entspricht, nämlich

$$L = \alpha Q + f(q)$$

oder noch spezieller an Mie anschließend:

$$L = \alpha Q + \beta q^3,$$

wo $f(q)$ irgend eine Funktion von q und α, β Konstante bedeuten.

Wie man sieht, genügen bei sinngemäßer Deutung die wenigen einfachen in den Axiomen I, II, III ausgesprochenen Annahmen zum Aufbau der Theorie: durch dieselbe werden nicht nur unsere Vorstellungen über Raum, Zeit und Bewegung von Grund aus in dem von Einstein geforderten Sinne umgestaltet, sondern ich bin auch der Überzeugung, daß durch die hier aufgestellten Grundgleichungen die intimsten, bisher verborgenen Vorgänge innerhalb des Atoms Aufklärung erhalten werden und insbesondere allgemein eine Zurückführung aller physikalischen Konstanten auf mathematische Konstanten möglich sein muß — wie denn überhaupt damit die Möglichkeit naherückt, daß aus der Physik im Prinzip eine Wissenschaft von der Art der Geometrie werde: gewiß der herrlichste Ruhm der axiomatischen Methode, die hier wie wir sehen die mächtigen Instrumente der Analysis nämlich, Variationsrechnung und Invariantentheorie in ihre Dienste nimmt.

Hilberts „allgemeine Relativitätstheorie"

David Hilbert: „Die Grundlagen der Physik (Erste Mitteilung)", *Königliche Gesellschaft der Wissenschaften zu Göttingen, Mathematisch-Physikalische Klasse, Nachrichten* (1915), erschienen 1916, S. 395–407

Die veröffentlichte Fassung von Hilberts Artikel ist – wie sein ursprünglicher Vortrag – auf den 20. November 1915 datiert. Aber sie ist gründlich überarbeitet. Obwohl die Theorie nach wie vor auf einen bestimmten Typus von Materie eingeschränkt ist – beschrieben durch Gustav Mies Theorie – spielt eine Einschränkung der Koordinatensysteme jetzt keine Rolle mehr. Dafür wird die Feldgleichung der Gravitation jetzt explizit angeführt, wie sie Einstein bereits am 25. November veröffentlicht hat.

Hilbert's "general theory of relativity"

David Hilbert: "The Foundations of Physics (First Communication)," *Royal Society of Sciences and Humanities in Göttingen, Mathematics-Physics Class, News* (1915), published in 1916, pp. 395–407

The published version of Hilbert's article is dated 20 November 1915 – like his original lecture. It has been thoroughly revised, however. Although the theory is still restricted to a certain type of matter – described by Gustav Mie's theory – there is no more restriction of the coordinate systems. On the other hand, the gravitational field equation is explicitly included, as in Einstein's earlier publication on 25 November.

Die Grundlagen der Physik.

(Erste Mitteilung.)

Von

David Hilbert.

Vorgelegt in der Sitzung vom 20. November 1915.

Die gewaltigen Problemstellungen von Einstein[1]) sowie dessen scharfsinnige zu ihrer Lösung ersonnenen Methoden und die tiefgreifenden Gedanken und originellen Begriffsbildungen, vermöge derer Mie[2]) seine Elektrodynamik aufbaut, haben der Untersuchung über die Grundlagen der Physik neue Wege eröffnet.

Ich möchte im Folgenden — im Sinne der axiomatischen Methode — wesentlich aus zwei einfachen Axiomen ein neues System von Grundgleichungen der Physik aufstellen, die von idealer Schönheit sind, und in denen, wie ich glaube, die Lösung der Probleme von Einstein und Mie gleichzeitig enthalten ist. Die genauere Ausführung sowie vor Allem die spezielle Anwendung meiner Grundgleichungen auf die fundamentalen Fragen der Elektrizitätslehre behalte ich späteren Mitteilungen vor.

Es seien w_s ($s = 1, 2, 3, 4$) irgendwelche die Weltpunkte wesentlich eindeutig benennende Koordinaten, die sogenannten Weltparameter (allgemeinste Raum-Zeit-Koordinaten). Die das Geschehen in w_s charakterisierenden Größen seien:

1) die zehn zuerst von Einstein eingeführten Gravitationspotentiale $g_{\mu\nu}$ ($\mu, \nu = 1, 2, 3, 4$) mit symmetrischem Tensorcharakter gegenüber einer beliebigen Transformation der Weltparameter w_s;

2) die vier elektrodynamischen Potentiale q_s mit Vektorcharakter im selben Sinne.

---

1) Sitzungsber. d. Berliner Akad. 1914 S. 1030, 1915 S. 778, 799, 831, 844.

2) Ann. d. Phys. 1912, Bd. 37 S. 511, Bd. 39 S. 1, 1913, Bd. 40 S. 1.

396   David Hilbert,

Das physikalische Geschehen ist nicht willkürlich, es gelten vielmehr folgende zwei Axiome:

Axiom I (Mie's Axiom von der Weltfunktion[1]): *Das Gesetz des physikalischen Geschehens bestimmt sich durch eine Weltfunktion H, die folgende Argumente enthält:*

$$(1) \qquad g_{\mu\nu}, \quad g_{\mu\nu l} = \frac{\partial g_{\mu\nu}}{\partial w_l}, \quad g_{\mu\nu lk} = \frac{\partial^2 g_{\mu\nu}}{\partial w_l\, \partial w_k},$$

$$(2) \qquad q_s, \quad q_{sl} = \frac{\partial q_s}{\partial w_l}, \qquad (l, k = 1, 2, 3, 4)$$

und zwar muß die Variation des Integrals

$$\int H \sqrt{g}\, d\omega$$

$$(g = |g_{\mu\nu}|, \quad d\omega = dw_1\, dw_2\, dw_3\, dw_4)$$

für jedes der 14 Potentiale $g_{\mu\nu}$, q_s verschwinden.

An Stelle der Argumente (1) können offenbar auch die Argumente

$$(3) \qquad g^{\mu\nu}, \quad g_l^{\mu\nu} = \frac{\partial g^{\mu\nu}}{\partial w_l}, \quad g_{lk}^{\mu\nu} = \frac{\partial^2 g^{\mu\nu}}{\partial w\, \partial w_k}$$

treten, wobei $g^{\mu\nu}$ die durch g dividierte Unterdeterminante der Determinante g in Bezug auf ihr Element $g_{\mu\nu}$ bedeutet.

Axiom II (Axiom von der allgemeinen Invarianz[2]): *Die Weltfunktion H ist eine Invariante gegenüber einer beliebigen Transformation der Weltparameter w_s.*

Axiom II ist der einfachste mathematische Ausdruck für die Forderung, daß die Verkettung der Potentiale $g_{\mu\nu}$, q_s an und für sich völlig unabhängig ist von der Art, wie man die Weltpunkte durch Weltparameter benennen will.

Das Leitmotiv für den Aufbau meiner Theorie liefert der folgende mathematische Satz, dessen Beweis ich an einer anderen Stelle darlegen werde.

---

1) Mie's Weltfunktionen enthalten nicht genau diese Argumente; insbesondere geht der Gebrauch der Argumente (2) auf Born zurück; es ist jedoch gerade die Einführung und Verwendung einer solchen Weltfunktion im Hamiltonschen Prinzip das Charakteristische der Mie'schen Elektrodynamik.

2) Die Forderung der orthogonalen Invarianz hat bereits Mie gestellt. In dem oben aufgestellten Axiom II findet der Einsteinsche fundamentale Grundgedanke der allgemeinen Invarianz den einfachsten Ausdruck, wennschon bei Einstein das Hamiltonsche Prinzip nur eine Nebenrolle spielt und seine Funktionen H keineswegs allgemeine Invarianten sind, auch die elektrischen Potentiale nicht enthalten.

die Grundlagen der Physik. 397

Theorem I. Ist J eine Invariante bei beliebiger Transformation der vier Weltparameter, welche n Größen und ihre Ableitungen enthält, und bildet man dann aus

$$\delta \int\int J \sqrt{g}\, d\omega = 0$$

in Bezug auf jene n Größen die n Lagrangeschen Variationsgleichungen, so sind in diesem invarianten System von n Differentialgleichungen für die n Größen stets vier eine Folge der $n-4$ übrigen — in dem Sinne, daß zwischen den n Differentialgleichungen und ihren totalen Ableitungen stets vier lineare, von einander unabhängige Kombinationen identisch erfüllt sind.

Bezüglich der Differentialquotienten nach $g^{\mu\nu}$, $g_k^{\mu\nu}$, $g_{kl}^{\mu\nu}$, wie sie in (4) und nachfolgenden Formeln auftreten, sei ein für allemal bemerkt, daß wegen der Symmetrie in μ, ν einerseits und k, l andererseits die Differentialquotienten nach $g^{\mu\nu}$, $g_k^{\mu\nu}$ mit 1 bezw. $\frac{1}{2}$ multipliziert zu nehmen sind, jenachdem $\mu = \nu$ bezw. $\mu \neq \nu$ ausfällt, ferner die Differentialquotienten nach $g_{kl}^{\mu\nu}$ mit 1 bezw. $\frac{1}{2}$ bezw. $\frac{1}{4}$ multipliziert zu nehmen sind, jenachdem $\mu = \nu$ und $k = l$ bezw. $\mu = \nu$ und $k \neq l$ oder $\mu \neq \nu$ und $k = l$ bezw. $\mu \neq \nu$ und $k \neq l$ ausfällt.

Aus Axiom I folgen zunächst bezüglich der zehn Gravitationspotentiale $g^{\mu\nu}$ die zehn Lagrangeschen Differentialgleichungen

$$(4)\quad \frac{\partial\sqrt{g}\,H}{\partial g^{\mu\nu}} - \sum_k \frac{\partial}{\partial w_k}\frac{\partial\sqrt{g}\,H}{\partial g_k^{\mu\nu}} + \sum_{k,l}\frac{\partial^2}{\partial w_k\,\partial w_l}\frac{\partial\sqrt{g}\,H}{\partial g_{kl}^{\mu\nu}} = 0,\quad (\mu,\nu = 1,2,3,4)$$

und sodann bezüglich der vier elektrodynamischen Potentiale q_s die vier Lagrangeschen Differentialgleichungen

$$(5)\quad \frac{\partial\sqrt{g}\,H}{\partial q_h} - \sum_k \frac{\partial}{\partial w_k}\frac{\partial\sqrt{g}\,H}{\partial q_{hk}} = 0,\quad (h = 1,2,3,4).$$

Der Kürze halber bezeichnen wir die linken Seiten der Gleichungen (4), (5) bez. mit

$$[\sqrt{g}\,H]_{\mu\nu},\quad [\sqrt{g}\,H]_h.$$

Die Gleichungen (4) mögen die Grundgleichungen der Gravitation, die Gleichungen (5) die elektrodynamischen Grundgleichungen oder die verallgemeinerten Maxwellschen Gleichungen heißen. Infolge des oben aufgestellten Theorems können die vier Gleichungen (5) als eine Folge der Gleichungen (4) angesehen werden, d. h. wir können unmittelbar wegen jenes mathematischen Satzes die Behauptung aussprechen, *daß in dem bezeichneten Sinne die elektrodynamischen Erscheinungen Wirkungen der Gravitation sind.* In dieser

27*

398 David Hilbert,

Erkenntnis erblicke ich die einfache und sehr überraschende Lösung des Problems von Riemann, der als der Erste theoretisch nach dem Zusammenhang zwischen Gravitation und Licht gesucht hat.

Im folgenden benutzen wir die leicht beweisbare Tatsache, daß, wenn p^j $(j = 1, 2, 3, 4)$ einen willkürlichen kontravarianten Vektor bedeutet, der Ausdruck

$$p^{\mu\nu} = \sum_s (g_s^{\mu\nu} p^s - g^{\mu s} p_s^\nu - g^{\nu s} p_s^\mu), \quad \left(p_s^j = \frac{\partial p^j}{\partial w_s}\right)$$

einen symmetrischen kontravarianten Tensor und der Ausdruck

$$p_l = \sum_s (q_{ls} p^s + q_s p_l^s)$$

einen kovarianten Vektor darstellt.

Des Weiteren stellen wir zwei mathematische Theoreme auf, die wie folgt lauten:

Theorem II. Wenn J eine von $g^{\mu\nu}$, $g_l^{\mu\nu}$, $g_{lk}^{\mu\nu}$, q_s, q_{sk} abhängige Invariante ist, so gilt stets identisch in allen Argumenten und für jeden willkürlichen kontravarianten Vektor p^s

$$\sum_{\mu,\nu,l,k} \left(\frac{\partial J}{\partial g^{\mu\nu}} \varDelta g^{\mu\nu} + \frac{\partial J}{\partial g_l^{\mu\nu}} \varDelta g_l^{\mu\nu} + \frac{\partial J}{\partial g_{lk}^{\mu\nu}} \varDelta g_{lk}^{\mu\nu}\right)$$

$$+ \sum_{s,k} \left(\frac{\partial J}{\partial q_s} \varDelta q_s + \frac{\partial J}{\partial q} \varDelta q_{sk}\right) = 0$$

dabei ist

$$\varDelta g^{\mu\nu} = \sum_m (g^{\mu m} p_m^\nu + g^{\nu m} p_m^\mu),$$

$$\varDelta g_l^{\mu\nu} = -\sum_m g_m^{\mu\nu} p_l^m + \frac{\partial \varDelta g^{\mu\nu}}{\partial w_l},$$

$$\varDelta g_{lk}^{\mu\nu} = -\sum_m (g_m^{\mu\nu} p_{lk}^m + g_{lm}^{\mu\nu} p_k^m + g_{km}^{\mu\nu} p_l^m) + \frac{\partial^2 \varDelta g^{\mu\nu}}{\partial w_l \partial w_k},$$

$$\varDelta q_s = -\sum_m q_m p_s^m,$$

$$\varDelta q_{sk} = -\sum_m q_{sm} p_k^m + \frac{\partial \varDelta q_s}{\partial w_k}.$$

Dieses Theorem II läßt sich auch folgendermaßen aussprechen: Wenn J eine Invariante und p^s ein willkürlicher Vektor wie vorhin ist, so gilt die Identität

(6) $$\sum_s \frac{\partial J}{\partial w_s} p^s = PJ;$$

die Grundlagen der Physik. 399

dabei ist

$$P = P_g + P_q,$$

$$P_g = \sum_{\mu, \nu, l, k} \left(p^{\mu\nu} \frac{\partial}{\partial g^{\mu\nu}} + p_l^{\mu\nu} \frac{\partial}{\partial g_l^{\mu\nu}} + p_{lk}^{\mu\nu} \frac{\partial}{\partial g_{lk}^{\mu\nu}} \right)$$

$$P_q = \sum_{l, k} \left(p_l \frac{\partial}{\partial q_l} + p_{lk} \frac{\partial}{\partial q_{lk}} \right)$$

gesetzt und es gelten die Abkürzungen:

$$p_k^{\mu\nu} = \frac{\partial p^{\mu\nu}}{\partial w_k}, \quad p_{kl}^{\mu\nu} = \frac{\partial^2 p^{\mu\nu}}{\partial w_k \, \partial w_l}, \quad p_{lk} = \frac{\partial p_l}{\partial w_k}.$$

Der Beweis von (6) ergibt sich leicht; denn diese Identität ist offenbar richtig, wenn p^s ein konstanter Vektor ist und daraus folgt sie wegen ihrer Invarianz allgemein.

Theorem III. Wenn J eine nur von den $g^{\mu\nu}$ und deren Ableitungen abhängige Invariante ist, und, wie oben, die Variationsableitungen von $\sqrt{g}\, J$ bezüglich $g^{\mu\nu}$ mit $[\sqrt{g}\, J]_{\mu\nu}$ bezeichnet werden, so stellt der Ausdruck — unter $h^{\mu\nu}$ irgend einen kontravarianten Tensor verstanden —

$$\frac{1}{\sqrt{g}} \sum_{\mu, \nu} [\sqrt{g}\, J]_{\mu\nu}\, h^{\mu\nu}$$

eine Invariante dar; setzen wir in dieser Summe an Stelle von $h^{\mu\nu}$ den besonderen Tensor $p^{\mu\nu}$ ein und schreiben

$$\sum_{\mu, \nu} [\sqrt{g}\, J]_{\mu\nu}\, p^{\mu\nu} = \sum_{s, l} (i_s\, p^s + i_s^l\, p_l^s),$$

wo alsdann die Ausdrücke

$$i_s = \sum_{\mu, \nu} [\sqrt{g}\, J]_{\mu\nu}\, g_s^{\mu\nu},$$

$$i_s^l = -2 \sum_\mu [\sqrt{g}\, J]_{\mu s}\, g^{\mu l}$$

lediglich von den $g^{\mu\nu}$ und deren Ableitungen abhängen, so ist

(7) $$i_s = \sum_l \frac{\partial i_s^l}{\partial w_l}$$

in der Weise, daß diese Gleichung identisch für alle Argumente, nämlich die $g^{\mu\nu}$ und deren Ableitungen, erfüllt ist.

Zum Beweise betrachten wir das Integral

$$\int J \sqrt{g}\, d\omega, \quad d\omega = dw_1\, dw_2\, dw_3\, dw_4$$

das über ein endliches Stück der vierdimensionalen Welt zu er-

400   D a v i d H i l b e r t ,

strecken ist. Ferner soll p^s ein Vektor sein, der nebst seinen Ableitungen auf der dreidimensionalen Oberfläche jenes Weltstückes verschwindet. Wegen $P = P_g$ folgt aus der letzten Formel der nächsten Seite

$$P_g^l(\sqrt{g}\,J) = \sum_s \frac{\partial \sqrt{g}\,J p^s}{\partial w_s};$$

dies ergibt

$$\int P_g(J\sqrt{g})\,d\omega = 0$$

und wegen der Bildungsweise der Lagrangeschen Ableitung ist demnach auch

$$\int \sum_{\mu,\,\nu} [\sqrt{g}\,J]_{\mu\nu}\, p^{\mu\nu}\,d\omega = 0.$$

Die Einführung von i_s, i_s^l in diese Identität zeigt schließlich, daß

$$\int \left(\sum_l \frac{\partial i_s^l}{\partial w_l} - i_s \right) p^s\, d\omega = 0$$

und daher auch die Behauptung unseres Theorems richtig ist.

Das wichtigste Ziel ist nunmehr die Aufstellung des Begriffes der Energie und die Herleitung des Energiesatzes allein auf Grund der beiden Axiome I und II.

Dazu bilden wir zunächst:

$$P_g(\sqrt{g}\,H) = \sum_{\mu,\,\nu,\,k,\,l} \left(\frac{\partial \sqrt{g}\,H}{\partial g^{\mu\nu}}\, p^{\mu\nu} + \frac{\partial \sqrt{g}\,H}{\partial g_k^{\mu\nu}}\, p_k^{\mu\nu} + \frac{\partial \sqrt{g}\,H}{\partial g_{kl}^{\mu\nu}}\, p_{kl}^{\mu\nu} \right).$$

Nun ist $\dfrac{\partial H}{\partial g_{kl}^{\mu\nu}}$ ein gemischter Tensor vierter Ordnung und daher wird, wenn man

$$A_{k\,l}^{\mu\nu} = p_k^{\mu\nu} + \sum_\varrho \left(\begin{Bmatrix} k\varrho \\ \mu \end{Bmatrix} p^{\varrho\nu} + \begin{Bmatrix} k\varrho \\ \nu \end{Bmatrix} p^{\varrho\mu} \right),$$

$$\begin{Bmatrix} k\varrho \\ \mu \end{Bmatrix} = \frac{1}{2} \sum_\sigma g^{\mu\sigma} (g_{k\sigma\varrho} + g_{\varrho\sigma k} - g_{k\varrho\sigma})$$

setzt, der Ausdruck

$$(8) \qquad a^l = \sum_{\mu,\,\nu,\,k} \frac{\partial H}{\partial g_{kl}^{\mu\nu}}\, A_k^{\mu\nu}$$

ein kontragredienter Vektor.

Bilden wir daher den Ausdruck

$$P_g(\sqrt{g}\,H) - \sum_l \frac{\partial \sqrt{g}\,a^l}{\partial w_l}$$

so enthält derselbe die zweiten Ableitungen $p_{kl}^{\mu\nu}$ nicht mehr und hat daher die Gestalt

$$\sqrt{g} \sum_{\mu,\nu,k} (B_{\mu\nu} p^{\mu\nu} + B^k_{\mu\nu} p_k^{\mu\nu}),$$

worin

$$B^k_{\mu\nu} = \sum_{\varrho,l} \left(\frac{\partial H}{\partial g^{\mu\nu}_k} - \frac{\partial}{\partial w_l} \frac{\partial H}{\partial g^{\mu\nu}_{kl}} - \frac{\partial H}{\partial g^{\varrho\nu}_{kl}} \begin{Bmatrix} l\mu \\ \varrho \end{Bmatrix} - \frac{\partial H}{\partial g^{\mu\varrho}_{kl}} \begin{Bmatrix} l\nu \\ \varrho \end{Bmatrix} \right)$$

wiederum ein gemischter Tensor ist.

Nunmehr bilden wir den Vektor

(9)
$$b^l = \sum_{\mu,\nu} B^l_{\mu\nu} p^{\mu\nu}$$

und erhalten dann

(10)
$$P_g(\sqrt{g}\,H) - \sum_l \frac{\partial \sqrt{g}\,(a^l + b^l)}{\partial w_l} = \sum_{\mu,\nu} [\sqrt{g}\,H]_{\mu\nu} p^{\mu\nu}.$$

Andererseits bilden wir

$$P_q(\sqrt{g}\,H) = \sum_{k,l} \left(\frac{\partial \sqrt{g}\,H}{\partial q_k} p_k + \frac{\partial \sqrt{g}\,H}{\partial q_{kl}} p_{kl} \right);$$

dann ist $\dfrac{\partial H}{\partial q_{kl}}$ ein Tensor und der Ausdruck

(11)
$$c^l = \sum_k \frac{\partial H}{\partial q_{kl}} p_k$$

stellt daher einen kontragredienten Vektor dar. Entsprechend, wie oben, wird

(12)
$$P_q(\sqrt{g}\,H) - \sum_l \frac{\partial \sqrt{g}\,c^l}{dw_l} = \sum_k [\sqrt{g}\,H]_k p_k.$$

Berücksichtigen wir nun die Grundgleichungen (4) und (5), so folgt durch Addition von (10) und (12):

$$P(\sqrt{g}\,H) = \sum_l \frac{\partial \sqrt{g}\,(a^l + b^l + c^l)}{\partial w_l}$$

Nun ist

$$P(\sqrt{g}\,H) = \sqrt{g}\,PH + H \sum_{\mu,\nu} \frac{\partial \sqrt{g}}{\partial g^{\mu\nu}} p^{\mu\nu}$$

$$= \sqrt{g}\,PH + H \sum_s \left(\frac{\partial \sqrt{g}}{\partial w_s} p^s + \sqrt{g}\,p_s^s \right)$$

und vermöge der Identität (6) daher

$$P(\sqrt{g}\,H) = \sqrt{g} \sum_z \frac{\partial H}{\partial w_s} p^s + H \sum_s \left(\frac{\partial \sqrt{g}}{\partial w_s} p^s + \sqrt{g}\,p_s^s \right) = \sum_s \frac{\partial \sqrt{g}\,H p^s}{\partial w_s}.$$

402   David Hilbert,

Somit erhalten wir schließlich die invariante Gleichung

$$\sum_l \frac{\partial}{\partial w_l} \sqrt{g}\,(Hp^l - a^l - b^l - c^l) = 0$$

Jetzt berücksichtigen wir daß

$$\frac{\partial H}{\partial q_{lk}} - \frac{\partial H}{\partial q_{kl}}$$

ein schiefsymmetrischer kontravarianter Tensor ist; infolgedessen wird

$$(13) \qquad d^l = \frac{1}{2\sqrt{g}} \sum_{k,s} \frac{\partial}{\partial w_k} \left\{ \left(\frac{\partial \sqrt{g}\,H}{\partial q_{lk}} - \frac{\partial \sqrt{g}\,H}{\partial q_{kl}} \right) p^s q_s \right\}$$

ein kontravarianter Vektor und zwar erfüllt derselbe offenbar die Identität

$$\sum_l \frac{\partial \sqrt{g}\, d^l}{\partial w_l} = 0.$$

Definieren wir nunmehr

$$(14) \qquad e^l = Hp^l - a^l - b^l - c^l - d^l$$

als den *Energievektor*, so ist der Energievektor ein *kontravarianter Vektor, der noch von dem willkürlichen Vektor p^s linear abhängt und identisch für jede Wahl dieses Vektors p^s die invariante Energiegleichung*

$$\sum_l \frac{\partial \sqrt{g}\, e^l}{\partial w_l} = 0$$

erfüllt.

Was die Weltfunktion H betrifft, so sind, damit ihre Wahl eindeutig wird, noch weitere Axiome erforderlich. Sollen die Gravitationsgleichungen nur zweite Ableitungen der Potentiale $g^{\mu\nu}$ enthalten, so muß H die Gestalt haben

$$H = K + L$$

wo K die aus dem Riemannschen Tensor entspringende Invariante (Krümmung der vierdimensionalen Mannigfaltigkeit)

$$K = \sum_{\mu,\nu} g^{\mu\nu} K_{\mu\nu},$$

$$K_{\mu\nu} = \sum_\varkappa \left(\frac{\partial}{\partial w_\nu} \begin{Bmatrix} \mu\varkappa \\ \varkappa \end{Bmatrix} - \frac{\partial}{\partial w_\varkappa} \begin{Bmatrix} \mu\nu \\ \varkappa \end{Bmatrix} \right) + \sum_{\varkappa,\lambda} \left(\begin{Bmatrix} \mu\varkappa \\ \lambda \end{Bmatrix} \begin{Bmatrix} \lambda\nu \\ \varkappa \end{Bmatrix} - \begin{Bmatrix} \mu\nu \\ \lambda \end{Bmatrix} \begin{Bmatrix} \lambda\varkappa \\ \varkappa \end{Bmatrix} \right)$$

bedeutet und L nur von $g^{\mu\nu}, g_l^{\mu\nu}, q_s, q_{sk}$ abhängt. Endlich machen wir im folgenden noch die vereinfachende Annahme, daß L nicht die $g_l^{\mu\nu}$ enthält.

die Grundlagen der Physik. 403

Wir wenden alsdann Theorem II auf die Invariante L an und erhalten

$$(15) \quad \sum_{\mu,\,\nu,\,m} \frac{\partial L}{\partial g^{\mu\nu}} (g^{\mu m} p_m^\nu + g^{\nu m} p_m^\mu) - \sum_{s,\,m} \frac{\partial L}{\partial q_s} q_m p_s^m$$

$$- \sum_{s,\,k,\,m} \frac{\partial L}{\partial q_{sk}} (q_{sm} p_k^m + q_{mk} p_s^m + q_m p_{sk}^m) = 0.$$

Das Nullsetzen des Koeffizienten von p_{sk}^m linker Hand liefert die Gleichung

$$\left(\frac{\partial L}{\partial q_{sk}} + \frac{\partial L}{\partial q_{ks}} \right) q_m = 0$$

oder

$$(16) \qquad \frac{\partial L}{\partial q_{sk}} + \frac{\partial L}{\partial q_{ks}} = 0,$$

d. h. die Ableitungen der elektrodynamischen Potentiale q_s treten nur in den Verbindungen

$$M_{ks} = q_{sk} - q_{ks}$$

auf. Damit erkennen wir, daß bei unseren Annahmen die Invariante L außer den Potentialen $g^{\mu\nu}$, q_s lediglich von den Komponenten des schiefsymmetrischen invarianten Tensors

$$M = (M_{ks}) = \mathrm{Rot}\,(q_s)$$

d. h. des sogenannten elektromagnetischen Sechservektors abhängt. *Dieses Resultat, durch welches erst der Charakter der Maxwellschen Gleichungen bedingt ist, ergibt sich hier wesentlich als Folge der allgemeinen Invarianz, also auf Grund von Axiom II.*

Setzen wir in der Identität (15) den Koeffizienten von p_m^ν linker Hand gleich Null, so erhalten wir mit Benutzung von (16)

$$(17) \quad 2 \sum_\mu \frac{\partial L}{\partial g^{\mu\nu}} g^{\mu m} - \frac{\partial L}{\partial q_m} q_\nu - \sum_s \frac{\partial L}{\partial M_{ms}} M_{\nu s} = 0, \quad (\mu = 1, 2, 3, 4).$$

Diese Gleichung gestattet eine wichtige Umformung der elektromagnetischen Energie, d. h. des von L herrührenden Theiles des Energievektors. Dieser Teil ergibt sich nämlich aus (11), (13), (14) wie folgt:

$$L p^l - \sum_k \frac{\partial L}{\partial q_{kl}} p_k - \frac{1}{2\sqrt{g}} \sum_{k,\,s} \frac{\partial}{\partial w_k} \left\{ \left(\frac{\partial \sqrt{g}\, L}{\partial q_{lk}} - \frac{\partial \sqrt{g}\, L}{\partial q_{kl}} \right) p^s q_s \right\}.$$

Wegen (16) und mit Berücksichtigung von (5) wird dieser Ausdruck gleich

404   David Hilbert,

(18) $$\sum_{s,k}\left(L\delta_s^l - \frac{\partial L}{\partial M_{lk}}M_{sk} - \frac{\partial L}{\partial q_l}q_s\right)p^s$$

$$(\delta_s^l = 0, \; l \neq s; \; \delta_s^s = 1)$$

d. h. wegen (17) gleich

(19) $$-\frac{2}{\sqrt{g}}\sum_{\mu,s}\frac{\partial\sqrt{g}\,L}{\partial g^{\mu s}}g^{\mu l}p^s.$$

Wegen der im folgenden entwickelten Formeln (21) ersehen wir hieraus insbesondere, daß die elektromagnetische Energie und mithin auch der totale Energievektor e^l sich allein durch K ausdrücken läßt, so daß nur die $g^{\mu\nu}$ und deren Ableitungen, nicht aber die q_s und deren Ableitungen darin auftreten. Wenn man in dem Ausdrucke (18) zur Grenze für

$$g_{\mu\nu} = 0, \quad (\mu \neq \nu)$$
$$g_{\mu\mu} = 1$$

übergeht, so stimmt derselbe genau mit demjenigen überein, den Mie in seiner Elektrodynamik aufgestellt hat: der Mie'sche elektromagnetische Energietensor ist also nichts anderes als der durch Differentiation der Invariante L nach den Gravitationspotentialen $g^{\mu\nu}$ entstehende allgemein invariante Tensor beim Übergang zu jener Grenze — ein Umstand, der mich zum ersten Mal auf den notwendigen engen Zusammenhang zwischen der Einsteinschen allgemeinen Relativitätstheorie und der Mie'schen Elektrodynamik hingewiesen und mir die Überzeugung von der Richtigkeit der hier entwickelten Theorie gegeben hat.

Es bleibt noch übrig, bei der Annahme

(20) $$H = K + L,$$

direkt zu zeigen, wie die oben aufgestellten verallgemeinerten Maxwellschen Gleichungen (5) eine Folge der Gravitationsgleichungen (4) in dem oben angegebenen Sinne sind.

Unter Verwendung der vorhin eingeführten Bezeichnungsweise für die Variationsableitungen bezüglich der $g^{\mu\nu}$ erhalten die Gravitationsgleichungen wegen (20) die Gestalt

(21) $$[\sqrt{g}\,K]_{\mu\nu} + \frac{\partial\sqrt{g}\,L}{\partial g^{\mu\nu}} = 0.$$

Das erste Glied linker Hand wird

$$[\sqrt{g}\,K]_{\mu\nu} = \sqrt{g}\,(K_{\mu\nu} - \tfrac{1}{2}Kg_{\mu\nu}),$$

die Grundlagen der Physik. 405

wie leicht ohne Rechnung aus der Tatsache folgt, daß $K_{\mu\nu}$ außer $g_{\mu\nu}$ der einzige Tensor zweiter Ordnung und K die einzige Invariante ist, die nur mit den $g^{\mu\nu}$ und deren ersten und zweiten Differentialquotienten $g_k^{\mu\nu}$, $g_{kl}^{\mu\nu}$ gebildet werden kann.

Die so zu Stande kommenden Differentialgleichungen der Gravitation sind, wie mir scheint, mit der von Einstein in seinen späteren Abhandlungen[1]) aufgestellten großzügigen Theorie der allgemeinen Relativität im Einklang.

Bezeichnen wir ferner allgemein wie oben die Variationsableitungen von $\sqrt{g}\,J$ bezüglich des elektrodynamischen Potentials q_h mit

$$[\sqrt{g}\,J]_h = \frac{\partial \sqrt{g}\,J}{\partial q_h} - \sum_k \frac{\partial}{\partial w_k}\frac{\partial \sqrt{g}\,J}{\partial q_{hk}},$$

so erhalten die elektrodynamischen Grundgleichungen wegen (20) die Gestalt

(22) $$[\sqrt{g}\,L]_h = 0.$$

Da nun K eine lediglich von $g^{\mu\nu}$ und deren Ableitungen abhängige Invariante ist, so gilt nach Theorem III identisch die Gleichung (7), worin

(23) $$i_s = \sum_{\mu,\,\nu}[\sqrt{g}\,K]_{\mu\nu}\,g_s^{\mu\nu}$$

und

(24) $$i_s^l = -2\sum_\mu [\sqrt{g}\,K]_{\mu s}\,g^{\mu l}, \quad (\mu = 1, 2, 3, 4)$$

ist.

Wegen (21) und (24) ist (19) gleich $-\dfrac{1}{\sqrt{g}}\,i_\nu^m$. Durch Differentiation nach w_m und Summation über m erhalten wir wegen (7)

$$i_\nu = \sum_m \frac{\partial}{\partial w_m}\left(-\sqrt{g}\,L\,\delta_\nu^m + \frac{\partial \sqrt{g}\,L}{\partial q_m}q_\nu + \sum_s \frac{\partial \sqrt{g}\,L}{\partial M_{sm}}M_{s\nu}\right)$$

$$= -\frac{\partial \sqrt{g}\,L}{\partial w_\nu} + \sum_m \left\{q_\nu \frac{\partial}{\partial w_m}\left([\sqrt{g}\,L]_m + \sum_s \frac{\partial}{\partial w_s}\frac{\partial \sqrt{g}\,L}{\partial q_{ms}}\right)\right.$$

$$\left. + q_{\nu m}\left([\sqrt{g}\,L]_m + \sum_s \frac{\partial}{\partial w_s}\frac{\partial \sqrt{g}\,L}{\partial q_{ms}}\right)\right\}$$

$$+ \sum_s \left([\sqrt{g}\,L]_s - \frac{\partial \sqrt{g}\,L}{\partial q_s}\right)M_{s\nu} + \sum_{s,\,m}\frac{\partial \sqrt{g}\,L}{\partial M_{sm}}\frac{\partial M_{s\nu}}{\partial w_m},$$

da ja

$$\frac{\partial \sqrt{g}\,L}{\partial q_m} = [\sqrt{g}\,L]_m + \sum_s \frac{\partial}{\partial w_s}\frac{\partial \sqrt{g}\,L}{\partial q_{ms}}.$$

---

1) l. c. Berliner Sitzungsber. 1915.

406   David Hilbert,

und

$$-\sum_m \frac{\partial}{\partial w_m} \frac{\partial \sqrt{g}\,L}{\partial q_{sm}} = [\sqrt{g}\,L] - \frac{\partial \sqrt{g}\,L}{\partial q_s}.$$

Nunmehr berücksichtigen wir, daß wegen (16)

$$\sum_{m,s} \frac{\partial^2}{\partial w_m \partial w_s} \frac{\partial \sqrt{g}\,L}{\partial q_{ms}} = 0$$

ist, und erhalten dann bei geeigneter Zusammenfassung:

$$(25) \quad i_\nu = -\frac{\partial \sqrt{g}\,L}{\partial w_\nu} + \sum_m \left(q_\nu \frac{\partial}{\partial w_m}[\sqrt{g}\,L]_m + M_{m\nu}[\sqrt{g}\,L]_m \right)$$
$$+ \sum_m \frac{\partial \sqrt{g}\,L}{\partial q_m} q_{m\nu} + \sum_{s,m} \frac{\partial \sqrt{g}\,L}{\partial M_{sm}} \frac{\partial M_{s\nu}}{\partial w_m}.$$

Andererseits ist

$$-\frac{\partial \sqrt{g}\,L}{\partial w_\nu} = -\sum_{s,m} \frac{\partial \sqrt{g}\,L}{\partial g^{sm}} g_\nu^{sm} - \sum_m \frac{\partial \sqrt{g}\,L}{\partial q_m} q_{m\nu} - \sum_{m,s} \frac{\partial \sqrt{g}\,L}{\partial q_{ms}} \frac{\partial q_{ms}}{\partial w_\nu}.$$

Das erste Glied der rechten Seite ist wegen (21) und (23) nichts anderes als i_ν. Das letzte Glied rechter Hand erweist sich als entgegengesetzt gleich dem letzten Glied rechter Hand in (25); es ist nämlich

$$(26) \quad \sum_{s,m} \frac{\partial \sqrt{g}\,L}{\partial M_{sm}} \left(\frac{\partial M_{s\nu}}{\partial w_m} - \frac{\partial q_{ms}}{\partial w_\nu} \right) = 0,$$

da der Ausdruck

$$\frac{\partial M_{s\nu}}{\partial w_m} - \frac{\partial q_{ms}}{\partial w_\nu} = \frac{\partial^2 q_\nu}{\partial w_s \partial w_m} - \frac{\partial^2 q_s}{\partial w_\nu \partial w_m} - \frac{\partial^2 q_m}{\partial w_\nu \partial w_s}$$

symmetrisch in s, m und der erste Faktor unter dem Summenzeichen in (26) schiefsymmetrisch in s, m ausfällt.

Aus (25) folgt mithin die Gleichung

$$(27) \quad \sum_m \left(M_{m\nu}[\sqrt{g}\,L]_m + q_\nu \frac{\partial}{\partial w_m}[\sqrt{g}\,L]_m \right) = 0;$$

d. h. aus den Gravitationsgleichungen (4) folgen in der Tat die vier von einander unabhängigen linearen Kombinationen (27) der elektrodynamischen Grundgleichungen (5) und ihrer ersten Ableitungen. *Dies ist der genaue mathematische Ausdruck der oben allgemein ausgesprochenen Behauptung über den Charakter der Elektrodynamik als einer Folgeerscheinung der Gravitation.*

die Grundlagen der Physik. 407

Da L unserer Annahme zufolge nicht von den Ableitungen der $g^{\mu\nu}$ abhängen soll, so muß L eine Funktion von gewissen vier allgemeinen Invarianten sein, die den von Mie angegebenen speziellen orthogonalen Invarianten entsprechen und von denen die beiden einfachsten diese sind:

$$Q = \sum_{k,l,m,n} M_{mn} M_{lk} g^{mk} g^{nl}$$

und

$$q = \sum_{k,l} q_k q_l g^{kl}.$$

Der einfachste und im Hinblick auf den Bau von K nächstliegende Ansatz für L ist zugleich derjenige, der der Mie'schen Elektrodynamik entspricht, nämlich

$$L = \alpha Q + f(q)$$

oder noch spezieller an Mie anschließend:

$$L = \alpha Q + \beta q^3,$$

wo $f(q)$ irgend eine Funktion von q und α, β Konstante bedeuten.

Wie man sieht, genügen bei sinngemäßer Deutung die wenigen einfachen in den Axiomen I und II ausgesprochenen Annahmen zum Aufbau der Theorie: durch dieselbe werden nicht nur unsere Vorstellungen über Raum, Zeit und Bewegung von Grund aus in dem von Einstein dargelegten Sinne umgestaltet, sondern ich bin auch der Überzeugung, daß durch die hier aufgestellten Grundgleichungen die intimsten bisher verborgenen Vorgänge innerhalb des Atoms Aufklärung erhalten werden und insbesondere allgemein eine Zurückführung aller physikalischen Konstanten auf mathematische Konstanten möglich sein muß — wie denn überhaupt damit die Möglichkeit naherückt, daß aus der Physik im Prinzip eine Wissenschaft von der Art der Geometrie werde: gewiß der herrlichste Ruhm der axiomatischen Methode, die hier wie wir sehen die mächtigen Instrumente der Analysis, nämlich Variationsrechnung und Invariantentheorie, in ihre Dienste nimmt.

Die Rolle der Materie in der Allgemeinen Relativitätstheorie

Brief von Albert Einstein an Hermann Weyl, [Berlin], 23. November 1916

Hermann Weyl gehört zu den Ersten, die Einsteins neue Theorie mit „Wärme und Eifer" aufgenommen haben. Einstein reagiert auf Überlegungen Weyls mit einer Erläuterung der Herleitung der Feldgleichung der Allgemeinen Relativitätstheorie aus einer Hamilton'schen Funktion und der Beschreibung der Materie in diesem Zusammenhang. Während Hilbert behauptet, dass seine Theorie, die auf einem speziellen Ansatz für die Materie beruht, die Physik einer Wissenschaft von der Art der Geometrie näher gebracht habe, beurteilt Einstein Hilberts Ansatz als „kindlich, im Sinne des Kindes, das keine Tücken der Aussenwelt kennt".

The role of matter in the general theory of relativity

Letter from Albert Einstein to Hermann Weyl, [Berlin], 23 November 1916

Hermann Weyl is one of the first to receive Einstein's new theory with "warmth and enthusiasm." Einstein reacts to Weyl's observations by explaining the derivation of the field equation of the general theory of relativity from a Hamiltonian function and the treatment of matter in this context.
While Hilbert claims that his theory, which is based on a special approach to matter, has taken physics closer to being a more geometry-like kind of science, Einstein regards Hilbert's approach as "childlike, in the sense of a child who knows none of the vagaries of the outside world."

Published in: The Collected Papers of Albert Einstein, vol. 8/A,
Princeton: Princeton University Press, 1998, doc. 278, pp. 365–366

Hs 91: 536

23. XI. 16.

Hochgeehrter Herr Kollege!

Ich bin hoch erfreut darüber, dass Sie die allgemeine Relativitätstheorie mit so viel Wärme und Eifer aufgenommen haben. Wenn die Theorie einstweilen noch viel Gegner hat, so tröstet uns doch der folgende Umstand: die anderweitig ermittelte mittlere Denkstärke der Anhänger übertrifft diejenige der Gegner um ein Gewaltiges! Dies ist eine Art Objektives Zeugnis für die Natürlichkeit und Vernünftigkeit der Theorie.

Zu Ihren interessanten Darlegungen bemerke ich folgendes. Auch ich bin wahrscheinlich zu der Einsicht gekommen, dass die Theorie an Durchsichtigkeit gewinnt, wenn man das Hamilton'sche Schema anwendet und wenn man die Wahl des Bezugssystems keiner Einschränkung unterwirft. Allerdings werden dann die Formeln etwas komplizierter, aber doch für die Anwendung geeigneter. es zeigt sich nämlich, dass die freie Wählbarkeit des Bezugsystems bei der Rechnung von Vorteil ist. Auch wird der Zusammenhang zwischen allgemeiner Kovarianz-Forderung und Erhaltungssätzen deutlicher. Es zeigt sich aber, dass die zu benutzende Hamilton'sche Funktion

für das Gravitationsfeld, welches allgemein kovariante Gleichungen liefert, nicht

$$\frac{H}{\sqrt{g}} = \frac{1}{2}\sum g^{\mu\nu}\,\Gamma^\alpha_{\mu\beta}\,\Gamma^\beta_{\nu\alpha}$$

sondern

$$\frac{H}{\sqrt{g}} = \frac{1}{2}\sum g^{\mu\nu}\left(\Gamma^\alpha_{\mu\beta}\,\Gamma^\beta_{\nu\alpha} - \Gamma^\alpha_{\mu\nu}\,\Gamma^\beta_{\alpha\beta}\right)$$

ist. Die vom zweiten Term gelieferten Glieder fallen nur dann weg, wenn $g = -1$.

Leider ist eine auch nur vorläufige Aufstellung der Hamilton'schen Funktion für die Materie zunächst recht umständlich, sodass ich vorziehe, dies nur für Sonderfälle zu thun. So ist z. B. Ihre Materie (im eigentlichen Sinne) nichts als unendlich feiner, elektrisch geladener Staub. Es liegt dies daran, dass Sie Ihre Materie nicht mit Flächenkräften, bezw. mit Kohäsion ausgestattet haben. Es lässt sich so weder ein Elektron oder Atom noch eine makroskopische Materie darstellen. Im Übrigen bin ich mit Ihren Darlegungen vollkommen einverstanden. Ob Ihre ... Rechnung über die Punktladung durch die Wahl des unendlichen H gefälscht wird, habe ich mir nicht nachgesehen.

Der Hilbert'sche Ansatz für die Materie erscheint mir kindlich, im Sinne des Kindes, das keine Tücken der Aussenwelt kennt. Ich

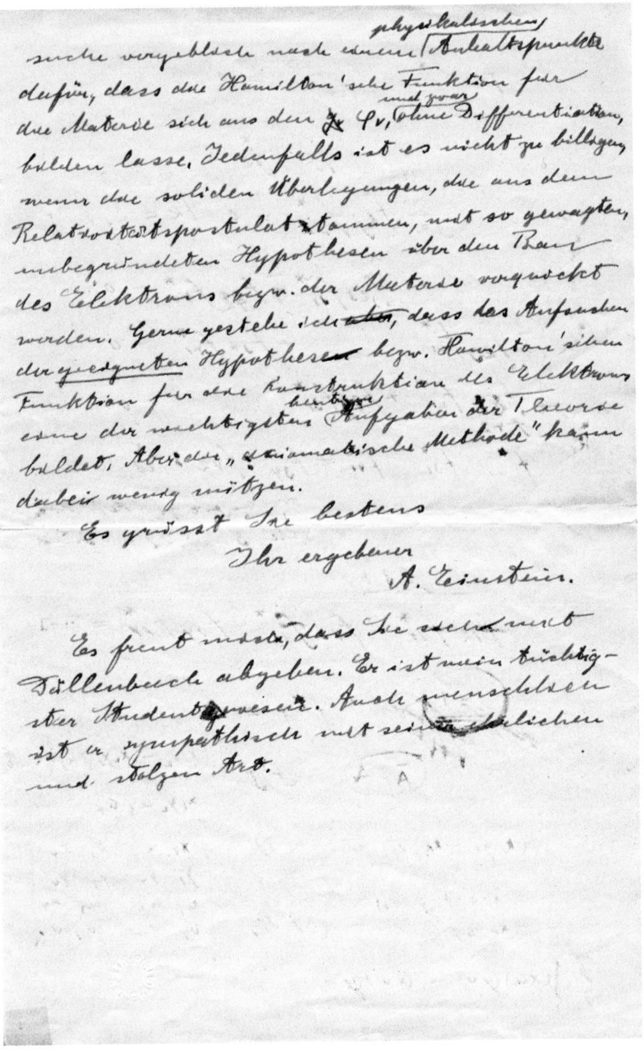

suche vergeblich nach einem physikalischen Anhaltspunkte dafür, dass die Hamilton'sche Funktion für die Materie sich aus den φ_ν, und zwar ohne Differentiation, bilden lasse. Jedenfalls ist es nicht zu billigen, wenn die soliden Überlegungen, die aus dem Relativitätspostulat stammen, mit so gewagten, unbegründeten Hypothesen über den Bau des Elektrons bezw. der Materie verquickt werden. Gerne gestehe ich, dass das Aufsuchen der geeigneten Hypothese bezw. Hamilton'schen Funktion für die Konstruktion des Elektrons eine der wichtigsten heutigen Aufgaben der Theorie bildet. Aber die „axiomatische Methode" kann dabei wenig nützen.

Es grüsst Sie bestens
Ihr ergebener
A. Einstein.

Es freut mich, dass Sie sich mit Dällenbach abgeben. Er ist mein tüchtigster Student gewesen. Auch menschlich ist er sympathisch mit seiner ehrlichen und stolzen Art.

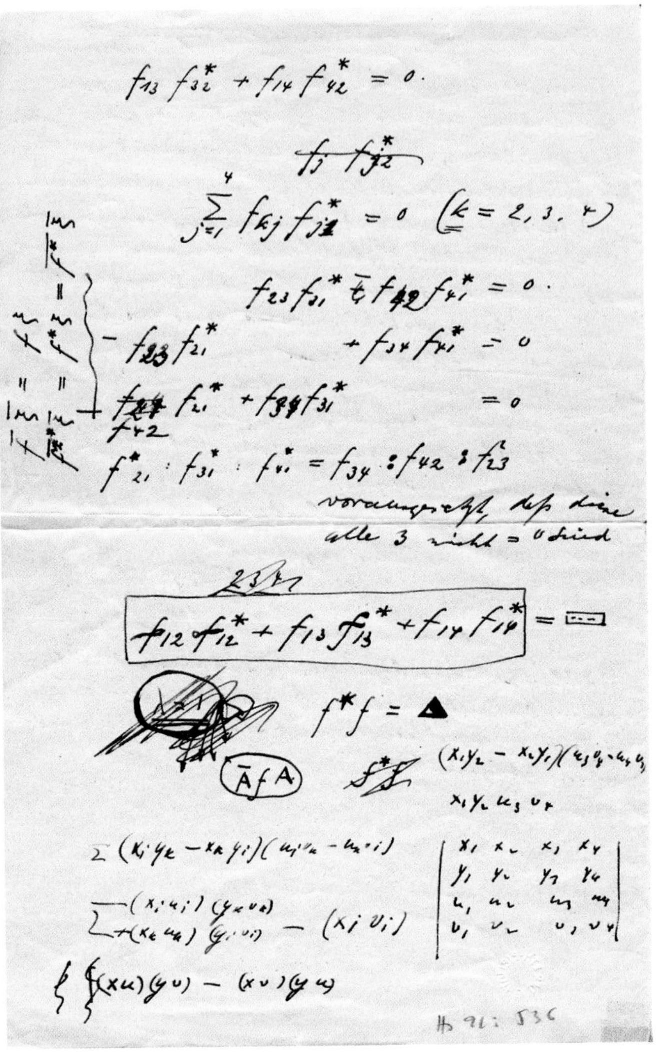

$f_{13} f_{32}^* + f_{14} f_{42}^* = 0.$

$\sum_{j=1}^{4} f_{kj} f_{j1}^* = 0 \quad (k = 2, 3, 4)$

$f_{23} f_{31}^* + f_{24} f_{41}^* = 0.$

$-f_{23} f_{21}^* + f_{34} f_{41}^* = 0$

$f_{24} f_{21}^* + f_{34} f_{31}^* = 0$

$f_{21}^* : f_{31}^* : f_{41}^* = f_{34} : f_{42} : f_{23}$

vorausgesetzt, dass diese alle 3 nicht = 0 sind

$f_{12} f_{12}^* + f_{13} f_{13}^* + f_{14} f_{14}^* = \ldots$

$f^* f = \blacktriangle$

$(x_1 y_2 - x_2 y_1)(u_3 v_4 - u_4 v_3)$

$x_1 y_2 u_3 v_4$

$\Sigma (x_i y_k - x_k y_i)(u_i v_k - u_k v_i)$

$\begin{vmatrix} x_1 & x_2 & x_3 & x_4 \\ y_1 & y_2 & y_3 & y_4 \\ u_1 & u_2 & u_3 & u_4 \\ v_1 & v_2 & v_3 & v_4 \end{vmatrix}$

$\Sigma (x_i u_i)(y_k v_k) - (x_i v_i)$

$(xu)(yv) - (xv)(yu)$

Verabschiedung des vom Kaiser-Wilhelm-Instituts für physikalische Chemie und Elektrochemie an die Universität Göttingen berufenen James Franck.

Sitzend v.l.n.r.: Hertha Sponer, Albert Einstein, Ingrid Franck, James Franck, Lise Meitner, Fritz Haber und Otto Hahn; stehend v.l.n.r.: Walter Grotrian, Wilhelm Westphal, Otto von Baeyer, Peter Pringsheim und Gustav Hertz, Berlin, 1920

Farewell party for James Franck, who was leaving the Kaiser-Wilhelm Institute for Chemistry for an appointment at Göttingen University.

Seated, from l. to r.: Hertha Sponer, Albert Einstein, Ingrid Franck, James Franck, Lise Meitner, Fritz Haber, and Otto Hahn; standing, from l. to r.: Walter Grotrian, Wilhelm Westphal, Otto von Baeyer, Peter Pringsheim, and Gustav Hertz, Berlin, 1920

Triumph der Relativitätstheorie

Telegramm von Hendrik Antoon Lorentz an Albert Einstein,
Den Haag, 22. September 1919

Lorentz in den neutralen Niederlanden informiert Einstein über das vorläufige Ergebnis
der englischen Sonnenfinsternisexpedition, da nach dem Ersten Weltkrieg die Kommuni-
kation zwischen England und Deutschland noch immer praktisch unmöglich ist. Eddington
hat am 12. September mitgeteilt, dass die Lichtablenkung an der Sonne nachgewiesen ist,
der Wert ist allerdings noch nicht sehr genau. Erst am 6. November wird der endgültige
Wert verkündet, der gut mit Einsteins Theorie übereinstimmt, die einen Wert von 1,75
Bogensekunden vorhersagt.

Triumph of the theory of relativity

Telegram from Hendrik Antoon Lorentz to Albert Einstein,
The Hague, 22 September 1919

Lorentz in the neutral Netherlands informs Einstein about the preliminary results of the
British eclipse expedition, since, even after the end of the First World War, direct communication between England and Germany is still practically impossible. Eddington reports
on 12 September that the bending of light passing close to the Sun has been proven,
although the value is not yet very accurate. It isn't until 6 November that the final value is
announced; it is in line with Einstein's theory, which predicts a value of 1.75 arcseconds.

*Museum Boerhaave (Rijksmuseum voor de Geschiedenis van de Natuurwetenschappen en
van de Geneeskunde), Leiden, The Netherlands*

*Published in: The Collected Papers of Albert Einstein, vol. 9,
Princeton: Princeton University Press, 2004, doc. 110, p. 167*

№ 068

prof einstein   huberlandstrasze 5

berlin ‹=

Telegramm Nr. _____

genommen den 22/2 1912

um 14 Uhr 56 Min. vorm.

von 3400

durch 754

Telegraphie des 🦅 Deutschen Reichs.

Berlin, Haupt Telegraphenamt   Leitung Nr. _____

Befördert den _____/

um _____ , _____ vorm. nachm.

in Ltg. _____ an _____

durch _____

Telegramm aus   bln sgravenhage 0046 21/19   22/9 10.40 m =   _____/_____ um _____ Uhr _____ Min. vorm. nachm.

eddington fand sternverscheidung am sonnenrand vorlaeufig grusse

zwischen neun zehntel sekunde und doppeltem = lorentz +

BERLIN
22.9.19.1-N
30

C. 167.

Das Beste, was passieren konnte

Brief von Arthur S. Eddington an Albert Einstein, Cambridge, 1. Dezember 1919

Die endgültigen Resultate der britischen Sonnenfinsternisexpedition werden in einem gemeinsamen Treffen der Royal Society und der Royal Astronomical Society am 6. November 1919 verkündet. Nachdem ein Plan, sich in Leiden persönlich zu treffen, scheitert, berichtet Eddington Einstein brieflich über die enthusiastische Reaktion in England. Er schreibt: „Es ist das Beste, was für die wissenschaftlichen Beziehungen zwischen England und Deutschland passieren konnte."

The best thing that could have happened

Letter from Arthur S. Eddington to Albert Einstein, Cambridge, 1 December 1919

The final results of the British solar eclipse expedition are announced at a joint meeting of the Royal Society and the Royal Astronomical Society on 6 November 1919. After the plan for a personal meeting in Leiden fails, Eddington writes to Einstein to tell him about the enthusiastic reaction in England. He writes: "It is the best possible thing that could have happened for scientific relations between England and Germany."

Published in: The Collected Papers of Albert Einstein, vol. 9,
Princeton: Princeton University Press, 2004, doc. 186, pp. 262–263

OBSERVATORY,
CAMBRIDGE.

1919 Dec 1.

Dear Professor Einstein

It was a great pleasure to receive your letter from Holland, and to be in personal communication with you. I was sorry not to be able to come over to meet you.

Our results were announced on Nov. 6; and you probably know that since then all England has been talking about your theory. It has made a tremendous sensation; and although the popular interest will die down, there is no mistaking the genuine enthusiasm in scientific circles and perhaps more particularly in this University.

It is the best possible thing that could have happened for scientific relations between England and Germany. I do not anticipate rapid progress towards official reunion, but there is a big advance towards a more reasonable frame of mind among scientific men, and that is even more important than the renewal of formal associations.

I have been much interested in Prof. Weyl's work, and it removes some of my prejudices against your "cosmological

OBSERVATORY,
CAMBRIDGE.

views" of space-curvature. I have not got hold of Weyl's mathematics yet completely; but it seems to lead almost inevitably to your cosmological terms.

I have been kept very busy lecturing and writing on your theory. My Report on Relativity is sold out and is being reprinted. That shows the zeal for knowledge on the subject; because it is not an easy book to tackle. I had a huge audience at the Cambridge Philosophical Society a few days ago, and hundreds were turned away unable to get near the room.

Although it seems unfair that Dr Freundlich, who was first in the field, should not have had the satisfaction of accomplishing the experimental test of your theory, one feels that things have turned out very fortunately in giving this object-lesson of the solidarity of German and British science even in time of war.

I, likewise, am unable to write except in my own language.

Yours sincerely

A.S. Eddington

Der Einsteinturm
auf dem Tele-
grafenberg in
Potsdam,
um 1925

The Einstein Tower
on Telegraph Hill
in Potsdam,
ca. 1925

Einstein gesteht einen Fehler ein

Manuskript von Albert Einstein „Notiz zu der Arbeit von A. Friedmann ‚Über die Krümmung des Raumes'", veröffentlicht in *Zeitschrift für Physik*, 16 (1923), S. 228

Einstein reagiert mit dieser Notiz auf Publikationen des sowjetischen Mathematikers Alexander Friedmann. Einstein hatte zunächst die Möglichkeit zeitabhängiger Lösungen der Feldgleichung der Allgemeinen Relativitätstheorie, die auf ein expandierendes Weltall hinweisen, für unmöglich gehalten. Sein Einwand beruhte jedoch auf einem Rechenfehler.

Einstein admits a mistake

Manuscript by Albert Einstein "Note on the Article by A. Friedmann 'On the Curvature of Space'," published in *Zeitschrift für Physik*, 16 (1923), p. 228

This is Einstein's reply to publications by the Soviet mathematician Alexander Friedmann. Einstein had initially believed that time-dependent solutions of the field equation of general relativity, which point to an expanding universe, were impossible. However, his objection was based on a miscalculation.

Notiz zu der Arbeit von A. Friedmann
„Über die Krümmung des Raumes"

Ich habe in einer früheren Notiz an
der genannten Arbeit Kritik geübt.
Mein Einwand beruhte aber — wie
ich mich auf Anregung von Herrn
an Hand eines Briefes von Herrn Friedmann
Krutkoff überzeugt habe — auf einem
Rechenfehler. Ich halte Herrn Friedmanns
Resultate für richtig und aufklärend.
Es zeigt sich, dass die Feldgleichungen
neben den statischen dynamische
(d. h. mit der Zeitkoordinate veränderliche)
zentrisch-symmetrische
Lösungen für die Raumstruktur zulassen, denen eine physikalische
Bedeutung kann zugeschrieben sein.

A. Einstein.

x Zeitschr. für Physik 1922 11.B. $326
xx Zeitschr. für Physik 1922 10.B $322.

Quantentheorie

**Einstein wandelt sich
vom Pionier zum Skeptiker.**

Bald nach der Aufstellung der Lichtquantenhypothese wendet Einstein die Quantenhypothese auch auf das Wärmeverhalten fester Körper an. Seine Vorhersagen werden
von Walther Nernst in Untersuchungen zum Verhalten der spezifischen Wärme von
Körpern bei tiefen Temperaturen bestätigt. In der Folgezeit weitet sich das Quantenproblem zu einer Grundlagenkrise der klassischen Physik aus. Während Einsteins
Erklärung des Verhaltens fester Körper durch die Quantenhypothese allgemeine
Anerkennung findet, bleibt er mit seiner Idee der Lichtquanten noch jahrelang weitgehend allein, bis Arthur H. Compton 1923 die Streuung von Röntgenlicht an Elektronen als Stoßprozesse erklärt und so ihr Teilchenverhalten direkt nachweist.

Mit der Quantenmechanik, die ab 1925 mit Heisenbergs Matrizenformulierung und
Schrödingers Wellenbeschreibung entsteht, kann Einstein sich nicht anfreunden. Er
ist überzeugt, dass eine Theorie mit Unschärfen, die nur Wahrscheinlichkeitsaussagen
macht, die physikalische Realität nicht vollständig beschreiben kann. Von den zwanziger Jahren an versucht Einstein daher als Alternative eine allgemeine Feldtheorie
zu entwickeln, die die Allgemeine Relativitätstheorie mit der Elektrodynamik verbinden soll.

Quantum Theory

**Einstein transforms himself
from pioneer to sceptic.**

Shortly after postulating the light quantum hypothesis, Einstein also applies the
quantum hypothesis to the thermal properties of solids. His predictions are experimentally confirmed by Walther Nernst in studies on the behaviour of the specific
heat of bodies at low temperatures. The quantum problem subsequently escalates
into a fundamental crisis of classical physics. While Einstein's explanation of the behaviour of solids by the quantum hypothesis is generally accepted, he remains alone
for many years with its idea of light quanta – until 1923, when Arthur H. Compton
explains the scattering of X-rays from electrons as impact processes, thus clearly
demonstrating the particle nature of these rays.

Einstein finds it impossible to accept quantum mechanics, which develops after 1925
with Heisenberg's matrix formulation and Schrödinger's wave description. He is convinced that a theory involving uncertainties that only makes probability statements
cannot give a complete description of physical reality. Starting in the 1920s, Einstein
tries to develop an alternative: a general field theory combining general relativity
theory with electrodynamics.

Frühe Kritik an der Lichtquantenhypothese

Brief von Max Laue an Albert Einstein, Berlin, 2. Juni 1906

Einstein steht mit seiner Hypothese von 1905, Licht bestehe aus kleinen Energiepaketen (Quanten), jahrelang sehr alleine da. Der fast gleichaltrige Max Laue, in jener Zeit Assistent von Max Planck, kritisiert Einsteins Arbeit ein Jahr später mit scharfen Worten: „Die Strahlung besteht nicht aus Lichtquanten, wie in §6 der ersten Arbeit steht, sondern verhält sich nur im Energieaustausch mit der Materie so, wie wenn sie daraus bestünde."

Early critique of the light-quantum hypothesis

Letter from Max Laue to Albert Einstein, Berlin, 2 June 1906

For years, Einstein is very alone with his 1905 hypothesis that light consists of small packets of energy (quanta). Max Laue, who is about the same age and is working as Max Planck's assistant at the time, sharply criticizes Einstein's work a year later: "Radiation does not consist of light quanta, as stated in paragraph 6 of your first paper; rather, it is only when it is exchanging energy with matter that it behaves as if it consisted of it."

Published in: The Collected Papers of Albert Einstein, vol. 5,
Princeton: Princeton University Press, 1993, doc. 37, pp. 41–42

Berlin W. 15
Pariserstr. 47.

2. 6. 06.

Sehr geehrter Herr Einstein!

Für Ihre Postkarte besten Dank. Den Korrekturbogen bitte ich Sie wie jetzt, so auch in etwaigen späteren Fällen zu behalten. Zugleich danke auch ich Ihnen richtends für den Korrekturbogen Ihrer interessanten, in den Annalen erschienenen Abhandlung, die ich mit so viel Interesse gelesen habe und der ich wie ich jetzt ausführen will, vollauf beistimme.

Zuvor aber muss ich Sie bitte, nicht jede Bemerkung im Folgenden geschlossen auf die Goldwage zu zeigen. Ich bin durch eilige Herausgabe des Boneds & der Helmholtzschen Vorlesungen, eine 8wöchige militärische Uebung und Habilitationsangelegenheiten für den Rest dieses Jahres eingenommen.

aus der theoretischen Physik ausgeschaltet und betreibe da Alles einwenig als Dilettant. Doch sollen Sie wenigstens den guten Willen sehen.

Wenn Sie am Anfang Ihrer Betrachtet Ihren heuristischen Gesichtspunkt dahin formulieren, dass Strahlungsenergie nur in gewissen endlichen Quanten absorbirt und emittirt werden kann, so weiss ich nicht dagegen einzuwenden; auch alle Ihre Anwendungen stimmen mit dieser Fassung überein. Nun ist dies keine Eigenthümlichkeit der elektromagnetischen Vorgänge im Vakuum, sondern der absorbirenden oder emittirenden Materie, die Strahlung besteht daher nicht aus Lichtquanten, wie in §6 der ersten Arbeit steht, sondern verhält sich nur im Energieaustausch mit der Materie so, wie wenn sie daraus bestände. Den Nachweis, dass das andere zu unmöglichen Folgerungen führt, scheint mir das Wesentliche an meiner Thermodynamik der Interferenzerscheinungen zu sein; dann fällt denn auch die im § 6 gegebene Ableitung des Wienschen Verteilungsgesetzes fort und an deren Stelle ergiebt sich das Plancksche. <u>Ihre Beschränkung auf geringe Strahlungsdichten</u> und dann interessirung und es ist meines Erachtens von grosser Bedeutung, dass man denselben Gedanken auf Gebiete anwenden kann, die der eigentlichen Strahlungstheorie so fern liegen wie Volteffekt, Erzeugung von Kathodenstrahlen u.s.w.

Ich habe über Ihren beunruhenden Gesichtspunkt übrigens nie mit meinem Chef gesprochen. Möglicherweise bestehen zwischen ihm und mir Differenzen der Meinung darüber, bei den Rayleigh-Jeans'schen Arbeiten ist mir das fast wahrscheinlich. Er hat sich aber auch bei den Durchsicht meines Erachtens nichts darüber geäussert. Mir erscheint jedenfalls jede Arbeit, in der Wahrscheinlichkeitsbetrachtungen auf das Datum

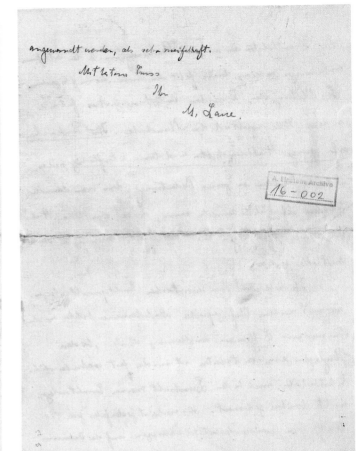

angewandt werden, als sehr zweifelhaft.

Mit besten Gruss

Ihr

M. Laue.

Pieter Zeeman,
Albert Einstein und
Paul Ehrenfest
(v.l.n.r.) in
Zeemans Labor,
Amsterdam, 1920

Pieter Zeeman,
Albert Einstein and
Paul Ehrenfest
(from l. to r.)
in Zeeman's
laboratory,
Amsterdam, 1920

Ist Licht zugleich Welle und Teilchen?

Brief von Hendrik Antoon Lorentz an Albert Einstein, Haarlem, 13. November 1921

In einigen Experimenten erscheint Licht wie eine Welle, in anderen wie ein Strom aus
Teilchen. Anfang der zwanziger Jahre erwägt Einstein daher eine Theorie, die beides
vereint: Licht besteht aus Lichtteilchen, die die Energie des Lichtes transportieren.
Die Teilchen werden nach dieser Auffassung von einer nur indirekt beobachtbaren
Welle geleitet, die für die Welleneigenschaften des Lichtes sorgt. Lorentz fasst diese
Theorie nach einem Gespräch in Leiden mit Einstein und Ehrenfest zusammen.

Is light both wave and particle?

Letter from Hendrik Antoon Lorentz to Albert Einstein, Haarlem, 13 November 1921

In some experiments light appears to be a wave, in others like a flow of particles. In the
early 1920s, Einstein thus considers a theory that unifies the two: Light consists of light
quanta that transport the energy of light. The particles are guided by a wave that can
only be observed indirectly and which gives light its wave properties. Lorentz summarizes
this theory after a conversation with Einstein and Ehrenfest in Leiden.

*Museum Boerhaave (Rijksmuseum voor de Geschiedenis van de Natuurwetenschappen
en van de Geneeskunde), Leiden, The Netherlands*

*Call number: 364 Lorentz: Inventaris – H. A. Lorentz – Algemeen – Correspondentie –
Einstein, E.*

1

Haarlem, 13 November 1921.

Lieber Herr Kollege,

In den letzten Tagen habe ich weiter nachgedacht über Ihr Experiment mit den ~~Kan~~ leuchtenden Kanalstrahlteilchen (Krümmung? des Licht bündels) und über die Überlegungen die Sie dazu geführt haben. Bei diesen Überlegungen stosse ich nun noch auf eine Schwierigkeit, während Ihr Grundgedanke selbst mir sehr gut gefällt. Gestatten Sie mir, Ihnen das kurz auseinanderzusetzen.

Grundgedanke [1]. Bei der Lichtemission wird zweierlei ausgestrahlt. Es giebt nämlich:

_____

[1] Wahrscheinlich wohl nicht genau so wie Sie ihn erfasst haben; zum Teil von mir willkürlich geändert. Was ich sage entfernt sich wohl nicht weit von Ehrenfest's Äusserungen

Arch 57

1. Eine Interferenzstrahlung, die nach den gewöhnlichen Gesetzen der Optik stattfindet, aber noch keine Energie überträgt. Man kann sich z. B. denken, dass diese Strahlung in den gewöhnlichen elektromagnetischen Schwingungen, aber mit verschwindend kleiner Amplitude besteht. Infolgedessen kann man sie selbst nicht beobachten; sie soll nur den Weg für die Energiestrahlung vorbereiten. Sie ist gleichsam ein totes Muster, das erst durch die Energiestrahlung zum Leben gebracht wird.

2. Die Energiestrahlung. Diese besteht in unteilbaren Quanten von der Grösse $h\nu$. Ihr Weg ist durch den (verschwindend kleinen) Energiefluss bei der Interferenzstrahlung gegeben und sie können daher nie an eine Stelle gelangen, wo dieser Fluss Null ist (dunkle Interferenzstreifen).

Bei einem einzelnen Strahlungsakt entsteht schon die volle Interferenzstrahlung aber es wird nur ein einzelnes Quantum ausgestrahlt, das also auch nur an

eine Stelle eines auffallenden Schirmes
gelangen kann. Es wiederholt sich aber
der Elementarakt unzählig viele Male,
und so gut wie gleicher Interferenz
strahlung (der gleiche Muster). Die
verschiedenen Quanten verteilen sich nun
statistisch über das Muster, in dem Sinne,
dass die mittlere Anzahl derselben in
jedem Punkte des Schirmes proportional der
Intensität der daselbst ankommenden
Interferenzstrahlung ist. In dieser Weise
entsteht die beobachtete, der klassischen
Theorie entsprechende Interferenzerscheinung.

———

Mein Bedenken gegen Ihre Überlegung ist
nun Folgendes.

Sie lassen die Möglichkeit offen, dass die
von dem Kanalstrahlteilchen A ausgehende Interferenz
strahlung in den Richtungen
AB und AC gar
keinen Dopplereffekt
zeigt. Dann würde die Bahn dieser Interferenzstrahlung in der Säule S nicht gekrümmt sein; also wäre auch der mit dieser
Bahn zusammenfallende Weg der Energiestrahlung, welchen Weg wir beobachten können, nicht

gekrümmt.
Nun können wir aber auf Grund von
Stark's Beobachtungen erwarten, dass
in der Richtung AB ein Doppler-Effekt
zu beobachten ist. Wenn wir aber den
Versuch dahin abändern
dass die Strahlen in
B von einem Prisma
P aufgefangen werden,
so wird die Ablenkung
infolge der Bewegung von
A geändert werden. Da nun der Weg W
wieder von der Interferenzstrahlung vor
gezeichnet wird, so muss in dieser Strahlung,
entgegen der obengenannten Annahme, ein
Doppler Effekt bestehen.

Diese Betrachtung würde mich erwarten
lassen, dass man bei Ihrem Versuch die
von der klassischen Theorie verlangte Krümmung sehen wird. Aber vielleicht habe ich
Sie doch noch missverstanden.

Wie dem auch sein möge, man würde an
den obengenannten Grundgedanken fest
halten können auch dann (oder eben dann) wenn der
Versuch die Krümmung ergäbe. Was

2/

13/11-1921

die Lichtquanten betrifft, so kann man dann einige Sätze aufstellen, die ein gut zusammenhängendes Ganzes bilden.

1. Ein Lichtquantum ist immer eng verbunden mit einem Lichtbündel von bestimmter Frequenz ν. Seine Grösse (Energiemenge) ist $\varepsilon_\nu = h\nu$; es bewegt sich in der Richtung des Energieflusses. Im Äther ist die Geschwindigkeit c.

2. Die Bewegungsgrösse des Lichtquantums ist $\frac{\varepsilon}{c}$.

3. Ein homogenes Bündel paralleler Lichtstrahlen habe pro Volumeneinheit die Energie E. Dann ist der Poynting'sche Energiestrom (α) cE, und die Bewegungsgrösse pro Volumeneinheit (β) $\frac{1}{c}E$; auf eine Ebene senkrecht zur Fortpflanzungsrichtung besteht ein Maxwell'scher Druck (δ) E. Das alles rührt von den Lichtquanten her. Ist die Zahl derselben (Mittel über längere Zeit) pro Volumeneinheit N, so ist $N = \frac{E}{\varepsilon_\nu}$. (α) ist die von den Quanten transportierte Energie (δ) die transportierte Bewegungsgrösse; (β) die Bewegungs-

grösse der Quanten pro Volumeneinheit.

4. In einem ponderablen durchsichtigen Medium, und zwar, um gleich den allgemeinsten Fall ins Auge zu fassen, in einem doppeltbrechenden Körper mit Dispersion, bewegen sich die Quanten in der Richtung des Strahles, mit der Gruppen-strahlgeschwindigkeit u. So bleibt ein Quantum immer in dem Wellenzuge, zu dem es gehört.

Die Grösse eines Quantums ist noch immer $\varepsilon_\nu = h\nu$; die Bewegungsgrösse aber jetzt

$$\frac{\varepsilon_\nu u}{c^2}$$

5. Aus den Grundsätzen der speziellen Relativitätstheorie kann man ableiten wie sich die verschiedenen Grössen ändern, wenn man mit den bekannten Transformation zu einem neuen Koordinatensystem x', y', z', t' übergeht. Auch kann man, unabhängig davon, die Interferenzstrahlung transformieren. Es zeigt sich, dass auch in den neuen Koordinatensystem das

Arch 55

Quanten sich in der Richtung des Poynting'schen Vektors bewegt (Lichtstrahl) und dass die neue Energie sich in demselben Verhältnis ändert wie die Frequenz der Interferenzstrahlung, sodass auch in dem neuen System $E_{\nu'} = h\nu'$ ist. Desgleichen erhält man für die neue Bewegungsgrösse des Quantums

$$\frac{E_{\nu'}\, u'}{c^2}.$$

6. Ein Quantum kann nur bei der Absorption wirklich als solches verschwinden. Ändert sich die Intensität eines Lichtbündels bei der Reflexion an einem bewegten Spiegel, so bleibt die Anzahl der Quanten ungeändert, aber es findet eine Änderung der Energiegrössen der einzelnen Quanten statt, nämlich genau in dem gleichen Verhältnis wie sich die Frequenz des Lichtes ändert. (Dies hängt mit 5 zusammen). Der Druck auf den bewegten Spiegel und die Arbeit dieses Druckes berechnet sich aus der Änderung, welche die Bewegungsgrösse und die Energiegrösse der Quanten bei der Reflexion

erleiden.

7. Ich habe früher einmal gegen die Annahme der in Quanten konzentrierten Strahlungsenergie das Bedenken angeführt, dass man den Nutzen, den ein grosses Objektiv für das Auflösungsvermögen hat, nicht verstehen könnte, wenn nicht ein einzelnes Quantum die ganze Fläche des Objektivs füllen kann. Dieses Bedenken besteht jetzt nicht mehr. Der Einfluss der grossen Oeffnung würde sich schon in der Interferenzstrahlung zeigen; je grösser die Oeffnung ist, um so schärfer ist die Abbildung eines leuchtenden Punktes, sagen wir das noch latente oder nicht entwickelte Bild. An der geometrischen Gestalt dieses Bildes kann nun die Energiestrahlung nichts mehr ändern. Die "Belichtung" oder "Entwicklung" des latenten Bildes kann sehr gut durch "punktförmige" Quanten hervorgerufen werden.

8. Ebenso wenig brauchen wir jetzt zu schliessen, dass

3   13/11 - 1921

Wenn eine Interferenzerscheinung mit einer Phasendifferenz von N (z.B. 10^6) Wellenlängen beobachtet wird, ein Quantum sich in der Fortpflanzungsrichtung über N Wellenlängen erstrecken muss. Es kann sehr wohl ganz klein sein.

Wird bei einem elementaren Strahlungsvorgang (mit einem Energiequantum) ein Zug von N Wellen (Interferenzstrahlung) emittiert, so entsteht die Frage, wo das eine Quantum in dem Zuge liegt, vorn oder hinten, oder etwa alle Lagen dazwischen annehmen kann, und bei öfterer Wiederholung auch wirklich annimmt. Hierüber liesse sich aus Beobachtungen über die Sichtbarkeit der Interferenzstreifen bei verschiedenen Gangunterschieden etwas schliessen. Es ist nämlich Folgendes zu beachten.

Gesetzt, ein Schirm werde von den beiden Wellenzügen (die vom gleichen Emissionsvorgang herrühren) 1 und 2 getroffen, mit der vorderen und

hinteren Wellenfront a und b, bzw. c und d. Ein Lichtquantum kann nur dann die Interferenz sichtbar machen, wenn in dem Augenblicke, wo es den Schirm erreicht, an demselben bereits die Interferenz in der Interferenzstrahlung besteht, also die beiden Bündel der Interferenzstrahlung sich überdecken. Wird der Schirm von 2 etwas später erreicht als von 1, so worden ein Lichtquantum, das ganz vorn in 1 oder ganz hinten in 2 liegen, keine Streifen zum Vorschein bringen können, u.s.w.

9. Es muss angenommen werden, dass bei jeder Reflexion und Brechung, jedesmal wenn ein einfallendes Lichtbündel in zwei oder mehrere Bündel zerlegt wird, die Wahrscheinlichkeit, dass ein Lichtquantum den einen oder den anderen Weg einschlägt, proportional ist der ~~Intensität der~~ die nach den klassischen Gesetzen berechneten Intensität der Lichtbewegung, den diesen verschiedenen Wegen folgen.

Arch 55

10. Natürlich wird es Schwankungen Abweichungen von der wahrscheinlichsten Intensitätsverteilung geben. Vielleicht wird der Schluss, zu dem man in der Theorie der schwarzen Strahlung, was deren Schwankungen betrifft, gekommen ist, nun auch klar. Die Schwankungen setzen sich nämlich aus zwei Teilen zusammen, deren einer den unregelmässigen Interferenzen entspricht, während der andere als Wechslungen in der Verteilung kleiner Teilchen aufgefasst werden kann.

Man kann sich vorstellen, dass schon in der Interferenzstrahlung, also in dem, was ich das Muster nannte, Schwankungen bestehen; das Gebiet, worüber die Energiestrahlung zu verteilen ist, ist nicht fortwährend dasselbe. Dann kommt, dass auch die Verteilung über ein gegebenes Gebiet noch Schwankungen unterliegt.

11. Es giebt natürlich noch viele Schwankheiten. Z. B. Wie soll man die Ausstrahlung eines "Impulsmomentes", das in der Theorie von Sommerfeld (zirkular polari-sierten Lichte) eine Rolle spielt, jetzt erklären? Ebenso werden Energie und die Bewegungsgrösse muss auch der Impulsmoment von den Quanten herrühren. Bei einem Elementarvorgang ist nur ein Quantum beteiligt und das kann schwerlich genau das geforderte Impulsmoment haben. Wohl können sehr viele Quanten im Mittel sitzen.

12. Andere Schwierigkeit. In einem Metall oder in sonst einem stark absorbierenden Medium (anomale Dispersion) werden die Fortpflanzungsgeschwindigkeit und die Schwächung bei der Fortpflanzung von der Absorption abhänge. Die Interferenzstrahlung die den gewöhnlichen Gesetzen der Optik gehorchen soll, muss also in ihrer Fortpflanzung von der Absorption beeinflusst werden, obgleich eine solche in Wirklichkeit noch nicht stattgefunden hat.

Albert Einstein und
Hendrik Antoon
Lorentz in Leiden,
1921

Albert Einstein and
Hendrik Antoon
Lorentz in Leiden,
1921

Einstein und die Lichtmühle

Manuskript von Albert Einstein „Zur Theorie der Radiometerkräfte", 1924

Einstein trägt zur Klärung der durch Licht hervorgerufenen Thermokräfte bei, die die Bewegung der von William Crookes 1875 konstruierten und als „Radiometer" bezeichneten „Lichtmühle" verursachen. Sein Aufsatz wird 1924 leicht verändert in der *Zeitschrift für Physik* 27 (1924), S. 1–6, veröffentlicht.

Einstein and the light mill

Manuscript by Albert Einstein "On the Theory of Radiometer Forces," 1924

Einstein makes a contribution to explaining the light-generated thermal forces that cause the motion of the "light mill" or "radiometer" constructed by Crookes in 1875. A slightly modified version of the essay is published in *Zeitschrift für Physik* 27 (1924), pp. 1–6.

H. f. Physik (6 Blatt MS.) 864.

Korrektur an Herrn Prof. Dr. A. Einstein, z. Z. p. Adr.: Herrn Dr. Anschütz, Lautrath bei Memmingen

25. Juli 1924

Zur Theorie der Radiometerkräfte. Von A. Einstein in Berlin

~~indirekten Gasen~~ (Eingegangen am 21. Juli 1924)

Die Theorie der Kraftwirkungen ~~und Druckdifferenzen~~ durch temperaturdifferenzen bewirkten in Gasen ist ~~für den Fall von Knudsen~~ befriedigend geklärt worden, dass die freie Weglänge gross ist gegenüber den massgebenden Gefäss-Dimensionen. Dagegen herrscht noch ziemliche Unklarheit über die Ursachen der Thermokräfte in den Fällen, wo die freie Weglänge von derselben Grössenordnung oder kleiner als die massgebenden Gefäss-Dimensionen sind. Ich will im Folgenden eine mehr qualitative Betrachtung der hier obwaltenden Verhältnisse geben, das Quantitative nur der Grössenordnung nach berücksichtigen. Wenn die hier gegebenen Betrachtungen auch recht elementarer Natur sind, so haben sie mir doch über viele Unklarheiten weggeholfen, deren ich mich früher nicht zu erwehren wusste, und darf wohl hoffen, dass ~~deren Veröffentlichung~~ manchem Leser ~~interessieren können wird~~, mit dieser kurzen Darlegung gedient ist.

§1. Gegen die Weglänge kleiner Körper in einem Wärmestrom. Wir denken uns zunächst ein unendlich ausgedehntes Gas, in welchem längs der positiven x-Axe ein stationärer, homogener Wärmestrom vorhanden ist. Die Molekularbewegung denken wir uns weitgehend schematisiert, indem wir allen Molekeln dieselbe Geschwindigkeit u zuschreiben abgesehen von kleinen Differenzen, die wir für eine schematische Berücksichtigung des Wärmeflusses brauchen. Ferner rechnen wir so, wie wenn die Moleküle nur längs der Koordinaten-Axen flögen. Die Weglänge λ behandeln wir als eine konstante Länge. All diese Schematisierungen können uns nur unwesentliche Fälschungen der Zahlenkoeffizienten in den Formeln bringen, ohne die Auffassung der Wesens-Zusammenhänge

(2)

stören

zu vermeiden.

Wir betrachten zunächst die Molekülbewegung durch ein zur x-Axe
senkrechtes, gegen x kleines Flächenelement von der Grösse σ. Materielle Strömung
soll nicht vorhanden sein. Es laufen daher in beiden Richtungen
pro Sekunde genau gleich viele Moleküle durch σ hindurch, und zwar

$$\frac{n}{6}\,\sigma u \quad \cdots\cdots (1)$$

Moleküle, wobei n die Zahl der Moleküle pro Volum-Einheit
bezeichnet. Damit wir der Thatsache des Wärmeflusses gerecht
werden, müssen wir annehmen, dass die Geschwindigkeit u_+ der Moleküle
in der Richtung der positiven x-Axe etwas grösser als u sei;
das entsprechend definierte u_- muss entsprechend etwas kleiner
als u sein. Der Wärmestrom σf durch das Flächenelement ist
gegeben durch

$$\sigma f = \frac{n}{6}\,\sigma u \left(\frac{m}{2} u_+^2 - \frac{m}{2} u_-^2 \right) \cdots (2)$$

Berücksichtigen wir den Zusammenhang

$$\frac{1}{2} m u^2 = \frac{3}{2}\kappa T$$

sowie den Umstand, dass für die Molekülgeschwindigkeiten u_+ bzw u_-
diejenigen Temperaturen an den Stellen massgebend sind, ($\lambda =$ freie Weglänge)
denen der letzte Zusammenstoss stattgefunden hat, so ergibt
sich anstelle von (2)

$$f = -\frac{n}{2}\,\kappa \lambda u \frac{\partial T}{\partial x} \quad \cdots\cdots (2a)$$

Nun betrachten wir anstelle des Flächenelementes einen
kleinen Körper von der Querschnitts Flächen-Ausdehnung σ. Die
auf diesen in der x-Richtung auftreffenden Moleküle geben
einen Impuls-Überschuss K in Richtung der positiven x-Richtung

$$K = \frac{n}{6}\,\sigma u \left(m u_+ - m u_- \right) \cdots (3)$$

Aus (2) und (3) ergibt sich. Vernachlässigt man den Umstand, dass
beim Verlassen des Körpers durch die zusammenstossenden Moleküle

(3)

nochmals eine Impulswirkung auf den Körper entsteht, welche
einen gewissen Bruchteil der eben berechneten ausmacht, so ist
§ K auch die auf den Körper wirkende bewegende Kraft. Aus (2)
und (3) ergibt sich mit Rücksicht darauf, dass u_+ und u_- von
u nur wenig abweichen

$$K = \frac{6 f}{u} = \ldots \quad -\frac{1}{2} p \frac{1}{T} \frac{\partial T}{\partial x} \mathfrak{S} \quad \ldots (3a),$$

wobei $p = \frac{n}{N}$ die Konzentration des Gases, $R = \varkappa N$ die Gaskonstante, p den Gasdruck bedeutet.
Bei dieser Formel wie in (2) bedeutet f natürlich nur den Teil
des Wärmeflusses, der auf der translatorischen Bewegung der
Moleküle beruht.

Diese Kraft K wird das Teilchen, wenn es frei ist,
in Richtung der positiven x - Axe bewegen. Um die Geschwindigkeit v dieser Bewegung kennen zu lernen, brauchen
wir nur die Reibungskraft K' zu berechnen, welche durch das
Gas auf das Teilchen ausgeübt wird, wenn es mit der Geschwindigkeit v durch das Gas bewegt wird. Diese Reibungskraft entsteht im Wesentlichen dadurch, dass der Körper jedem ihn
treffenden Molekül im Mittel den Impuls mv mitteilt. Durch
Ausführung der entsprechenden elementaren Rechnung erhält
man

$$K' = -\frac{4}{3} n \mathfrak{S} u \cdot m v \quad \ldots (4)$$

Die Gleichsetzung von K und -K' liefert $\frac{1}{8} n \frac{1}{T} \frac{\partial T}{\partial x} =$

$$v = \frac{1}{4} \frac{f}{R T \eta} \ldots = \frac{1}{4} \frac{f}{p} \quad \ldots \ldots (5)$$

Diese Geschwindigkeiten, welche - solange die Teilchen gegen die
freie Weglänge klein sind - von der Teilchengrösse unabhängig
sind, können recht erheblich werden. Bei $\lambda = 0,1$ cm und $\frac{\partial T}{\partial x} = 30, T = 300$
und H_2 als Gas erhält man etwa 1 Meter pro Sekunde, bei gewöhn-
lichem Druck und sonst gleichen Verhältnissen über 0,1 mm pro Sekunde.
Diese Kräfte werden 3. Bei der Abscheidung des Reifes und
bei den elektrischen Heizapparaten zur Reinigung der Luft
von Rauchteilchen eine entscheidende Rolle spielen.

(4)

§2. Kleines Loch in einer quer zum Wärmestrom
stehenden dünnen Wand.

Wir kommen nun zu einer Erscheinung, die das Gegenstück bildet zu der soeben betrachteten. Die Überlegung des §1 beruhte nämlich hauptsächlich darauf, dass im Innern eines strömungsfreien Gases die Zahl der ein Flächenelement von beiden Seiten treffenden Moleküle gleich ist. Wir drücken dies so aus: die Bedingung der Strömungsgleichheit ist im Innern des wärme-durchströmten Gases erfüllt. Die berechnete, auf ein Teilchen ausgeübte Kraft ergab sich daraus, dass gleich viele Moleküle auf Vorder- und Rückseite des Teilchens verschieden grossen Impuls mitbringen.

Dieser "Strömungs-Gleichheit" im Gasinnern steht nun eine "Druck-Gleichheit" mit Bezug auf die Wandungen des Gasraumes gegenüber. Es ist nämlich wohlbekannt, (und leicht zu zeigen) dass allenthalben auf die Wandungen des Gasraumes auch bei ungleichmässiger Temperaturverteilung im Gase gleich grosse Druck-Kräfte pro Flächeneinheit wirken müssen, wenn nur die betrachteten Wandteile (für stetig genommen gemischt) (gross und gross gegen die freie Weglänge,) gleichmässig temperiert und durch Gasquerschnitte voneinander getrennt sind, welche in allen Abmessungen gross sind gegen die freie Weglänge. Dann sind eben die Begriffe und Gesetze der Hydrostatik der Kontinua anwendbar.

Es befinde sich in dem vorhin betrachteten Gase ein ebenes Blättchen, das senkrecht zum Wärmestrome, also parallel der xy-Ebene orientiert sei. Es sei gross gegenüber der freien Weglänge, und seine Ränder sollen Abstände von den übrigen Wandungen des Gasraumes haben, die gross sind gegenüber λ. Dann herrscht trotz Vorhandenseins des Wärmestromes Druckgleichheit.

(5)

Jedes Molekül, das von der Seite der negativen x auf die Platte stösst, möge die Geschwindigkeit u_n besitzen und mit der Geschwindigkeit u die Platte in der negativen x – Richtung wieder verlassen. ν_n solcher Stösse mögen pro Flächen – und Zeiteinheit stattfinden. u_p, u und u_p seien die entsprechenden Grösse für die andere Seite der Platte. Es ist hiebei vorausgesetzt, dass die Geschwindigkeiten der auf beiden Seiten der Platte diese nach dem Zusammenstoss verlassenden Moleküle einander gleich seien. Die Bedingung der Druck – Gleichheit ist dann

$$\frac{p}{m} = \nu_n (u + u_n) = \nu_p (u + u_p) \quad \ldots \ldots (6)$$

Ferner muss der Wärmestrom auf beiden Seiten der Platte gleich gross sein, was durch die Gleichung ausgedrückt wird

$$\frac{2f}{m} = \nu_n (u_n^2 - u^2) = \nu_p (u^2 - u_p^2) \quad \ldots \ldots (7)$$

Durch Division dieser beiden Gleichungen erhält man zunächst

$$\frac{2f}{p} = u_n - u = u - u_p . \quad \qquad (8)$$

Setzt man dies in (6) ein, so erhält man, indem man $\frac{\nu_n + \nu_p}{2}$ durch ν ersetzt und dieses durch $\frac{n u}{6}$:

$$\nu_p - \nu_n = \frac{n f}{6 p} , \quad \ldots \quad \ldots \ldots (9)$$

Befindet sich in der Platte eine gegen die freie Weglänge kleine Öffnung von der Fläche σ, so müssen offenbar $(\nu_p - \nu_n)\sigma$ Moleküle in der Richtung der abnehmenden x pro Zeiteinheit mehr hindurchtreten als in der umgekehrten Richtung $\nu_p - \nu_n$ misst also die Intensität eines die Öffnung durchsetzenden (rücklaufenden) Molekülstromes, dessen scheinbare Strömungsgeschwindigkeit v durch die Gleichung

$$\nu_p - \nu_n = -n v , \quad \ldots \quad (10)$$

Aus (9) und (10) folgt

$$v = -\frac{1}{6} \frac{f}{p} \quad (10a),$$

welche Gleichung das Gegenstück zu Gleichung (5) bildet.

A. Einstein.

Einstein als Schuster

Brief von Albert Einstein an Max Born, 29. April 1924

In pointierter Weise drückt Einstein in diesem Brief sein Unbehagen über die Akausalität aus, die sich in der Quantentheorie an immer mehr Stellen zeigt: „Der Gedanke, dass ein [...] Elektron aus freiem Entschluss den Augenblick und die Richtung wählt, in der es fort- springen will, ist mir unerträglich. Wenn schon, dann möchte ich lieber Schuster oder gar Angestellter einer Spielbank sein als Physiker."

Einstein as a cobbler

Letter from Albert Einstein to Max Born, 29 April 1924

In this letter, Einstein expresses in a poignant way his discomfort about the acausality that quantum theory is showing in more and more places: "I find the idea quite intolerable that an electron [...] should choose of its own free will, not only its moment to jump off, but also its direction. In that case, I would rather be a cobbler, or even an employee in a gaming-house, than a physicist."

Staatsbibliothek zu Berlin – Preußischer Kulturbesitz, Germany
Call number: Nachlass M. Born, Brief n. 48

Published in: Albert Einstein – Hedwig und Max Born: Briefwechsel 1916–1955,
München: Nymphenburger, 1969, pp. 116–117

29. IV. 24.

Liebe Borns!

Ihr Brief, l. Frau Born war wirklich vortrefflich. In der That besteht das Wohlthuende an der japanischen Gesellschaft und Kunst darin, dass das Individuum so harmonisch im grossen Rahmen steht, dass es in der Hauptsache nicht sich selbst sondern seine Gemeinschaft erlebt. Jeder von uns hat sich in der Jugend danach gesehnt und hat resignieren müssen. Denn von allen Gemeinschaften, die für uns in Betracht kommen, möchte ich mich keiner hingeben, es sei denn die Gemeinschaft der wirklich Suchenden, welche jeweilen nur wenig lebende Mitglieder zählt.

Nach Neapel habe ich abgeschrieben, indem ich zu meiner Freude erkannte, dass ein hinreichender Gesundheits-Defekt mir die Möglichkeit dazu gab; dafür gehe ich wieder ein bischen nach Kiel. Bohrs Meinung über die Strahlung interessiert mich sehr. Aber zu einem Verzicht auf die strenge Kausalität möchte ich mich nicht treiben lassen, bevor man sich nicht noch ganz anders dagegen gewehrt hat als bisher. Der Gedanke, dass ein einem Strahl ausgesetztes Elektron aus freiem Entschluss den Augenblick und die Richtung wählt, in der es fortspringen will, ist mir unerträglich. Wenn schon, dann möchte ich lieber Schuster oder gar Angestellter in einer Spielbank sein als Physiker. Meine Versuche, den Quanten greifbare Gestalt zu geben, sind allerdings immer wieder gescheitert, aber die Hoffnung gebe ich noch lange nicht auf. Und wenns gar nicht gehen will, dann bleibt doch der Trost, dass der Misserfolg nur an mir liegt.

Geniesset die Schönheit des sonnigen Landes und seid herzlich gegrüsst
von Euerm Einstein.

Die Bemerkung wegen der Tütchenschraube kann ich als Folge freier Atome, ohne dass ich mir irgendwie darauf unterrichtet wäre. Für Ihre bisherige Bemerkung wäre ich Ihnen sehr dankbar, wenn die unterrichtet wäre, bei einem solchen Jhrer Ergebnis gestattet wäre.

Die Bose-Einstein-Kondensation

Manuskript von Albert Einstein für „Quantentheorie des einatomigen idealen Gases.
Zweite Abhandlung", [Ende 1924]

1924 legt ein junger indischer Physiker, Satyendra Nath Bose, Einstein eine Herleitung des
Planck'schen Strahlungsgesetzes aus der Lichtquantenhypothese vor. Einstein erkennt,
dass die entscheidende Neuerung von Boses Ansatz ist, dass er die einzelnen Lichtquanten als ununterscheidbar behandelt (siehe das nächste Dokument). Einstein wendet diese
Idee auch auf ein materielles Gas an und veröffentlicht 1924/25 drei Arbeiten, in denen
er nachweist, dass sich so eine Quantentheorie des idealen Gases aufstellen lässt, die
einige Probleme der klassischen Gastheorie löst. Das hier gezeigte Manuskript der zweiten Arbeit wurde erst kürzlich im Nachlass Paul Ehrenfests in Leiden entdeckt. Hier leitet
Einstein eine überraschende Voraussage aus seiner Gastheorie ab: Bei sehr geringen
Temperaturen kondensiert selbst ein ideales Gas. Es entsteht ein makroskopischer
Quantenzustand, das Bose-Einstein-Kondensat. Erst 1995 konnte ein solches Kondensat
tatsächlich im Labor erzeugt werden.

Bose-Einstein-Condensation

Manuscript by Albert Einstein for "Quantum Theory of the Monatomic Ideal Gas.
Second Part," [End of 1924]

In 1924, a young Indian physicist, Satyendra Nath Bose, sent a new derivation of the
Planck radiation law from the light quantum hypothesis to Einstein. Einstein recognizes
that the decisive novelty of Bose's approach is treating single light quanta as indistin-
guishable (see the next document). Einstein applies this idea to a material gas and publishes three papers in 1924 and 1925, showing that this approach allows the formulation
of a quantum theory of the ideal gas that solves several problems of classical gas theory.
The manuscript for the second of these papers, presented here, has only recently been
discovered in the estate of Paul Ehrenfest in Leiden. In it, Einstein derives a surprising
prediction of his gas theory: At very low temperatures, even an ideal gas forms a condensate. This is a macroscopic quantum state, now called Bose-Einstein-condensate. Only
in 1995 was such a condensate actually produced in the laboratory.

Leiden University, The Netherlands
Collection Instituut-Lorentz

Published in: Sitzungsberichte der Preußischen Akademie der Wissenschaften
1925, pp. 3-14

(1)

Quantentheorie des einatomigen idealen Gases

Zweite Abhandlung.

in diesen Berichten (XXII 1924. S.261)

In einer neulich erschienenen Abhandlung wurde unter Anwendung einer von Herrn D. Bose zur Ableitung der Planck'schen Strahlungsformel erdachten Methode eine Theorie der „Entartung" idealer Gase angegeben. Das Interesse dieser Theorie liegt darin, dass sie auf die Hypothese einer weitgehenden formalen Verwandtschaft zwischen Strahlung und Gas gegründet ist. Nach dieser Theorie weicht das entartete Gas von dem Gas der mechanischen Statistik in analoger Weise ab wie die Strahlung gemäss dem Planck'schen Gesetze von der Strahlung gemäss dem Wien'schen Gesetze. Wenn die Bose'sche Ableitung der Planck'schen Strahlungsformel ernst genommen wird, so wird man auch an dieser Theorie des idealen Gases nicht vorbeigehen dürfen; denn wenn es gerechtfertigt ist, die Strahlung als Quantengas aufzufassen, so muss die Analogie zwischen Quantengas und Molekülgas eine vollständige sein. Im Folgenden sollen die früheren Überlegungen durch einige neue ergänzt werden, die mir das Interesse an dem Gegenstande zu steigern scheinen. Der Bequemlichkeit halber schreibe ich das Folgende formal als Fortsetzung der zweiten Abhandlung.

§6. Das gesättigte ideale Gas.

Bei der Theorie des idealen Gases scheint es eine selbstverständliche Forderung, dass Volumen und Temperatur einer Gasmenge willkürlich gegeben werden können. Die Theorie bestimmt dann die Energie bezw. den Druck des Gases. Das Studium der in den Gleichungen (18), (19), (20), (21) enthaltenen Zustandsgleichung zeigt aber, dass bei gegebener Molekülzahl n und gegebener Temperatur das Volumen nicht beliebig klein gemacht werden kann. Gleichung (18) verlangt nämlich, dass für alle s $\alpha^2 \geqq 0$ sei, was gemäss (20) bedeutet, das $A \geqq 0$ sein muss. Dies bedeutet, dass in der in diesem Falle gültigen Gleichung (13b) λ zwischen 0 und 1 liegen muss. Aus (18b) folgt demnach, dass die Zahl der Moleküle in einem gegebenen Volumen V nicht grösser sein kann als

$$n = \frac{(2\pi m \kappa T)^{\frac{3}{2}}}{h^3} V \sum_{1}^{\infty} \tau^{-\frac{3}{2}} \ldots (24)$$

(2)

Was geschieht nun aber, wenn ich bei dieser Temperatur u. dg. B durch isothermische Kompression) die Dichte der Substanz noch mehr wachsen lasse?

Ich behaupte, dass in diesem Falle eine mit der Gesamtdichte stets wachsende Zahl von Molekülen in den 1. Quantenzustand (Zustand ohne kinetische Energie) übergeht, während die übrigen Moleküle sich gemäss dem Parameter-Wert A = 1 verteilen. Die Behauptung geht also dahin, dass etwas Aehnliches eintritt wie beim isothermen Komprimieren eines Dampfes über das Sättigungs-Volumen. Es tritt eine Scheidung ein: ein Teil „kondensiert", der Rest bleibt ein „gesättigtes ideales Gas". (A = 0 λ = 1).

Dass die beiden Teile in der That im thermodynamischen Gleichgewicht bilden, sieht man ein, indem man zeigt, dass „kondensierte" Moleküle und das gesättigte ideale Gas dieselbe Planck'sche Funktion $\overline{\Phi} = S - \frac{\bar{E} + pV}{T}$ haben. Für die „kondensierte" Substanz verschwindet $\overline{\Phi}$, weil S, $\bar{E}$ und V einzeln verschwinden.[x] Für das „gesättigte Gas" hat man nach (12) zunächst

$$S = -\kappa \sum_1 \lg\left(1 - e^{-\alpha\delta}\right) + \frac{\bar{E}}{T} \quad \ldots \ldots (25)$$

Die Summe kann man als Integral schreiben und durch partielle Integration umformen. Man erhält so zunächst

$$\Sigma_1 = -\int_1^\infty \delta \cdot \frac{e^{-\frac{c\delta^{\frac{3}{2}}}{\kappa T}}}{1 - e^{-\frac{c\delta^{\frac{3}{2}}}{\kappa T}}} \cdot \frac{2}{3}\frac{c\delta^{-\frac{1}{3}}}{\kappa T}\, ds,$$

oder gemäss (8) und (11) und (15)

$$\Sigma_1 = -\frac{2}{3}\int_0^\infty n_\delta\, \epsilon^\delta\, ds = -\frac{2}{3}\frac{\bar{E}}{\kappa T} = -\frac{pV}{\kappa T} \quad \ldots (26)$$

Aus (25) und (26) folgt also für das „gesättigte ideale Gas"

$$S = \frac{\bar{E} + pV}{T}$$

oder — wie es für die Koexistenz des gesättigten idealen Gases mit der kondensierten Substanz erforderlich ist —

$$\overline{\Phi} = 0 \quad \ldots \ldots (27)$$

---

[x] Die gesamte Substanz der „kondensierte" Teil der Substanz beansprucht kein besonderes Volumen, da er zum Druck nichts beiträgt.

(3)

Wir gewinnen also den Satz:

Nach der entwickelten Zustandsgleichung des idealen Gases gibt es bei jeder Temperatur eine maximale Dichte in Agitation befindlicher Moleküle. Bei Überschreitung dieser Dichte fallen die überzähligen Moleküle als unbewegt aus ("kondensieren" ohne Anziehungskräfte). Das Merkwürdige liegt darin, dass das gesättigte "ideale Gas" sowohl den Zustand maximaler möglicher Dichte als auch diejenige Dichte repräsentiert, bei welcher das Gas mit dem "Kondensat" im thermodynamischen Gleichgewicht ist. Ein Analogon zum "übersättigten Dampf" existiert also beim idealen Gas nicht.

§2. Vergleich der entwickelten Gastheorie mit derjenigen, welche aus der Hypothese von der gegenseitigen statistischen Unabhängigkeit der Gasmoleküle folgt.

Von Herrn Ehrenfest und anderen Kollegen ist an Boses Theorie der Strahlung und an meiner analogen der idealen Gase gerügt worden, dass die Quanten bzw. Moleküle in diesen Theorien nicht als voneinander statistisch unabhängige Gebilde behandelt werden, ohne dass in unseren Abhandlungen auf diesen Umstand besonders hingewiesen worden sei. Dies ist völlig richtig. Wenn man die Quanten als voneinander statistisch unabhängig in ihrer Lokalisierung behandelt, gelangt man zum Wien'schen Strahlungsgesetz; wenn man die Gasmoleküle analog behandelt, gelangt man zur klassischen Zustandsgleichung der idealen Gase, auch wenn man im übrigen genau so vorgeht, wie Bose und ich es getan haben. Ich will die beiden Betrachtungen für Gase einander hier gegenüberstellen, um den Unterschied recht deutlich zu machen, und um unsere Resultate mit denen der Theorie von unabhängigen Molekülen bequem vergleichen zu können.

Gemäss beiden Theorien ist die Zahl Z_ν der "Zellen", welche zu dem infinitesimalen Gebiet δE der Molekülenergie (im Folgenden Elementar-Gebiet genannt) gehören, gegeben durch

$$Z_\nu = 2\pi \frac{V}{h^3}(2m)^{\frac{3}{2}} E^{\frac{1}{2}} \Delta E \quad \dots (2a)$$

Der Zustand des Gases sei (makroskopisch) dadurch definiert, dass angegeben wird, wieviele Moleküle n_ν in einem jeden solchen infinitesimalen Bereich liegen.

(Planck'sche Wahrscheinlichkeit),

Man soll die Zahl oder Realisierungs - Möglichkeiten (des so definierten Zustandes berechnen.

α) nach Bose:

Eine mikroskopische Zustand mikroskopisch Verteilung ist dadurch definiert, dass angegeben wird, wieviele Moleküle in jeder Zelle sitzen (Komplexion). Die Zahl der Komplexionen für das ν-te infinitesimale Gebiet Zelle ist dann

$$\frac{(n_\nu + z_\nu - 1)!}{n_\nu!\,(z_\nu - 1)!} \quad \ldots \ldots (28)$$

Durch Produktbildung über alle infinitesimalen Gebiete erhält man die Gesamtzahl der Komplexionen eines Zustandes und daraus nach dem Boltzmann'schen Satze die Entropie

$$S = k \sum_\nu \left\{ (n_\nu + z_\nu)\, lg\,(n_\nu + z_\nu) - n_\nu\, lg\, n_\nu - z_\nu\, lg\, z_\nu \right\} \ldots (29\alpha)$$

Dass bei dieser Rechnungsweise die Verteilung der Moleküle unter die Zellen nicht als eine statistisch unabhängige behandelt ist, ist leicht einzusehen. Es hängt dies damit zusammen, dass die Fälle, welche hier „Komplexionen" heissen nach der Hypothese der unabhängigen Verteilung der einzelnen Moleküle unter die Zellen, nicht als Fälle gleicher Wahrscheinlichkeit angesehen würden. Die Abzählung dieser „Komplexionen" verschiedener Wahrscheinlichkeit würde dann die Entropie nicht richtig ergeben. Die Formel drückt also indirekt eine gewisse Hypothese über eine gegenseitige Beeinflussung der Moleküle von vorläufig ganz rätselhafter Art aus, welche eben die gleiche statistische Wahrscheinlichkeit der hier als „Komplexionen" definierten Fälle bedingt.

b) nach der Hypothese der statistischen Unabhängigkeit der Moleküle:

Eine mikroskopische Zustand ist mikroskopisch dadurch definiert, dass von jedem Molekül angegeben wird, in welcher Zelle es sitzt (Komplexion). Wieviele Komplexionen gehören zu einem makroskopisch definierten Zustand? Ich kann n_ν bestimmte Moleküle auf

$$z_\nu^{\,n_\nu}$$

verschiedene Weisen auf die z_ν Zellen ν-ten Elementargebiet verteilen. Ist die Zuteilung der Moleküle auf die Elementargebiete schon in bestimmter Weise vor—

(5)

genommen, so gibt es also im Ganzen

$$\Pi\left(z_\nu^{\,n_\nu}\right)$$

verschiedene Verteilungen der Moleküle auf die Zellen. Um die Zahl der Komplexionen im definierten Sinne zu erhalten, muss man diesen Betrag noch multipliziert werden mit der Anzahl

$$\frac{n!}{\Pi n_\nu!}$$

der möglichen Anordnungen aller Moleküle auf die Elementargebiete bei gegebenen n_ν. Das Boltzmann'sche Prinzip ergibt dann für die Entropie den Ausdruck

$$S = \kappa \left\{ n \, lg \, n + \sum_\nu \left(n_\nu \, lg \, z_\nu - n_\nu \, lg \, n_\nu \right) \right\} \quad \cdots \cdots (29 b)$$

Das erste Glied dieses Ausdruckes hängt nicht von der Wahl der makroskopischen Verteilung ab sondern nur von der Gesamtzahl der Moleküle. Bei der Vergleichung der Entropien verschiedener makroskopischer Zustände desselben Gases spielt dies Glied die Rolle einer belanglosen Konstante, welche wir weglassen können. Wir müssen sie weglassen, wenn wir – wie es in der Thermodynamik üblich ist – erreichen wollen, dass die Entropie bei gegebenem inneren Zustand des Gases der Anzahl der Moleküle proportional sei. Wir haben also zu setzen

$$S = \kappa \sum n_\nu \left(lg \, z_\nu - lg \, n_\nu \right) \quad \cdots \cdots (29 c)$$

zu setzen. Man pflegt dies Weglassen des Faktors $n!$ in N bei Gasen gewöhnlich dadurch zu begründen, dass man Komplexionen, die aus einander durch blosses Vertauschen gleichartiger Moleküle entstehen, nicht als verschieden betrachtet und deshalb für beide Fälle, nur einmal rechnet. —

Nun haben wir das Maximum von S aufzusuchen unter den Nebenbedingungen

$$\bar{E} = \sum \varepsilon_\nu \, n_\nu = konst.$$

$$n = \sum n_\nu = konst.$$

Im Falle a) ergibt sich:

$$n_\nu = \frac{z_\nu}{e^{\alpha + \beta \varepsilon_\nu} - 1}, \quad \cdots \cdots (30a)$$

was abgesehen von der Bezeichnungsweise mit (13) übereinstimmt.

(6)

Im Falle b) ergibt sich

$$n_\nu = z_\nu e^{-\alpha - \beta \varepsilon} \quad \cdots \cdots (30b)$$

In beiden Fällen ist hierbei $\beta \kappa T = 1$.

Man sieht ferner, dass im Falle b) das Maxwell'sche Verteilungsgesetz herauskommt. Die Quantenstruktur macht sich hier nicht bemerkbar (wenigstens nicht bei unendlich grossem Gesamtvolumen des Gases). Man sieht nun leicht, dass Fall b) mit dem Nernst'schen Theorem unvereinbar ist. Um nämlich den Wert der Entropie beim absoluten Nullpunkt der Temperatur für diesen Fall zu berechnen, hat man (29c) für den absoluten Nullpunkt zu berechnen. Bei diesem werden sich alle Moleküle im ersten Quantenzustand befinden. Wir haben also

$$n_\nu = 0 \quad \text{für } \nu \neq 1$$
$$n_1 = n$$
$$z_1 = 1$$

zu setzen. (29c) liefert also für $T = 0$

$$S = -n \lg n. \quad \cdots \cdots (31).$$

Es ist also bei dieser der Berechnungsweise b) ein Widerspruch gegen die Aussage des Nernst'schen Theorems vorhanden. Dagegen steht die Berechnungsweise a) mit dem Nernst'schen Theorem in Einklang, wie man sofort sieht, wenn man bedenkt, dass beim absoluten Nullpunkt im Sinne der Berechnungsweise a) nur eine einzige Komplexion vorhanden ist (W=1). Die Betrachtungsweise b) fehlt also nach dem Dargelegten entweder zu einem Verstoss gegen das Nernst'sche Theorem oder zu einem Verstoss gegen die Forderung, dass die Entropie bei gegebenem inneren Zustand der Molekülzahl proportionell sein muss. Aus diesen Gründen glaube ich, dass der Berechnungsweise (d.h. Bose statistischem Ansatz) a) der Vorzug gegeben werden muss, wenn sich die Berechnungsweise auch nicht anderen gegenüber a priori logisch erweisen rechtfertigen lässt. Dies Ergebnis bildet seinerseits eine Stütze für die Auffassung von der tiefen Wesens-Verwandtschaft zwischen Strahlung und Gas, indem dieselbe statistische Betrachtungsweise, welche zur Planck'schen Formel führt, in ihrer Anwendung auf ideale Gase die Übereinstimmung der Gastheorie mit dem Nernst'schen Theorem herstellt.

✓

(2)

§8. Die Schwankungs- Eigenschaften des idealen Gases.

Ein Gas kommuniciere mit einem solchen gleicher Natur von
unendlich grossem Volumen. Beide Volumina seien durch eine
Wand getrennt, welche nur Moleküle vom Energie-Gebiet
$\Delta \mathfrak{E}$ durchlassen, Moleküle von anderer kinetischer Energie
aber reflektiert. Die Fiktion einer solchen Wand ist
der der quasi - monochromatisch durchlässigen Wand auf
dem Gebiete der Strahlungstheorie analog. Es wird nach
der Schwankung Δ_ν der Molekülzahl n_ν gefragt, welche
zu dem Energiegebiet $\Delta \mathfrak{E}$ gehört. Dabei wird angenommen,
dass ein Energieaustausch zwischen Molekülen verschiedener
Energie-Gebiete innerhalb V nicht stattfinde, sodass Schwankungen von Molekülzahlen, die zu Energien ausserhalb $\Delta \mathfrak{E}$
gehören, nicht stattfinden mögen.

Sei n_ν der Mittelwert der zu $\Delta \mathfrak{E}$ gehörigen Moleküle, $n_\nu + \Delta_\nu$
der Momentanwert. Dann liefert (29a) den Wert der Entropie
in Funktion von Δ_ν, indem man in diese Gleichung $n_\nu + \Delta_\nu$ statt
n_ν einsetzt. Geht man bis zu quadratischen Gliedern, so
erhält man

$$\mathfrak{S} = \bar{\mathfrak{S}} + \frac{\overline{\partial \mathfrak{S}}}{\partial \Delta_\nu} \Delta_\nu + \frac{1}{2} \frac{\overline{\partial^2 \mathfrak{S}}}{\partial \Delta_\nu^2} \Delta_\nu^2$$

Eine ähnliche Relation gilt für das unendlich grosse Restsystem, nämlich

$$\mathfrak{S}^x = \bar{\mathfrak{S}}^x - \frac{\overline{\partial \mathfrak{S}^x}}{\partial \Delta_\nu} \Delta_\nu$$

Das quadratische Glied ist hier relativ unendlich klein wegen der relativen unendlichen
Grösse des Restsystems. Bezeichnet man die Gesamt- Entropie mit Σ $(= \mathfrak{S} + \mathfrak{S}^x)$,
so ist $\frac{\overline{\partial \Sigma}}{\partial \Delta_\nu} = 0$, weil im Mittel Gleichgewicht besteht. Man erhält
also für die Gesamtentropie durch Addition dieser Gleichungen die Relation

$$\Sigma = \bar{\Sigma} + \frac{1}{2} \frac{\overline{\partial^2 \mathfrak{S}}}{\partial \Delta_\nu^2} \Delta_\nu^2 \quad \cdots \cdots (32)$$

Nach dem Boltzmann'schen Prinzip erhält man hieraus für die
Wahrscheinlichkeit der Δ_ν das Gesetz

$$d W = \text{konst } e^{\frac{\Sigma}{k}} d\Delta_\nu = \text{konst } e^{\frac{1}{2k} \frac{\overline{\partial^2 \mathfrak{S}}}{\partial \Delta_\nu^2} \Delta_\nu^2} d\Delta_\nu$$

Hieraus folgt für das mittlere Schwankungsquadrat

$$\overline{\Delta_\nu^2} = \frac{K}{\left(-\frac{\overline{\partial^2 \mathfrak{S}}}{\partial \Delta_\nu^2} \right)} \quad \cdots \cdots \cdots (33)$$

Hieraus ergibt sich mit Rücksicht auf (29a)

$$\overline{\Delta_\nu^2} = n_\nu + \frac{n_\nu^2}{Z_\nu}. \quad \ldots \ldots (34)$$

Dies Schwankungsgesetz ist dem der quasi-monochromatischen Planck'schen Strahlung vollkommen analog. Wir schreiben es in der Form

$$\left(\overline{\frac{\Delta_\nu}{n_\nu}}\right)^2 = \frac{1}{n_\nu} + \frac{1}{Z_\nu} \quad \ldots \ldots (34a)$$

Das Quadrat der mittleren relativen Schwankung der Moleküle der hervorgehobenen Art setzt sich aus zwei Summanden zusammen. Der erste wäre allein vorhanden, wenn die Moleküle voneinander unabhängig wären. Dazu kommt ein Anteil des mittleren Schwankungsquadrates, der von der mittleren Moleküldichte gänzlich unabhängig ist und im Falle nur durch das Elementargebiet $\Delta^3 \mathcal{E}$ und das Volumen bestimmt ist. Er entspricht bei der Strahlung den Interferenz-Schwankungen. Man kann ihn auch beim Gase in entsprechender Weise deuten, indem man dem Gase in passender Weise einen Strahlungsvorgang zuordnet und dessen Interferenz-Schwankungen berechnet. Ich gehe näher auf diese Deutung ein, weil ich glaube, dass es sich dabei um mehr als um eine blosse Analogie handelt.

Wie einem materiellen Teilchen bezw. materiellen Teilchen (skalares) ein Wellenfeld zugeordnet werden kann, hat Herr E. de Broglie in einer sehr beachtenswerten Schrift[x] dargethan. Einem materiellen Teilchen von der Masse m wird zunächst eine Frequenz ν_0 zugeordnet gemäss der Gleichung

$$m c^2 = h \nu_0 \quad \ldots (35)$$

Das Teilchen ruhe nun inbezug ein galilei'sches System K', in welchem wir eine überall synchrone Schwingung von der Frequenz ν_0 denken. Relativ zu einem System K, inbezug auf welches K' mit der Masse m mit der Geschwindigkeit

---

[x] Louis de Broglie. Thèses. Paris. (Edit. Masson & Co.). 1924. In dieser Dissertation findet sich auch eine sehr bemerkenswerte geometrische Interpretation der Bohr-Sommerfeld'schen Quantenregel.

längs der (positiven) X-Achse

v bewegt ist, existiert dann ein wellenartiger Vorgang von der Art

$$\sin\left(2\pi\nu_0 \frac{t - \frac{v}{c^2}x}{\sqrt{1 - \frac{v^2}{c^2}}}\right)$$

Frequenz ν und (Phasen-)Geschwindigkeit V dieses Vorgangs sind also gegeben durch

$$\nu = \frac{\nu_0}{\sqrt{1 - \frac{v^2}{c^2}}} \quad \ldots \ldots (36)$$

$$V = \frac{c^2}{v} \quad \ldots \ldots (37)$$

v ist dann – wie Herr de Broglie gezeigt hat – zugleich die Gruppen-geschwindigkeit dieser Welle. Es ist interessant, dass die Energie $\frac{mc^2}{\sqrt{1 - \frac{v^2}{c^2}}}$ des Teilchens gemäss (35) und (36) gerade gleich $h\nu$ ist, im Einklang mit der Grundrelation der Quantentheorie. –

Man sieht nun unmittelbar, dass einem Gase ein skalares Wellenfeld zugeordnet ist, und ich habe mich durch Rechnung davon überzeugt, dass $\frac{1}{Z}$ das mittlere Schwankungsquadrat dieses Wellenfeldes ist, soweit es dem von uns oben untersuchten Energie-Bereich ΔE entspricht. –

Auf Grund dieser Überlegungen können wir auch das Paradoxon lösen, auf welches am Ende meiner ersten Abhandlung hingewiesen ist. Damit zwei Wellen (Züge) merkbar interferieren können, müssen sie bezüglich V und ν nahezu übereinstimmen. Dazu ist gemäss (35),(36),(37) sowie für beide Gase nötig, dass v und m nahezu übereinstimmen. Die zwei Gasen von merklich verschiedener Molekülmasse zugeordneten Wellenfelder Strahlungen können daher nicht merklich miteinander interferieren. Daraus kann man folgern, dass sich gemäss der hier vorliegenden Theorie die Entropie eines Gasgemisches genau so additiv aus derjenigen der Gemisch-Bestandteile zusammensetzt wie gemäss der klassischen Theorie, wenigstens solange die Molekulargewichte der Komponenten einigermassen voneinander abweichen.

§ 9. Bemerkung über die Viskosität der Gase bei tiefen Temperaturen.

Nach den Betrachtungen des vorigen § scheint es, dass mit jedem Bewegungsvorgang ein undulatorisches Feld verknüpft sei, ähnlich wie ebenso wie mit der Bewegung der Lichtquanten das optische undulatorische Feld verknüpft ist. Das undulatorische Feld - dessen physikalische Natur einstweilen noch dunkel ist, muss sich im Prinzip nachweisen lassen durch die ihm entsprechenden Beugungserscheinungen. So müsste ein Gasstrahl Strahl von Gasmolekülen, der durch eine Öffnung hindurchgeht, eine Beugung erfahren, die der eines Lichtstrahles analog ist. Damit ein derartiges Phänomen beobachtbar sei, muss die Wellenlänge λ einigermassen vergleichbar sein mit den Dimensionen der Öffnung. Aus (36) und (37) folgt nun für gegen c kleine Geschwindigkeiten

$$ \lambda = \frac{V}{\nu} = \frac{h}{m v} \quad \cdots \quad (38) $$

oder wenn man gemäss der

Das λ ist für Gasmoleküle, die sich mit thermischen Geschwindigkeiten bewegen, stets ausserordentlich klein, sogar meist erheblich kleiner als der Moleküldurchmesser σ. Daraus folgt zunächst, dass an die Beobachtung dieser Beugung an herstellbaren Öffnungen bezw. Schirmen gar nicht zu denken ist.

Es zeigt sich aber, dass bei tiefen Temperaturen für die Gase Wasserstoff und Helium λ von der Grössenordnung von σ wird, und es scheint in der That, dass sich beim Reibungskoeffizienten der Einfluss geltend mache, den wir nach der Theorie erwarten müssen.

Denken wir uns nämlich mit der Geschwindigkeit v bewegter Moleküle ein Teilchen (anders, das wir in der Bequemlichkeit halber als unbewegt vorstellen) ein unbewegtes, so ist dieses vergleichbar mit dem Fall, dass ein Wellenzug von gewisser Wellenlänge λ ein reflektierendes Blättchen von dem Durchmesser 2σ trifft. Es tritt dabei eine (Fraunhofersche) Beugungserscheinung ein, welche äquivalent gleich ist jener, die von einer gleich grossen Öffnung geliefert wird würde. Grosse Beugungswinkel treten dann auf, wenn λ von der Grössenordnung σ oder grösser ist oder kleiner als 2σ ist. Es werden also ausser der nach der Mechanik auftretenden Stossablenkung dann auch noch mechanisch nicht begreifbare Ablenkungen der Moleküle von ähnlicher Häufigkeit wie erstere wie die Stossablenkungen auftreten, welche die freie Weglänge verkleinern.

(11)

Es wird also in der Nähe jener Temperatur ziemlich plötzlich ein beschleunigtes Sinken der Viskosität mit der sinkender Temperatur einsetzen. Eine Abschätzung jener Temperatur gemäss der Beziehung $\lambda = .5$ liefert für H_2 56°, für He 40°. Natürlich sind dies ganz rohe Schätzungen, dieselben können aber durch exaktere Rechnungen ersetzt werden. Es handelt sich hier um eine neue Deutung der von P. Günther auf Nernst's Veranlassung bei Wasserstoff gewonnenen experimentellen Ergebnisse über die Abhängigkeit des Viskositätskoeffizienten von der Temperatur, zu deren Erklärung Nernst bereits eine quantentheoretische Betrachtung ersonnen hat.[*]

§10. Zustandsgleichung des gesättigten idealen Gases. Bemerkungen zur Theorie der Zustandsgleichung der Gase und zur Elektronentheorie der Metalle.

In §6 wurde gezeigt, dass für ein mit „kondensierter Substanz" im Gleichgewicht befindliches ideales Gas der Entartungs-Parameter λ gleich (1) ist. Dichte, Konzentration, Energie und Druck des mit Bewegung ausgestatteten Teiles der Moleküle sind dann gemäss (18c), (22) und (15) durch T allein bestimmt. Es gelten also die Gleichungen

$$\eta = \frac{n}{NV} = \frac{2,615}{N\,h^3}(2\pi m \kappa T)^{\frac{3}{2}} = \frac{1,12 \cdot 10^{-15}}{1,04 \cdot 10^{-11}}(MRT)^{\frac{3}{2}} \cdots (39)$$

$$\frac{\varepsilon}{n} = \frac{1,348}{2,615}\cdot\frac{3}{2}\kappa T \quad \cdots \cdots (40)$$

$$p = \frac{1,348}{2,615}RT\eta \quad \cdots \cdots (41)$$

Dabei bedeutet: η die Konzentration in Molen

N die Zahl der Moleküle im Mol

M die Mol-Masse (Molekular-Gewicht).

Es ergibt sich aus (39), dass die wirklichen Gase keine solchen Werte der Dichte erreichen, dass das entsprechende ideale Gas gesättigt wäre. Jedoch ist die kritische Dichte des Heliums etwa fünf mal kleiner als die ideale Sättigungsdichte η

[*] Vgl. W. Nernst, Sitz. Ber. 1919, VIII, S. 118. —

P. Günther, Sitz. Ber. 1920, XXXVI, S. 720.

(12)

des idealen Gases von gleicher Temperatur und gleichem Molekulargewicht.
Bei Wasserstoff ist das entsprechende Verhältnis etwa 26. Da die wirklichen Gase also
bei Dichten existieren, welche der Grössenordnung nach (der Sättigungsdichte nahe
kommen, und gemäss (41) die Entartung den Druck erheblich beeinflusst,
so wird sich, wenn die vorliegende Theorie richtig ist, ein
erheblicher der Beobachtung zugänglicher nicht unerheblicher Quanteneinfluss auf die Zustandsgleichung bemerkbar machen;
insbesondere wird man untersuchen müssen, ob so die Abweichungen
von dem Van der Vaals'schen Gesetz der übereinstimmenden Zustände
erklärt werden können.

Übrigens wird man auch erwarten müssen, dass das im vorigen
§ genannte Beugungsphänomen, welches ja bei tiefen Temperaturen eine
scheinbare Vergrösserung des wahren Molekülvolumens erzeugt, die Zustandsgleichung
beeinflusse. —

Es gibt einen Fall, in welchem die Natur das gesättigte ideale
Gas möglicherweise im Wesentlichen realisiert hat, nämlich bei den Leitungs-Elektronen im
Innern der Metalle. Die Elektronentheorie der Metalle hat bekanntlich das Verhältnis
zwischen elektrischer und thermischer Leitfähigkeit mit bemerkenswerter Näherung
quantitativ erklärt (Drude-Lorentz'sche Formel) unter der Annahme, dass im Innern der Metalle freie Elektronen
vorhanden seien, welche sowohl die Elektrizität als die Wärme leiten. Trotz dieses
grossen Erfolges wird aber jene Theorie gegenwärtig nicht für zutreffend gehalten, unter anderem deshalb,
weil sie der Thatsache nicht gerecht werden konnte, dass die freien Elektronen
zur spezifischen Wärme des Metalles keinen merklichen Beitrag liefern. Diese
Schwierigkeit verschwindet aber, wenn man die vorliegende
Theorie der Gase zugrunde legt. Aus (39) folgt nämlich, dass die Sättigungs-
Konzentration der (bewegten) Elektronen bei gewöhnlicher Temperatur etwa
gleich $5,5 \cdot 10^{-5}$ ist, sodass nur ein verschwindend kleiner Teil der Elektronen
zur thermischen Energie einen Beitrag liefern könnte. Die mittlere thermische

_____
x Dies ist nicht der Fall, wie ich nachträglich durch Rechnung gefunden habe. Vergleich
mit der Erfahrung gefunden habe.

(13)

(an der thermischen Bewegung teilnehmenden)

Energie pro Elektron ist dabei etwa halb so gross wie gemäss der klassischen Molekulartheorie. Wenn nun sehr kleine Kräfte vorhanden sind, welche die nicht bewegten Elektronen in ihrer Ruhelage festhalten, so ist auch begreiflich, dass diese an der elektrischen Leitung sich nicht beteiligen. Möglicherweise könnte sogar Wegfall dieser schwachen Bindungskräfte bei ganz tiefen Temperaturen die Supra-Leitfähigkeit bedingen. Die Thermo-Kräfte würden (auf Grund dieser Theorie überhaupt) nicht begreiflich sein, solange man das Elektronengas als ideales Gas behandelt. Natürlich wäre einer solchen Theorie (nicht die Maxwell'sche Geschwindigkeitsverteilung zugrunde zu legen sondern diejenige des gesättigten idealen Gases nach vorliegender Theorie; aus (8), (9), (11) ergibt sich für diesen speziellen Fall:

$$dW = \text{konst.} \frac{\frac{c}{e}^{\frac{?}{}} d\frac{c}{e}}{e^{\frac{c}{kT}}-1} \quad \ldots \ldots (42)$$

Beim Durchdenken dieser theoretischen Möglichkeit kommt man zu der Schwierigkeit, dass man zur Erklärung des gemessenen Leitvermögens der Metalle für Wärme und Elektrizität wegen der sehr geringen Volumdichte der Elektronen, die sich (nach unseren Ergebnissen) an der thermischen Agitation beteiligen, sehr grosse freie Weglängen annehmen muss (Grössenordnung 10⁻³ cm). Auch scheint es nicht möglich zu sein, auf Grund dieser Theorie das Verhalten der Metalle gegenüber ultraroter Strahlung (Reflexion, Emission) zu begreifen.

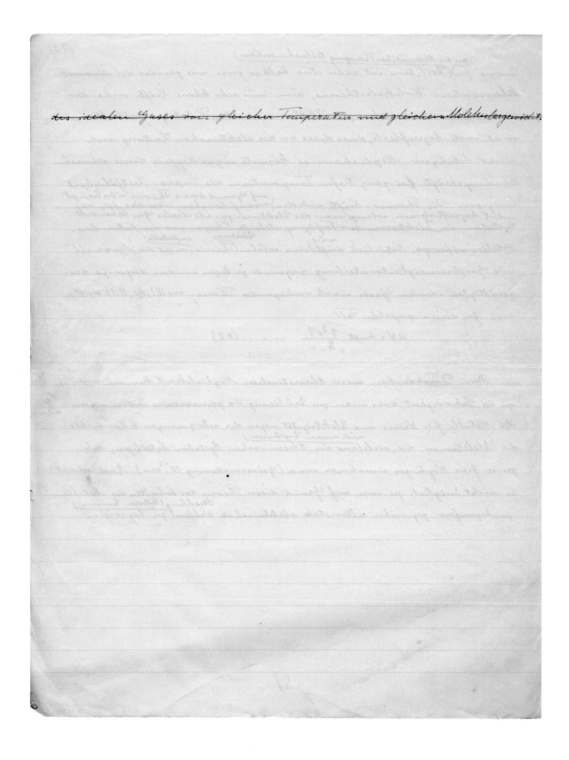

(14)

§11 Zustandsgleichung des ungesättigten Gases.

Wir wollen nun die Abweichung der Zustandsgleichung des idealen Gases von der klassischen Zustandsgleichung im ungesättigten Gebiet genauer betrachten. Wir ~~stützen~~ knüpfen hierbei wieder an die Gleichungen (15), (18b) und (19b) an.

Wir setzen ~~~~ zur Abkürzung

$$\sum_{\tau=1}^{\tau=\infty} \tau^{-\frac{3}{2}} \lambda^{\tau} = y(\lambda)$$

$$\sum_{\tau=1} \tau^{-\frac{5}{2}} \lambda^{\tau} = z(\lambda)$$

und stellen uns die Aufgabe z als Funktion von y auszudrücken ($z = P(y)$). Die Lösung dieser Aufgabe, welche ich Herrn J. Grommer verdanke, beruht auf folgenden allgemeinen Satz (~~Binom~~ Lagrange):

Unter der in unserem Falle erfüllten Bedingung, dass y und z für in einem gewissen Bereich um den Nullpunkt $\lambda = 0$ verschwinden, und dass y und z reguläre Funktionen von λ sind, besteht für hinreichend kleine y die Taylor'sche Entwicklung

$$z = \sum_{\nu=1}^{\nu=\infty} \frac{y^{\nu}}{\nu!} \left\{ \frac{d^{(\nu-1)}}{d\lambda^{\nu-1}} \left[\frac{z'(\lambda)}{y} \right]^{\nu} \right\}_{\lambda=0} \quad \cdots \cdots (\dagger)$$

Die Klammer, in welcher nur Differentiationen nach λ vorkommen, stellt den Ausdruck $\left[\dfrac{d^{\nu}z}{dy^{\nu}} \right]_{y=0}$ dar.

$$z = \sum_{\nu=1}^{\nu=\infty} \left[\frac{d^{\nu}z}{dy^{\nu}} \right]_0 \frac{y^{\nu}}{\nu!} \quad \cdots \cdots (43)$$

wobei für ~~~~ die Koeffizienten aus den Funktionen $y(\lambda)$ und $z(\lambda)$ vermöge der Rekursionsformel dargestellt werden können

$$\frac{d^{\nu}(z)}{dy^{\nu}} = \frac{\dfrac{d}{d\lambda} \left(\dfrac{d^{\nu-1}z}{dy^{\nu-1}} \right)}{\dfrac{dy}{d\lambda}} \quad \cdots (44)$$

Vgl. Hurwitz-Courant, Funktionentheorie S. 128.

(15)

Man erhält so in unserem Falle die bis $\lambda = 1$ konvergente (und zur Ausrechnung bequeme) Entwicklung

$$z = y - 0,1768\,y^2 - 0,0034\,y^3 - 0,0005\,y^4 \cdots$$

Wir führen nun die Bezeichnungen ein

$$\frac{z}{y} = F(y) \; . \; . \; . \; . \; . \; . \; . \; .$$

Dann gelten für das ungesättigte ideale Gas, d. h. zwischen $y = 0$ und $y = 2,615$ die Beziehungen

$$\frac{\bar{\varepsilon}}{n} = \frac{3}{2}\,\kappa\,T\,F(y) \; . \; . \; . \; . \; (19c)$$

$$p = R\,T\,y\,F(y) \; ; \; . \; . \; . \; . \; (22c)$$

wobei gesetzt ist

$$y = \frac{h^3}{(2\pi m \kappa T)^{\frac{3}{2}}}\,\frac{n}{V} = \frac{h^3 N \eta}{(2\pi M R T)^{\frac{3}{2}}} \cdots (18c)$$

Aus (19b) erhält man für die auf das Mol bezogene spezifische Wärme bei konstantem Volumen c_v :

$$c_v = \frac{3}{2}\,R\left(F(y) - \frac{3}{2}\,y\,F(y)\right) = \frac{3}{2}\,R\,G(y) \cdot \; . \; . \; . \; (\;)$$

Wir geben zur leichteren Übersicht eine graphische Darstellung der Funktionen $F(y)$ und $G(y)$

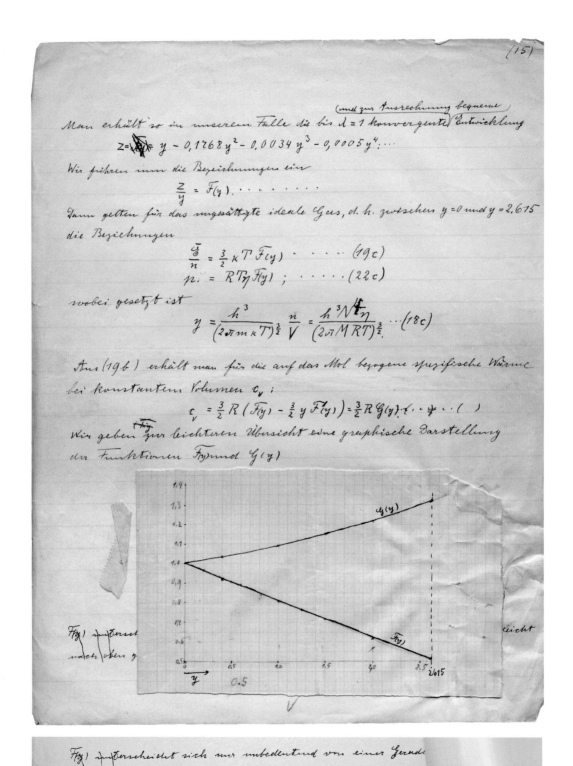

$F(y)$ unterscheidet
nach oben g

$F(y)$ unterscheidet sich nur unbedeutend von einer Geraden nach oben gekrümmt ist.

(16)

Berücksichtigt man den annähernd linearen Verlauf von $F_{(x)}$, so ergibt sich für p die gute Näherungsgleichung

$$p = RT\eta\left[1 - 0{,}186\frac{h^3 N^4 \eta}{(3\pi MRT)^{\frac{3}{2}}}\right] \quad \cdots (22d)$$

Dezember 1924.

Elementarteilchen folgen eigenen Gesetzen

Brief von Albert Einstein an Erwin Schrödinger, Berlin, 28. Februar 1925

Einstein erklärt Schrödinger mit einem Diagramm die neue Statistik der Quantentheorie.
Die Frage ist: Wie viele Möglichkeiten gibt es, zwei Teilchen auf zwei Zellen zu verteilen?
Klassisch sind es vier, nach der so genannten Bose-Einstein-Statistik dagegen nur drei:
Die beiden klassischen Möglichkeiten „ein Teilchen befindet sich links und das andere
rechts" sind quantenmechanisch nur eine, weil die Teilchen nicht unterscheidbar sind.

Elementary particles follow their own laws

Letter from Albert Einstein to Erwin Schrödinger, Berlin, 28 February 1925

Einstein uses a diagram to explain the new statistics of quantum theory to Schrödinger.
The question is, how many ways are there of distributing two particles between two cells?
The classic answer is four, but according to Bose-Einstein statistics there are only three:
the two classical possibilities of "one particle is left and the other is right" are only one
in terms of quantum mechanics, because the particles cannot be distinguished from
each other.

Berlin. 28.II.25

Verehrter Herr Kollege!

Erst heute komme ich dazu, auf Ihren Brief vom 5.II zu antworten. Ihr Verdacht ist nicht ungerechtfertigt, wenn auch ein Fehler in meiner Abhandlung nicht vorliegt. In der von mir verwendeten Bose'schen Statistik werden die Quanten bezw. Moleküle nicht als voneinander unabhängig behandelt. Darauf beruht es, dass die Formel

$$W_2 = \frac{(n_s)^2 e^{-n_s}}{2!}$$

nicht gilt. Ich verabsäumte es, deutlich hervorzuheben, dass hier eine besondere Statistik angewendet ist, die durch nichts anderes als durch den Erfolg vorläufig begründet werden kann:

Die Komplexion ist charakterisiert durch Angabe der Zahl der Moleküle, welche in jeder einzelnen Zelle vorhanden ist. Die Zahl der so definierten Komplexionen soll für die Entropie massgebend sein. Bei diesem Verfahren erscheinen die Moleküle nicht als voneinander unabhängig lokalisiert, sondern sie haben eine Vorliebe, mit einem andern Molekül zusammen in derselben Zelle zu sitzen. Man kann sich das an kleinen Zahlen leicht vergegenwärtigen. Z. b. 2 Quanten, 2 Zellen!

Bose – Statistik			unabhängige Moleküle		
	1. Zelle	2. Zelle		1. Zelle	2. Zelle
1. Fall	••	—	1. Fall	I II	—
2. Fall	•	•	2. Fall	I	II
3. Fall	—	••	3. Fall	II	I
			4. Fall	—	I II

Nach Bose hocken die Moleküle relativ häufiger zusammen als nach der Hypothese der statistischen Unabhängigkeit der Moleküle.

Ich habe die Sache dargelegt in einer seither in den S. Ber. erschienenen 2. Abhandlung. Da ist auch über den Fall der klassischen Statistik gehandelt. In einer 3. Abhandlung, die gegenwärtig im Druck ist, werden Betrachtungen gegeben, die von der Statistik unabhängig sind und der Abl. des Wienschen Verschiebungsgesetzes analog sind. Diese letzten Ergebnisse haben mich von der Richtigkeit des eingeschlagenen Weges fest überzeugt.

Fehlen ist gewiss keiner in meiner Rechnung.

Es grüsst Sie bestens

Ihr

A. Einstein.

P. S. Gegen die Abhandlung von 1912 besteht kein Widerspruch, da die Maxwell'sche Verteilung bei hinreichender Verdünnung der Moleküle weiter besteht; bei grösserer Dichte der Moleküle können meine früheren Betrachtungen allerdings keinen Anspruch mehr auf Richtigkeit erheben. Da macht sich die Wechselwirkung zwischen den Molekeln geltend, die einstweilen statistisch berücksichtigt ist, deren physikalische Natur aber noch schleierhaft ist.

Einstein und die Ostsee

Den Sommer 1915 verbringt Einstein mit seiner späteren Frau Elsa und ihren Töchtern in Sellin auf Rügen. Auch in den folgenden Jahren zieht es ihn wiederholt an die Ostsee – aufs Fischland nach Ahrenshoop und Wustrow. Nach überstandener Krankheit erholt Einstein sich den ganzen Sommer 1928 in Scharbeutz an der Lübecker Bucht. Einsteins Beziehungen zum Ostseeraum sind aber nicht allein privater Natur. Oft besucht er in Kiel den Ingenieur Hermann Anschütz-Kaempfe, mit dem er an der Verbesserung des Kreiselkompasses arbeitet. Als 1922 für ihn nach der Ermordung Rathenaus die Situation in Berlin bedrohlich wird, trägt er sich sogar mit dem Gedanken, ganz nach Kiel überzusiedeln.

Albert Einstein an der Ostsee, 1928

Albert Einstein on the Baltic Sea, 1928

Einstein and the Baltic Sea

Einstein spends the summer of 1915 with his future wife Elsa and her daughters at Sellin on the island of Rügen. In the years that follow he is often drawn to the Baltic Sea – to Ahrenshoop and Wustrow on Fischland. After recovering from an illness, Einstein spends the entire summer of 1928 convalescing at Scharbeutz near the bay of Lübeck. Einstein's relationship to the Baltic region is not only private. He often visits the engineer Hermann Anschütz-Kaempfe in Kiel, with whom he works on improving the gyrocompass. When in 1922 the situation in Berlin becomes dangerous for him after Rathenau is murdered, Einstein even contemplates moving to Kiel.

Prinzipienfuchser und Virtuosen

Brief von Albert Einstein an Paul Ehrenfest, [Berlin], 18. September 1925

Ehrenfest ist entmutigt angesichts der rasanten Entwicklung der mathematischen Physik. Einstein tröstet ihn damit, dass es verschiedene Arten gibt, Physik zu treiben. „Es gibt Prinzipienfuchser und Virtuosen. Wir gehören alle drei [Bohr, Einstein, Ehrenfest] zu der ersten Sorte. [...] Also Effekt bei Begegnung mit ausgesprochenen Virtuosen (Born oder Debye): Entmutigung. Wirkt übrigens umgekehrt ähnlich."

Sticklers for principle and virtuosos

Letter from Albert Einstein to Paul Ehrenfest, [Berlin], 18 September 1925

Ehrenfest is disheartened in view of the rapid development of mathematical physics. Einstein consoles him by saying that there are different ways of pursuing physics. "Some are sticklers for principle, others are virtuosos. All three of us [Bohr, Einstein, Ehrenfest] belong to the first kind. [...], so what we feel when we encounter pronounced virtuosos (Born or Debye) is discouragement. By the way, it also works the other way round."

18. $\overline{IX}$ 1925

Lieber Ehrenfest!

Ich bin sehr glücklich, im Dezember mit Bohr zusammen zu sein. Gern gebe ich Dir alle Isolationsvollmachten. Was nun die Zeit anlangt, so denke ich, dass ich gut 14 Tage bei Euch bleiben möchte, und überlasse es Dir, die Zeit zu wählen. Ich kann es ja nach Belieben einrichten. An Experimente an der Grenze Wellen-Korpuskeln denke ich nicht mehr, ich glaube, dass dies eine verfehlte Bemühung war. Auf induktivem Wege wird man wohl nie zu einer vernünftigen Theorie kommen, wenn ich auch glaube, dass ganz prinzipielle Experimente wie das von Stern-Gerlach oder Geiger-Bothe ernsthaft nützen können. Das, was Du von Bohr und mir im Gegensatz zu andern Theoretikern im Verhältnis zu Deiner Arbeit sagst, wundert mich nicht. Es gibt Prinzipienfuchser und Virtuosen. Wir gehören alle drei zu der ersten Sorte und haben (wenigstens wir beide gewiss) wenig virtuosische Begabung. Also Effekt bei Begegnung mit ausgesprochenen Virtuosen (Born oder Debye). Entmutigung. Wirkt übrigens umgekehrt ähnlich.

Vom astroph. Journ. habe ich noch keine Aufforderung erhalten. Ich würde Frau Julius gern die Freude machen. Was thun. Wenn Du einen Weg weisst, so schicke mir das Material und ich thue mein Möglichstes.

Was Du mir als Lorentz'sches Bedenken gegen Miller mitteilst, ist klug und fein. Aber bei dieser subtilen Sache wären 30° nur dann entscheidend, wenn man nachweisen könnte, dass die Schärfe und innere Übereinstimmung der Messungen hinreichend ist. Ich habe auch eine Idee, wenn auch eine sehr triviale, wie die Miller'sche „Blase" entstanden sein könnte. Temperaturdifferenzen der Luft zwischen beiden Bündeln von der Grössenordnung $\frac{1}{10}°$ genügen nämlich um den ganzen Spuk zu erzeugen. Es gibt sicher systematische Ursachen (Sonnenbestr. der Wände, Heizung etc., die solche systematisch zu erzeugen vermögen. Der Brechungsindex ist ja von der Grössenordnung 10^{-4}. Eine Schwankung der abs. Temperatur von der Gr. Ordn. 10^{-3} liefert eine relative Differenz von 10^{-2} der Lichtwege. Ich habe keine Bemerkung darüber gesehen, wie ein solcher Fehler vermieden worden wäre. Durch Ventilatoren liessen sie sich vermeiden. Ich habe Miller eine diesbezügliche Frage brieflich gestellt. Wir werden sehen, was er dazu meint.

Im Sommer habe ich eine an sich sehr bestrickende Arbeit über Gravitation - Elektrizität geschrieben, die ich Dir schicken will. Nun zweifle ich aber wieder sehr an ihrer Wahrheit. Ich rechne mit Grommer sehr viel, ohne dass bis jetzt etwas Entscheidendes pro oder contra herausgekommen wäre Doch neigt sich die Wagschale eher nach der contra-Seite.

Wir dürfen unter keinen Umständen zulassen, dass Bürger Cramers vorgezogen wird. Von wem hängt dies ab? Das kannst Du mit Lorentz hintertreiben, ich thue natürlich auch sofort mit, wenn es Sinn hat.

Seid allesamt herzlich gegrüsst

von Deinem Einstein.

Albert Einstein mit
Paul Ehrenfest
und dessen Sohn
Paul in Leiden,
1920

Albert Einstein
with Paul Ehrenfest
and his son
Paul in Leiden,
1920

Freude über die Wellenmechanik

Postkarte von Albert Einstein an Erwin Schrödinger, [Berlin], 26. April 1926

Einstein begrüßt Schrödingers Wellenmechanik als einen Fortschritt gegenüber der Heisenberg-Born'schen Matrizenmechanik. Zum einen ist sie wesentlich anschaulicher, weil sie mit Wellen anstelle von abstrakter Algebra arbeitet. Zum anderen erscheint sie Einstein als deterministisch und daher als Rettung des Kausalitätsprinzips. Wenig später stellt sich jedoch heraus, dass Schrödingers Formulierung weitgehend äquivalent zur Heisenberg-Formulierung ist.

Delight over wave mechanics

Postcard from Albert Einstein to Erwin Schrödinger, [Berlin], 26 April 1926

Einstein welcomes Schrödinger's wave mechanics as an advance on Heisenberg-Born's matrix mechanics. On the one hand it is much more intuitive, because it works with waves instead of abstract algebra. On the other it seems to Einstein to be deterministic and therefore the salvation of the causality principle. Shortly afterwards, however, it turns out that Schrödinger's formulation is largely equivalent to that of Heisenberg.

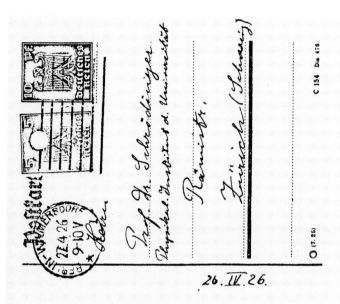

Prof. Dr. Schrödinger,
Deptbl. Inst. d. Universität
Römistr.
Zürich (Schweiz)

26. IV. 26.

Lieber Herr Kollege!

Besten Dank für Ihren Brief. Ich bin überzeugt, dass Sie mit Ihrer Formulierung der Quantenbedingung einen entscheidenden Fortschritt gefunden haben, ebenso wie ich überzeugt bin, dass der Heisenberg-Born'sche Weg abwegig ist. Dort ist dieselbe Bedingung der System-Additivität nicht erfüllt.

Ich habe nun Überlegungen gefunden, die die Existenz der elementaren Kugelwelle nahezu ausschliessen, sodass ich ziemlich überzeugt bin, dass der von mir vorgeschlagene Versuch negativ ausfallen wird. Seine prinzipiell einfache Realisierung ist folgende

Kugelwelle

auf ∞ eingestelltes Fernrohr

Einer Emissionsrichtung R entspricht ein Punkt in der Fokalebene des Fernrohrs. In der Richtung R von einem Teilchen emittierte Strahlen gelangen (abwechselnd!) ins Fernrohr; bei geeigneter Relation zwischen Teilchengeschwindigkeit und Gang-differenz müsste die Interferenz aufgehoben sein, was ich aber nicht glaube. Störend wirkt die Beugung am Gitter, aber nicht so stark, dass die Beweiskraft des Experimentes zerstört würde.

Es grüsst Sie freundlich
Ihr
A. Einstein.

Dichtung oder Wahrheit?

Manuskript einer Notiz von Albert Einstein für die Sitzungsberichte der Preußischen
Akademie der Wissenschaften über eine Arbeit von Emil Rupp, die er der physikalisch-
mathematischen Klasse der Akademie am 21. Oktober 1926 vorgelegt hat (erschienen
am 15. November)

Der junge Heidelberger Physiker Emil Rupp hat Versuche durchgeführt, die Einstein
im Frühjahr 1926 zur Klärung des Welle-Teilchen-Charakters des Lichts vorgeschlagen
hat. Nach Einsteins Vorstellung sollten bestimmte Interferenzversuche zeigen können,
dass Strahlung gemäß der klassischen Wellenvorstellung ein allmählich erfolgender Vorgang ist und nicht etwas „Plötzliches", wie die Quantenauffassung nahe legt. Die experimentellen Ergebnisse von Rupp über die Interferenzerscheinungen von Kanalstrahllicht
stützen scheinbar Einsteins These. Die Vertreter der modernen Quantenmechanik sind
dennoch nicht von der Richtigkeit der Einstein'schen Überlegungen überzeugt.

Fact or fiction?

Manuscript of a memo by Albert Einstein for the Proceedings of the Prussian Academy
of Sciences on a work of Emil Rupp which he submitted to the Academy's Mathematics-
Physics Class on 21 October 1926 (published on 15 November)

The young Heidelberg-based physicist Emil Rupp has conducted experiments which
Einstein suggested in the spring of 1926 to clarify the wave/particle character of light.
Einstein's idea is that certain interference experiments should be able to show that
radiation is a process that takes place gradually in accordance with the classic conception of a wave, and is not something "sudden" as suggested by the quantum view. The
results of Rupp's experiments on the interference phenomena of canal-ray light seem
to support Einstein's thesis. Nevertheless, the representatives of modern quantum
mechanics are not convinced that Einstein's ideas are correct.

2. Sodann überreicht Herr Einstein eine Arbeit von Dr. E. Rupp (Göttingen): Über die Interferenzeigenschaften der Kanalstrahlen.

Kurze Zusammenfassung.

("Gitter-Versuch" und "Spiegel-Dreh-Versuch"),

Es werden zwei von Einstein vorgeschlagene Versuche über die Interferenz-Eigenschaften des von Kanalstrahlen emittierten Lichtes (an Quecksilber-Kanalstrahlen) ausgeführt. Beide Versuche beweisen, im völligen Einklange mit der Undulations-Theorie des Lichtes, dass das Atom bei der Erzeugung des Interferenz-Feldes nicht nur durch einen Momentanprozess sondern durch einen Prozess von einer Dauer von der Grössenordnung der Abklingungszeit der klassischen Theorie beteiligt ist. Dies wird dadurch ~~gezeigt~~ bewiesen, dass gezeigt wird, dass die zur Interferenz gelangenden Wellen, welche ja von einem und demselben Teilchen herstammen müssen, von räumlich verschiedenen Stellen ausgehen. mit Rücksicht auf die Bewegung der Teilchen folgt nämlich dann ~~hieraus~~ aus dieser örtlichen Differenz eine zeitliche Differenz der Emission jener Wellen.

Einstein unterstützt zweifelhafte Experimente

Postkarte von Albert Einstein an Emil Rupp, Berlin, [23. Oktober 1926]

Einstein ist von den Experimenten Rupps, der seit Sommer 1926 in Göttingen arbeitet, absolut überzeugt und nimmt ihn gegen Kritik in Schutz: „[...] möchte ich bemerken, dass Ihr Spiegelversuch gegenüber jeder Kritik nach meiner Überzeugung gesichert ist." Doch schon bald wird die Korrektheit von Rupps Resultaten von anderen Kollegen angezweifelt, aber erst 1935 kann ihm von Walther Gerlach und Eduard Rüchardt in München endgültig nachgewiesen werden, dass er dieses und andere Ergebnisse gefälscht hat. Bei Einsteins Vorschlag des so genannten Spiegelversuchs war infolge eines Denkfehlers ein Spiegel falsch angeordnet – hätte Rupp den Versuch wirklich ausgeführt, hätte er dies merken müssen.

Einstein supports dubious experiments

Postcard from Albert Einstein to Emil Rupp, Berlin, [23 October 1926]

Einstein is absolutely convinced of the experiments conducted by Rupp, who has been working in Göttingen since the summer of 1926, and stands up for him in the face of criticism: "[...] I would like to say that in my view your mirror experiment is safe against all criticism." However, Rupp's results are soon also doubted by other colleagues, but not until 1935 can Walther Gerlach and Eduard Rüchardt in Munich finally prove that he has falsified this and other results. In Einstein's suggestion for the so-called mirror experiment, a mirror was placed incorrectly due to a mistake in reasoning – Rupp would have noticed this if he had really carried out the experiment.

Max Planck Institute for the History of Science, Berlin, Germany
Call number: 80.1-Ea-1

Lieber Herr Rupp!

Ich denke, dass die Atome während der Verweilzeit im angeregten Zustande [das Interferenzfeld] strahlen. Aber unser Versuch sagt mir aus, dass die Erzeugung des einem Atom entsprechenden Interferenzfeldes eine Zeit braucht, die der klassischen Abklingungszeit vergleichbar ist.

Bezüglich Joos haben Sie recht. Es ist nur fraglich, ob er „Aufspaltung" so meint. Übrigens handelt es sich im Falle des Gitters um Richtungsänderung nicht Veränderung der Quanten.

Es grüsst Sie freundlich
Ihr A. Einstein.

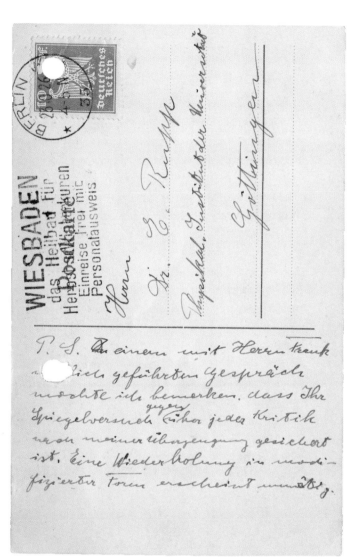

Deutsches Reich

BERLIN

WIESBADEN
Heilbad Für
Herbstkuren das ganze Jahr
Einreise frei mit
Personalausweis

Herrn
Dr. E. Rupp
Physikal. Institut der Universität
Göttingen

P.S. An einem mit Herrn Frank neulich geführten Gespräch möchte ich bemerken. dass Ihr Spiegelversuch [gegen]über jeder Kritik nach meiner Überzeugung gesichert ist. Eine Wiederholung in modifizierter Form erscheint unnötig.

„Die Drachensaat meiner Jugend ...“

Brief von Albert Einstein an Heinrich Zangger, 29. Oktober 1926

Einstein, der seit 1905 oft ein einsamer Pionier der Quantentheorie war, schreibt mit Ironie und Wehmut über die sich überstürzenden Entwicklungen. Er verliert zunehmend die Hoffnung, noch Fortschritte im Verständnis der Quantentheorie machen zu können. Daraus erklärt sich auch seine Wende zum Programm der einheitlichen Feldtheorie, von der er sich ein tieferes Verständnis der Natur erhofft.

"The seeds of discord from my youth ..."

Letter from Albert Einstein to Heinrich Zangger, 29 October 1926

Einstein, who, since 1905, was often a lonely pioneer of quantum theory, writes with irony and wistfulness on the fast and furious developments. He increasingly loses hope of being able to make any more progress in understanding quantum theory. This also explains why he turns to the programme of the uniform field theory, from which he expects a deeper understanding of nature.

29. X. 26.

Lieber Zangger!

Es hat natürlich gar nichts auf sich, dass ich Ihnen noch nicht geschrieben habe. Es kommt nur daher, dass immer so viel auf mich ein-stürmt, dass ich wenig zu mir selber komme. Ich freue mich sehr darüber, dass man hier so grosses Vertrauen zu Ihnen hat und Ihnen die Einrichtung des Instituts für gerichtl. Medizin übergibt. Das ist doch eigentlich recht grosszügig und gar nicht nach Prestige - Politik riechend. Es ist ein gutes Zeichen für die Fakultät. Ich freue mich sehr, dass Sie hierher kommen und ich auf diese Weise wieder wie in alten Zeiten mit Ihnen sein kann. Teilen Sie mir nur bald mit, wenn Sie kommen. Ich bin sehr neugierig, wie das alles hier durch Ihre Brille aussieht. Die Drachensaat meiner Jugend (Quanten) ist so herrlich aufgegangen, dass es mir Angst und bang wird. Die Theorien jagen sich, und man versteht eigentlich immer gleich wenig davon. Albert macht mir Sorgen wegen seiner geplanten Kinderfabrik mit doppelter erblicher Belastung. Ich danke Ihnen noch für die Mühe, die Sie sich nötigen gegeben haben. Zu machen ist nichts mehr.

Herzlich grüsst Sie
Ihr
A. Einstein.

Die Quantenmechanik ist nicht der wahre Jakob

Brief von Albert Einstein an Max Born, 4. Dezember 1926

1926 interpretiert Max Born Schrödingers Materiewellen als Wahrscheinlichkeiten. Damit ist die statistische Natur der Quantenmechanik endgültig besiegelt. Dies lehnt Einstein ab: „Die Quantenmechanik ist sehr achtung-gebietend. Aber eine innere Stimme sagt mir, dass das doch nicht der wahre Jakob ist. Die Theorie liefert viel, aber dem Geheimnis des Alten bringt sie uns kaum näher. Jedenfalls bin ich überzeugt, dass der nicht würfelt."

Quantum mechanics is not the real McCoy

Letter from Albert Einstein to Max Born, 4 December 1926

In 1926 Max Born interprets Schrödinger's matter waves as probabilities. This seals the statistical nature of quantum mechanics irrevocably. Einstein rejects this: "Quantum mechanics is certainly imposing. But an inner voice tells me that it is not yet the real thing. The theory says a lot, but does not really bring us any closer to the secret of the 'old one'. I, at any rate, am convinced that He is not playing at dice."

Staatsbibliothek zu Berlin – Preußischer Kulturbesitz, Germany
Call number: Nachlass M. Born, Brief, n. 52

Published in: Albert Einstein – Hedwig und Max Born: Briefwechsel 1916–1955,
München: Nymphenburger, 1969, pp. 129–130

4. XII. 26.

Lieber Born!

Ihr müßt ein klein bischen Geduld haben. Mein Schwiegersohn liest das Stück bestimmt und schreibt Euch. Aber der Arme muß sehr haushalten mit seiner Kraft, weil sein Herz nicht in Ordnung ist. Ich habe ihn noch einmal gemahnt, *das Stück bald zu begutachten.* Mir hat der Anfang des Stückes ausgezeichnet gefallen, und ich denke, es wird seine Wirkung nicht verfehlen.

Die Quantenmechanik ist sehr achtung-gebietend. Aber eine innere Stimme sagt mir, dass das doch nicht der wahre Jakob ist. Die Theorie liefert viel, aber dem Geheimnis des Alten bringt sie uns kaum näher. Jedenfalls bin ich überzeugt, dass der nicht würfelt. Wellen im 3n-dimensionalen Raum, deren Geschwindigkeit durch potentielle Energie (z. B. Gummibänder) reguliert wird ......

Ich plage mich damit herum, die Bewegungsgleichungen von als Singularitäten aufgefassten materiellen Punkten aus den Differentialgleichungen der allgemeinen Relativität abzuleiten. Seid bestens gegrüsst von Eurem

A. Einstein.

Einstein beschwört den Geist Newtons

Manuskript einer Erklärung von Albert Einstein für die Royal Society anlässlich des
200. Todestages von Newton, [März 1927]

Das Manuskript enthält einen Anhang, mit dessen Abfassung Einstein sich offensichtlich
nicht leicht getan hat. Dieser Anhang ist ein nachdrückliches Bekenntnis zum Deter-
minismus der klassischen Physik und damit eine Kritik am Indeterminismus der Quantenmechanik. In fast religiösem Ton beschwört Einstein den Geist Newtons und hofft auf
einen neuen Genius, „der uns zeigt, dass Gott das elementare Geschehen nicht mit dem
Würfel bestimmt".

Einstein conjures up the spirit of Newton

Manuscript of Albert Einstein's statement for the Royal Society on the 200th anniversary
of Newton's death, [March 1927]

The manuscript contains an appendix which Einstein evidently did not find easy to write.
This appendix is a firm declaration of belief in the determinism of classical physics and
thus a criticism of the indeterminism of quantum mechanics. In an almost religious tone,
Einstein conjures up the spirit of Newton and hopes that a new genius will come along
"who can show us that God does not throw dice to determine the elementary events."

Published in: Nature 119 (1927), p. 467

absenden

Nirgends in der Welt wird das Band der Tradition und Freundschaft in so schöner Weise gepflegt wie bei Euch in England. So gelanget Ihr dazu, der über-individuellen Seele Eures Volkes eine besonders lebendige Realität zu verleihen. Nun seid Ihr nach Grantham gegangen um dem grossen Genius über die trennende Zeit hinweg die Hand zu reichen, die Luft seiner Umgebung zu atmen, in der er die Grundgedanken der Mechanik, ja der physikalischen Kausalität konzipierte. Alle, welche ehrfürchtig über das grosse Geheimnis des physikalischen Geschehens nachdenken, begleiten Euch im Geiste und teilen das Gefühl der Bewunderung und Liebe, das uns mit Newton verbindet.

A. Einstein

Möge aus Eurer Versenkung in den Genius dessen glückliche Erben wir sind, ein neuer Genius hervorgehen, der uns zeigt, dass das elementare Geschehen nicht mit dem Würfel bestimmt, sondern dass allenthalben das Geschehen durch kausale Notwendigkeit in der von Newton postulierten Vollkommenheit die molekularen Vorgänge beherrscht.

Die Unschärferelation

Brief von Werner Heisenberg an Albert Einstein, Kopenhagen, 10. Juni 1927

Heisenberg wehrt sich gegen Einsteins Angriffe auf die Unschärferelation. Selbst wenn man annähme, der „liebe Gott" kenne den Ort der Teilchen genauer, als es die Unschärferelation zulässt, so würde das nichts daran ändern, dass quantenmechanische Experimente nicht deterministisch vorhergesagt werden können. Es sei aber „nicht schön, physikalisch mehr als den Zusammenhang der Experimente beschreiben zu wollen".

The uncertainty principle

Letter from Werner Heisenberg to Albert Einstein, Copenhagen, 10 June 1927

Heisenberg defends himself against Einstein's attacks on the uncertainty principle. Even if one assumes that the "good Lord" knows the location of particles more precisely than the uncertainty principle allows, this does not alter the fact that the result of experiments in quantum mechanics cannot be deterministically predicted. However, it is "not appealing to want physics to describe more than the connection of experiments."

Kopenhagen 10. 6. 27.

Hoch verehrter, lieber Herr Professor!

Vielen herzlichen Dank für Ihren freundlichen Brief, obwohl ich eigentlich nichts neues weiss, möchte ich doch nocheinmal schreiben, warum ich glaube, dass der Indeterminismus, also die Ungültigkeit der strengen Kausalität, notwendig ist, nicht nur widerspruchsfrei möglich. Wenn ich Ihren Stand-punkt richtig verstanden hab, denn meinen Sie, dass zwar alle Experimente so herauskommen würden, wie es die statistische Qu. M. verlangt, dass es aber darüber hinaus später möglich sein werde, über bestimmte Bahnen eines Teilchens zu sprechen. Unter Teilchen meinen Sie dabei nicht etwa einen Wellenpaket nach Schrödinger, sondern gegen einen Gegenstand, von bestimmter (von der Geschwindigkeit unabhängiger "grösse") mit bestimmtem, von der Geschwindigkeit unabhängigen Kraftfeld. Mein Haupteinwand ist nun der: Denken Sie an freie Elektronen konstanter, langsamer Geschwindigkeit, so langsam, dass die de Broglie-wellenlänge sehr gross gegen die Teilchengrösse ist, d. h. die Kraftfelder des Teilchens sollen in Abständen der Grössenordnung der de Broglie wellenlänge vom Teilchen praktisch Null sein. Solche Elektronen sollen fliegen auf ein Gitter, bei dem der Gitterabstand von der Grössenordnung der genannten

de Broglie welle ist. Die Elektronen werden nach Ihrer Theorie
in bestimmten diskreten Raumrichtungen reflektiert. Wenn
Sie nun wissen, an welcher Stelle sich das Teilchen befindet,
d.h. welche Bahn es beschreibt, so könnten Sie doch auch
ausrechnen, wo es das Gitter trifft, und könnten dort irgend
ein Hindernis aufstellen, das das Teilchen in irgendeiner
willkürlichen Richtung reflektiert, ganz unabhängig von
den übrigen Gitterstrichen. Sie können es, wenn die Kräfte
des Teilchens aufs Hindernis u. umgekehrt wirklich nur
auf kurze Abstände wirken, die klein gegen die Gitter-
konstante sind. In Wirklichkeit wird das Elektron unabhängig von dem betreffenden Hindernis in den bestimmten
diskreten Richtungen reflektiert. Dem könnte man
nur entgehen, wenn man die Bewegung des Teilchens
wieder mit dem Verhalten der Welle in direkte Beziehung
setzt. Dies bedeutet aber, dass man annimmt, dass die
Grösse des Teilchens d.h. seine Wechselwirkungskräfte, von der
Geschwindigkeit abhängen. Damit gibt man aber eigentlich
das Wort „Teilchen" auf und verliert m. E. das Verständnis
dafür, dass in der Schrödinger gleich. oder der Heisen-
bergschen Hamiltonfunktion immer die einfache potentielle Energie
$\frac{e^2}{r}$ steht. Wenn Sie das Wort „Teilchen" so liberal benützen,
halte ich es sehr wohl für möglich, dass sich auch Teilchen-
bahnen werden definieren lassen. Aber die grosse Enttäusch-

heit, die bei der statistischen Qu. M. darin besteht, dass die Bewegung der Teilchen klassisch erfolgt, soweit man überhaupt von Bewegung sprechen kann, gehe damit m. E. verloren. Wenn ich Ihren Standpunkt recht verstanden hab, würden Sie diese Einfachheit aber dem Kausalitätsprinzip gerne opfern. Immerhin würde aber auch durch Ihre Auffassung an der nur statistischen Bestimmtheit aller data vieler Experimente nichts geändert werden können. Vielmehr könnten wir uns nur damit trösten, dass zwar für uns das Kausalitätsprinzip wegen der Unbestimmtheitsrelation $p.q \sim h$ gegenstandslos sei, dass aber der liebe Gott darüber hinaus den Ort den Teilchen kenne und damit das Kausalgesetz in Geltung behalten könnte. Ich find es aber eigentlich doch nicht schön, physikalisch mehr als den Zusammenhang der Experimente beschreiben zu wollen.

Doch nun will ich Sie nicht länger mit diesen Diskussionen plagen. Bohr schreibt in diesen Tagen eine interessante Arbeit über die quantentheoretischen Prinzipien, in der er die Wellenseite der Qu. M. näher analysiert und bei der er auch noch ein paar wesentliche Fehler in meiner Arbeit gefunden hat. Doch nun nochmal vielen herzlichen Dank!   Ihr denkbar ergebener
Werner Heisenberg.

Der Kern des Einstein-Podolsky-Rosen-Experimentes

Brief von Albert Einstein an Erwin Schrödinger, Old Lyme, 19. Juni 1935

Einstein erklärt den Kerngedanken des Einstein-Podolsky-Rosen-Aufsatzes, der ihm in der Arbeit nicht klar genug dargestellt wird. Einstein nimmt als Beispiel für einen quanten-mechanischen Zustand zwei geschlossene Kästen. In einem befindet sich eine Kugel, doch man weiß nicht, in welchem. Ist es eine physikalische Tatsache, dass sich die Kugel im ersten Kasten befindet oder nicht, schon ohne dass man einen Kasten geöffnet hat – wie es Einstein behauptet – oder ist es eine Tatsache nur nach dem Öffnen eines Kastens – Bohrs Position? Einstein argumentiert, dass Bohrs Position erfordert, dass sich der physikalische Zustand in einem Kasten ändert, wenn man den anderen öffnet. Das aber widerspricht den fundamentalen Intuitionen der Physik.

The core idea behind the Einstein-Podolsky-Rosen experiment

Letter from Albert Einstein to Erwin Schrödinger, Old Lyme, 19 June 1935

Einstein explains the core idea behind the Einstein-Podolsky-Rosen essay, which he feels was not explained clearly enough in the paper. As an example of a quantum-mechanical state, Einstein considers two closed boxes. There is a ball in one box, but nobody knows in which. Is it a physical fact that the ball either is or is not in the first box even if one hasn't opened any box – as Einstein claims – or is it only a fact after a box is opened – which is Bohr's position? Einstein argues that Bohr's position requires that the physical state in one of the boxes changes when the other one is opened. And that contradicts the fundamental intuitions of physics.

Old Lyme, 19.6.35

Lieber Schrödinger:

Ich habe mich sehr gefreut mit Deinem ausführlichen Briefe, der über die kleine Abhandlung handelt. Diese ist aus Sprachgründen von Podolsky geschrieben nach vielen Diskussionen. Es ist aber doch nicht so gut herausgekommen, was ich eigentlich wollte; sondern die Hauptsache ist sozusagen durch Gelehrsamkeit verschüttet.

Die eigentliche Schwierigkeit liegt darin, dass die Physik eine Art Metaphysik ist; Physik beschreibt"Wirklichkeit". Aber wir wissen nicht, was "Wirklichkeit"ist; wir kennen sie nur durch die physikalische Beschreibung!

Alle Physik ist Beschreibung von Wirklichkeit; aber diese Beschreibung kann "vollständig" oder "unvollständig" sein. Der Sinn dieser Ausdrücke ist zunächst auch problematisch. Ich will sie an folgendem ~~Beispiel erklären~~ Gleichnis erklären:

Vor mir stehen zwei Schachteln mit aufklappbarem Deckel, in die ich hineinsehen kann, wenn sie aufgeklappt werden; letzteres heisst"eine Beobachtung machen". Es ist ausserdem eine Kugel da,die immer in der einen oder andern Schachtel vorgefunden wird, wenn man eine Beobachtung macht.

Nun beschreibe ich einen Zustand so: Die Wahrscheinlichkeit dafür, dass die Kugel in der ersten Schachtel ist ist $\frac{1}{2}$.-

Ist dies eine vollständige Beschreibung?

Nein: Eine vollständige Aussage ist: die Kugel ist in der ersten Schachtel (oder ist nicht). So muss also die Charakterisierung des Zustandes bei vollständiger Beschreibung aussehen.

Ja: Bevor ich den Schachteldeckel aufklappe,ist die Kugel gar nicht in einer der beiden Schachteln. Dies Sein in einer bestimmten Schachtel kommt erst dadurch zustande, dass ich den Deckel aufklappe. Dadurch erst kommt der statistische Charakter der Erfahrungswelt bezw.ihrer empirischen Gesetzlichkeit zustande. Der Zustand vor dem Aufklappen ist durch die Zahl $\frac{1}{2}$ vollständig charakterisiert, deren Sinn sich bei Vornahme von Beobachtungen allerdings nur als statistischer Befund manifestiert. Die Statistik kommt nur dadurch zustande, dass durch die Beobachtung ungenügend bekannte, dem beschriebenen System fremde Faktoren eingeführt werden.

———————

Vor der analogen Alternative stehen wir, wenn wir die Beziehung der Quantenmechanik zur Wirklichkeit deuten wollen. Bei dem Kugel-System ist natürlich die zweite "spiritistische" oder Schrödinger' sche Interpretation sozusagen abgeschmackt und nur die erste "Born'sche" würde der Bürger ernst nehmen. Der talmudistische Philosoph aber pfeift auf die "Wirklichkeit" als auf einen Popanz der Naivität und erklärt beide Auffassungen als nur der Ausdrucksweise nach verschieden.

———————

-2-

Meine Denkweise ist nun so: An sich kann man dem Talmudiker nicht bei-
kommen, wenn man kein zusätzliches Prinzip zu Hilfe nimmt: "Trennungsprinzip". Nämlich :"die zweite Schachtel nebst allem, was ihren Inhalt
betrifft, ist unabhängig davon, was bezüglich der ersten Schachtel
passiert (getrennte Teilsysteme). Hält man an dem Trennungsprinzip fest,
so schliesst man dadurch die zweite ("Schrödinger'sche") Auffassung aus
und es bleibt nur die Born'sche, nach welcher aber die obige Beschreibung
des Zustandes eine unvollständige Beschreibung der Wirklichkeit,bezw.
der wirklichen Zustände ist.

———————

Der vorstehende Vergleich entspricht dem quantentheoretischen
Beispiel der Abhandlung nur sehr unvollkommen. Er ist aber geeignet,den
Gesichtspunkt deutlich zu machen, der mir wesentlich ist.- Man beschreibt
in der Quantentheorie einen wirklichen Zustand eines Systems durch eine
normierte Funktion ψ der Koordinaten (des Konfigurationsraumes). Die
zeitliche Aenderung ist durch die Schrödinger Gl. eindeutig gegeben.
Man möchte nun gerne folgendes sagen: ψ ist dem wirklichen Zustand des
wirklichen Systems ein-eindeutig zugeordnet. Der statistische Charakter
der Messergebnisse fällt ausschliesslich auf das Konto der Messapparate
bezw. des Prozesses der Messung. Wenn dies geht rede ich von einer
vollständigen Beschreibung der Wirklichkeit durch die Theorie. Wenn aber
eine solche Interpretation nicht durchführbar ist, nenne ich die theoretische Beschreibung"unvollständig". Diese Festsetzung erklärt der Tal-
mudist zunächst mit vollem Recht für inhaltslos; sie wird aber bald ihren
guten Sinn kriegen.
    Nun beschreiben wir das aus den Teilsystemen A und B bestehende
Gesamtsystem durch seine ψ Funktion ψ_{AB}. Die Beschreibung beziehe sich
auf einen Zeitpunkt, in welchem die Wechselwirkung praktisch aufgehört
hat. Das ψ des Gesamtsystems lässt sich dann aufbauen aus den normierten
Eigen-ψ $\psi(x_1), \chi(x_2)$, welche zu den Eigenwerten der "Observabeln"(bezw.
vert.Observabeln -Systeme)α bezw. β gehören. Es lässt sich schreiben

$$\psi_{AB} = \sum_{mn} c_{mn} \psi_m(x_1) \chi_n(x_2) \qquad (1)$$

Macht man nun eine α-Messung an A, so reduziert sich dieser Ausdruck zu

$$\psi_B = \sum_n c_{mn} \chi_n(x_2) \dots (2)$$

Dies ist die ψ-Funktion des Teilsystems B, falls ich an A eine α-Messung
gemacht habe.
    Nun kann ich statt nach den Eigenfunktionen der Observabeln
α und β auch nach den Eigenfunktionen α und β entwickeln, wobei α ein
System anderer vertauschbarer Variabeln ist:

$$\psi_{AB} = \sum_{mn} c_{mn} \psi_m(x_1) \chi_n(x_2) \dots (1a)$$

-3-

Woraus man nach Messung von α erhält

$$\Psi_B = \sum_n c\, m\, n\, \chi_n (x_2) \cdots (2a)$$

Wesentlich ist nun ausschliesslich, dass Ψ_B und Ψ_B überhaupt voneinander verschieden sind. Ich behaupte, dass diese Verschiedenheit mit der Hypothese, dass die ψ-Beschreibung ein-eindeutig der physikalischen Wirklichkeit (dem wirklichen Zustande) zugeordnet sei,unvereinbar ist. Nach dem Zusammenstoss besteht der wirkliche Zustand von (A B) nämlich aus dem wirklichen Zustand von A und dem wirklichen Zustand von B, welche beiden Zustände nichts miteinander zu schaffen haben. Der wirkliche Zustand von B kann nun nicht davon abhängen, was für eine Messung ich an A vornehme. ("Trennungshypothese" von oben) Dann aber gibt es zu demselben Zustande von B zwei (überhaupt bel.viele) gleichberechtigte Ψ_B, was der Hypothe einer ein-eindeutigen bezw.vollständigen Beschreibung der wirklichen Zustände widerspricht.
Bemerkung: Ob die Ψ_B und Ψ_B als Eigenfunktionen von Observabeln
B B aufgefasst werden können ist mir wurst.

———————

Nun bemerke ich nur, dass ich nicht daran glaube, dass wir uns mit einer "unvollständigen Beschreibung der wirklichen Zustände zufrieden geben müssen, sondern das wir nach einer vollständigen Beschreibung suchen sollen.
Der im letzten Absatz Deines Briefes angedeutete Ausweg, das dies damit zusammenhänge, dass man mit einem unendlichen c arbeite, erscheint mir nicht hoffnungsvoll. Jedenfalls aber gilt die vorstehende Ueberlegung von der allein widerspruchslos vorliegenden nicht relativistischen Quantenmechanik.

Herzlich grüsst Dich Dein

Quantenmechanik und Wirklichkeit

Manuskript von Albert Einstein für einen Artikel in *Dialectica* 2 (1948), S. 320–324

Nach 1935 vertritt Einstein konsequent den Standpunkt, dass die Quantenmechanik unvollständig ist. Er wird zum Außenseiter unter seinen Kollegen, die mehrheitlich die Quantenmechanik als die neue Grundlage der Physik akzeptieren. In dieser Arbeit aus dem Jahr 1948 rechtfertigt Einstein seine Position mit einer vereinfachten Version des Einstein-Podolsky-Rosen-Arguments.

Quantum mechanics and reality

Manuscript by Albert Einstein for an article in *Dialectica* 2 (1948), pp. 320–324

After 1935 Einstein consistently holds the view that quantum mechanics is incomplete. He becomes an outsider among his colleagues, the majority of whom accept quantum mechanics as the new basis of physics. In this paper written in 1948, Einstein justifies his position with a simplified version of the Einstein-Podolsky-Rosen argument.

Dialectica 1948

Quanten-Mechanik und Wirklichkeit.

Im Folgenden will ich kurz und elementar darlegen, warum ich die Methode der Quanten-Mechanik nicht für eine im Prinzip befriedigend halte. Ich will aber gleich bemerken, dass ich keineswegs leugnen will, dass diese Theorie einen bedeutenden, in gewissem Sinne sogar endgültigen Fortschritt der physikalischen Erkenntnis darstellt. Ich stelle mir vor, dass diese Theorie in einer späteren etwa so enthalten sein wird, wie die Strahlen-Optik in der Undulations-Optik: Die Beziehungen werden bleiben, die Grundlage aber vertieft bzw. durch eine umfassendere ersetzt werden.

I. Ich denke mir ein freies Teilchen (durch eine zeitlich in einer räumlich beschränkte ψ-Funktion dargestellt. Gemäss einer solchen Darstellung hat das Teilchen weder einen scharf bestimmten Impuls noch einen scharf bestimmten Ort.

In welchem Sinne nun soll ich mir vorstellen, dass diese Beschreibung einen wirklichen individuellen Thatbestand darstellt? Zwei Auffassungen scheinen mir möglich und nahebiegend, die wir gegeneinander abwägen wollen:

a) Das Teilchen hat in Wirklichkeit einen bestimmten Ort und einen bestimmten Impuls, wenn auch nicht beide zugleich an demselben individuellen Falle durch Messung festgestellt werden können. Die ψ-Funktion gibt nach dieser Auffassung eine unvollständige Beschreibung eines realen Sachverhaltes.

Diese Auffassung ist nicht die von den Physikern acceptierte. Ihre Annahme würde dazu führen, neben der unvollständigen eine vollständige Beschreibung des Sachverhaltes in der Physik einzuführen und für eine solche Beschreibung Gesetze zu suchen. Damit würde der theoretische Rahmen der Quanten-Mechanik gesprengt.

b) Das Teilchen hat in Wirklichkeit weder einen bestimmten Impuls noch einen bestimmten Ort; die Beschreibung durch die ψ-Funktion ist eine prinzipiell vollständige Beschreibung. Der scharfe Ort des Teilchens, den ich durch eine Orts-Messung erhalte ist nicht als Ort des Teilchens vor der Messung interpretierbar. Die scharfe Lokalisierung, die bei der Messung zutage tritt, wird nur durch den unvermeidlichen (nicht unwesentlichen) Messungs-Eingriff hervorgebracht. Das Messungsergebnis hängt nicht nur von der realen Teilchen-Situation sondern auch von der prinzipiell unvollständig bekannten Natur des Mess-Mechanismus. Analog verhält es sich, wenn der Impuls oder sonst eine das Teilchen betreffende Observable gemessen wird.

(2)

Dies ist wohl die gegenwärtig von den Physikern bevorzugte Interpretation; und man muss zugeben, dass sie allein dem im Heisenberg'schen Prinzip ausgesprochenen empirischen Sachverhalten natürlicher Weise [im Rahmen der Quanten-Mechanik] gerecht wird. —

Nach dieser Auffassung beschreiben zwei (nicht nur trivial) verschiedene ψ-Funktionen stets zwei verschiedene reale Situationen (z. B. das orts-scharfe bezw. das impuls-scharfe Teilchen).

Das Gesagte gilt mutatis mutandis ebenso für die Beschreibung von Systemen, die aus mehreren Massenpunkten bestehen. Auch hier nehmen wir an, dass die ψ-Funktion einen realen Sachverhalt vollständig beschreibe, und dass zwei (wesentlich) verschiedene ψ-Funktionen zwei verschiedene reale Thatbestände beschreiben, auch wenn sie bei Vornahme einer vollständigen Messung zu übereinstimmenden Mess-Resultaten führen können; die Übereinstimmung der Messresultate wird dann zum Teil dem partiell unbekannten Einfluss der Messanordnung zugeschrieben.

II.

Fragt man, was mathematisch von der Quantentheorie für die physikalische Ideenwelt charakteristisch ist, so fällt zunächst folgendes auf: die Begriffe der Physik beziehen sich auf eine reale Aussenwelt, d. h. es sind Ideen von Dingen gesetzt, die eine von den wahrnehmenden Subjekten unabhängige "reale Existenz" beanspruchen (Körper, Felder etc), welche Ideen andererseits mit Sinneseindrücken in möglichst sichere Beziehung gebracht sind. Charakteristisch für diese physikalischen Dinge ist ferner, dass sie in ein raum-zeitliches Kontinuum eingeordnet gedacht sind. Wesentlich für diese Einordnung der in der Physik eingeführten Dinge erscheint ferner, dass zu einer bestimmten Zeit diese Dinge eine von einander unabhängige Existenz beanspruchen, soweit diese Dinge "in verschiedenen Teilen des Raumes liegen". Ohne die Annahme einer solchen Unabhängigkeit der Existenz (des "So-Seins") der räumlich distanten Dinge von einander, die zunächst dem Alltags-Denken entstammt, wäre physikalisches Denken in dem uns geläufigen Sinne nicht möglich. Man sieht auch nicht, wie ohne solche saubere Sonderung physikalische Gesetze formuliert und geprüft werden könnten. Die Feldtheorie hat dieses Prinzip zum Extrem durchgeführt, indem sie die ihr zugrunde gelegten von einander unabhängig existierenden elementaren Dinge sowie die für sie postulierten Elementargesetze in den unendlich kleinen Raum-Elementen (vierdimensional) lokalisiert.

Für die relative Unabhängigkeit räumlich distanter Dinge (A und B) ist die Idee charakteristisch: äussere Beeinflussung von A hat keinen unmittelbaren Einfluss auf B; dies ist als "Prinzip der Nahewirkung" bekannt, das nur in der Feld-Theorie konsequent angewendet ist. Völlige Aufhebung dieses Grundsatzes würde die Idee von der Existenz (quasi-)abgeschlossener Systeme und damit die Aufstellung empirisch prüfbarer Gesetze in dem uns geläufigen Sinne unmöglich machen.

(3)

III.

Ich behaupte nun, dass die Quanten-Mechanik in ihrer Interpretation gemäss I b) nicht vereinbar ist mit dem Grundsatz II.

Wir betrachten ein physikalisches System S_{12}, das aus zwei Teilsystemen S_1 und S_2 zusammengesetzt ist. Diese beiden Teilsysteme mögen zu einer früheren Zeit in physikalischer Wechselwirkung gewesen sein, wir betrachten sie aber zu einer Zeit, in welcher diese Wechselwirkung vorüber ist. Das Gesamtsystem sei im Sinne der Quantenmechanik vollständig beschrieben durch eine ψ-Funktion ψ_{12} der Koordinaten $q_1 \cdots$ bezw. $q_2 \cdots$ der beiden Teilsysteme. (ψ_{12} wird sich nicht darstellen lassen als ein Produkt $\psi(q_1 \cdots) \cdot \psi(q_2 \cdots)$ sondern nur als eine Summe solcher Produkte.) Im Zeit t seien die beiden Teilsysteme räumlich voneinander getrennt, derart, dass ψ_{12} nur dann von 0 verschieden ist, wenn die $q_1 \cdots$ einem begrenzten Raumgebiet R_1 und die $q_2 \cdots$ einem von R_1 getrennten Raumgebiet R_2 angehören.

Die ψ-Funktionen der einzelnen Teilsysteme S_1 und S_2 sind dann zunächst unbekannt bezw. sie existieren überhaupt nicht. Die Methoden der Quantentheorie erlauben aber, ψ_2 zu bestimmen aus ψ_{12}, wenn eine vollständige Messung am Teilsystem S_1 vorliegt. Man erhält so anstelle des ursprünglichen ψ_{12} von S_{12} die ψ-Funktion ψ_2 des Teilsystems S_2.

Bei dieser Bestimmung ist es aber wesentlich, was für eine Art von vollständiger Messung am Teilsystem S_1 vorgenommen wird. Wenn z. B. S_1 ein einziges Teilchen ist, dann steht es uns frei, ob wir z. B. seinen Ort oder seine Impuls-Komponenten messen. Je nach dieser Wahl erhalten wir für ψ_2 eine anders-artige Darstellung, und zwar derart, dass je nach der Wahl der Messung an S_1 verschiedenartige (statistische) Voraussagen über an S_2 vorzunehmende Messungen resultieren. Vom Standpunkte der Interpretation I b bedeutet dies, dass je nach der Wahl der vollständigen Messung an S_1 eine verschiedene reale Situation bezüglich S_2 erzeugt wird, die durch verschiedenartige ψ_2, $\bar{\psi}_2$, $\underline{\psi}_2$ etc beschrieben werden.

Vom Standpunkt der Quanten-Mechanik allein bedeutet dies keine Schwierigkeit. Je nach der besonderen Wahl der Messung an S_1 wird eben eine verschiedene reale Situation geschaffen, und es kann nicht auftreten, dass demselben System S_2 gleichzeitig zwei oder mehr verschiedene ψ-Funktionen ψ_2, $\bar\psi_2$ zugeordnet werden.

Anders verhält es sich jedoch, wenn man gleichzeitig mit den Prinzipien der Quanten-Mechanik auch an dem Prinzip II von der selbständigen Existenz des in zwei Raumteilen R_1 und R_2 vorhandenen realen Sachverhaltes festzuhalten sucht. In unserem Beispiel bedeutet nämlich die vollständige Messung an S_1 einen physikalischen Eingriff, der nur den Raumteil R_1 betrifft. Ein solcher Eingriff

(4)

kann aber das physikalisch-Reale in einem davon entfernten Raumteil R_2 nicht unmittelbar beeinflussen. Daraus würde folgen, dass jede Aussage bezüglich S_2, zu der man auf Grund einer vollständigen Messung an S_1 gelangen können, auch dann für das System S_2 gelten muss, wenn überhaupt gar keine Messung an S_1 erfolgt. Das würde heissen, dass für S_2 (gleichzeitig) alle Aussagen gelten müssen, welche aus der gleichzeitiger Setzung von ψ_2 (ψ_2 etc.) abgeleitet werden können. Dies ist natürlich unmöglich, wenn ψ_2, ψ_2 etc. von einander verschiedene reale Sachverhalte von S_2 bedeuten sollen, d.h. man gerät in Konflikt mit der Interpretation I b der ψ-Funktion.—

Es scheint mir keinem Zweifel zu unterliegen, dass die Physiker, welche die Beschreibungsweise der Quanten-Mechanik für prinzipiell definitiv halten, auf diese Überlegung wie folgt reagieren werden: Sie werden die Forderung II von der unabhängigen Existenz des in verschiedenen Raumteilen vorhandenen Physikalisch-Realen fallen lassen; sie können sich mit Recht darauf berufen, dass die Quanten-Theorie von dieser Forderung nirgends explicite Gebrauch mache.

Ich gebe dies zu, bemerke aber: Wenn ich die mir bekannten physikalischen Phänomene betrachte, auch speziell diejenigen, welche durch die Quanten-Mechanik so erfolgreich erfasst werden, so finde ich doch nirgends eine Tatsache, die es mir als wahrscheinlich erscheinen lässt, dass man die Forderung II aufzugeben habe. Deshalb bin ich geneigt zu glauben, dass im Sinne von I a) die Beschreibung der Quantenmechanik (als eine unvollständige und indirekte Beschreibung der Realität anzusehen sei, die später wieder durch eine vollständige und direkte ersetzt werden wird, und dass die Beschränkung auf statistische konstruktive Gesetze der Preis ist, den man für die vereinfachte Beschreibung auf eine vollständige Beschreibung zu zahlen hat.

Jedenfalls sollte man sich nach meiner Ansicht davor hüten, sich beim Suchen nach einer einheitlichen Basis für die gesamte Physik auf das elementar-statistische der gegenwärtigen Theorie Schema dogmatisch festzulegen.

Fasst man die ψ-Funktion in der Quantenmechanik als eine (im Prinzip) vollständige Beschreibung eines realen Sachverhaltes auf, so ist die Hypothese einer schwer annehmbaren Fernwirkung implyziert. Fasst man die ψ-Funktion aber als eine unvollständige Beschreibung eines realen Sachverhaltes auf, so ist es schwer zu glauben, dass für eine unvollständige Beschreibung strenge Gesetze für die zeitliche Abhängigkeit gelten.

Die bange Frage, ob Gott wirklich würfelt

Antwortskizze von Albert Einstein an Niels Bohr, [um den 13. März 1949]

Auf der Rückseite eines Glückwunschtelegramms von Bohr zu Einsteins 70. Geburtstag skizziert dieser seine Antwort. Darin nimmt er ironisch Bezug auf die Meinungsverschiedenheiten, die beide über die Quantenmechanik haben und charakterisiert seine verstockte Haltung mit einem Zitat von Wilhelm Busch.

The disquieting question whether God really throws dice

Draft for reply from Albert Einstein to Niels Bohr, [around 13 March 1949]

On receiving a congratulatory telegram from Bohr on his 70th birthday, Einstein drafts his reply on the back of the telegram. He makes ironic reference to their differences of opinion on quantum mechanics, and characterizes his stubborn position with a quote by the German humorist Wilhelm Busch.

WESTERN UNION

1201

JOSEPH L. EGAN
PRESIDENT

CLASS OF SERVICE

This is a full-rate Telegram or Cablegram unless its deferred character is indicated by a suitable symbol above or preceding the address.

SYMBOLS

DL = Day Letter
NL = Night Letter
LC = Deferred Cable
NLT = Cable Night Letter
Ship Radiogram

The filing time shown in the date line on telegrams and day letters is STANDARD TIME at point of origin. Time of receipt is STANDARD TIME at point of destination

1949 MAR 15

P.CDU164 INTL=CD COPENHAGEN VIA MACKAY 50 13=

NLT PROFESSOR ALBERT EINSTEIN=

PRINCETON (NJER)=

OUR WHOLE GROUP AT THE INSTITUTE FOR THEORETICAL PHYSICS IN
COPENHAGEN WISHES TO SHARE IN THE CONGRATULATIONS ON YOUR
SEVENTIETH BIRTHDAY AND IN THE EXPRESSION OF GRATITUDE FOR
GUIDANCE AND INSPIRATION WHICH ALL PHYSICISTS IN THE WORLD
HAVE RECEIVED FROM YOUR PIONEER WORK=

NIELS BOHR=

A. Einstein Archive
8-098

THE COMPANY WILL APPRECIATE SUGGESTIONS FROM ITS PATRONS CONCERNING ITS SERVICE

Lieber Bohr!

Ich danke Ihnen herzlich für alles, was Sie gelegentlich eines an sich
so unwesentlichen Anlasses an freundlichen Bemühungen für
mich aufgebracht haben. Auch der freundlichen Gratulation
seitens der Mitglieder des Kopenhagener Institutes meinen
herzlichen Dank.

Jedenfalls ist dies eine der Gelegenheiten, die nicht
von der bangen Frage abhängt, ob Gott wirklich würfelt und
ob wir an einer der physikalischen Beschreibung zugänglichen
Realität festhalten sollen oder nicht.

In meiner Antwort auf die im Schilpp'schen Bande
erscheinenden Arbeitenreihe ich wieder mein einsames
altes Liedchen gesungen, das mich selber an den Refrain
jener alten Büchleins erinnert:

Über diese Rede des Kandidaten Jobses
Allgemeines Schütteln des Kopfes.

Mit herzlichen Grüssen Ihr

A. Einstein.

A. Einstein Archive
8-099

Einheitliche Feldtheorie

Die Suche nach der Einheit der Natur

Die klassische Physik baut auf zwei Konzepten auf: Teilchen und Felder. Diesen Dualismus versuchen Physiker schon Ende des 19. Jahrhunderts zu überwinden: Die Eigenschaften der Teilchen sollen mit einer elektromagnetischen Feldtheorie beschrieben werden. Bereits ab 1905 hofft Einstein, durch eine Modifikation der Maxwell'schen Elektrodynamik die rätselhaften Quanteneffekte erklären zu können.

In den zwanziger Jahren ändert Einstein seine Strategie: Er versucht nun die Allgemeine Relativitätstheorie mit der Elektrodynamik zu verbinden und so Teilchen und Quanteneffekte zu erklären. Damit hofft er auch, die für ihn unbefriedigende Quantenmechanik zu überwinden. Diese – letztlich erfolglose – Suche nach der Einheit der Naturerklärung wird zum zentralen Thema seines wissenschaftlichen Lebens. Er verbringt seine letzten drei Jahrzehnte damit, immer neue mathematische Theorien für eine Vereinheitlichung von Schwerkraft und Elektromagnetismus zu entwickeln.

Unified Field Theory

The search for the unity of nature

Classical physics is constructed on two concepts: particles and fields. Physicists have been attempting to overcome this dualism since the late 19th century. The idea is to describe the properties of particles using the electromagnetic field theory. As early as 1905, Einstein, too, hopes to be able to explain the mysterious quantum effects by modifying Maxwell's electrodynamics.

In the 1920s Einstein changes his strategy: now he attempts to connect the general theory of relativity with electrodynamics in order to explain both particles and quantum effects. In this way he also hopes to overcome the weaknesses of quantum mechanics he finds so dissatisfying. This ultimately unsuccessful search for unity becomes the central theme of his scientific life. He spends his last three decades testing a variety of new mathematical models that unify gravity and electromagnetism.

Ein neuer Weggefährte

Brief von Albert Einstein an Hermann Weyl, [Berlin], 3. Januar 1917

Einstein dankt Weyl dafür, dass er sich intensiv mit seiner Allgemeinen Relativitätstheorie auseinandersetzt. Weyl wird einer ihrer wichtigsten Vertreter und liefert entscheidende Impulse zu ihrer Verallgemeinerung mit seiner Eichtheorie von Gravitation und Elektromagnetismus. Später wendet sich Weyl allerdings der Quantenmechanik zu und von Einsteins Projekt einer einheitlichen Feldtheorie ab.

A new companion

Letter from Albert Einstein to Hermann Weyl, [Berlin], 3 January 1917

Einstein thanks Weyl for intensively occupying himself with his general relativity theory. Weyl becomes one of its most important experts and makes decisive contributions to its generalization with his gauge theory of gravitation and electromagnetism. Later, however, Weyl turns away from Einstein's project of a unified field theory and to quantum mechanics.

Bibliothek der Eidgenössischen Technischen Hochschule, Zurich, Switzerland
Call number: Hs 91:537

Published in: The Collected Papers of Albert Einstein, vol. 8/A,
Princeton: Princeton University Press, 1998, doc. 286, pp. 379–380

2 Hs 91 : 537

3. I 1?.

Hoen geehrter Herr Kollege!

Vielen Dank für Ihren freundlichen
neuerlichen Brief. Mit Ihrem früheren
habe ich mich noch eingehend beschäftigt und Ihre elegante Lösung
für den Fall des singulären Massenpunktes mit elektrischer Ladung
sehr bewundert. Die Frage, ob das Elektron
als singulärer Punkt zu behandeln sei,
ob überhaupt in der physikalischen Beschreibung eigentliche Singularitäten
zuzulassen seien ist überhaupt vom
grössten Interesse. In der Maxwell'schen
Elektrodynamik entschloss man sich
zum endlichen Radius, um die Trägheit des Elektrons zu erklären, bezw.
um zu einer endlichen Energie des Elektrons
zu kommen. Man wollte nicht dulden,
dass das Integral

$$\underset{\varepsilon=0}{\text{Limit}}\left\{ \int_{r=\varepsilon}^{r=\infty} (\text{Energiedichte}) \, d\tau \right\} = \infty$$

werde. Es wäre sehr interessant zu

schen, wie dies bei Ihrer Lösung wird. Ich habe mich schon etwas in dieser Richtung bemüht, aber bei meiner unsicheren Rechnerei noch kein sicheres Resultat bekommen. Es fragt sich, ob

$$\int_{r=\varepsilon}^{r=\infty} (\mathfrak{z}_4^{\;4} + \mathfrak{t}_4^{\;4})\, dV \qquad \text{(dreidimensional)}$$

in der Grenze für $\varepsilon = 0$ endlich oder unendlich wird. Wegen der Feldgleichung

$$\frac{\partial}{\partial x_\alpha}\left(\frac{\partial \mathfrak{y}^\alpha}{\partial g_\alpha^{u\sigma}} g^{uv}\right) = -(\mathfrak{z}_\sigma^{\;v} + \mathfrak{t}_\sigma^{\;v})$$

kommt dies auf die Frage hinaus, ob der Betrag der Grösse

$$r^2 \mathfrak{L}_\alpha \qquad \text{unendlich wird oder nicht}$$

für $r = 0$, wobei

$$\mathfrak{L}_\alpha = \frac{\partial \mathfrak{y}^\alpha}{\partial g_\alpha^{44}} g^{44}$$

ist. Die Rechnung lehrt uns, ob die Singularität als Träger einer unendlich grossen, endlichen, oder keiner Masse aufzufassen ist. Nur wenn das letztere zutrifft, glaube ich, dass das Punkt-Elektron physikalisch ernst zu nehmen ist. Dasselbe wäre dann energetisch ohne Singularität. Falls Sie die Rechnung ausführen, bitte ich Sie, mir das Resultat mitzuteilen.

Ich habe Freundlich soeben von Ihnen gegrüsst & bitte Sie, Döllenbach bestens von mir zu grüssen. Ich freue mich sehr, dass er von Ihnen Anregungen empfängt.

Herzliche Grüsse und beste Wünsche für das neue Jahr
von Ihrem
A. Einstein.

Einstein ist kein Physiker mehr

Brief von Wolfgang Pauli an Albert Einstein, Zürich, 19. Dezember 1929

Pauli, zu dieser Zeit maßgeblich an der Entwicklung der Quantenmechanik beteiligt, kritisiert – so wie andere Kollegen auch – die rein mathematische Herangehensweise Einsteins bei der Arbeit an der einheitlichen Feldtheorie; er „kondoliert" ihm, weil er „zu den reinen Mathematikern übergegangen" sei. Nur wenige Jahre zuvor hatte Einstein Hermann Weyl bei aller Begeisterung für dessen Eichtheorie vorgeworfen, darin die Physik aus den Augen zu verlieren.

Einstein is no longer a physicist

Letter from Wolfgang Pauli to Albert Einstein, Zurich, 19 December 1929

Pauli, who is a leading figure in the development of quantum mechanics at this time, criticizes – along with other colleagues – Einstein's purely mathematical approach in his work on unified field theory. He sends Einstein his "condolences" because he has "joined the pure mathematicians." Just a few years earlier, Einstein, for all his enthusiasm for Hermann Weyl's gauge theory, had accused Weyl of losing sight of physics.

Physikalisches Institut
der Eidg. Technischen Hochschule
    Zürich

ZÜRICH 7, den 19. Dezember 1929.
    Gloriastrasse 35

Prof. Dr. W. Pauli

           Herrn Prof. Dr. A. Einstein

           Haberlandstr. 5

               Berlin W.30

Sehr geehrter Herr Einstein!

    Ich danke Ihnen vielmals dafür, dass Sie Korrekturen
Ihrer neuen Arbeit aus den mathematischen Annalen an mich senden
liessen, die eine so bequeme und schöne Uebersicht über die mathematischen Eigenschaften eines Kontinuums mit Riemann-Metrik und
Fernparallelismus enthält. Ich möchte gerne noch einiges hinzufügen über die Stellungnahme von mir und von einem grossen Teil
der jüngeren Physikergeneration zu der physikalischen Seite der
Sache.

    Entgegen dem, was ich im Frühjahr dieses Jahres zu Ihnen
sagte, lässt sich vom Standpunkt der Quantentheorie nunmehr kein
Argument zu Gunsten des Fernparallelismus mehr vorbringen. Denn
Weyl und Fock konnten zeigen, dass eine Einordnung der Dirac'schen
Theorie des Elektrons in die relativistische Gravitationstheorie
möglich ist, bei der zwar auch die 4-Bein-Grössen $h_s{}^v$ eingeführt werden, bei der aber die Gleichungen invariant bleiben, wenn
die 4-Beine in räumlich distanten Punkten <u>beliebig</u> gegeneinander
gedreht werden.

    Sie werden darauf erwidern, dass Sie von der Quanten-
theorie vorläufig nichts mehr wissen wollen. Das weiss ich, aber
ich beklage es sehr. Ich muss Ihnen aber noch weiter sagen, dass
mir die Herleitung Ihrer Feldgleichungen (29),(30) gar nicht

3340

-2-

zwangläufig scheint und schon die einfachsten Folgerungen aus
ihnen kaum eine Aehnlichkeit mit den gewöhnlichen durch die Erfahrung gesicherten physikalischen Sachverhalten zu haben scheinen.
Erstens ist zu rügen, dass schon in der ersten Näherung das eine
System der Maxwell'schen Gleichungen nur in differentiierter Form
heraus kommt $\left(a_{\mu,\,\sigma,\,\sigma} = 0 \text{ statt } a_{\alpha\beta,\gamma} + a_{\beta\gamma,\alpha} + a_{\gamma\alpha,\beta} = 0. \right)$ Zweitens existiert kein Integral für Gesamtenergie und Gesamtimpuls des Feldes
und es scheint sich auch kein Energieimpulstensor aus dem Feld
konstruieren zu lassen. Und wo bleibt ferner die Deutung der
Perifeldrehung des Merkur und der Lichtablenkung durch die Sonne?
Die scheint doch bei Ihrem weitgehenden Abbau der allgemeinen
Relativitätstheorie verloren zu gehen. Ich halte jedoch an dieser
schönen Theorie fest, selbst wenn sie von Ihnen verraten wird!

Mit Ihrer Bemerkung, Sie seien noch weit davon entfernt,
die physikalische Gültigkeit der abgeleiteten Gleichungen behaupten zu können, haben Sie den Kritik übenden Physikern sozusagen
das Wort abgeschnitten! Es bleibt diesen nur übrig, Ihnen dazu zu
gratulieren (oder soll ich lieber sagen: zu condolieren?), dass
Sie zu den reinen Mathematikern übergegangen sind. Ich bin auch
nicht so naiv als dass ich glauben würde, Sie würden auf Grund
irgend einer Kritik durch Andere Ihre Meinung ändern. Aber ich
würde jede Wette mit Ihnen eingehen, dass Sie spätestens nach
einem Jahr den ganzen Fernparallelismus aufgegeben haben werden,
so wie Sie früher die Affintheorie aufgegeben haben. Und ich will
Sie nicht durch Fortsetzung dieses Briefes noch weiter zum Widerspruch reizen, um das Herannahen dieses natürlichen Endes der
Fernparallelismustheorie nicht zu verzögern.

In der bestimmten Hoffnung, die ~~meine~~ Wette zu gewinnen,
wünscht Ihnen frohe Weihnachten und grüsst Sie herzlich

Ihr sehr ergebener

W. Pauli

Einstein als Beobachter

Einstein beschäftigt sich auch mit praktischen Fragen, die ihm bei der aufmerksamen Beobachtung der Natur auffallen. Flüsse krümmen sich oft in Schlangenlinien. Aber wie ist es zu erklären, dass Flüsse auf der nördlichen Erdhälfte vorwiegend auf der rechten Seite erodieren, Flüsse auf der Südhälfte dagegen auf der linken? Einstein glaubt, dass die in Folge der Erdrotation auftretende Korioliskraft, die auf Nord- und Südhalbkugel entgegengesetzt wirkt, eine Ablenkung des Wassers senkrecht zur Fließrichtung hervorruft. Am Grund des Flusses wird diese Ablenkung durch Reibung am Flussbett gebremst, an der Oberfläche aber nicht. Diese Asymmetrie drückt das Wasser auf der Nordhalbkugel zum rechten Ufer.

Albert Einstein (2.v.r.) in Begleitung seiner Frau Elsa (3.v.l.), seiner Sekretärin Helen Dukas (2.v.l.) und seines Assistenten Walther Mayer (l.) am Grand Canyon, 1931

Albert Einstein (2nd from r.), accompanied by his wife Elsa (3rd from l.), his secretary Helen Dukas (2nd from l.) and his assistant Walther Mayer (l.), at the Grand Canyon, 1931

Einstein as an observer

Einstein also concerns himself with practical questions, things he notices in his attentive observations of nature. Rivers often wind in wavy lines. But how can one explain the fact that rivers in the Northern hemisphere erode the river banks predominantly on the right, and rivers in the South on the left? Einstein believes that the Coriolis force, which is caused by the Earth's rotation and affects the Northern and Southern hemispheres in opposite directions, causes a deviation of the water perpendicular to the direction of flow. At the bottom of the river, friction with the riverbed has a braking effect on this deviation, but this does not happen at the surface. This asymmetry presses the water against the right-hand bank in the Northern hemisphere.

Über den gegenwärtigen Stand der Feldtheorie

Artikel von Albert Einstein für die Festschrift für
Aurel Stodola, Zürich, 1929

In dieser Schrift legt Einstein Motivation und Ziele des
Forschungsprogramms der einheitlichen Feldtheorie dar.
Zentral ist dabei für Einstein die logische Einheitlichkeit
aller physikalischen Gesetze – denn diese ist der Ausdruck
seiner grundlegenden Forderung an die Physik:
„Wir wollen nicht nur wissen, wie die Natur ist [...], sondern
wir wollen auch nach Möglichkeit das vielleicht utopisch und
anmassend erscheinende Ziel erreichen, zu wissen warum
die Natur so und nicht anders ist."

On the current state of field theory

Contribution by Albert Einstein to a commemorative
publication for Aurel Stodola, Zurich, 1929

In this article Einstein expounds the motivation and objectives
of his research program on unified field theory. The key issue
for Einstein is the logical unity of all physical laws – because
this expresses his fundamental demand on physics:
"We not only want to know how nature is [...], we also want
to reach, if possible, a goal which may seem utopian and
presumptuous, namely, to know why nature is such and not
otherwise."

Staatsbibliothek zu Berlin – Preußischer Kulturbesitz,
Germany
Call number: Ooa 4/15

Published in: Honegger, E[mil], ed.:
Festschrift Prof. Dr. A[urel] Stodola zum 70. Geburtstag,
Zürich: Füssli, 1929

Manuscript: The Pierpont Morgan Library, New York, USA
Call number: Misc. Heineman MAH 4378

ÜBER DEN
GEGENWÄRTIGEN STAND DER FELD-THEORIE

VON ALBERT EINSTEIN, BERLIN

Kurze Betrachtung über Ziel und Inhalt der Feldtheorien. Skizzierung der neuesten Versuche der Feldtheorie auf dem Gebiet der allgemeinen Relativitätstheorie (Kontinuum mit Riemannscher Metrik und Fernparallelismus).

Die Feldtheorie, welche nach meiner Ansicht die tiefste Konzeption der theoretischen Physik seit deren Grundlegung durch Newton ist, ist aus Faradays Kopf entsprungen. Wie einfach scheint diese Idee a posteriori und wie sublim ist sie doch! Statt zu denken: „Ein elektrisches Teilchen e_1 wirkt auf ein zweites e_2 durch den Raum hindurch und übt auf letzteres eine bewegende Kraft aus", denkt Faraday: „Ein elektrisches Teilchen bewirkt durch seine blosse Existenz eine Modifikation des Zustandes des Raumes seiner unmittelbaren Umgebung (elektrisches Feld). Die räumliche Verteilung und zeitliche Änderung eines solchen Feldes ist beherrscht durch Gesetze, die dem Raum anhaften. Vermöge dieser Gesetze erstreckt sich das dem Teilchen e_1 entspannende Feld bis zu dem Teilchen e_2 und wirkt dort auf dieses." Diesem Gedanken entsprangen bald darauf Maxwells wunderbare Gesetze des elektromagnetischen Feldes. Hertz zeigte endgültig, dass dieser Feldtheorie gegenüber Newtons Fernwirkungstheorie der Vorrang gebührte, und kurz darauf H. A. Lorentz, dass dieses Feld überall, auch im Innern der Materie seinen Sitz im leeren Raume habe, ja dass die elementaren Bausteine der Materie — wenigstens in elektromagnetischer Hinsicht — nichts anderes seien als Quellpunkte des elektrischen Feldes. Dies war der Stand der Auffassung um die Jahrhundertwende.

Bevor ich nun die Entwicklung der Feldtheorie weiter ins Auge fasse, möchte ich eine kurze Bemerkung über Ziel und Tendenz der theoretischen Forschung überhaupt einschalten. Die Theorie hat zwei Sehnsüchte:

1. möglichst alle Erscheinungen und deren Zusammenhänge zu umfassen (Vollständigkeit);

2. dies zu erreichen unter Zugrundelegung möglichst weniger von einander logisch unabhängiger Begriffe und willkürlich gesetzter Relationen zwischen diesen (Grundgesetze bzw. Axiome). Ich will dies Ziel das der „logischen Einheitlichkeit" nennen. Grob aber ehrlich kann ich das zweite Desideratum auch so aussprechen: Wir wollen nicht nur wissen *wie* die Natur ist (und *wie* ihre Vorgänge ablaufen), sondern wir wollen auch nach Möglichkeit das vielleicht utopisch und anmassend erscheinende Ziel erreichen, zu wissen, warum die Natur *so und nicht anders ist.*

Auf diesem Gebiete liegen die höchsten Befriedigungen des wissenschaftlichen Menschen. So folgert man z. B. aus der Konzeption der molekularkinetischen

Feld-Theorie

Theorie der Wärme eine bestimmte zahlenmässige Beziehung zwischen Druck Volumen und Temperatur eines einatomigen Gases einerseits (Zustandsgleichung) und seiner Wärmekapazität andererseits; ebenso eine zahlenmässige Beziehung zwischen Viskosität und thermischer Leitfähigkeit solcher Gase. Es handelt sich in allen derartigen Fällen darum, die empirische Gesetzlichkeit als logische Notwendigkeit zu erfassen. Hat man nämlich einmal die Grundhypothese der molekularkinetischen Theorie der Wärme angenommen, so erlebt man gewissermassen, dass selbst Gott jene Zusammenhänge nicht anders hätte festlegen können, als sie tatsächlich sind, ebensowenig, als es in seiner Macht gelegen wäre, die Zahl 4 zu einer Primzahl zu machen.[1] Dies ist das prometheische Element des wissenschaftlichen Erlebens, welches in obigem Schulausdruck „logische Einheitlichkeit" eingekapselt ist. Hier hat für mich stets der eigentliche Zauber wissenschaftlichen Nachdenkens gelegen; es ist sozusagen die religiöse Basis des wissenschaftlichen Bemühens. — Nach diesem Exkurs kehren wir zurück zur Feldtheorie, deren nächste Schritte der logischen Einheitlichkeit gelten. Aus der Gleichwertigkeit aller Inertialsysteme, wie sie die Erfahrung gezeigt hatte, in Verbindung mit den Erfahrungen über das Gesetz der Konstanz der Lichtausbreitung, die in der Maxwell-Lorentzschen Elektrodynamik ihren kondensierten Ausdruck gefunden hatten, erwuchs die spezielle Relativitätstheorie. Diese brachte uns eine weitgehende Vereinheitlichung von bis dahin selbständigen theoretischen Begriffen; es schmolzen zu einheitlichen Wesenheiten zusammen einerseits elektrisches und magnetisches Feld, andererseits träge Masse und Energie. Auch diese Fortschritte verdanken wir der Feldtheorie.

Der nächste Schritt auf dem Wege der Vereinheitlichung war die allgemeine Relativitätstheorie. Diese verband die bis dahin getrennten Begriffe Trägheit und Gravitation, zwischen welchen der Massenbegriff längst eine empirisch begründete Verbindung hergestellt hatte, zu einer logischen Einheit. Ihr höchster Reiz besteht aber darin, dass sie — ausgehend von ganz allgemeinen logischen Prinzipien (Gleichwertigkeit aller Bewegungszustände) eine Ableitung des komplizierten Feldgesetzes der Gravitation auf logischem Wege gestattete. Dies Gesetz ergab sich als Antwort auf die Frage: Welches sind die einfachsten Gesetze, welchen wir ein vierdimensionales Kontinuum unterwerfen können, das eine Riemannsche Metrik besitzt? Das Gelingen dieses Versuches aus der Überzeugung der formalen Einfachheit der Struktur der Wirklichkeit heraus auf rein gedanklichem Wege subtile Naturgesetze abzuleiten, ermutigt zu einem Fortschreiten auf diesem spekulativen Wege, dessen Gefahren sich jeder lebhaft vor Augen halten muss, der ihn zu beschreiten wagt[2].

[1] Es versteht sich, dass diese Sätze keine erkenntnistheoretische Weisheit sondern nur ein gewisses Forschererlebnis vermitteln sollen.
[2] Meyersons Vergleich mit Hegels Zielsetzung hat sicher eine gewisse Berechtigung; er beleuchtet hell die hier zu fürchtende Gefahr.

Albert Einstein

Abgesehen nun von dem Quantenrätsel, von dessen Lösung trotz so vielverspre-
chender Anfänge wir meiner Meinung nach noch weit entfernt sind, kann die Feldtheorie erst dann befriedigen, wenn sie die Wesenheiten elektrisches und Gravi-
tations-Feld so zusammengefasst hat, dass sie als einheitliche Struktur des vierdimensionalen Raum-Zeit-Kontinuums erscheinen. Für die Lösung dieses Problems
gibt uns die Erfahrung — wie es scheint — keinen Anhaltspunkt; wir dürfen aber
hoffen, unter den Ergebnissen einer fertigen, auf spekulativem Wege gewonnenen
Theorie auch solche zu finden, die eine Prüfung durch die Erfahrung zulassen.

Für die Lösung des genannten Problems liegt ein theoretischer Gedanke von H. Weyl
vor, der dann von Eddington verallgemeinert wurde, sowie ein zweiter, der sich mir
in letzter Zeit aufgedrängt hat. Im folgenden will ich nichts anderes versuchen, als
das Wesen der diesen Theorien zugrunde liegenden metrischen Strukturen des vierdimensionalen Kontinuums darzulegen und dann die von mir in Betracht gezogene
etwas genauer ins Auge zu fassen.

Allen Theorien gemeinsam ist folgendes. Die Welt wird als vierdimensionales
Kontinuum aufgefasst, dessen einzelne Punkte P den zeit-räumlich unausgedehnten
Punktereignissen des physikalischen Geschehens zugeordnet sind. Jedem solchen
Punkt ist ein Quadrupel von Koordinaten (x_1, x_2, x_3, x_4) zugeordnet, derart, dass
„raum-zeitlich benachbarten" Ereignissen benachbarte Werte der Koordinaten
entsprechen. Zu jedem Punkte gibt es einen infinitesimalen Kegel (Lichtkegel),
dessen Mantelpunkte P' dadurch charakterisiert sind, dass zu ihnen von P aus
Lichtsignale gesandt werden können. Dieser Kegel ist — auf ein infinitesimales
lokales Koordinatensystem bezogen — durch die Gleichung[3]

$$d\,x_1{}^2 + d\,x_2{}^2 + d\,x_3{}^2 - d\,x_4{}^2 = 0 \tag{1}$$

beschrieben, oder in dem beliebigen Koordinatensystem $(x_1 \ldots x_4)$ durch die Gleichung

$$g_{\mu\nu}\,d\,x^\mu\,d\,x^\nu = 0. \tag{2}$$

In diesem Sinne wird durch die Raumfunktionen $g_{\mu\nu}$, die gemäss dem Gesagten nur
bis auf einen Faktor λ definiert sind, eine physikalisch reale Qualität des Raumes
ausgedrückt, nämlich die Gesetze der Ausbreitung von Lichtimpulsen.

Nach der Weylschen Theorie sollen allein auf diese Struktur alle physikalischen
Wesenheiten, wie Gravitationsfeld, elektromagnetisches Feld, Verhalten von Mass-
stäben und Uhren (metrisches Feld) zurückgeführt werden. In der Tat liefert diese
Theorie neben einer Auffassung der Gravitation auch eine Auffassung des elektromagnetischen Feldes insofern, als sie ungezwungen auf die Existenz von vier Grössen
φ_μ führt, deren antisymmetrischen Ableitungen Tensor-Charakter besitzen. Ihre

---

[3] Das negative Vorzeichen des letzten Gliedes denken wir in der von Minkowski angegebenen Art durch
passende Anwendung imaginärer Grössen in ein positives verwandelt.

Schwäche wurde von Anfang an darin erkannt, dass ihr Fundament der Elementartatsache der Metrik nicht gerecht wird, dass das Verhalten von Maßstäben bzw. Uhren von deren Vorgeschichte unabhängig ist.

Rein formal lässt sich die Grundlage dieser Theorie so charakterisieren. *Zieht* man *von* einem Punkte P des Kontinuums aus zwei Linienelemente (oder elementare Vektoren) $P\ P'$ bzw. $P\ P''$ mit den Koordinaten ($d'\ x^1$, $d'\ x^2$, $d'\ x^3$, $d'\ x^4$) bzw. ($d''x^1,\dots\dots d''x^4$), so soll deren Zahlenverhältnis eine objektive Bedeutung haben, welches sich aus der in (2) angegebenen quadratischen Form berechnen lässt. Durch diese bis auf einen Faktor λ definierte quadratische Form sind auch die Richtungsbeziehungen (Winkel) zwischen zwei Vektoren gegeben, welche in demselben Punkte P ansetzen. Dagegen wird dem Verhältnis zweier Linienelemente bzw. Vektoren, welche in zwei getrennten Punkten des Kontinuums angreifen, keinerlei reale Bedeutung zugeschrieben, also weder dem Grössen- noch dem Richtungsverhältnis. Es ist erstaunlich, dass sich für ein Kontinuum, das so arm an Struktureigenschaften ist, eine Invariantentheorie von solchem Formenreichtum aufstellen lässt, dass diese für die Darstellung der physikalischen Eigenschaften des Raumes überhaupt in Betracht gezogen werden konnte.

Das nächst beziehungsreichere metrische Kontinuum ist das Riemannsche. Im Riemannschen Kontinuum wird nicht nur dem Grössenverhältnis zweier Vektoren, die von *demselben* Punkte P ausgehen, sondern auch dem Grössenverhältnis zweier Vektoren, die von endlich voneinander entfernten Punkten P und P' ausgehen, Realität zugeschrieben. Dies kommt mathematisch darauf hinaus, dass die Grösse

$$ds^2 = g_{\mu\nu}\, d\, x^\mu\, d\, x^\nu \tag{3}$$

für jedes Linienelement (bis auf einen belanglosen, von den x_ν unabhängigen Faktor) einen bestimmten Wert hat. Dass die Mathematiker dies so strukturierte Kontinuum zuerst ins Auge gefasst haben, ist historisch begreiflich. Jede in einen dreidimensionalen euklidischen Raum eingebettete Fläche ist ein Riemannsches Kontinuum von zwei Dimensionen. Es wurde von Gauss bekanntlich die Flächentheorie nach diesem Gesichtspunkte behandelt; hierauf verallgemeinerte Riemann das Gebilde, indem er erkannte, dass dessen Einbettung in einen euklidischen Raum unwesentlich sei, und dass sich die wesentlichen Überlegungen der Theorie für beliebig viele Dimensionen durchführen liessen. Es ist wohlbekannt, dass bereits Riemann den Gedanken hatte, dass das Kontinuum unserer räumlichen Erfahrungswelt eine derartige metrische Struktur haben könnte.

Die Gravitationsgleichungen der allgemeinen Relativitätstheorie sind die einfachsten koordinaten-invarianten Differenzialgleichungen, denen die $g_{\mu\nu}$ eines Riemannschen Kontinuums unterworfen werden können, wobei die $g_{\mu\nu}$ selbst (bzw. die Grösse ds) die metrischen Beziehungen in dem zeit-räumlichen Kontinuum,

Albert Einstein

sowie das Gravitationsfeld beschrieben. Die allgemeine Relativitätstheorie wäre eine vom Standpunkte der logischen Einheit vollkommene Theorie, wenn sich in ihr auch das elektromagnetische Feld durch die $g_{\mu\nu}$ darstellen liesse. Dass dies nicht der Fall war, war von Anfang an klar; die Theorie war genötigt, eine logisch selbständige Linearform $\varphi_i\, d\, x^i$ einzuführen, wobei die φ_i die Rolle der elektromagnetischen Potentiale spielen sollten. So war das elektromagnetische Feld der Theorie gewissermassen nur äusserlich angepropft unter Verlust der Einheitlichkeit der theoretischen Grundlagen. Es erscheint aber unglaublich, dass die Gravitations- und die elektrischen Felder des Raumes wesensverschieden (wenn auch kausal verknüpft) nebeneinander existieren sollten. Die Riemannsche Theorie gestattet noch nicht, der Einheit der Naturkräfte gerecht zu werden, an welcher zu zweifeln dem theoretischen Instinkt ganz unmöglich erscheint.

Nach zwölf Jahren enttäuschungsreichen Suchens entdeckte ich nun eine metrische Kontinuumstruktur, welche zwischen der Riemannschen und der Euklidischen liegt, und deren Ausarbeitung zu einer wirklich einheitlichen Feldtheorie führt. Sie ergibt sich aus folgender Überlegung. Die Euklidische Geometrie ist gegenüber der allgemeinen Riemannschen dadurch ausgezeichnet, dass in ihr zwei in endlicher Distanz befindliche Linienelemente bzw. Vektoren nicht nur der Grösse nach, sondern auch der Richtung nach sinnvoll miteinander verglichen werden können. Aber das Euklidische Kontinuum ist nicht der einzige Spezialfall des Riemannschen, welcher dies leistet, sondern es gibt eine viel allgemeinere Gattung Riemannscher Kontinua, in welcher es den „Fern-Parallelismus" der Vektoren gibt. Die neu einzuführende Raumstruktur lässt sich mathematisch wie folgt beschreiben.

Die Existenz einer Riemann-Metrik bedingt, dass es an jeder Stelle des n-dimensionalen Kontinuums ein orthogonales „n-Bein" gibt, auf welches als lokales Koordinatensystem bezogen der Betrag des Linienelementes durch die Gleichung

$$ds^2 = \Sigma(^a dx)^2 \dots \dots \tag{4}$$

gegeben ist[4]. Es seien, auf das allgemeine Koordinatensystem bezogen, $_a h^\nu$ die n Koordinaten des a-ten Beines dieses n-Beines. Dann drücken sich die Komponenten $d\, x^\nu$ des Linienelementes durch die Formel

$$d\, x^\nu = {}_a h^\nu \, {}^a d\, x \dots \dots \tag{5}$$

aus. Die zu diesen inversen Gleichungen mögen lauten

$$^a dx = {}^a h_\nu\, d\, x^\nu \tag{6}$$

deren Koeffizienten die normierten Unterdeterminanten der obigen h-Grössen sind. Aus (4) und (5) folgt

$$ds^2 = {}^a h_\mu\, {}^a h_\nu\, d\, x^\mu\, d\, x^\nu,$$

[4] Gemäss einem Vorschlage von Weitzenböck soll die Beziehung auf eine Achse des lokalen n-Beins durch einen linken Index ausgedrückt werden.

so dass die Koeffizienten $g_{\mu\nu}$ der Riemann-Metrik sich aus den h ausdrücken durch

$$g_{\mu\nu} = {}^a h_\mu \, {}^a h_\nu \tag{7}$$

Die h sind in dieser Theorie die elementaren Feldvariablen, durch welche sich die g der Metrik ausdrücken lassen.

Nun wollen wir die Existenz des Fern-Parallelismus ausdrücken. In *einem* Punkte P_0 können wir die Orientierung des lokalen orthogonalen n-Beins frei wählen. Dann ist sie aber für alle anderen Punkte des Kontinuums eindeutig bestimmt durch die Festsetzung, dass alle entsprechenden Beine aller lokalen n-Beine einander parallel sein sollen. Parallele Vektoren haben dann einfach gleiche Lokal-Komponenten. Für die Parallelverschiebung eines Vektors A von einem Punkte P nach einem unendlich benachbarten P' gibt also die Formel

$$\delta \, {}^a A = 0 \tag{8}$$

oder nach (5), (8) und (6)

$$\delta \, A^\nu = \delta \, ({}_a h^\nu \, {}^a A) = \frac{\delta \, {}_a h^\nu}{\partial \, x^\iota} \, {}^a A \, \delta \, x^\iota = \frac{\partial a h^\nu}{\partial \, x^\iota} \, {}^a h_\sigma \, A^\sigma \, \delta \, x^\iota =$$

$${}^a h_\sigma \frac{\partial \, {}_a h^\nu}{\partial \, x_\iota} \, A^\sigma \, \delta \, x^\iota = - \, {}_a h^\nu \frac{\partial \, {}^a h_\sigma}{\partial \, x_\iota} \, A^\sigma \, \delta \, x^\iota$$

Setzt man also

$$\Delta^\nu_{\sigma\iota} = {}_a h^\nu \, {}^a h_{\sigma\iota} \left(= {}_a h^\nu \frac{\delta^a h_\sigma}{\delta \, x_\iota} \right) \tag{9}$$

so lautet das Gesetz der Parallelverschiebung

$$\delta A^\nu = - \, \Delta^\nu_{\sigma\tau} \, A^\sigma \, \delta \, x^\iota \tag{10}$$

Diese Grössen Δ sind in gewissem Sinne den Christoffelschen Symbolen $\Gamma^\nu_{\sigma\iota}$ der Riemannschen Geometrie analog, indem sie die Koeffizienten eines Parallelverschiebungssatzes sind. Aber gerade in diesen Grössen zeigt sich auch der Gegensatz beider Strukturen. Die Riemannschen Γ sind in den unteren Indizes symmetrisch, aber die durch sie ausgedrückte Verschiebung ist nicht integrabel. Dagegen sind die Δ nicht symmetrisch, aber die durch sie ausgedrückte Verschiebung ist integrabel. Die Grössen Δ haben nicht Tensorcharakter, wohl aber die aus ihnen gebildeten antisymmetrischen Grössen

$$\Lambda^\nu_{\sigma\iota} = \Delta^\nu_{\sigma\iota} - \Delta^\nu_{\iota\sigma} \tag{11}$$

Durch Verjüngung folgte aus diesem Tensor der Vektor $\varphi_\sigma = \Lambda^\alpha_{\sigma\alpha}$, welcher bei der physikalischen Anwendung der Theorie die Rolle der elektromagnetischen Potentiale spielt. Die Existenz eines Tensors $\Lambda^\nu_{\sigma\iota}$ bringt es mit sich, dass Invarianten existieren, welche aus den h und ihren ersten Differenzialquotienten gebildet sind. Man kann die einfachsten Gesetze, denen ein solches Kontinuum unterworfen werden kann, auf folgende Weise finden. Man bildet eine lineare Kombination

Albert Einstein / Feld-Theorie

$$J = A J_1 + B J_2 + C J_3 \tag{12}$$

der drei Invarianten

$$\left.\begin{array}{l} J_1 = g^{\mu\nu} \Lambda^\alpha_{\mu\beta} \Lambda^\beta_{\nu\alpha} \\[4pt] J_2 = g^{\mu\nu} \Lambda^\alpha_{\mu\alpha} \Lambda^\beta_{\nu\beta} \\[4pt] J_3 = g^{\mu\sigma} g^{\nu\tau} g_{\lambda\varsigma} \Lambda^\lambda_{\mu\nu} \Lambda^\varsigma_{\sigma\tau} \end{array}\right\} \tag{12a}$$

Man bilde dann mit der Hamiltonschen Funktion

$$\mathfrak{H} = \left| \, {}^a h_\nu \, \right| J = h \, J \tag{13}$$

das Variationsprinzip

$$\delta \left| \int \mathfrak{H} \, d\,\tau \right| = 0 \tag{14}$$

für solche Variationen der ${}^a h_\nu$, welche an den Integrationsgrenzen verschwinden.
Es ergeben sich dann 16 Gleichungen für die 16 Feldvariabeln h. —
Die Ausarbeitung und physikalische Interpretation der Theorie wird dadurch
erschwert, dass für die Wahl des Verhältnisses der Konstanten A, B, C a priori keine
Bindung vorhanden ist. Es zeigt sich, dass sich bei der Wahl der Konstanten

$$\left.\begin{array}{l} B = -A \\[4pt] C = 0 \end{array}\right\} \tag{15}$$

Feldgleichungen ergeben, welche mit den bekannten Gesetzen des Gravitationsfeldes und des elektromagnetischen Feldes in erster Näherung übereinstimmen.
Eine Rechnung, welche ich zusammen mit Herrn Müntz ausführte, zeigte sogar,
dass das Feld eines Massenpunktes ohne elektrische Ladung nach der hier entwickelten Theorie sich genau gleich ergibt wie gemäss der ursprünglichen allgemeinen Relativitätstheorie.
Die Ableitung und Diskussion der Feldgleichungen soll an anderer Stelle gegeben
werden. Es sei nur erwähnt, dass die durch (15) ausgedrückte Spezialisierung[5]
erst in den Feldgleichungen, nicht aber bereits in (14) vorzunehmen ist, da sonst
die Gleichungen des elektromagnetischen Feldes verloren gehen.
Nach den bisherigen Ergebnissen zweifle ich kaum mehr daran, dass die geschilderte
Verknüpfung der Riemannschen Metrik mit dem Postulat der Existenz des Fern-
Parallelismus die naturgemässe Darstellung der physikalischen Eigenschaften des
Raumes im Rahmen der Feldtheorie liefert.

Inzwischen hat mich eine tiefere Analyse der allgemeinen Eigenschaften der
Strukturen der oben entwickelten Art zu der Überzeugung geführt, dass die natür-
lichsten Ansätze für die Feldgleichungen nicht aus einem Hamilton-Prinzip, sondern auf anderem Wege zu gewinnen sind. (Vgl. Sitz.-Ber. d. preuss. Akad. 1929. I).

[5] Wenigstens die Setzung von B=—A

Gibt es rotierende Sterne?

Manuskriptfragment von Albert Einstein „Über rotationssymmetrische stationäre
Gravitationsfelder", [1937]

Einstein glaubt 1937 für eine kurze Zeit, ihm sei zusammen mit Nathan Rosen der
Nachweis gelungen, dass es keine Gravitationswellen gibt. Von diesem überraschenden
Resultat beeindruckt, versucht er ebenso zu beweisen, dass es kein Gravitationsfeld
eines rotierenden Sterns geben kann. Doch noch vor der Beendigung der Arbeit
mit Rosen wird Einstein klar, dass sie einen Fehler enthält. Möglicherweise hat er
deshalb die Arbeit an diesem Manuskript abgebrochen.

Do rotating stars exist?

Manuscript fragment by Albert Einstein "About Rotation-Symmetrical Stationary
Gravitational Fields," [1937]

For a short period in 1937, Einstein believes that he and Nathan Rosen have succeeded
in proving that gravitational waves do not exist. Impressed by this surprising result, he
also attempts to prove that there cannot be a gravitational field of a rotating star. However, before the paper written with Rosen is finished, Einstein realizes that it contains
an error. This may be why he stopped working on this manuscript.

Syracuse University Library, Syracuse (NY), USA
Call number: Bergmann Papers

(1)

Über rotationssymmetrische stationäre Gravitationsfelder.

Bis vor kurzem war der Glaube berechtigt, dass zu jeder Lösung der (linear) approximierten Gravitationsgleichungen eine strenge Lösung gehöre, die aus ihr durch successive Approximation gewonnen werden könne. Vor Kurzem habe ich aber zusammen mit Herrn N. Rosen gezeigt, dass den ebenen Wellen-Lösungen der linearisierten Gleichungen keine strengen Lösungen entsprechen. Hieraus ergibt sich die Vermutung, dass die Mannigfaltigkeit der strengen Lösungen auch in anderen Fällen eine beschränktere ist, als es gemäss den linearisierten Gleichungen scheint. Hierdurch gewinnt das Problem der Integration der Gravitationsgleichungen ein bedeutend tieferes Interesse, als es bis jetzt der Fall zu sein schien.

Von diesem Gesichtspunkte geleitet habe ich die folgende Untersuchung über den rotations-symmetrischen Spezialfall durchgeführt. Auch hier zeigt es sich, dass die Mannigfaltigkeit der Lösungen eine weit beschränktere ist, als gemäss den linearisierten Gleichungen zu erwarten ist.

§1. Die Feldgleichungen.

Das räumliche Linienelement in der Meridianebene hat allgemein die Form

$$-ds^2 = A\,dx_1^2 + B\,dx_2^2 + 2F\,dx_1\,dx_2 .$$

Die Koordinaten seien so gewählt, dass für die Rotationsaxe $x_1 = 0$ ist. Es ist ohne Beschränkung der Allgemeinheit möglich, die Koordinaten in ihr so zu wählen, dass $A = B$ und $F = 0$ ist. Die Meridianebene selbst kann so gewählt werden, dass ihre Elemente überall senkrecht stehen auf den Kreisen um die Rotationsachse, deren Punkte durch eine Winkel-Koordinate x_3 beschrieben werden, welche von $x_3 = 0$ bis $x_3 = 2\pi$ läuft. Das räumliche Linien-Element kann daher in die Form

$$-ds^2 = A(dx_1^2 + dx_2^2) + C\,dx_3^2$$

gebracht werden. Das vollständige Linienelement eines stationären rotationssymmetrischen Gravitationsfeldes kann demnach in der Form geschrieben werden

$$ds^2 = -A(dx_1^2 + dx_2^2) - C\,dx_3^2 + 2E\,dx_3\,dx_4 + D\,dx_4^2 \quad \cdots (1)$$

wobei $A\,C\,E\,D$ Funktionen von x_1 und x_2 allein sind. Die $g_{\mu\nu}$ entsprechen also dem Schema

$$g_{\mu\nu} = \begin{array}{cccc} -A & 0 & 0 & 0 \\ 0 & -A & 0 & 0 \\ 0 & 0 & -C & E \\ 0 & 0 & E & D \end{array}$$

(2)

Führt man die Grösse Δ

$$\Delta^2 = C\,\mathfrak{D} + \mathfrak{E}^2 \quad \cdots \cdots (2)$$

ein, so sind die (nicht verschwindenden) Komponenten des einmal verjüngten kontrahierten Riemann'schen Krümmungs-Tensors gegeben durch

$$R_{11} = \frac{1}{2}\left\{\frac{A_{11}+A_{22}}{A} + \frac{(\Delta^2)_{,11}}{\Delta^2}\right\} - \frac{1}{2}\left\{\frac{A_1^2+A_2^2}{A^2} - \frac{1}{2\Delta}\frac{A_1\Delta_1 - A_2\Delta_2}{A} - \left(\frac{\Delta_1}{\Delta}\right)^2 - \frac{1}{2}\frac{\mathcal{U}_{11}}{\Delta^2}\right\}$$

$$R_{22} = \frac{1}{2}\left\{\frac{A_{11}+A_{22}}{A} + \frac{(\Delta^2)_{,22}}{\Delta^2}\right\} - \frac{1}{2}\frac{A_1^2+A_2^2}{A^2} + \frac{1}{2\Delta}\frac{A_1\Delta_1 - A_2\Delta_2}{A} - \left(\frac{\Delta_2}{\Delta}\right)^2 - \frac{1}{2}\frac{\mathcal{U}_{22}}{\Delta^2}$$

$$R_{12} = \frac{1}{2}\frac{(\Delta^2)_{,12}}{\Delta^2} - \frac{1}{2\Delta}\frac{\Delta_1 A_2 + \Delta_2 A_1}{A} - \frac{\Delta_1\Delta_2}{\Delta^2} - \frac{\mathcal{U}_{12}}{4\Delta^2}$$

$$\require{cancel}\cancel{R_{33} = \frac{1}{2}\frac{C_{11}+C_{22}}{A} + \frac{1}{4\Delta^2}\left\{\frac{2C(\mathcal{U}_{11}+\mathcal{U}_{22})}{A} - \frac{C_1(\Delta^2)_1 + C_2(\Delta^2)_2}{A}\right\}}$$

$$R_{33} = \frac{1}{2}\frac{C_{11}+C_{22}}{A} + \frac{1}{2}\frac{C}{A\Delta^2}(\mathcal{U}_{11}+\mathcal{U}_{22}) - \frac{1}{2}\frac{C_1\Delta_1 + C_2\Delta_2}{A\Delta}$$

$$R_{44} = -\frac{1}{2}\frac{\mathfrak{D}_{11}+\mathfrak{D}_{22}}{A} - \frac{1}{2}\frac{\mathfrak{D}}{A\Delta^2}(\mathcal{U}_{11}+\mathcal{U}_{22}) + \frac{1}{2}\frac{\mathfrak{D}_1\Delta_1 + \mathfrak{D}_2\Delta_2}{A\Delta}$$

$$R_{34} = -\frac{1}{2}\frac{\mathfrak{E}_{11}+\mathfrak{E}_{22}}{A} - \frac{1}{2}\frac{\mathfrak{E}}{A\Delta^2}(\mathcal{U}_{11}+\mathcal{U}_{22}) + \frac{1}{2}\frac{\mathfrak{E}_1\Delta_1 + \mathfrak{E}_2\Delta_2}{A\Delta}$$

$$\left.\right\} \cdots (3)$$

Hierbei bedeuten die Indices bei $A, C, \mathfrak{D}, \mathfrak{E}$ und Δ bezw. (Δ^2) gewöhnliche Ableitungen nach x_1 bezw. x_2. Ferner ist zur Abkürzung gesetzt

$$\mathcal{U}_{11} = C_1\mathfrak{D}_1 + \mathfrak{E}_1^2$$
$$\mathcal{U}_{22} = C_2\mathfrak{D}_2 + \mathfrak{E}_2^2$$
$$\mathcal{U}_{12} = C_1\mathfrak{D}_2 + C_2\mathfrak{D}_1 + 2\mathfrak{E}_1\mathfrak{E}_2$$

$$\left.\right\} \cdots (3a)$$

Aus (3) folgen die übersichtlicheren Ausdrücke:

$$R_{11}+R_{22} = \left(\frac{A_1}{A}\right)_1 + \left(\frac{A_2}{A}\right)_2 - \frac{1}{2}\frac{\mathcal{U}_{11}+\mathcal{U}_{22}}{\Delta^2}$$

$$R_{11}-R_{22} = \frac{A}{\Delta}\left[\left(\frac{\Delta_1}{A}\right)_{,1} - \left(\frac{\Delta_2}{A}\right)_2\right] - \frac{1}{2}\frac{\mathcal{U}_{11}-\mathcal{U}_{22}}{\Delta^2} ;$$

$$2R_{12} = \frac{A}{\Delta}\left[\left(\frac{\Delta_1}{A}\right)_{,2} + \left(\frac{\Delta_2}{A}\right)_{,1}\right] - \frac{1}{2}\frac{\mathcal{U}_{12}}{\Delta^2}$$

$$2\frac{A}{C}R_{33} = \frac{\Delta}{C}\left[\left(\frac{C_1}{\Delta}\right)_1 + \left(\frac{C_2}{\Delta}\right)_{,2}\right] + \frac{\mathcal{U}_{11}+\mathcal{U}_{22}}{\Delta^2}$$

$$-2\frac{A}{\mathfrak{D}}R_{44} = \frac{\Delta}{\mathfrak{D}}\left[\left(\frac{\mathfrak{D}_1}{\Delta}\right)_1 + \left(\frac{\mathfrak{D}_2}{\Delta}\right)_2\right] + \frac{\mathcal{U}_{11}+\mathcal{U}_{22}}{\Delta^2}$$

$$-2\frac{A}{\mathfrak{E}}R_{34} = \frac{\Delta}{\mathfrak{E}}\left[\left(\frac{\mathfrak{E}_1}{\Delta}\right)_1 + \left(\frac{\mathfrak{E}_2}{\Delta}\right)_2\right] + \frac{\mathcal{U}_{11}+\mathcal{U}_{22}}{\Delta^2}$$

$$\left.\right\} (4)$$

(3)

Die Gravitationsgleichungen für den leeren Raum erhält man durch Null-Setzen dieser 6 Differenzial-Ausdrücke. Multipliziert man die vierte, fünfte und sechste dieser Gleichungen der Reihe nach mit CD, CD bezw. $2C^2$, und addiert so erhält man nach einiger Umformung die Gleichung

$$\Delta_{\alpha\alpha} = 0, \quad \cdots \cdots \cdots \cdots \cdots (5)$$

worauf mich Herr Rosen aufmerksam gemacht hat, dem ich auch die Ausrechnung der Gleichungen (3) verdanke.

Die wohlbekannte Divergenz-Identität zwischen den $R_{\mu\nu}$ liefert zwischen den sechs Gleichungen zwei Identitäten, was zu der Zahl 4 der unbekannten Funktionen A, C, D, E gerade passt.

Dem euklidischen Raume entspricht das Lösungssystem von (4)

$$A = 1; \quad C = x_1^2; \quad D = 1; \quad E = 0; \quad \Delta = x_1$$

Diesen Werten sollen also in den uns interessierenden Fällen die Funktionen A, C, D, E im Unendlichen zustreben. Ferner werden AC und D in x_1 symmetrische Funktionen sein müssen; Gleiches gilt für die Determinante $|g_{\mu\nu}|$, also auch für Δ^2. Dem entspricht es, dass Δ entweder eine gerade oder eine ungerade, nicht aber eine gemischte Funktion von x_1 sein wird, der euklidische Grenzfall zeigt also, dass Δ eine ungerade Funktion von x_1 sein muss. Aus (2) folgt, dass E^2 eine gerade Funktion von x_1, also E entweder eine gerade oder ungerade Funktion von x_1 sein muss. Aus den Lösungen der ersten Näherung folgt, dass es eine ungerade Funktion von x_1 sein muss.

Damit ferner in einem (materie-freien) Punkte der Rotationsachse ($x_1 = 0$) die Metrik regulär sei, muss für $x_1 = 0$

$$A \neq 0 \quad D \neq 0 \quad \text{und} \quad \frac{C}{4} = 1 \quad \cdots \cdots \cdots (6)$$

sein. Die letztere Bedingung ist besonders wichtig; sie sagt uns, dass für einen unendlich kleinen Kreis um die Rotationsachse das Verhältnis des (natürlich gemessenen) Umfanges zum Durchmesser gleich π sein muss.

Das Koordinatensystem ist durch die eingeführten Spezialisierungen noch nicht völlig bestimmt. Die Bedingung $A = B$ wird nämlich konserviert durch eine Transformation von Charakter

$$\frac{\partial \bar{x}_1}{\partial x_1} = \frac{\partial \bar{x}_2}{\partial x_2}; \quad \frac{\partial \bar{x}_1}{\partial x_2} = -\frac{\partial \bar{x}_2}{\partial x_1}.$$

Die neue x_1-Koordinate $\bar{x}_1$ hat daher der Gleichung $(\bar{x}_1)_{,\alpha\alpha} = 0$ zu genügen, ist aber sonst beliebig wählbar; Wegen $\bar{x}_2$ ist dann (bis auf eine additive Konstante) bestimmt. Man kann

daher wegen (5) Δ (welche Grösse bezüglich der ins Auge gefassten Transformationen eine Invariante ist) als x_{4} wählen. Im neuen Koordinatensystem gelten
dann ebenfalls die Gleichungen 4, wobei Δ durch x_{4} zu ersetzen ist. Es
lässt sich ferner zeigen, dass eine solche Koordinaten-Transformation die
Bedingung (5) intakt lässt.

Trotzdem diese Koordinatenwahl die Gleichungen bedeutend
vereinfacht, erweist sie sich im Allgemeinen nicht als zweckmässig,
wie sich am statischen Spezialfall ($\mathfrak{E} = 0$) alsbald zeigen wird. Es scheint
vielmehr zweckmässig zu sein, die besondere Wahl der Funktion Δ dem
zu behandelnden besonderen Problem anzupassen.

§2. Das statische Problem ($\mathfrak{E} = 0$).

Dies Problem ist bekanntlich von H. Weyl und Levi-Civita
in besonders eleganter Weise gelöst worden. Bei dem Sonderfalle
der Zentralsymmetrie zeigt sich jedoch, dass das von diesen Autoren
gewählte besondere Koordinatensystem zu einer unnatürlichen
Darstellung führt.

Zuerst eine allgemeine Bemerkung über die Lösung der Gleichungen (4).
Hat man Δ gemäss (5) gewählt, so hat man zur Bestimmung von
C $\mathfrak{D}$ $\mathfrak{E}$ gemäss (4) die Gleichungen

$$\frac{\Delta}{C}\left(\frac{C_{\varkappa}}{\Delta}\right)_{,\varkappa} = \frac{\Delta}{\mathfrak{D}}\left(\frac{\mathfrak{D}_{\varkappa}}{\Delta}\right)_{\varkappa} = \frac{\Delta}{\mathfrak{E}}\left(\frac{\mathfrak{E}_{\varkappa}}{\Delta}\right)_{\varkappa} \qquad \ldots (2)$$

nebst der Gleichung (2)

$$\Delta^{2} = C\mathfrak{D} + \mathfrak{E}^{2} \qquad \ldots \ldots (2)$$

Ist dann $C\mathfrak{D}$ und $\mathfrak{E}$ gefunden, so ist Δ U_{11} U_{22} und U_{12} mitbestimmt,
und die ersten drei der Gleichungen (4) bestimmen dann A. Eine brauch-
bare Lösung liegt aber nur dann vor, wenn auch den Bedingungen (6)
(insbesondere der letzten derselben) Genüge geleistet ist. Ausserdem
muss der Raum im Unendlichen in den euklidischen übergehen.

Das wichtigste rotationssymmetrische Problem ist dasjenige eines rotierenden
rotationssymmetrischen Körpers. Die Gleichungen bestimmen das
von ihnen erzeugte äussere Feld. Diese Feldlösung wird im einfachsten
Falle so beschaffen sein, dass sie nur in unmittelbarer Nähe eines Punktes
der Rotationsachse (z.B. $x_{1} = x_{2} = 0$) singulär wird, sonst aber überall regulär bleibt.
Nur diesem Sonderproblem wollen wir in der vorliegenden Unter-
suchung unsere Aufmerksamkeit zuwenden.

§ 2. Vereinfachte Form der Differenzialgleichungen.

Aus den letzten drei Ausdrücken (4) folgt, dass C, D, E den beiden Bedingungen genügen müssen

$$\frac{\Delta}{C}\left(\frac{C_\alpha}{\Delta}\right)_\alpha = \frac{\Delta}{D}\left(\frac{D_\alpha}{\Delta}\right)_\alpha = \frac{\Delta}{E}\left(\frac{E_\alpha}{\Delta}\right)_{,\alpha}\, , \quad \cdots (7)$$

welche diese Variabela zusammen mit den Gleichungen

$$\Delta_{\alpha\alpha} = 0 \quad \cdots \quad (5)$$

und

$$\Delta^2 = C D + E^2 \quad \cdots \quad (2)$$

bestimmen.

Aus dem zweiten und dritten Ausdruck in (4) folgen ferner die Beziehungen zur Bestimmung von A:

$$\left. \begin{aligned}
\frac{A_1}{A} &= \frac{(\Delta_\alpha^2)_1}{\Delta_\alpha^2} - \frac{1}{2}\frac{A_1(U_{11} - U_{22}) + A_2 U_{12}}{\Delta\, \Delta_\alpha^2} \\
\frac{A_2}{A} &= \frac{(\Delta_\alpha^2)_2}{\Delta_\alpha^2} - \frac{1}{2}\frac{A_1 U_{12} - A_2(U_{11} - U_{22})}{\Delta\, \Delta_\alpha^2}
\end{aligned} \right\} \quad \cdots (8)$$

Unser Problem ist auf die Lösung dieser Gleichungen reduziert. Ausserdem soll im Unendlichen der Raum in den euklidischen übergehen; und es müssen C, D, E gerade Funktionen von x_1 sein, Δ dagegen eine ungerade Funktion von x_1 sein und es sollen in der Symmetrieaxe die Bedingungen 6 erfüllt sein.

§ 3. Das statische Problem ($E = 0$)

Im statischen Spezialfalle reduzieren sich die Gleichungen (7) und (5) zu

$$\frac{\Delta}{C}\left(\frac{C_\alpha}{\Delta}\right)_\alpha = \frac{\Delta}{D}\left(\frac{D_\alpha}{\Delta}\right)_\alpha \quad \cdots (7a)$$

$$\Delta^2 = C D \quad \cdots (2a)$$

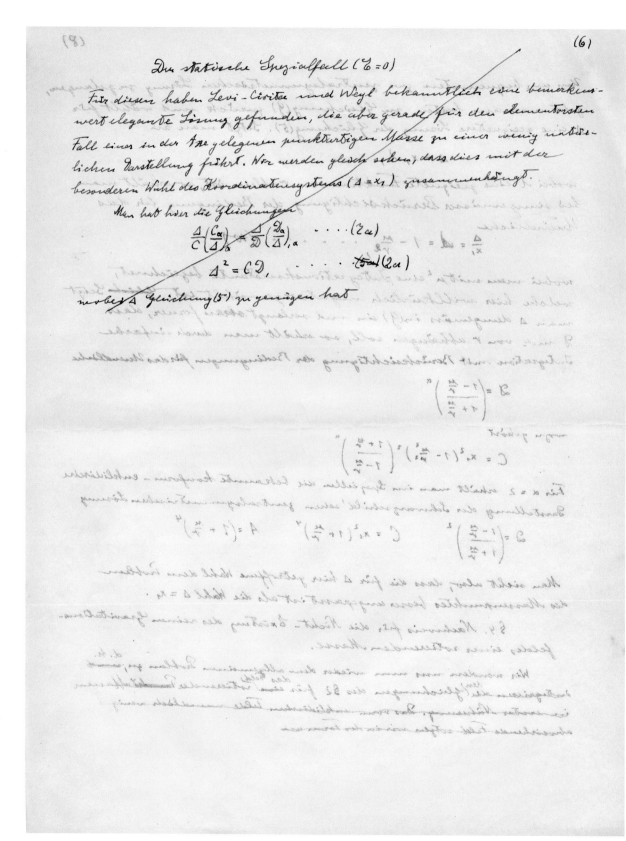

(8)

(6)

Der statische Spezialfall ($\mathfrak{T}=0$)

Für diesen haben Levi-Civita und Weyl bekanntlich eine bemerkenswert elegante Lösung gefunden, die aber gerade für den elementarsten Fall einer in der Axe gelegenen punktartigen Masse zu einer wenig natürlichen Darstellung führt. Wir werden gleich sehen, dass dies mit der besonderen Wahl des Koordinatensystems ($\Delta = x_1$) zusammenhängt.

Man hat hier die Gleichungen

$$\frac{\Delta}{C}\left(\frac{C_\alpha}{\Delta}\right)_\alpha = \frac{\Delta}{\mathfrak{D}}\left(\frac{\mathfrak{D}_\alpha}{\Delta}\right)_{,\alpha} \quad \cdots \cdot (7a)$$

$$\Delta^2 = C\mathfrak{D}, \quad \cdots \cdot (2a)$$

wobei Gleichung (5) zu genügen hat

Im statischen Spezialfalle (hat man statt (7) und (8)

$$\frac{\Delta}{C}\left(\frac{C_\alpha}{\Delta}\right)_\alpha = \frac{\Delta}{\mathfrak{D}}\left(\frac{\mathfrak{D}_\alpha}{\Delta}\right)_{,\alpha} \quad \cdots (7a)$$

$$\Delta^2 = C\,\mathfrak{D}, \quad \cdots \cdots (8)$$

wobei Δ eine Lösung von (5) ist, im übrigen aber frei gewählt werden kann. (7a) schreiben wir in der Form

$$\left(\frac{C_\alpha}{C}\right)_{,\alpha} + \frac{C_\alpha^2}{C^2} - \frac{\Delta_\alpha}{\Delta}\frac{C_\alpha}{C} = \left(\frac{\mathfrak{D}_\alpha}{\mathfrak{D}}\right)_{,\alpha} + \frac{\mathfrak{D}_\alpha^2}{\mathfrak{D}^2} - \frac{\Delta_\alpha}{\Delta}\frac{\mathfrak{D}_\alpha}{\mathfrak{D}} \quad \cdots (7b)$$

Aus (7b) und (2a): erhält man durch Eliminieren von C mittelst (8) 5a unter Berücksichtigung von (5)

$$\left(\frac{\mathfrak{D}_\alpha}{\mathfrak{D}}\right)_\alpha + \frac{\Delta_\alpha}{\Delta}\frac{\mathfrak{D}_\alpha}{\mathfrak{D}} = 0 \quad \cdots \cdots \cdots (9)$$

Wählt man das Koordinatensystem nun so, dass $\Delta = x_1$, so erhält man aus (9) für $d = \lg \mathfrak{D}$ die Differenzialgleichung

$$d_{\alpha\alpha} + \frac{1}{x_1}d_1 = 0 \quad \cdots \cdots \cdots (9a)$$

Diese Gleichung ist aber gerade die Potentialgleichung im dreidimensionalen Raume im Falle von Rotations-Symmetrie; dies ist eben die Erkenntnis von Levi-Civita und Weyl.

Geht man von (9a) aus, so ist man geneigt, die Lösung

$$d = -\frac{\mu}{r} \qquad (\mu = konst,\ r^2 = x_1^2 + x_2^2)$$

für die einfachste Lösung des Problems zu halten. Dies bedeutet

$$\mathfrak{D} = e^{-\frac{\mu}{r}}$$
$$C = x_1^2\, e^{\frac{\mu}{r}}$$

Die Berechnung von A liefert unter Benutzung von (8)

$$A = e^{\frac{\mu}{r} - \frac{1}{4}\frac{\mu^2 x_2^2}{r^4}}$$

Diese Lösung entspricht zwar den Bedingungen (6), sie ist aber nicht zentralsymmetrisch. Das heisst; die Bedingung $C = Ax_1^2$ ist nicht nur nicht im ganzen Raume erfüllt, sondern es lässt sich dies auch durch keine Transformation erreichen.

(8)

Um am bequemsten zur zentralsymmetrischen Lösung zu gelangen, geht man am besten zu Gleichung (9) zurück und wählt für Δ eine geeignetere Lösung der Gleichung (5). Setzt man an

$$\Delta = x_1 \lambda,$$

wobei λ eine geeignete Funktion von r allein ist, so erhält man bei sinngemässer Berücksichtigung der Bedingung für das Unendliche

$$\frac{\Delta}{x_1} = \lambda = 1 - \frac{\mu^2}{r^2}, \quad \cdots \cdots (10)$$

wobei man mit μ^2 eine Integrationskonstante bezeichnet, welche hier willkürlich negativ gewählt ist. Setzt man Δ demgemäss in (9) ein und verlangt ferner, dass $\mathfrak{D}$ nur von r abhängen soll, so erhält man durch einfache Integration mit Berücksichtigung der Bedingungen für das Unendliche

$$\mathfrak{D} = \left(\frac{1 - \frac{\mu}{r}}{1 + \frac{\mu}{r}} \right)^{\alpha}$$

wozu gehört

$$C = x_1^2 \left(1 - \frac{\mu^2}{r^2} \right)^2 \left(\frac{1 + \frac{\mu}{r}}{1 - \frac{\mu}{r}} \right)^{\alpha}$$

Für $\alpha = 2$ erhält man im Speziellen die bekannte konform-euklidische Darstellung der Schwarzschild'schen zentralsymmetrischen Lösung

$$\mathfrak{D} = \left(\frac{1 - \frac{\mu}{r}}{1 + \frac{\mu}{r}} \right)^{2} \qquad C = x_1^2 \left(1 + \frac{\mu}{r} \right)^{4} \qquad A = \left(1 + \frac{\mu}{r} \right)^{4}$$

Man sieht also, dass die für Δ hier getroffene Wahl dem Problem des Massenpunktes besser angepasst ist als die Wahl $\Delta = x_1$.

§4. Nachweis für die Nicht-Existenz des reinen Gravitationsfeldes einer rotierenden Masse.

Wir wenden uns nun wieder dem allgemeinen Problem zu, d.h. integrieren die Gleichungen des §2 für das Feld rotierender ~~Massen~~ in erster Näherung. Das von euklidischen Felde unendlich wenig abweichende Feld setzen wir in der Form an

Wir bilden zunächst linearisierte Gleichungen zur Aufsuchung eines Feldes, welches dem massenfreien (euklidischen) Felde unendlich nahe liegt. Wir machen dementsprechend den Ansatz

$$C = x_1^2(1 + c)$$
$$\mathfrak{D} = 1 + d$$
$$\mathfrak{E} = x_1^2 e$$
$$\Delta = x_1(1 + q)$$

$\left.\right\}$ (10)

wobei c, d, e, q gegen 1 kleine Funktionen von x_1 und x_2 sind, deren Quadrate und Produkte wir vernachlässigen. ~~Man erhält so die linearisierten Gleichungen~~ Wir dürfen und wollen ferner $q = 0$ setzen, was nach früheren Überlegungen keine Beschränkung der Allgemeinheit bedeutet. Der Ansatz ist so gewählt, dass die Metrik in der Rotationsaxe regulär ist, wenn c und e in derselben endlich und stetig sind. Bei Vernachlässigung von relativ unendlich kleinen Grössen höherer Ordnung in jedem Ausdruck nehmen dann die Gleichungen (7) die Form an

$$c_{\alpha\alpha} + \frac{3}{x_1}c_1 = d_{\alpha\alpha} - \frac{1}{x_1}d_1 = \frac{e_{\alpha\alpha} + \frac{3}{x_1}e_1}{e} \quad \cdots \cdots (7c)$$

Das Merkwürdige an (7c) ist, dass die ersten beiden dieser Differenzialausdrücke klein von der ersten Ordnung sind, während der dritte eine endliche Grösse ist. Es folgt also, dass sein muss

$$e_{\alpha\alpha} + \frac{3}{x_1}e_1 = 0 \quad \cdots \cdots (11)$$

Die Beziehung zwischen c und d aber, zusammen mit der aus ~~(2)~~ folgenden linearisierten Gleichung

$$c + d = 0 \quad \cdots \cdots (2b)$$

liefert

$$c_{\alpha\alpha} + \frac{1}{x_1}c_1 = 0. \quad \cdots \cdots (12)$$

Wir wollen uns speziell für das Feld eines in der Umgebung des Nullpunktes ($x_1 = x_2 = 0$) gelegenen rotationssymmetrischen Körpers interessieren. Den einfachsten Fall erhalten wir, indem wir annehmen, dass c, d und e nur von $r (= \sqrt{x_1^2 + x_2^2})$ abhängen. Man erhält so mit Rücksicht auf die Grenzbedingungen im Unendlichen

$$c = \frac{\mu}{r} \; ; \; d = -\frac{\mu}{r} \; ; \; e = \frac{\omega}{r^3} \quad \cdots \cdots (13)$$

μ und ω sind kleine Konstante (welche Masse und Impulsmoment des (längst bekannte),

rotierenden Körpers. Man hätte diese Lösungen auch leicht ~~ohne~~ diese besondere Koordinatenwahl aus den allgemeinen linearisierten Gravitationsgleichungen erhalten können.

Bisher nahm man als selbstverständlich an, dass dieser Lösung der approximierten (linearisierten) Gleichungen eine Lösung der strengen Gleichungen entspreche, welche mit ihr in erster Näherung übereinstimmt. Wir werden aber nun zeigen, dass dies nicht der Fall ist.

Wir formen zunächst die Gleichungen (7) und (2) um. Der erste der drei Ausdrücke kann in der Form

$$\left(\frac{C_\alpha}{C}\right)_\alpha + \left(\frac{C_\alpha}{C}\right)^2 - \frac{\Delta_\alpha}{\Delta}\frac{C_\alpha}{C}$$

geschrieben werden; analog denken wir uns die beiden anderen umgeformt. Die Gleichung zwischen C und $\mathscr{C}$ kann demnach zunächst in die Form

$$0 = \left(\frac{C_\alpha}{C} - \frac{\mathscr{C}_\alpha}{\mathscr{C}}\right)_\alpha + \left(\frac{C_\alpha}{C} + \frac{\mathscr{C}_\alpha}{\mathscr{C}}\right)\left(\frac{C_\alpha}{C} - \frac{\mathscr{C}_\alpha}{\mathscr{C}}\right) - \frac{\Delta_\alpha}{\Delta}\left(\frac{C_\alpha}{C} - \frac{\mathscr{C}_\alpha}{\mathscr{C}}\right)$$

Führt man nun die Grössen ein

$$\frac{C}{\mathscr{C}} = u \qquad \frac{D}{\mathscr{C}} = v \quad , \quad \cdots \cdots (14)$$

so ist $\frac{C_\alpha}{C} - \frac{D_\alpha}{D}$ durch $\frac{u_\alpha}{u}$ zu ersetzen und die Gleichung nimmt nach Zusammenfassung der letzten beiden Glieder die Form an

$$\left(\frac{u_\alpha}{u}\right)_\alpha + \frac{\left(\frac{1}{\Delta}C\,\mathscr{C}\right)_\alpha}{\left(\frac{1}{\Delta}C\,\mathscr{C}\right)}\frac{u_\alpha}{u} = 0$$

an, oder nach Multiplikation mit $\frac{1}{\Delta}C\,\mathscr{C}$ die Form

$$\left(\frac{1}{\Delta}C\,\mathscr{C}\,\frac{u_\alpha}{u}\right)_\alpha = 0 \cdot \cdots \cdots (15)$$

Durch Division von (2) durch $\mathscr{C}^2$ erhält man andererseits

$$u\,v + 1 = \frac{\Delta^2}{\mathscr{C}^2}$$

oder $\qquad \mathscr{C}^2 = \dfrac{\Delta^2}{1 + u\,v}$.

Mit Rücksicht darauf hat man

$$C\mathfrak{E} = u\mathfrak{E}^2 = \frac{u\Delta^2}{1+uv},$$

sodass (15) in die Form

$$\left(\frac{\Delta u_\alpha}{1+uv}\right)_\alpha = 0 \quad \cdots \cdots (16)$$

gebracht ist. Analog nimmt die Beziehung (7) zwischen $\mathfrak{D}$ und $\mathfrak{E}$ die Form an

$$\left(\frac{\Delta v_\alpha}{1+uv}\right)_\alpha = 0 \quad \cdots \cdots (17)$$

(7) und (2) sind damit auf (16) und (17) reduziert.

Wir untersuchen nun, ob eine strenge Lösung, welche sich von der Lösung (13) nur durch in den Konstanten μ und ω quadratische und höhere Glieder unterscheidet, den strengen Gleichungen (16) und (17) genügen kann. Jene strenge Lösung kann gemäss (13) und (10) in der unter Weglassung jener höheren Glieder in der Form geschrieben werden

$$\begin{aligned}
C &= x_1^2\left(1+\tfrac{\mu}{r}\right) \\
\mathfrak{D} &= 1-\tfrac{\mu}{r} \\
\mathfrak{E} &= \tfrac{\cdot\omega x_1^2}{r^3} \\
\Delta &= x_1
\end{aligned} \right\}(18)$$

Hieraus folgt gemäss (14), ebenfalls unter Weglassung $^{\{\text{relativ}\,\infty\text{ kleiner Glieder}}_{\text{der~~höheren}}$ Glieder

$$u = \tfrac{\mu}{\beta}\tfrac{r^3}{\omega} ; \quad v = \tfrac{r^3}{x_1^2\omega}$$

Setzt man dies in die linken Seiten von (16) und (17) ein und berücksichtigt man, dass 1 gegenüber uv vernachlässigt werden kann, so erhält man (bis auf relativ Unendlich-Kleines die Ausdrücke

Weltkrieg und Revolution

Mit der Niederlage 1918 bricht die bürgerliche Welt
der deutschen Wissenschaftler zusammen.

Die militärische Niederlage im Ersten Weltkrieg kommt für den Großteil der Deutschen
unerwartet. Ihr folgt der Untergang der Monarchie und die Radikalisierung politischer
Strömungen. Die meisten der kaisertreuen Professoren empfinden die Entwicklungen
als zutiefst verunsichernd und kränkend. Die Republik ist unbeliebt und steht durch
die Abwicklung der Kriegsfolgen, fortwährende Unruhen und wirtschaftliche Krisen
unter einem schlechten Stern. Albert Einstein ist einer der wenigen Gelehrten, die den
Krieg grundsätzlich abgelehnt haben und das Ende des Wilhelminismus als Befreiung
empfinden.

World War and Revolution

With the defeat in 1918, the bourgeois world
of Germany's scientists falls apart.

The military defeat in World War I comes unexpected for most Germans. The monarchy
is ruined and the political atmosphere is dominated by radicalism. Most of the patriotic
German professors watch the development with resentment and despair. The Republic
is not popular. It is shaken by war-debts, economic crises and riots. Albert Einstein is
one of the few scholars who have vigorously opposed the war, and who sees the fall of
imperial Germany as a liberation.

Nationalistische Ressentiments

Manuskript von Ernst Gehrcke „Die Engländer", zwischen 1914 und 1918

Durch den Ersten Weltkrieg werden die internationalen Wissenschaftsbeziehungen stark belastet. In Deutschland, aber auch in England und Frankreich, fordern Wissenschaftler, ausländische Arbeiten nicht mehr zu zitieren und den wissenschaftlichen Austausch mit dem jeweiligen Feind abzubrechen. Auch der konservative Physiker Ernst Gehrcke, der sich mit politischen Äußerungen sonst zurückhält, verfasst während dieser Zeit eine Abhandlung über „Die Engländer", in der er seinen nationalistischen Ressentiments freien Lauf lässt. Das Manuskript ist jedoch nie veröffentlicht worden.

Nationalist resentments

Manuscript by Ernst Gehrcke "The English," between 1914 and 1918

The international relations of scientists suffer as a consequence of World War I. In Germany, but also in England and France, scientists demand that foreign works no longer be cited, and that scientific exchanges with their respective enemies be canceled. During this period the conservative physicist Ernst Gehrcke, who is otherwise rather cautious about expressing political opinions, writes a treatise about "The English," in which he, too, gives free rein to his nationalist sentiments. The manuscript was never published.

Max Planck Institute for the History of Science, Berlin, Germany
Call number: Nachlass E. Gehrcke 82 - 1 - 8

Die Engländer.

Die Franzosen, diese ~~...~~ unverbesserlich eitlen, nah-
sichtigen und aufgeregten Don Quichoten, bilden heute eher den
Gegenstand des Mitleids als des Hasses. Auch (für die) Russen, deren
grausame, ~~und~~ selbstsüchtige und korrupte Regierung ~~man kennt~~,
hat man ~~...~~ in diesen Tagen ~~...~~ noch Gefühle des Bedauerns
~~...~~ die Nachtseiten der russischen Volksseele, die
~~... Gemeinheit ... und ...~~ Greueltaten. Keine Stimme
aber vermag deutlich und eindringlich genug zu schildern, welche
elementare Empörung und welches Maass von Hass das deutsche Volk
heute gegen das englische aufgespeichert hat. Ist diese Erscheinung
die in ihr Gegenteil verkehrte, frühere Achtung und Vorliebe? Ist
~~...~~ des gekränkten Verwandtschaftsgefühls zu den Vettern
jenseit des Kanals, ~~...~~ nicht entblödet haben, im Bunde
mit Japanern und Halbwilden gegen ihr eigenes Fleisch und Blut
zu wüten? ~~...~~ Oder ist unser ~~...~~ gegen England deshalb so gross, weil wir in ~~...~~ Stärksten, am schwersten zu besie-
genden Feind erblicken? Die Antwort hierauf zu geben, ist nicht ganz
einfach, möglich wird es aber sein sich ~~...~~ ein klares Bild
und ein auf Tatsachen beruhendes Urteil über den richtigen Engländer, wie er ist, zu machen. Denn wenn auch das Gefühl gegen
England, das den tiefsten Tiefen der deutschen Volksseele entspringt,
unzweifelhaft ein berechtigtes und richtiges ist, das hoffentlich noch in fernen Frie-
denstagen anhalten wird, und wenn auch hoffentlich die ~~Tage~~ Zeit
der freiwilligen Subordination unter ~~...~~ englisches Wesen und englische
Art bei uns für immer vorüber sind, ~~...~~ es ist gut, ~~...~~ mit
dem Verstande das Urteil des Gefühls zu prüfen, und es ist gut,
sich ein ~~...~~ bewusstes, klares Urteil über den "liebwerten" Vetter zu
bilden, den man früher so grundfalsch beurteilt hatte und dessen
wahre Natur erst jetzt in breiten Schichten unseres Volkes mehr richtig
gefühlt als richtig erkannt wird.

Physik und Chauvinismus im Ersten Weltkrieg

Aufruf von Wilhelm Wien „Aufforderung", 1915

Der Physiker Wilhelm Wien ist Professor an der Universität München und verfasst 1915
einen Aufruf gegen den vermeintlich zu großen Einfluss der englischen Physik in Deutsch-
land. Fünfzehn Physiker unterzeichnen, darunter auch der spätere Einstein-Gegner und
Nationalsozialist Johannes Stark. Der Aufruf findet geringe Unterstützung. Einer der
Unterzeichner, Arnold Sommerfeld, fürchtet Streit innerhalb des Faches und will den
Aufruf später dann doch „fast lieber unterdrücken".

Physics and chauvinism in World War I

"Demand" appeal by Wilhelm Wien, 1915

In 1915, the physicist Wilhelm Wien, a professor at the University of Munich, composes
an appeal against the supposedly unduly great influence of English physics in Germany.
Fifteen physicists sign, among them the later Einstein opponent and National Socialist
Johannes Stark. The appeal finds little support. One of the signatories, Arnold Sommerfeld, fears conflict within the field and later would "almost rather suppress" the appeal.

Deutsches Museum, Munich, Germany
Call number: Nachlass W. Wien, Nr. 5677

Aufforderung.

Durch den Krieg werden die Beziehungen der wissenschaftlichen physikalischen Kreise zum feindlichen Ausland eine Neuregelung erfahren. Sie wird sich besonders auf unser Verhältnis zu England beziehen, nachdem die deutschfeindliche, ohne jedes Verständnis für deutsches Wesen abgefasste Erklärung der englischen Gelehrten auch von acht bekannten Physikern unterschrieben ist (Bragg, Crookes, Fleming, Lamb, Lodge, Ramsay, Rayleigh, J. J. Thomson).

Es ist hierdurch erwiesen, daß die langjährigen Versuche, mit den Engländern zu einem bessern gegenseitigen Verständnis zu gelangen, gescheitert sind und für absehbare Zeit nicht wieder aufgenommen werden können. Die Rücksichten, die wir im Interesse einer Annäherung der wissenschaftlichen Kreise beider Völker genommen haben, sind nicht mehr gerechtfertigt. Daher ist es auch geboten, daß der unberechtigte englische Einfluß, der in die deutsche Physik eingedrungen ist, wieder beseitigt wird.

Es kann sich selbstverständlich nicht darum handeln, die englischen wissenschaftlichen Ideen und Anregungen abzulehnen. Aber die so oft getadelte Ausländerei der Deutschen hat sich auch in unserer Wissenschaft so bemerkbar gemacht, daß es nötig erscheint darauf hinzuweisen.

Nach diesem Hinweis beschränken wir uns zunächst darauf vorzuschlagen, daß alle Physiker dahin wirken

1. daß bei der Erwähnung der Literatur die Engländer nicht mehr wie es vielfach vorgekommen ist, eine stärkere Berücksichtigung finden als wie unsere Landsleute;
2. daß die deutschen Physiker ihre Abhandlungen nicht in englischen Zeitschriften veröffentlichen, abgesehen von den Fällen, in denen es sich um Erwiderungen handelt;
3. daß die Verleger nur in deutscher Sprache geschriebene wissenschaftliche Werke und Übersetzungen nur dann aufnehmen, falls es sich nach fachmännischem Urteil um ganz bedeutende literarische Leistungen handelt;
4. daß Staatsgelder auf Übersetzungen nicht verwendet werden.

E. Dorn.   F. Exner.   W. Hallwachs.   F. Himstedt.   W. König.
E. Lecher.   O. Lummer.   G. Mie.   F. Richarz.   E. Riecke.
E. v. Schweidler.   A. Sommerfeld.   J. Stark.   M. Wien.   W. Wien.
O. Wiener.

Einstein als Außenseiter während des Krieges

Manuskript von Albert Einstein „Meine Meinung über den Krieg",
[23. Oktober – 11. November 1915]; erschienen in: *Das Land Goethes 1914–1916.*
Ein vaterländisches Gedenkbuch, hg. vom Berliner Goethebund, Stuttgart und Berlin:
Deutsche Verlags-Anstalt, 1916

Der Berliner Goethebund beteiligt sich 1915 an der Kriegspropaganda mit einem Sammel-
band, der Autoren vereinigt, die – so die Herausgeber – „in dieser großen und schweren
Zeit den Ruhm der Nation bilden, und auf die wir mit um so höherem Stolz blicken, je
mehr das feindliche Ausland sich in ohnmächtigen Versuchen erschöpft, unsere Kultur
herabzuzerren". Einsteins Beitrag fällt aus dem Rahmen. Der für die Publikation gemil-
derte und um die im Manuskript gestrichenen Passagen gekürzte Text bleibt dennoch
sarkastisch und warnt vor der Brutalität des Krieges.

Einstein as an outsider during the war

Manuscript by Albert Einstein "My Opinion on the War,"
[23 October – 11 November 1915]; *published in: Das Land Goethes 1914–1916.*
Ein vaterländisches Gedenkbuch, ed. by Berliner Goethebund, Stuttgart and Berlin:
Deutsche Verlags-Anstalt, 1916

The Goethe League of Berlin participates in war propaganda by publishing an anthology
in 1915, uniting authors who – in the words of the editors – "constitute the glory of the
nation in this great and difficult time, and to whom we look with all the more pride as
more enemy nations exhaust themselves in powerless attempts to tear down our culture."
Einstein's contribution does not fit in. The text, toned down and shortened for publication,
still remains sarcastic and warns of the brutality of war.

42

Meine Meinung über den Krieg.

Die psychologische Wurzel des Krieges liegt nach meiner begründeten Ansicht in einer biologisch wohlbegreiflichen aggressiven Eigenart des männlichen Geschöpfes. Wir „Herren der Schöpfung" sind nicht die einzigen, welche sich dieses Kleinods rühmen dürfen; wir werden vielmehr in diesem Punkte von manchen Tieren, z. B. vom Stier und vom Hahn noch erheblich übertroffen. Diese aggressive Tendenz macht sich überall geltend, wo einzelne Männer neben einander gestellt sind, noch viel mehr aber dann, wenn verhältnismässig eng geschlossene Gesellschaften miteinander zu thun haben. Diese geraten miteinander fast unfehlbar in Streitigkeiten, die in Zank und gegenseitigen Mord ausarten, wenn nicht besondere Vorkehrungen getroffen sind, um solche Vorkommnisse zu verhüten. Ich werde nie vergessen, welchen christlichen Hass meine Schulgenossen (die ABC-Schützen) einer in einer benachbarten Strasse gelegenen Schule durch ihre Uniform hervorriefen. Unzählige Raufereien fanden statt, bei denen es manches Loch in den Köpfen der Knirpse absetzte. Wer möchte zweifeln, dass Blutrache und Duellwesen diesem Gefühl entstammen! Ich meine sogar, dass die bei uns so sorgfältig gepflegte Ehre von ihm ihre Hauptnahrung erhält.

Die neueren staatlichen Organisationen haben begreiflicherweise die Aeusserungen der primitiven wilden Eigenart stark in den Hintergrund drängen müssen. Aber wo zwei Staatengebilde nebeneinander liegen, die nicht einer übermächtigen Organisation angehören, schafft jenes Gefühl von Zeit zu Zeit in den Gemütern jene ungeheure Spannung, die zu den Kriegskatastrophen führt. Dabei halte ich die sogenannten Ziele und Ursachen der Kriege für ziemlich belanglos, sie finden sich stets, wenn die Leidenschaft ihrer bedarf.

Die feinen Geister aller Zeiten waren darüber einig, dass der Krieg zu den ärgsten Feinden der menschlichen Entwicklung gehört, dass alles zu seiner Verhütung gethan werden müsse. Ich bin auch trotz der unsagbar traurigen Verhältnisse der Gegenwart der Überzeugung, dass eine staatliche Organisation in Europa, welche europäische Kriege ebenso ausschliessen wird, wie jetzt das deutsche Reich einen Krieg zwischen Bayern und Württemberg, in nicht allzu ferner Zeit sich erreichen

Abgedruckt in Das Land Goethes 1914–1916
Ein vaterländisches Gedenkbuch. Herausg. vom
Berliner Goethebund 1916.

lassen wird. Kein Freund der geistigen Entwicklung sollte es versäumen, ~~eine Hilfe~~ für diese wichtigste politische Wel der Gegenwart ~~einzusetzen.~~ einzustehen.

~~Man kann sich die Frage vorlegen:~~ Wieso verliert der Mensch im Friedenszeiten, während welcher der staatliche Zwangsherrschaft fast jede Äusserung wilder Raublust unterdrückt, nicht jene Eigenschaften und Triebfedern, welche ihn während des Krieges zum Massenmorde befähigen? Damit scheint es sich mir so zu verhalten. Wenn ich in ein gutes normales Bürgergemüt hineinsehe, erblicke ich einen mässig erhellten, gemütlichen Raum. In einer Ecke desselben steht ein wohlgepflegter Schrank, auf den der Hausherr sehr stolz ist, und auf ~~Eine sehr~~ jeden Beschauer sogleich mit lauter Stimme hingewiesen wird. darauf steht mit grossen Lettern das Wort „Patriotismus" geschrieben. ~~geöffnet wird~~ Diesen Schrank ~~zu~~ öffnen, ist aber für gewöhnlich verpönt. Ja der Hausherr weiss kaum oder gar nicht, dass sein Schrank die moralischen Requisiten ~~alle~~ tierischen Hasses und Massenmordes birgt, die er dann im Kriegsfalle gehorsam ~~herausnimmt, um sich ihrer zu bedienen.~~

Diesen Schrank, lieber Leser findest Du in meinem Stübchen nicht, und ich wäre glücklich, wenn ~~auch~~ du dich der Ansicht zuwenden möchtest, dass in jene Ecke deines Stübchens ein Klavier oder eine kleiner ~~Kleines~~ Bücherkasten besser hineinpasste als ~~jenes~~ Möbel, das du nur darum erträglich fandest, weil du von Jugend auf daran gewöhnt worden bist. —

Es liegt mir ferne, aus meiner internationalen Gesinnung ein Geheimnis zu machen. Wie nahe mir ein Mensch ~~oder~~ oder eine menschliche Organisation steht, hängt nur davon ab, wie ich deren Wollen und Können beurteile. Der Staat, dem ich als Bürger angehöre, spielt in meinem Gemütsleben nicht die geringste Rolle; ich betrachte die Zugehörigkeit zu einem Staate als eine geschäftliche Angelegenheit, wie etwa die Beziehung zu einer Lebensversicherung. ~~Das ist nicht immer Bürger~~ ~~eines Staates, ja, ein, der ich voraussichtlich nicht~~ ~~wohne an einem Tage singen wird, verlässt nie nach dem~~ ~~Gesetze ... sollte~~

Wie soll aber das ohnmächtige Einzelgeschöpf zur Erreichung dieses Zieles beitragen? Soll etwa jeder einen beträchtlichen Teil seiner Kräfte der Politik widmen? Ich denke wirklich, dass die geistig reiferen Menschen unserer Staaten [Europas] sich durch Vernachlässigung der allgemeinen politischen Fragen versündigt haben. aber ich sehe in der Pflege der Politik nicht das wichtigste Wirksamkeit des Einzelnen in dieser Angelegenheit. Ich glaube vielmehr, jeder einzelne sollte in dem Sinne [persönlich] wirken, dass jene Gefühle, von denen ich vorhin ausführlicher sprach, nach Möglichkeit in solche Bahnen gelenkt werden, dass sie nicht mehr der Allgemeinheit zum Fluche gereichen können.

Jeder Mensch sollte sich ohne Rücksicht auf Worte und Thaten im Vollbesitz seiner Ehre fühlen, wenn er das Bewusstsein hat, nach bestem Wissen und Können zu handeln; Verletzung der Ehre sei es der eigenen Person, sei es [einer] der Gesamtheit, der man angehört, durch Worte und Thaten anderer, bezw. anderer Gesamtheiten gibt es nicht. [Macht= und Habsucht] sollen wie in früheren Zeiten als [das] verächtliche Laster behandelt werden, ebenso der Hass und die Streitsucht. So wenig ich an der Überschätzung des Vergangenen leide, in diesem [wichtigen] Punkte sind wir leider nach meiner Ansicht nicht vorwärts gekommen, sondern zurück gesunken. Jeder Wohlwollende sollte daran arbeiten, dass bei ihm selbst und in seiner persönlichen Umgebung in dieser Beziehung gebessert werde, Dann werden auch die schweren Plagen verschwinden, wie sie uns heute in so furchtbarer Weise heimsuchen.

Doch wozu viele Worte, wenn ich alles in einem Satze sagen kann, und noch dazu in einem Satze, der mir als einem Juden [wohl ansteht]: Ehret Euren Meister Jesus Christus nicht nur mit Worten und Gesängen, sondern vor allem durch eure Thaten.

A. Einstein

Die Aufgabe der Intellektuellen

Brief von Romain Rolland an Albert Einstein, Beauséjour, Genève-Champel,
28. März 1915

Rolland bedankt sich mit bewegten Worten für Einsteins Schreiben vom 22. März.
Einstein hatte darin seine Hilfe beim Kampf gegen die „unbegreifliche Verblendung" des
Krieges angeboten. Rolland setzt sich vor allem für Kriegsgefangene ein.
In seinem Brief formuliert er als künftige Aufgabe der Intellektuellen, bei einer zukünfti-
gen europäischen - wenn nicht universellen - Organisation beispielgebend voranzugehen.
Es genüge, wenn eine kleine Gruppe damit beginne - die anderen würden dann schon
folgen.

The task of the intellectuals

Letter from Romain Rolland to Albert Einstein, Beauséjour, Genève-Champel,
28 March 1915

In moving language, Rolland expresses his thanks for Einstein's letter of 22 March. In
that letter Einstein had offered his support in the fight against the "inconceivable delu-
sion" of the war. Rolland's efforts were dedicated especially to prisoners of war.
In his letter he declares that it is the upcoming task of intellectuals to lead the way in
setting an example for a future European - if not global - organization. It would be sufficient if just a small group would start - the others would certainly follow.

Published in: The Collected Papers of Albert Einstein, vol. 8/A,
Princeton: Princeton University Press, 1998, doc. 68, pp. 109-110

COMITÉ INTERNATIONAL DE LA CROIX-ROUGE

GENÈVE (Suisse)

AGENCE INTERNATIONALE DES PRISONNIERS DE GUERRE

INTER ARMA CARITAS

Beauséjour, Genève - Champel

Genève. le Dimanche 28 mars 1915

Cher Monsieur

Votre généreuse lettre m'a profondément touché.

Cette terrible crise aura été une rude leçon pour nous tous, écrivains, penseurs et savants de l'Europe. Jamais nous n'aurions dû permettre qu'elle nous prît ainsi au dépourvu. Il faut que nous soyons mieux armés, à l'avenir, contre le renouvellement d'un pareil fléau : (car nous ne pouvons nous flatter que cette folie de l'humanité soit la dernière ; mais du moins, nous devons faire en sorte que l'élite intellectuelle n'y participe plus). Dès l'annonce de ce bouleversement, ceux de nous que leur âge dispense du devoir militaire auraient dû déléguer quelques-uns d'entre eux, pour se réunir en pays neutre, et là, pour s'efforcer ensemble de faire la lumière, d'abord dans leur propre esprit, de contrôler les assertions passionnées des deux camps et de leur opposer la voix de la raison, de rester en un mot

A. Einstein Archive 33-003

la conscience claire et sûre de leurs peuples.

Oui, nous avons péché. Nous avons trop vécu dans l'illusion insouciante ou orgueilleuse que nous serions toujours assez forts pour résister aux égarements de la collectivité. Les événements de ces derniers mois nous montrent notre erreur et nous dictent notre tâche. Cette tâche indispensable sera de nous organiser plus tard d'une façon plus européenne, — disons plus vraiment universelle. Et sans doute, ce sera plus difficile après la guerre qu'avant ; car longtemps subsisteront des malentendus, des rancunes, des amertumes. Mais il suffit, pour commencer, qu'un petit groupe de toutes les nations ait la volonté de réaliser cette unité. Les autres suivront peu à peu. — Au reste, je conserve l'espoir qu'après les immenses souffrances et le délire de ces mois, une réaction suivra et que les peuples se réveilleront, honteux, meurtris et repentants.

En attendant, nous n'avons qu'à garder dans la tempête notre calme et notre foi tout l'esprit. Peu à peu, ils rayonneront.

Veuillez croire, cher Monsieur, à ma haute et dévouée sympathie.

Romain Rolland.

Beauséjour, Genève - Champel

Je crois qu'une de nos tâches les plus efficaces doit être de répandre les documents qui peuvent s'opposer à l'esprit de haine. — Dans ce sens, je me permets d'attirer votre attention sur le rapport (qui va être publié) du lieutenant-colonel suisse De Marval, délégué de la Croix-Rouge Internationale, sur les camps de prisonniers allemands qu'il vient de visiter en France, en Corse, en Algérie et en Tunisie. J'ai entendu hier une conférence de lui et j'aurais voulu que beaucoup d'Allemands puissent l'entendre aussi. Il serait très bon que M. de Marval refît

Einstein erfreut sich des denkbar besten Rufes

Bericht des Polizeispitzels Göring über Albert Einstein, Berlin, 5. Januar 1916

Seine Mitgliedschaft im pazifistischen Bund Neues Vaterland und seine Kontakte zu Romain Rolland bringen Einstein auch ins Visier polizeilicher – politischer – Ermittler. Offenbar wurde mit vorliegendem Bericht eine Polizeiakte „Einstein" eingerichtet, denn dieser enthält zunächst zahlreiche allgemeine Personenangaben, die – wie das bei Spitzelberichten verbreitet ist – manches Richtige und manches Falsche enthalten (so studierte er nicht in München, zog erst im April 1914 nach Berlin usw.). Noch ließ sich nichts „Nachteiliges" über Einstein mitteilen. Doch die Akte wuchs im Laufe der folgenden Jahre erheblich an!

Einstein enjoys the best conceivable reputation

Report by the police informer Göring about Albert Einstein, Berlin, 5 January 1916

His membership in the pacifistic New Fatherland League and his contacts to Romain Rolland make Einstein suspect enough for police – political – observation. This report appears to have served as the basis for an "Einstein" file, for it starts with numerous general data on his person, which – as common for reports by informers – includes some correct and some false information (for instance, he did not study in Munich, did not move to Berlin until April 1914, etc.). At this point there was not yet anything "disadvantageous" to report about Einstein. However, the file grew considerably over the course of the following years!

42

Abteilung VII Expedition
II. Kommissariat.

Berlin, den 5. Januar 1916.

Zu № 1014 VII J 15

Betrifft
den Professor Dr.
Einstein.

Der schweizerische Staatsangehörige Professor Dr. Einstein ist in Berlin ein gemeldet gewesen. Er wohnte von Oktober 1913 bis 10.10.14, von Zürich kommend, in Dahlem Ehrenbergstr. 30 und umzog am letzten genannten Tage nach Wilmersdorf, Wittelsbacherstraße 13 als Mieter.

Einstein würde in München umziehen und pendelte an der Universität zwischen München und Zürich.

Von 1902 bis 1909 war er
technischer Sachverständiger
an dem eidgenössischen
Patentamt in Bern.
Im Jahre 1905 hat er an
der Universität Zürich
seinen Doktor gemacht.
Im Jahre 1908 war er
Privatdozent an der
Universität in Bern.
Ende des Jahres 1909 wurde
er als außerordentlicher
Professor an die Univer-
sität Zürich berufen.
1910 war er ordentlicher
Professor an der deutschen
Universität in Prag.
Im Jahre 1912 wurde
er als ordentlicher Pro-
fessor an die technische
Hochschule nach Zürich
berufen bis er im Oktober
1913 als ordentliches
Mitglied in die Akademie
der Wissenschaften gewählt
wurde.

44

wurde. Als solches ist er
am 12. November 1913
von Sr. Majestät dem
deutschen Kaiser bestätigt
worden.
Einstein ist zurzeit
in der physikalisch-ma-
thematischen Abteilung
der Akademie der Wissen-
schaften in Dahlem tätig.
Als politisch verdächtig
ist er hier nicht notiert,
auch hat sich Nachteiliges
nach dieser Richtung hin
nicht ermitteln lassen.
Ebenso sind Vorgänge
über seinen Verkehr mit U.St.
nicht vorhanden.
Einstein ist hier
als Mitglied des "Bundes
neues Vaterland" be-
kannt, hat sich aber in
der gerichtlichen Samm-
lung agitatorisch bisher
nicht bemerkbar gemacht.

In moralischer Beziehung erfreut er sich des denkbar besten Rufes und ist als bestraft nicht verzeichnet.

E. ist Abonnent des Berliner Tageblattes?

Eine Abschrift des Registerblattes ist beigefügt.

gez. Dierck

Göring
Krim.-Schutzmann
-1969-

Vater: (Ehemann)					Name:	*Einstein*	43
Mutter:					Beruf:	*Professor Dr*	
Staatsangeh.: *Schweiz deutscher Abstammung*							
Straß.:							

Zu- und Vorname Familienstand	Geburts-			Geburtsort (Kreis, Provinz)	Religion	Tag Jahr	Wohnungen
	Tag	Mon.	Jahr				
Albert	14	3	79	*Ulm*	*mos.*	20.11.13	*Dahlem, Schönbergstr. 30*
						11.11.14	*Wilmersdorf Wittelsbachstr. 13.*

Berlin, den 5ten Januar 1916

Göring

Krim.-Schutzmann

1369

Vordruck Nr. 444.

Abteilung VII Exekution
II. Kommissariat
Berlin, den 5. Januar 1916

Zu No 1014-VII J15

Betrifft
den Professor Dr.
Einstein.

Der schweizerische Staatsangehörige Professor Dr. Einstein ist in Berlin nie gemeldet gewesen.
Er wohnte von Oktober 1913 bis 10.10.14, von Zürich kommend, in Dahlem Ehrenbergstr. 30
und verzog am letztgenannten Tage nach Wilmersdorf Wittelsbacherstraße 13 als Mieter.
Einstein wurde in München erzogen und studierte an den Universitäten München und Zürich.
Von 1902 bis 1909 war er technischer Sachverständiger an dem eidgenössischen Patentamt in
Bern. Im Jahr 1905 hat er an der Universität Zürich seinen Doktor gemacht. Im Jahr 1908 war
er Privatdozent an der Universität in Bern. Ende des Jahres 1909 wurde er als außerordent-
licher Professor an die Universität Zürich berufen. 1910 war er ordentlicher Professor an der
deutschen Universität in Prag. Im Jahre 1912 wurde er als ordentlicher Professor an die techni-
sche Hochschule nach Zürich berufen bis er im Oktober 1913 als ordentliches Mitglied in die
Akademie der Wissenschaften gewählt wurde. Als solches ist er am 12. November 1913 von
Sr. Majestät dem deutschen Kaiser bestätigt worden.
Einstein ist zurzeit in der physikalisch-mathematischen Abteilung der Akademie der Wissen-
schaften in Dahlem tätig.
Als politisch verdächtig ist er hier nicht notiert, auch hat sich Nachteiliges nach dieser Richtung
hier nicht ermitteln lassen. Ebenso sind Vorgänge über seine Person bei E. St. nicht vorhanden.
Einstein ist hier als Mitglied des „Bundes neues Vaterland" bekannt, hat sich aber in der pazifi-
stischen Bewegung agitatorisch bisher nicht bemerkbar gemacht. In moralischer Beziehung
erfreut er sich des denkbar besten Rufes und ist als bestraft nicht verzeichnet.
Er ist Abonnent des „Berliner Tageblattes".
Eine Abschrift des Registerblattes ist beigefügt.
Göring
Krim.-Schutzmann

Aussichtsloser Kampf gegen die Hydra des Krieges?

Brief von Romain Rolland an Albert Einstein, [Villeneuve/Vaud], 23. August 1917

Einstein ist seit 1915 mit Romain Rolland in Kontakt, um dessen pazifistische Bemühungen zu unterstützen. In seinem Brief vom 23. August schildert Einstein Rolland seine Ansichten über Deutschland. Er sieht das Deutschland von Schiller und Goethe durch die „Machtreligion" des deutschen Imperialismus ersetzt. Rolland antwortet einen Tag später, dass er Einsteins Einschätzung teilt. Allerdings ist die Kriegslust für Rolland kein spezifisch deutsches, sondern ein grenzübergreifendes Phänomen. Er formuliert seine Befürchtung, dass dieser Weltkrieg ein Ende der Zivilisation bedeuten könne, er erscheine ihm wie „ein Kampf gegen die Hydra von Lerna" [ein Verweis auf die griechische Herakles-Sage, Hrsg.].
Er weist Einstein auch auf die Schriften von Betrand Russell hin.

A hopeless fight against the hydra of war?

Letter from Romain Rolland to Albert Einstein, [Villeneuve/Vaud], 23 August 1917

Since 1915 Einstein has been in contact with Romain Rolland, in order to support the latter's pacificistic efforts. In his letter of 23 August, Einstein relates to Rolland his views on Germany. He sees the Germany of Schiller and Goethe replaced by the "religion of might" of German imperialism. A day later, Rolland responds that he shares Einstein's assessment. However, for Rolland, bellicosity is not a specifically German phenomenon, but one that is not limited by national borders. He formulates his fear that this World War could mean the end of civilization; to him it seems like "a fight against the hydra of Lerna" [a reference to the Greek Hercules myth, ed.].
He also refers Einstein to the writings of Betrand Russell.

Laurent Besso, Lausanne, Switzerland

Published in: The Collected Papers of Albert Einstein, vol. 8/A,
Princeton: Princeton University Press, 1998, doc. 376, pp. 510–511

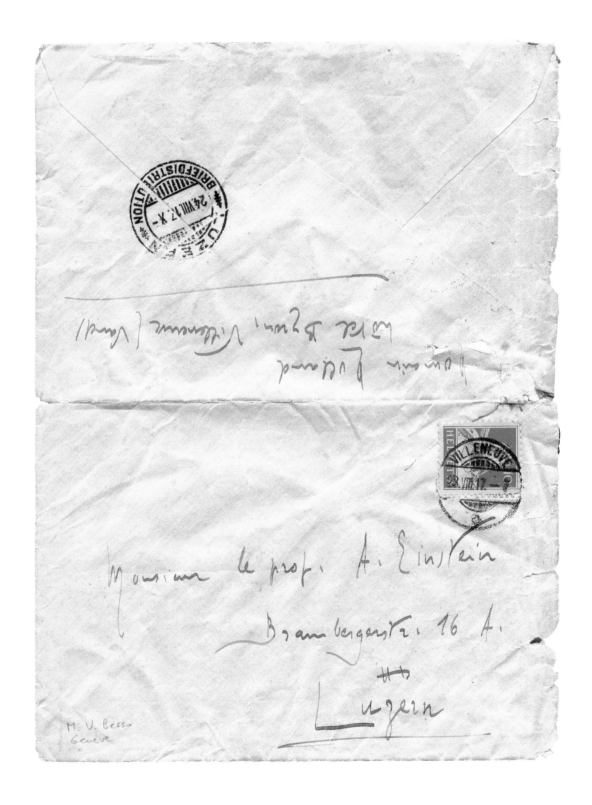

Jeudi 23 août 1917

Cher Monsieur

Merci de votre lettre. Je vois combien
vous souffrez. Je 17 — pathise avec vous.
Vous connaissez l'Allemagne, je n'ai pas
de peine à croire que ce que vous en dites
est entièrement vrai. Mais vous ne
connaissez pas les souffrances, "de l'autre
côté." Le mal fait tache d'huile.
Toutes les nations sont solidaires, alors
même qu'elles combattent ; et l'on n'a
pas encore trouvé le moyen d'arrêter les

épidémies morales, — comme les autres, —
aux frontières. La guerre actuelle me
paraît un combat contre l'hydre de
Lerne. Pour chaque tête tranchée, il
en renaît deux autres. — C'est pourquoi
je ne crois pas à l'efficacité de ces
chocs d'armées. J'attends le salut (s'il
doit venir) d'autres forces — sociales.
(Et s'il ne vient pas...mon Dieu! ce ne
sera pas la première fois qu'une
civilisation puissante se sera écroulée.
La vie saura bien refleurir des ruines.

À vous bien affectueusement

Romain Rolland

Suivez-vous les publications de Bertrand Russell,
connaissez-vous la jeune opposition américaine ?

— Voyez-vous, je suis parfaitement convaincu
que nous ne serons jamais qu'une poignée dans le
monde. Dans l'ordre des faits, nous serons toujours
des vaincus. Mais qu'importe ? L'esprit n'est jamais
vaincu, — que lorsqu'il y consent. Il devance les
siècles.

Albert Einstein in
Berlin, 1920

Albert Einstein in
Berlin, 1920

Bitte um Gnade für einen Attentäter

Entwurf eines Gnadengesuchs von Albert Einstein für Friedrich Adler an den österreichischen
Kaiser, [vermutlich Frühjahr 1917]

Den Physiker Friedrich Adler (1879–1960) kennt Einstein aus der Studienzeit. Er trifft ihn 1909
als Konkurrenten um das Extraordinariat in Zürich wieder. Adler zieht es in die Politik. 1911 wird
er Parteisekretär der österreichischen Sozialdemokraten. Aus Protest gegen die Weltkriegspolitik
seines Landes ermordet er 1916 den österreichischen Ministerpräsidenten und wird daraufhin zum
Tode verurteilt. Einstein bietet an, vor Gericht für ihn auszusagen und sich beim österreichischen
Kaiser für ihn einzusetzen, was Adler jedoch ablehnt. In einem Brief an seinen Freund Michele
Besso vom 29. April 1917 schreibt Einstein von seinem Entschluss, eine Eingabe wegen Adler zu
machen. In der Strafanstalt befasst Adler sich wieder mit Physik. Nach Kriegsende begnadigt, ist
er anschließend am Aufbau der Sozialistischen Internationale beteiligt.
Auf der Rückseite des Entwurfs finden sich Berechnungen Einsteins im Zusammenhang mit seiner
kosmologischen Arbeit vom Februar 1917 zu dem dort vorgestellten so genannten „Zylinder-Univer-
sum". Dies ist eine Lösung für Einsteins Feldgleichung mit kosmologischer Konstante, über die sich
in den nächsten Monaten eine lange Diskussion mit dem niederländischen Astronomen de Sitter
entwickelt. Die Lösung benutzt sphärische Koordinaten und entspricht einem Vorschlag, den
Hans Thirring Einstein in einem Brief von Mitte Juli 1917 unterbreitet hat.

Requesting mercy for an assassin

Draft for a petition by Albert Einstein to the Austrian Emperor, requesting a pardon for
Friedrich Adler, [probably spring 1917]

Einstein knows the physicist Friedrich Adler (1879–1960) from his student days. They meet again
in 1909 and compete for the associate professorship in Zurich. Adler goes into politics, becoming
the party secretary of the Austrian Social Democrats in 1911. In 1916 he murders the Austrian prime
minister in protest against his country's policy in the World War. He is sentenced to death. Einstein
offers to testify on his behalf in court and to plead for him with the Austrian emperor, but Adler rejects this. In a letter of 29 April 1917 to his friend Michele Besso, Einstein writes of his
decision to petition on Adler's behalf. In prison Adler starts working on physics again. Pardoned
after the end of the war, he is subsequently involved in building up the Socialist International.
On the back of the draft there are calculations by Einstein on the "cylinder universe" he introduced
in his cosmological paper of February 1917. This is a solution for Einstein's field equation with the
cosmological constant, about which a lengthy discussion with the Dutch astronomer de Sitter
develops over the next months. The solution uses spherical coordinates and corresponds to a
proposal made to Einstein by Hans Thirring in a letter of mid-July 1917.

Ew. Majestät!

Unter dem Drucke einer unabweisbaren Pflicht nehme ich mir die Freiheit, Ew. Majestät eine Bitte zu unterbreiten.

Vor einiger Zast erregte der politische Mord, dessen sich (Fritz) Adler schuldig machte, das Gemüt eines jeden recht wohl empfindenden Menschen. Mit keinen Worten will ich die gräßliche That beschönigen. Mit Rücksicht auf die psychologische Situation des Thäters aber scheint es sich mir mehr um einen tragischen Unglücksfall als um ein Verbrechen zu handeln.

Wenige dürften Herrn Adler so genau kennen wie ich. Ich kenne Herrn Adler seit er gemeinsam mit mir vor 20 Jahren in Zürich theoretische Physik studierte. Er war vor einigen Jahren noch mein nächster Kollege als Dozent dieses Faches an der Züricher Universität. Auch waren wir damals Hausgenossen. Ich habe Adler in diesen Jahren als einen Mann von lauterstem Charakter, von fast beispielloser Selbstlosigkeit kennen gelernt. Ich habe wenige Menschen gezeigt, die so unbedingt zuverlässig und ehrlich waren wie er, die in solchem Masse unter Überwindung des eigenen Wünschens ihre Kräfte für ausserpersönliche Dinge einsetzten.

Unter diesen Umständen erfülle ich eine unabweisbare Pflicht, wenn ich hiemit Ew. Majestät von Herzen bitte, von dem Begnadigungsrechte Gebrauch zu machen, falls Adler zum Tode verurteilt werden sollte. Ein wertvolles Leben könnte so erhalten werden.

83V

$$\underbrace{\xi_1^2 + \xi_2^2 + \xi_3^2}_{\rho^2} + \xi_4^2 = R^2$$

$$\rho \, d\rho + \xi_4 \, d\xi_4$$

$$\xi_4^2 = R^2 - \rho^2$$

$$\xi_4 \, d\xi_4 = -\rho \, d\rho$$

$$(R^2 - \rho^2) \, d\xi_4^2 = + \xi_1 \, d\xi_1 + \xi_2 \, d\xi_2 \quad \rho^2 \, d\rho^2$$

$$d\xi_4^2 = \frac{\rho^2 \, d\rho^2}{R^2 - \rho^2}$$

$$d\xi_1^2 + d\xi_2^2 + d\xi_3^2 = d\rho^2 + \rho^2 \, d\vartheta^2 + \rho^2 \sin^2\vartheta \, d\varphi^2$$

$$= d\rho^2 + \rho^2 (\sin^2\vartheta \, d\varphi^2 + d\vartheta^2)$$

$$d\sigma^2 = \frac{R^2}{R^2 - \rho^2} \, d\rho^2 + \rho^2 (\sin^2\vartheta \, d\varphi^2 + d\vartheta^2)$$

$$ds^2 = -\frac{R^2}{R^2 - \rho^2} \, d\rho^2 + \rho^2 (\sin^2\vartheta \, d\varphi^2 + d\vartheta^2) + dx_4^2$$

In gew. Koordinaten

$$ds^2 = -d\xi_1^2 - d\xi_2^2 - d\xi_3^2 - \frac{(\xi_1 \, d\xi_1 + \xi_2 \, d\xi_2 + \xi_3 \, d\xi_3)^2}{R^2 - \rho^2} + dx_4^2$$

$$g_{\mu\nu} = -\left(\delta_{\mu\nu} + \frac{\xi_\mu \xi_\nu}{R^2 - \rho^2}\right) \qquad g_{44} = 1.$$

		Linke Seite von (?)
$\sum \dfrac{\partial g_{\mu\alpha}}{\partial x_\alpha} = -\dfrac{4 x_\mu}{R^2}$	$\left|\dfrac{\partial}{\partial x_\nu}\left(\;\right)\right| = -\dfrac{4\delta_{\mu\nu}}{R^2}$	$-\dfrac{8\delta_{\mu\nu}}{R^2} + \dfrac{2\delta_{\mu\nu}}{R^2} + \dfrac{2\delta_{\mu\nu}}{R^2} = -\dfrac{4\delta_{\mu\nu}}{R^2}$
$-\dfrac{\partial^2 g_{\mu\nu}}{\partial x_\alpha^2} = \dfrac{2\delta_{\mu\nu}}{R^2}$		
$\sum g_{\alpha\alpha} = -\dfrac{\rho^2}{R^2}$	$\left|-\dfrac{\partial^2}{\partial x_\mu \partial x_\nu}(\;)\right| = \dfrac{2\delta_{\mu\nu}}{R^2}$	

$$+ 2\lambda g_{\mu\nu} \left| -2\lambda \delta_{\mu\nu} \right. \qquad \left| \text{für alle Indizes.} \right.$$

Albert Einstein
in Wien, 1922,
Fotograf:
Ferdinand
Schmutzer

Albert Einstein
in Vienna, 1922,
photographer:
Ferdinand
Schmutzer

Albert Einstein in der Gesellschaft von Pazifisten

Liste der im Landespolizeibezirk Berlin und Umgebung
wohnhaften namhaften Pazifisten, 29. Januar 1918

Einstein wird zusammen mit einer Reihe prominenter
Pazifisten von der Polizei erfasst. Darunter befinden sich
u. a. der technische Direktor von Telefunken Georg Graf
von Arco, der sozialdemokratische Reichstagsabgeordnete
Eduard Bernstein, der Arzt und Sexualwissenschaftler
Magnus Hirschfeld und der Bankier Hugo Simon.

Albert Einstein in the society of pacifists

List of the renowned pacifists living in the state police
district of Berlin and its surroundings, 29 January 1918

The police include Einstein's name along with those of a
number of prominent pacifists. Among these are the technical
director of the Telefunken company Georg Graf von Arco, the
Social Democratic Representative to the German Parliament
(Reichstag) Eduard Bernstein, the physician and sexologist
Magnus Hirschfeld and the banker Hugo Simon.

Landesarchiv, Berlin, Germany
Call number: A, Pr. Br. Rep. 30, Berlin C, Tit. 95, Sekt. 7,
Lit. A, Nr. 11 (15803), Bl. 130–132

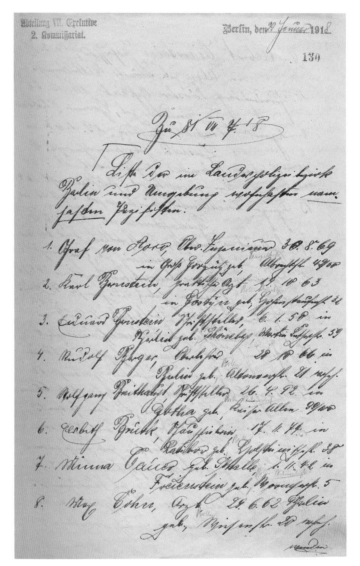

9. Albert Einstein Professor, 14.3.79 in Ulm geb., Schöneberg, Wittelsbacherstr. 13

10. Friedrich Wilh. Förster Geh. Rat 16.12.33 in Grünberg geb., Bornim b. Potsdam

11. Hans Franke, Pastor 19.1.69 in Rosslau geb., Franzstr. 41

12. Viktor Fränkel, Justizrat 18.9.69 in Gleiwitz geb., Pflaumenstr. 86

13. Georg Friedländer, Rentier 5.11.53 in Bischofswerda geb., Schillstr. 6

14. Helmut H. Gerlach, Schriftsteller 2.2.66 in Mönch.-Gladbach geb., ...

15. Hanna Harnburger, ... 24.8.... Berlin geb., Tirpitzstr. 41

16. Julius Hart, Schriftsteller 9.4.59 in Münster geb., Zehlendorf, Amastr. 6

17. Friedrich Haussmann Professor 8.2.56 in Bonn geb., Lichtenfelde, Gerlichstr. 70

18. Magnus Hirschfeld, Sanitätsrat 14.5.68 in Colberg geb., In den ...

19. Alois Hempp Dr. phil. 1.10.77 in Willburgstetten geb., ...

20. Lilly Hauboch, Schriftstellerin 15.3.70 in Breslau geb., ...

21. Oskar Kühnhagen Professor 1.7.62 in Berlin geb., ...

22. Gustav Landauer, Schriftsteller 7.4.70 Karlsruhe geb., Hermsdorf, ...str. 2

23. Peter Lehmann-Rußbüldt Schriftsteller 1.1.79 Berlin geb. Schöneberg, Regensburgerstr. 30

24. Kurd Löwy Kapellmeister 1.4.62 in Breslau geb., Schöneberg, Barbarossastr. 69

25. Georg Nicolai, Professor 6.2.74 in Berlin geb., Rankestr. 34

26. Siegmund Schulze, Pastor 14.6.85 in Görlitz geb., Rahnsdorf, Hauptstr. 1-3

27. Rosa Schumann geb. Schneider 13.2.83 in Thorn geb., Judenau, Feldstr. 3

28. Hugo Simon, Bankier 1.9.80 Rech geb., Zehlendorf, Egidistr. 21

29. Peter Billich Privatdozent 26.2.72 in Metschlau geb., Lichtenfelde, ...

30. Helene Stöcker Dr. 13.11.69 Elberfeld geb., Wilmersdorf, Münchenerstr. 1

31. Prof. v. Tepper-Laski Rittm. a.D. 8.8.50 in Stabelwitz geb., Schöneberg ...

Zu 81. VII. 7. 18

Liste

der im Landespolizeibezirk Berlin und Umgebung wohnhaften namhaften Pazifisten.

Georg Arco Dr. h. c.

1. Graf von Arco, Ober - Ingenieur, 30. 8. 69 in Groß Gorzütz geb.,
   Tempelhof, Albrechtstr. 49/60,

2. Karl Bernstein, prakt. Arzt, 19. 10. 62 in Costyn geb., Berlin -
   Schöneberg, Hohenstaufenstraße 32,

3. Eduard Bernstein, Schriftsteller, 6. 1. 50 in Berlin geboren,
   Berlin - Schöneberg, Martin Lutherstraße 59,

4. Rudolf Berger, Oberlehrer, 20. 10. 66 in Berlin geboren, Berlin,
   Altonaerstraße 21,

5. Wolfgang Breithaupt, Schriftsteller, 26. 4. 92 in Gotha geboren,
   Berlin - Wilmersdorf, Kaiser Allee 99/100,

6. Elsbeth Bruck, Schauspielerin, 17. 11. 74 in Rattibor geboren,
   Berlin, Holsteinischestraße 38,

7. Minna Cauer geb. Schelle, 1. 11. 42 in Freienstein geboren, Berlin-
   Wilmersdorf, Wormserstraße 5,

8. Max Cohn, Arzt, 29. 6. 62 Berlin geboren, Berlin, Tiesenstraße 20,

9. Albert Einstein, Professor, 14. 3. 79 in Ulm geboren, Berlin -
   Schöneberg, Wittelsbacherstraße 13,

10. Friedrich Wilh. Förster, Geh. Rat, 16. 12.32 in Grünberg geboren,
    Bornim b/Potsdam,

11. Hans Franke, Pastor, 19. 1. 64 in Breslau geboren, Berlin, Tem-
    pelherrenstraße 16,

12. Viktor Fränkel, Rechtsanwalt, 18. 9. 69 in Gleiwitz geboren,
    Berlin, Potsdamerstraße 86 b,

13. Hugo Friedländer, Bücherrevisor, 5. 11. 52 in Bischofswerder
    geboren, Charlottenburg, Sybelstraße 6,

14. Helmut von Gerlach, Schriftsteller, 2. 2. 66 in Mönch - Motschel-
    witz geboren, Berlin, Genthinerstraße 22,

15. Henna Hamburger, Frauenrechtlerin, 24. 4. 72 Berlin geboren,
    Berlin, Luisenstraße 41,

135.

Liste

16. Julius Hart, Schriftsteller, 9. 4. 59 in Münster geboren,
Zehlendorf, Annastraße 6,

17. Friedrich Hauptmann, Professor, 8. 2. 56 in Bonn geboren, Lichterfelde, Holbeinstraße 79,

18. Magnus Hirschfeld, Nervenarzt, 14. 5. 68 in Colberg geboren,
Berlin, In den Zelten 19,

19. Alois Wompf, Dr. phil. 1. 10. 77 in Willburgstetten geboren,
Berlin, Kupfergraben 6,

20. Lilly Jannasch, Schriftstellerin, 15. 3. 72 in Proskau geboren,
Charlottenburg, Tauentzinstraße 9,

21. Oskar Kühnhagen, Professor, 1. 7. 62 in Berlin geboren, Stegli,
Bornimstraße 9,

22. Gustav Landauer, Schriftsteller, 7. 4. 70 Karlsruhe geboren,
Hermsdorf, Treskowstraße 2,

23. Otto Lehmann - Rußbült, Schriftsteller, 1. 1. 79 Berlin geboren,
Berlin - Schöneberg, Regensburgerstraße 30,

24. Eduard Levy, Kapellmeister, 1. 4. 62 in Breslau geboren, Berlin -
Schöneberg, Barbarossastraße 64,

25. Georg Nicolai, Professor, 6. 2. 74 in Berlin geboren, Charlottenburg, Rankestraße 34,

26. Siegmund Schulze, Pastor, 14. 6. 85 in Görlitz geboren, Rahnsdorf,
Hauptstraße 1 - 2,

27. Rosa Schwann geb. Schneider, 13. 2. 83 in Brünn geboren, Friedenau,
Illstraße 3,

28. Hugo Simon, Bankier, 1. 9. 80 Usch geboren, Zehlendorf, Heidestr. 1,

29. Oskar Stillich, Privatdozent, 26. 2. 72 in Metschlau geboren,
Lichterfelde, Margaretenstraße 14,

30. Helene Stöcker Dr. 13. 11. 69 Elberfeld geboren, Nikolassee,
Münchowstraße 1,

31. Kurt v. Tepper - Laski, Rittmstr. a. D., 8. 8. 50 in Stabelwitz
geboren, Berlin, Schiffbauerdamm 26.

Einstein über die Revolution

Postkarte von Albert Einstein an seine Mutter Pauline Einstein, [Berlin],
11. November [1918]

Zwei Tage nach der Novemberrevolution schreibt Einstein an seine Mutter: „Sorge Dich
nicht. ... Jetzt wird mir erst richtig wohl hier. ... Unter den Akademikern bin ich so eine Art
Obersozi." – Einstein setzt große Hoffnungen in die demokratische Entwicklung Deutschlands.

Einstein on the revolution

Postcard from Albert Einstein to his mother Pauline Einstein, [Berlin],
11 November [1918]

Einstein writes to his mother two days after the November Revolution: "Don't worry. ...
Now am I beginning to feel really comfortable here. ... Among the academicians I'm
some kind of high-placed Red." – Einstein sets great hopes in the democratic development of Germany.

The Hebrew University, Jewish National & University Library, Albert Einstein Archives,
Jerusalem, Israel
Call number: 29 - 352.00

Published in: The Collected Papers of Albert Einstein, vol. 8/B,
Princeton: Princeton University Press, 1998, doc. 651, p. 944

11. XI.

Liebe Mutter!

Sorge Dich nicht. Bisher ging alles glatt, ja imposant. Die jetzige Leitung scheint ihrer Aufgabe wirklich gewachsen zu sein. Ich bin sehr glücklich über die Entwicklung der Sache. Jetzt wird es mir erst recht wohl hier. Die Pleite hat Wunder gethan.

Uns geht es allen gut. Wir sind gesund und die Haberlandstr. lugt halb neugierig, halb ängstlich in die Welt hinein. Ich schreibe Dir jetzt öfter, damit Du nicht in Sorge bist. Unter den Akademikern bin ich so eine Art Oberspi.

Herzliche Grüsse von Deinem
Albert.

„Genossen und Genossinnen!"

Entwurf für eine Rede, die Albert Einstein am 13. November 1918 vor dem Bund Neues Vaterland hält und Bericht über die Versammlung im *Berliner Tageblatt* vom 14. November 1918

Kurz nach der Revolution hat Einstein seinen ersten bekannten politischen Auftritt in der Öffentlichkeit. Der Bund Neues Vaterland ist eine pazifistische Organisation, der Einstein seit Beginn des Krieges nahe steht. Nun bekennt sich Einstein zur Demokratie, warnt vor einer „Klassentyrannei von links" und drückt seine Unterstützung für die sozialdemokratischen Politiker aus.

"Comrades!"

Draft of a speech held by Albert Einstein on 13 November 1918 for the New Fatherland League and report about the assembly in the newspaper *Berliner Tageblatt* of 14 November 1918

Shortly after the revolution, Einstein makes his first known political appearance in public. The New Fatherland League is a pacifistic organization with which Einstein has been associated since the beginning of the war. Now Einstein declares his allegiance to democracy, warns of a "class tyranny from the left" and expresses his support for the Social Democratic politicians.

The Hebrew University, Jewish National & University Library,
Albert Einstein Archives, Jerusalem, Israel
Call number: 28 – 1.00

Published in: The Collected Papers of Albert Einstein, vol. 7,
Princeton: Princeton University Press, 2002, doc. 14, pp. 123–124

Eine Versammlung des Bundes „Neues Vaterland".

(Bericht für das Berliner Tageblatt)

Der Bund „Neues Vaterland" hatte gestern nachmittag zu einer Versammlung in den Spichernsälen eingeladen, die von weit über tausend Personen besucht war. Der obere Saal war bis auf den letzten Platz gefüllt, und im unteren Saale tagte eine Parallelversammlung. Im oberen Saale sprach zunächst Professor Einstein gegen die Diktatur des Proletariats und für sofortige Einberufung einer Konstituante. Weiter sprachen Justizrat Fränkel über den wirtschaftlichen Wiederaufbau, Hans Vorst über die russische Revolution, Kapitän Persius über die Organisierung der Nahrungsmittelzufuhr über See, und andere. Auch Hauptmann v. Beerfelde ergriff das Wort zu einer Ansprache, in der er zu tatkräftigem Handeln aufforderte. Auf immer wiederholte Zurufe, zu sagen, warum er aus dem Vollzugsausschuß des Soldaten- und Arbeiterrates ausgetreten sei, erklärte er, daß ihm dort viel zu viel geredet und immer nur geredet worden sei. Seiner Ansicht nach aber komme man mit dem vielen Reden nicht weiter. Er sei ein Mann der Tat und für energisches Handeln. Auch habe man geglaubt, daß er für Aemter und Würden wäre, und das habe ihm nicht gepaßt, denn er kämpfe nur für seine Ueberzeugung und für sein deutsches Vaterland.

[1918]

Genossen und Genossinnen!

Gestatten Sie einem alten Demokraten, der wohl hat umlernen müssen, einige wendige Worte.

Unser aller Ziel ist die Demokratie, d. i. Herrschaft des Volkes. Sie ist nur möglich, wenn der einzelne zwei Dinge heilig hält, nämlich

den Glauben an das gesunde Urteil und den gesunden Willen des Volkes

die völlige Unterordnung unter den durch Abstimmung und Wahl bekundeten Volkswillen, auch wenn dieser Wille mit dem eigenen persönlichen Willen oder Urteil im Widerspruch ist.

Wie gelangen wir zu diesem Ziel? Was ist schon erreicht? Was muss noch geschehen?

Die alte Klassenherrschaft ist beseitigt. Sie fiel durch die eigenen Sünden und durch die befreiende That der Soldaten. Der von diesen rasch gewählte Soldatenrat muss vorläufig im Verein mit dem Arbeiterrat als Organ des Volkswillens aufgefasst werden. Wir sind diesen Behörden also in dieser kritischen Stunde unbedingten Gehorsam schuldig und müssen sie mit allen Kräften stützen, mögen wir ihr im Einzelnen deren Entschlüsse billigen oder nicht.

Andererseits müssen alle wahren Demokraten

darüber wachen, dass die alte Klassenherrschaft Tyrannei
von rechts nicht durch eine Klassentyrannei
von links ersetzt werde. Lässt Sie Euch
durch Rachegefühle zu der verhängnisvollen Meinung verleiten, dass Gewalt durch Gewalt zu
bekämpfen sei, dass eine vorläufige Diktatur des Proletariats
nötig sei, um Freiheit in die Köpfe der Volksgenossen
hineinzuhämmern. Gewalt erzeugt nur Erbitterung,
Hass und Reaktion.

Wir müssen daher von der jetzigen Diktatur-Behörde,
deren Weisungen wir uns willig fügen müssen, unbedingt verlangen, dass sie ohne Rücksicht auf irgend
welche Partei-Interessen unverzüglich die Wahl der gesetzgebenden
Versammlung vorbereite, damit möglichst bald
alle Befürchtungen neuer Tyrannei zerstreut werden.
Erst wenn diese Versammlung einberufen ist und ihre
Aufgabe befriedigend gelöst hat, kann das deutsche
Volk mit Befriedigung sagen, dass es sich die Freiheit
errungen hat.

Rückhaltlose Anerkennung gebührt unseren
jetzigen sozialdemokratischen Führern. Im stolzen Bewusstsein der werbenden Kraft der von ihnen vertretenen Gedanken
haben sie sich bereits für die Einberufung der gesetzgebenden
Versammlung entschlossen. Damit haben sie gezeigt, dass
sie das demokratische Ideal hoch halten. Möge es
ihnen gelingen, uns aus den ernsten Schwierigkeiten
herauszuführen, in die wir durch die Sünden und
Halbheiten ihrer Vorgänger hineingeraten sind.

Albert Einstein
(3.v.l.) auf der
Russischen Natur-
forscherwoche
in Berlin, 1927

Albert Einstein
(3rd from l.) at the
Week of Russian
Natural Scientists
in Berlin, 1927

Die Verfolgung von Georg Friedrich Nicolai

Brief von Albert Einstein an Hans Delbrück, Berlin, 26. Januar 1920

Einstein wendet sich an den Historiker und Politiker Hans Delbrück, den er durch den Bund Neues Vaterland kennt, um dem bedrängten Arzt und Pazifisten Georg Friedrich Nicolai zu helfen. Dieser wird an der Wiederaufnahme seiner Lehrtätigkeit an der Charité gehindert; die Universität erkennt ihm schließlich die *venia legendi* ab. Er wandert deshalb 1922 nach Argentinien aus, wo er als „großer Europäer" empfangen wird.

The persecution of Georg Friedrich Nicolai

Letter from Albert Einstein to Hans Delbrück, Berlin, 26 January 1920

Einstein turns to the historian and politician Hans Delbrück, whom he knows from the organization New Fatherland League, to help the harried physician and pacifist Georg Friedrich Nicolai. Nicolai is being prevented from resuming his teaching activities at the Charité University Hospital; the university ultimately dispossesses him of the *venia legendi*. He thus emigrates to Argentina in 1922, where he is welcomed as a "great European."

Staatsbibliothek zu Berlin – Preußischer Kulturbesitz, Germany
Call number: Nachlass H. Delbrück, A Nr. 743

Published in: The Collected Papers of Albert Einstein, vol. 9,
Princeton: Princeton University Press, 2004, doc. 282, p. 384;
Kirsten, Christa, and Hans-Jürgen Treder, eds.:
Albert Einstein in Berlin 1913–1933, vol.1,
Berlin: Akademie-Verlag, 1979, pp. 200–201

Delbrück

Prof. Dr. A. Einstein

Berlin, den 26. Januar 1920

W. 30 Haberlandstr. 5

Nollendorf 2807

Sehr geehrter Herr Kollege!

Seit einigen Wochen versucht die alldeutsche Presse die akademische Tätigkeit von Prof. Nicolai zu hintertreiben. Die Sache wird augenblicklich von Rektor und Senat ordnungsgemäß untersucht, also von einer Instanz, deren Mitglieder an und für sich den Gedanken Nicolais durchaus nicht freundlich gegenüber stehen, sodaß man wohl nach dieser Richtung hin von ihrer Objektivität überzeugt sein kann.

Um so verwerflicher erscheint die Preßhetze, von der beiliegender Artikel aus der Deutschen Tageszeitung eine Probe abgibt.

Da die Untersuchung von Rektor und Senat sich vielleicht noch lange hinzieht, wäre es wünschenswert, um der suggestiven Wirkung dieser Artikel zu begegnen, eine kurze Erklärung von Universitätslehrern zu veröffentlichen.

Falls Sie umstehender Erklärung, die ich wegen der Eile nur an einige Berliner Kollegen gesandt habe, zustimmen, bitte ich Sie mir dies teleühonisch oder durch Rohrpostkarte bekannt zu geben.

Hochachtungsvoll

A. Einstein.

In den letzten Tagen hat eine systematische Zeitungshetze gegen den als pazifistischen Schriftsteller und mutigen Verfechter seiner Ueberzeugung im In- und Auslande **wohlbekannten** Prof. Nicolai eingesetzt, nachdem schon vorher alldeutsche Studenten durch unwürdige Radauscenen in der Universität seine Kollegien unmöglich gemacht haben. Die unterzeichneten Hochschullehrer halten es für ihre Pflicht, ihrem tiefen Bedauern über all diese Vorkommnisse Ausdruck zu geben, die nach ihrer Ueberzeugung als ein Symptom engherziger Unduldsamkeit dem Geiste und dem Ansehen der Berliner Universität nur zum Schaden gereichen können.

Wir, die wir das Wirken und Tun Nicolais kennen, bestreiten ganz entschieden, daß er auch nur das geringste getan hat zum Schaden Deutschlands. Im Gegenteil, sein Auftreten hat nur dazu beigetragen die Sympathien für Deutschland zu vergrößern.

Aber auch wenn man/die Wirkung des Nicolaischen Auftretens anderer Meinung ist, sollte man ihn deshalb nicht durhh offensichtliche Unwahrheiten und Verläumdungen zz bekämofen versuchen.

Marie Curie (2.v.l.),
Hendrik Antoon
Lorentz (3.v.l.) und
Albert Einstein
(5.v.l.), Paul
Painlevé (r.)
Kristine Elisabeth
Heuch Bonnevie
(4.v.r.) bei einer
Sitzung der Völker-
bund-Kommission
für Geistige
Zusammenarbeit,
Paris, 1927

Marie Curie (2nd
from l.), Hendrik
Antoon Lorentz
(3rd from l.) and
Albert Einstein (5th
from l.), Paul
Painlevé (r.)
Kristine Elisabeth
Heuch Bonnevie
(4th from r.) at a
meeting of the
League of Nations
Committee
on Intellectual
Cooperation,
Paris, 1927

Die Front der Anti-Relativisten

Aus wissenschaftlichen und politischen Gründen wird die Relativitätstheorie heftig angegriffen.

Albert Einstein im Garten der Universität Tokio, Japan, 1922

Für Experimentalphysiker wie Ernst Gehrcke und Philipp Lenard ist die Relativitätstheorie eine unzulässige Mathematisierung der Physik. Was nicht einfach und anschaulich ist, kann – so meinen sie – nicht wahr sein. Solche Ressentiments verbinden sich häufig mit antisemitischen Tendenzen.

Gehrcke tritt 1920 bei einer öffentlichen Veranstaltung gegen die Relativitätstheorie als Redner auf. Kurz darauf diskutieren Lenard und Einstein in Bad Nauheim, doch die grundlegenden Differenzen bleiben bestehen.

Die politische Atmosphäre ist angespannt: Einstein erhält aus nationalistischen Kreisen ernst zu nehmende Morddrohungen. Dass er aus diesem Grund öffentliche Vorträge absagt, legen ihm die Einstein-Gegner als feiges Kneifen vor der Auseinandersetzung aus.

At the Anti-Relativist's Front

For political and scientific reasons the theory of relativity is attacked vehemently.

Albert Einstein in the garden of the University of Tokyo, Japan, 1922

For experimental physicists like Ernst Gehrcke and Philipp Lenard, the theory of relativity is an unacceptable mathematization of physics. What is not simple and straightforward, according to their view, cannot be true. Such resentment is frequently associated with anti-semitic tendencies.

In 1920 Gehrcke speaks at a public event protesting the theory of relativity. Shortly thereafter Lenard and Einstein have a discussion in Bad Nauheim, yet their fundamental differences remained unresolved.

The political atmosphere is tense: Einstein is receiving death threats from nationalistic circles, and has every reason to take them seriously. When, as a result, he cancels public lectures, his opponents construe this reaction as cowardice.

Öffentliche Veranstaltung gegen Einstein

Programmentwurf von Ernst Gehrcke, [1920]

Eine öffentliche Vorlesungsreihe soll die Kritik an der Relativitätstheorie in die breite Öffentlichkeit tragen. Auftakt bilden am 24. August 1920 zwei Reden des antisemitischen Agitators Paul Weyland und des Physikers Ernst Gehrcke gegen die Relativitätstheorie in der Berliner Philharmonie. Entgegen den Plänen der Veranstalter kommt dann nur eine weitere Vorlesung – am 2. September vom Physiker Ludwig Glaser gehalten – zustande. Oskar Kraus, ein Prager Philosoph jüdischer Herkunft, sagt wegen der antisemitischen Untertöne der Veranstaltung seine Teilnahme kurzfristig ab.

Public event against Einstein

Draft of a program by Ernst Gehrcke, [1920]

A public lecture series is scheduled to bring the critique of the theory of relativity to the broader public. The series is launched with two speeches against the theory of relativity, one by the anti-Semitic agitator Paul Weyland and the other by physicist Ernst Gehrcke, in the Berlin Philharmonic Hall on 24 August 1920. Contrary to the organizers' plans, only one additional lecture takes place, by the physicist Ludwig Glaser on 2 September. Oskar Kraus, a philosopher from Prague of Jewish descent, cancels his participation at short notice due to the event's anti-Semitic undertones.

Max Planck Institute for the History of Science, Berlin, Germany
Call number: Nachlass E. Gehrcke 82-1-9

Vortragsreihe

deutscher Naturforscher

gegen Einsteins allgemeine Relat.theorie

Die in wissenschaftl. Kreisen bisher nicht beobachtete
Methode, mit Hilfe von Reklamemitteln die Öffentlichkeit für die sogenannte Einsteinsche Rel. günstig zu
beeinflussen, einer Theorie, deren fast weittragend erklärte
philosophische Bedeutung in allen Punkten des Beweises
bedarf, veranlasst die deutsche Naturforscherwelt, auch
ihrerseits aus der bisher beobachteten Reserve heraus-
zutreten, um — wegen genug — vor die breite Öffentlichkeit zu treten.

Die einseitig betriebene Pressepropaganda, welcher nicht
selten auf Gleichwertiges mit ebensolcher Wertung
entgegengestellt, veranlasst die unterzeichneten Verband,
dem namhafte deutsche Gelehrte angehören, den Weg des
öffentlichen Vortrages zu beschreiten, damit das deutsche
Publikum einmal von wissenschaftlich neutraler Seite
eine möglichst vielseitige Beurteilung
der Einsteinschen allgemeinen Rel.th. erhält.

Es sprechen zunächst am Di, den 24 August
im grossen Saal der Philharmonie abends 8 Uhr:
Herr Paul Weyland
     Über Einsteins Rel.th. als wissenschaftliche
Massensuggestion.
Herr Prof. E. Gehrcke - Berlin:
     Kritik der Einsteinschen Rel. Th.
          Ferner am
Donnerstag den 2. Sept., im gleichen Saale, abends 8 Uhr,
Herr Prof. Dr. Kraus - Prag
     Erkenntnistheorie und Rel. theorie
Herr Dr. ing. Gläser:
     Physikalische Einwände gegen Einsteins Rel.th.
          (mit Lichtbildern)
Preise 12 - 2 M. ---
     Weitere Vorträge deutscher Nobelpreisträger werden folgen und
          rechtzeitig bekanntgegeben.
          Arbeitsgemeinschaft dtsch. Naturforscher zur Erhaltung
          reiner Wiss. E.V.

„Wissenschaftlicher Dadaismus"

Manuskript von Paul Weyland, [1920]

Im Jahr 1920 wird Paul Weyland (1888–1972) von der Presse zum „Berliner Einstein-Töter" ausgerufen. Bis zu seinem Vortrag gegen die Relativitätstheorie im August 1920 in der Berliner Philharmonie ist er unter Wissenschaftlern gänzlich unbekannt. Nun kämpft er mit seiner eigens für diesen Zweck gegründeten Arbeitsgemeinschaft deutscher Naturforscher zur Erhaltung reiner Wissenschaft e.V. gegen die Relativitätstheorie. In Anwesenheit Einsteins beschimpft Weyland die Relativitätstheorie als „wissenschaftlichen Dadaismus". In dem hier publizierten Redeskript sind Korrekturen von Ernst Gehrcke enthalten.

"Scientific dadaism"

Manuscript by Paul Weyland, [1920]

In 1920 the press proclaims Paul Weyland (1888–1972) "Berlin Einstein killer." Until his lecture against the theory of relativity in the Berlin Philharmonic Hall in August 1920, he was completely unknown among scientists. Now he fights against the theory of relativity with an organization he created especially for this purpose, the Working Association of German Natural Scientists for the Preservation of Pure Science. In Einstein's presence, Weyland berates the theory of relativity as "scientific dadaism." The text of the speech published here includes corrections by Ernst Gehrcke.

Max Planck Institute for the History of Science, Berlin, Germany
Call number: Nachlass E. Gehrcke 72-E-6

Meine sehr verehrten Damen und Herren!

Ich habe die Ehre und das Vergnügen Sie heute mit
einigen einleitenden Worten zu einer Reihe von Darlegungen zu
begrüssen, die sich mit der sogenannten Einsteinschen Relativitätstheorie befassen. Es handelt sich darum , kritisch zu untersuchen, ob die Einsteinschen Fiktionen eine konkrete Stütze durch
die Wissenschaft insbesondere die Naturwissenschaft erfahren kann,
oder philosophische Punkte zu ihrer Betätigung anzuführen hat.

M . D . u. H. Es übersteigt den Rahmen der uns heute
zugemessenen Zeit, dass ich Ihnen in diesem ersten Vortrage eine
gründliche Kritik der Einsteinschen Relativitätstheorie vom
mathematischen Standpunkt gebe. Diese Darstellung wird später
erfolgen. Ich habe mich heute lediglich damit zu befassen, zu
untersuchen wie es kam, dass die A . R. T. seit geraumer Zeit
die Massen in Aufruhr versetzen konnte. Ehe ich mich jedoch
dieser kurzen   einleitenden Bemerkung entledige, möchte ich
einige geschäftliche Bermerkungen vorneweg schicken. Es wird
soeben mitgeteilt, dass die Druckerei den heutigen Vortrag
von Herrn Professor Dr. G e h r c k e fertiggestellt hat und
eine gewisse Anzahl Exemplare noch heute hierher senden wird.
Ich werde diese Bücher im Foyer aufstellen lassen, wo selbst
diese nach dem Vortrage käuflich zu heben sind. Eben dort wird
eine ganze Schrift des Heidelberger Physikers P. Lenard ausge-
legt, die ich allen denen, die sich über den Wert der Einsteinschen
Relativitätstheorie in wirklicher sachlicher Weise informieren
wollen, recht empfehlen möchte. Das Buch erfreut sich nach
meinem Dafürhalten neben strenger Wissenschaftlichkeit unge-
meiner Eindringlichkeit und Gemeinverständlichkeit.

M. D. u. H. Weshalben ist in der Naturwissenschaft in
einem derartigen Aufwand von Druckerschwärze ein wissenschaftliches System aufgestellt worden, dass sich bei näherem Zusehen
als höchst beweisbedürftig entpuppte. Dieses System, das unter

Heranziehung

- 2 -

Heranziehung aller möglichen Philosopheme mit Mathematik ver-
brämt, teils in reiner Abstraktion, teils in kontreten Abstrusi-
täten als Relativismus oder allgemeine Relativitätstheorie
wollen wir uns im Verlaufe der vorliegenden Vortragsreihe
unter der Führung von Spezialforschern etwas näher ansehen.

Es längt handelt sich um ein System, welches beansprucht, die alleinige Wahrheit zu bringen über alle Vorgänge
des Naturgeschehens. Es soll uns die tiefste Wahrheit über
das, was in der Erfahrungswelt geschieht, enthüllt werden.
Wie begründet nun aber der Erfinder der Relativitätstheorie
diese seine Absicht. Er sagt: " Es ist mein Hauptziel, meine
Theorie so zu entwickeln, dass jeder die *psychologische* Natürlichkeit des eingeschlagenen Weges empfindet. Statt uns
mit Tatsachen zu kommen, statt Beweise zu bringen, wird uns
" die ~~physiologische~~ *psychologische* Natürlichkeit der Theorie", an anderen
Stellen " die Schönheit der Theorie", in noch anderem Falle
" die Kühnheit der Theorie" angepriesen. M. D. u. H. Kühnheit
ist sehr wohl, eine ~~gedankliche~~ Notwendigkeit des erfolg-
reichen Forschers, nur hat diese Kühnheit sich selbst Grenzen
zu ziehen, die im menschlichen Taktgefühl und in wissenschaftlicher Hinsicht begründet sind. Treffender kann sich niemand
über diesen Punkt äussern als P. Lenard in seiner kleinen
Schrift, die ich Ihnen hier nicht vorenthalten möchte. Lenard
sagt zu disem Punkt auf Seite 1 folgendes: "

M. D. u. H. es ist eine ganz auffallende Erscheinung,
dass die Einstein-Presse und Literatur sich mit ganz geringen
                                              Ausnahmen
in einer derartigen überschwänglichen Lobhudelei gefällt, wie
ich sie oben angeführt habe, und dass diesen von Phrasen und
Zuckerwasser nichts Positives entgegensteht. Ich könnte noch
stundenlang in der Aufzählung solcher Aeusserungen fortfahren
alle aus Einsteins oder seiner Anhänger wissenschaftlichen
                                              Veröffentlichung

- 3 -

Veröffentlichungen, aus Arbeiten, die in den Annalen der
Physik, in den Sitzungsberichten der Preussischen Akademie und
in vielen anderen ernsten wissenschaftlichen Zeitschriften
gedruckt worden sind. Diese Rednesarten , die nun schon in
der Fachpresse auftaten , werden durch die Veröffentlichungen,
welche sich an ein breiteres Plublikum wenden, noch erheblich
übertroffen! Es soll Einsteins Theorie einen Wendepunkt des
menschlichen Den-ke Denkens und der menschlichen Kultur bedeuten. Die grossen Genies der Vergangenheit Kopernikus Kappler,
Newton verblassen gegenüber der alles überstrahlenden Theorie
von Einstein! Abgrund tiefer eisige Höhen, höchste Gipfel ge-
waltigste Gedankenarchitektur, das sind die Beiworte, die dieser
Fiktion gezollt werden. Die wisseschaftliche Welt beugt sich
vor der siegenden Kraft, vor dem glänzenden Triumph ss des
menschlichen Geistes der an theoretischer Bedeutung noch die
berühmte Errechnung des Planten Neptun durch Leverrier und
Adams in den Schatten stellt. Von überraschender Folgerichtigkeit,
physikalisch und philosophisch gleich befriedigend ist der Bau
des Alls, den die allgemeine Relativitätstheorie vor uns enthüllt. Ueberwunden sind alle Schwierigkeiten, die auf Newton-
schen Boden erwuchsen, alle Vorzüge jedoch durch die das moderne
Weltbild sich über die engen antiken Anschauungen erhob, strahlen
im reineren Glanze als zuvor. Die Welt ist durch keine Grenzen
eingeengt und doch insich harmonisch geschlossen, sie ist ----
und nun kommt der Glanzpunkt Ravulistik, sie ist vor der Gefahr
der Verödung gerettet! Von neuem erkennen wir die erlösende Kraft
der Relativitätstheorie dem menschlichen Geist eine Freiheit und
ein Kraftbewusstsein schenkt, wie kaum eine andere wissenschaftliche Tat sie je zu geben vermochte!

     M. d. u. H. Was ich Ihnen hier eben erzählte sind nicht
etwa von mir ausgedachte Parodien , sondern wörtliche Zitate
aus der Einstein-Presse, die ich Ihnen hundertfältig ergänzen

               könnte

- 4 -

konnte und die in unzähligen Auflagen in einer wahren Massen-
flut auf die bedauernswerte Oeffentlichkeit losgelassen wurde.

Wenn man sich diese Aussprüche vergegenwärtigt, so
drängt sich dem kritisch veranlagten Geist unwillkürlich die
Frage auf : "Sollte hier nicht etwas vorliegen, was mit ernster
wissenschaftlicher Arbeit und Sachlichkeit nichts zu tun hat?
Wie will ein heute lebender Mensch imstande sein, eine menschliche Entdeckung oder Empfindung in eine Linie mit den Taten
eines Kopernikus, Käppler oder Newton zu setzen, von denen uns
heutige
heute Jahrhunderte trennen. Wie will der Mensch irgend einer
wissenschaftlichen Wahrheit heute schon ansehen können, dass sich
sie sich dereinst in Jahrhunderten aus dem Getriebe der Zeit so
hernusheben wird, wie dies bei den grossen Namen der Vergangenheit der Fall ist ? Spricht bei solch exaltierten Ausdrücken
wie wir sie soeben gehört haben überhaupt noch der nüchtern
wissenschaftliche verstand oder sind wir hier in einen Gefühls-
rausch hineingeraten, der vor anderem Räuschen nur das voraus hat,
dass er sich auf die Wissenschaft bezieht. Solche überschwänglichen Ausdrücke sind jedenfalls in der wissenschaftlichen
Welt etwas ungewöhnliches und sie riechen etwas stark nach ge-
suchter Beeinflussung auf solche mit Reklamemitteln aller zur
Verfügung stehenden Art wo durch strenge Sachlichkeit nichts erreicht wird.

~~Einchichkenkskaltkann~~

Aber nun wird behauptet der Erfinder der Relativitätstheorie habe mit allen diesen Dingen zcht nichts zu tun. Ihn
kümmert nur der weitere Ausbau seiner Theorie und die reine
Wissenschaft in stiller Gelehrtenzurückgezogenheit. Ein Büchlein,
dem ich einen Teil des Hymnen entnommen habe schreibt z. B.
in seinem Vorwort:"Der Verfasser..........

In einem Zeitungsartikel verwandte ich dieses und.

werde

-6-

werde von einem hervorragenden Berliner **Physiker** darauf mit

folgenden Worten angegriffen ....
Dem gegenüber möchte ich doch feststellen, dass nicht nur

wie in diesem krassen Falle Herrn Einstein die Mitwirkung der

jetzt abgeschüttelten kleineren Geister ~~in Bereuthena~~ höchst
                                           sonst
angenehm war, denn hätte er sich nicht zu der soeben ver-

lesenen Antwort veranlasst gefühlt. Aber einen Menschen, der

in seiner **Navität** und Unkenntnis des Themas soweit geht, dass

er ausdrücklich hervorhebt nicht mehr einenSatz der euklidschen

Geometrie beweisen zu können, vor seinen Wagen zu spannen, ist

nach meinem Dafürhalten Reklamemache um jeden Preis oder Unwissen-

schaftlichkeit.Wenn Herr Einsteingewollt hätte diesem Geschreibsel

ein Ende zu machen, hätte er jahrelang Zeit gehabt. Durch eine
                                mit
einzige Aeusserung,durch der in seinem Kreiseso vorzüglich

in Verbindung stehenden Presse hatte er es erreichen können,
                           schleunig
dass der ganze **Schwarm** von Verherrlichung und Bewunderung,

das hat Einstein nicht gewollt, sonst hätte er sich dementsprechend

geäussert und was noch wichtiger ist, dementsprechend gehandelt.
        die
Das ist systematische Massensuggestion zum Preis und Ruhm eines

Einzelnen, der der die breite Oeffentlichkeit mit B-biter

notwendig hat, nachdem ihm Opposition über Opposition erwächst.

Aber auch in wissenschaftlichen Kreisen wird das Aeusserste ver-

sucht, um Beweise für die R. E. an den Haaren herbei zu ziehen.

Da es um die Frage der Rotverschiebung still geworden ist,

schaut man nach anderen Objekten aus und findet leider recht

dürftige Ausbeute. Da setzt dann nun an gewissen Stelle, wo man

die Beziehung und die Macht hat die Taktik des Totschweigens ein.

Einsteins ständige Referenten geben von Forschungsberichten

auf anderem Standpunkt stehenden Gelehrten in ihren Referaten

entweder gar keine oder durch ironische Bemerkungen entstellte

Berichtes. T. werden solche Forschungsergebnisse gegenüber den

Einsteinischen Axiomen stets als unbewiesene offene Fragen be-

handelt z. B. wird eine Arbeit von Sir Oliver in J. Lodge wird

folgenden Worten abgefertigt: " Es wird in dieser ganz kurzen

6

- 5 -

kurzen Notiz versucht das Wesen der Ablenkung eines Lichtstrahles
nach der allgemeinen R. T. eine Folge der Schwere der Energie
auf Grund früherer Anschauungen plausibel zu machen. " An

kleinen
diesem kleinen Beispiel , dass sich, wie die oben angeführte
Lobhudelei in beliebigen Masse fortsetzen lässt, können Sie
ersehen, dass auch hier die Macht des Einsteinschen Armes wirkt
und die Beeinflussung in diesem Falle der wissenschaftlichen Welt
genau so versucht und durchgeführt wird, wie der breiten Oeffentlichkeit gegenüber. Wo es absolut nicht geht die berühmte
Konjugation über die sich Schopenhauer in seiner Abhandlung
über die Universitätsphilosophie in so markerschütternder
Weise ausgelassen hat, anzuwenden, nämlich nach der Formel ich
schweige tot, du schweigst tot. pp. da setzt die indirekte
Methode ein, nämlich Forschern, die sich durch räumliche Entfernung oder sonst wie nicht gleich zur Sache äussern können,
den Wert ihrer Abhandlungen durch einseitige Kritik herabzu-
setzen .

Warum hat nun Einstein Veranlassung mit seinen Hypothesen
die breiten Massen und die Wissenschaft zu beeinflussen zu
versuchen? Wohl nur deshalb, weil er ▬▬ in wissenschaftlichen Kreisen ▬▬▬▬▬▬▬▬▬▬▬▬▬ ihm dauernd
Gegner erwachsen. Tatsachen, die man gernverschweigt und wenn sie
gedruckt werden sollengern unterbindet durch die Beziehungen,
die man hat. Noch ein in den letzten Tagen erschienenes Buch eines
gewissen Harry Schmidt erkühnt sich alle Gegengründe gegen Einsteins Theorie ohne die Spur eines Gegenbeweises anzutreten abzu-
weisen, unglaublich Unrichtigkeiten und Unsachlichkeiten in das
Publikum zu werfen und, was das Unverschämteste an dieser Arbeit
ist, Beweise als gesichert anzugeben, wo das Gegenteil einwandfrei feststeht. Aber nicht nur in der Literatur sondern auch in
öffentlichen Vorträgen wird die Massensuggestion im Einsteinschen
Sinne emsig betrieben, ohne dass die interessierte Oeffentlichkeit
den wahren Stand der exacten Naturforschung zu hören bekommt.
So hielt kürzlich ein Berliner Popularastronom im Büchner - Saal
einen Propagandavortrag, den er nebenbei bemerkt vom Einsteinschen

- 7 -

Einsteinschen Standpunkte betrachtet schlecht genug interpretierte,
Auch hierbei wurde das Publikum in mehr als fragwürdiger und
unsachlicher Weise über den Wert der Einsteinschen R. T. unterrichtet und bewiesene Gegengründe nach bewährter Methode einfach
totgeschwiegen.

M. D. u. H. Es liegt mir heute ob zu ergründen und
nachzuweisen, wie es kam, dass diese sogenannte Hypothese, die
sich bei näherer Prüfung als glatte Fiktion herausstellte, die
Welt dauernd in Atem halten konnte. Wissenschaftlich genommen
ist dieses leicht erklärlich. Durch die Verbrämung verschiede-
ner wissenschaftlicher Disziplinen mit einander ist es dem
Spezialforscher nichtmöglich gewesen sich in ein ihm fremdes
Gebeit, schnell genug hinein zu finden. Einst~~~~~~~~~
Gründliche Forscherarbeit und Prüfung erfordert eben Zeit
~~Jetzt ist ungefähr der Augenblick gekommen, wo sich der~~

~~Kanstler, die ihren Prüfungen herausgegeben und abermal di~~
~~aber sich vom einsteinischen Theorem sachlich zu heben zu gehen.~~

Aber noch ein anderer Grund spricht hier ein wichtiges
Wort mit. Wohl nicht zum geringsten Teile hat dies seine Ursache
in der mehr oder minder geistigen Verflachung, in die uns die
gegenwärtige Zeit versenkt hat. Wir haben erst kürzlich erleben
können, mit welchem Aufwand von Reklame heutzutage Wissenschaft
gemacht wird. Es ist leider soweit gekommen, dass die Wissenschaft nicht mehr selbst Zweck ist, sondern Mittel zum Zweck,
                            mit
gewissen Personen den Glorienschein wissenschaftlicher Päpst-
lichkeit zu umgeben Sie alle m. D. u. H. haben es mit eigenen
                                                    in
Augen gesehen und mit eigenen Hören gehört, auf welchem Tief-
stand sich die geistigen Ethischen und moralischen Qualitäten
derer bewegten, die uns die gegenwärtigen Zustände brachten.
Das schlimmste Übel war eine gewisse Presse, die neben einer
bereits bestehenden wie Pilze aus der Erde schossen, die alle
moralischen und sittlichen Werte im deutschen Volke eretinate,
um aus dem geschaffenen Trümmerhaufen für sich brauchbares Heraus-
zuscharren. Und um diese Presse gruppierten sich Abenteurer
jeder Art, nicht nur in der Politk , sondern auch in Kunst und

- 8 -

und Wissenschaft. Genau wie die Herren Dadaisten mangels jeden
Erfahrungsgedankens in ihrer Kunst-und Weltanschauung, Aufbau
Entwicklung und Reife vermissen lassen und dieses unreife Zeug
ein Teil der alten hauptsächlich aber die neue Literatur
propagieren liess, weil sie geistig und technisch nicht imstande
waren sich selbst durchzusetzen, genau so vollzieht sich in
der Einsteinschen R. T. als ein völliges Analogon das Hinein-
werfen der R. T. in die Massen. Auch hier liegt bewusste
Ablehnung erfahrungsmässige Kenntnisse und Erkenntnisse vor.
Wir stehen bei der Betrachtung der Einsteinschen Ideen genau
vor dem selben Gedankenchaos der Dadaisten, die wohl etwas
wollen und wünschen, es aber nicht begreiflich machen und beweisen
können.

M. D. u. H. Niemand wird sich wundern wenn gegen diesen
wissenschaftlichen Dadaismus eine Bewegung entstanden ist, mit
dem Ziele, die Oeffentlichkeit aufzuklären, was denn eigentlich
an der Einsteinschen R. T. ist, und was man unter Fortschritten
der Wissenschaft zu verstehen hat. Es sollen in einer Reihe von
Vorträgen andere Gesichtspunkte und Anregungen zur Geltung
kommen als sie bisher in allzu einseitiger und aufdringlicher
Weise der Oeffentlichkeit geboten worden sind.

Ehe ich schliesse noch eine kurze Bemerkung. Ich bin in der
Tagespresse, wie ich schon vorhin erwähnte, von einem hervorragenden deutschen Physiker angegriffen worden. Mir wurde u. a.
entgegen gehalten, dass ich annehme, die Ergebnisse mancher
Forscher hinsichtlich der Prüfung der R. T. könnten durch Vor-
eingenommenheit beeinflusst sein. Dem gegenüber stellt ich
fest, dass alle für Einstein sprechende Gründe in Deutschland
über Einstein besonders aufgebauscht und die Gegenteiligen

- 9 -

gegenteiligen Beweisgründe totgeschwiegen wurden. Ferner wird
mir vorgeworfen, dass ich behauptet haben habe, Herr Einstein
habe eine Formel von Gerber abgeschrieben. Hierzu stelle ich
fest, dass das peinliche jahrelange Schweigen von Herrn Einstein über diesen Punkt nicht nur von mir sondern auch von einer
ganzen Reihe von Fachgenossen und unvoreingenommenen Beurteilern
erhobenen Vorwurf als sehr eigentümlich empfunden wird. Ich
stelle fest, dass es doch allgemein üblich ist, sich mit
Vorwürfen solcher Art und Schwere selbst und zwar sofort zu
äussern.

  M. D. u. H. Ich bin am Ende meiner einleitenden Bemerkungen und ich hoffe, dass ich Sie in groben Zügen informiert habe, was Sie nunmehr im Verlaufe der nächsten Monate
über Einstein erfahren werden. Nicht Parteinahme, nicht Vorein-
genommenheit persönlicher oder politischer Natur ist es, was
zur Gründung unserer Arbeitsgemeinschaft geführt hat und diese
Vortragsreihe veranlasst hatte. Die Not unseres Volkes, die
kaum zu überbieten ist, waren mit der hauptsächlichste Beweg-
grund. Nachdem wir materiell arm geworden sind, soll nun daran
gegangen werden, uns die geistigen Güter zu nehmen , das selbständige Denken soll uns von nunan unterbunden werden. In der
Politik hat man es geschafft. Sie sehen es täglich und stünd-
lich aus jeder Zeitungsnotiz wie eine Tollgruppe kritikloser
Menschen unter der gewissenlosen Führung eigennütziger Menschen,
dem Bolschewismus zustreben. ~~Die Kunst ist dank der Emsigkeit
ähnlicher Kräfte dotenher zu Grunde gegangen.~~ Eth ik und Moral
sind nur noch als Begriffe vorhanden und trotzdem man herange-
gangen ist als das im Deutschen totzuschlagen, was ihn gross
gemacht hat, sollihm nunmehr auch die Wissenschaft genommen
werden. Wie es um die Forschung und um die Universitäten steht,
weiss ein jeder, der einigermassen im Bilde ist. Und nun sind
dunkle Kräfte im Gange, uns die Wissenschaft, nämlich das
selbständige Denken zu rauben. Denndie Konsequenzen und die
Absichten des allgemeinen Einsteinschen R . T. Prinzip und seiner
Hintermänner sind weitgehender und schwer schwiegender als man

- 10 -

man in der Oeffentlichkeit thnt. Deshalb mein deutsches Volk

wahren sie das Letzte und das Höchste   Selbständigkeit des

Denkens und den kritischen Geist und alles wird wieder gut

werden.

Einsteins Lebensstationen in Berlin

Im Frühjahr 1914 zieht Einstein mit seiner Familie nach Dahlem, Ehrenbergstraße 33. Nach der Trennung von seiner Frau wohnt er zunächst in Wilmersdorf, Wittelsbacherstraße 13, bevor er im September 1917 in das Bayerische Viertel in Schöneberg, Haberlandstraße 5, umzieht. Dort wohnt bereits die Familie seiner späteren Frau Elsa. Nach der Heirat im Sommer 1919 beziehen beide eine große, bürgerliche Wohnung im vierten Stock. Ungestört arbeiten kann Einstein in seinem Turmzimmer. Ein anderer Rückzugsort für den Gelehrten wird das Sommerhaus in Caputh bei Potsdam. Es ist aber auch Treffpunkt für Freunde und andere Besucher: Einsteins Paradies, aus dem ihn 1933 die Nazis vertreiben.

Einstein's addresses in Berlin

In the spring of 1914, Einstein and his family move to the district of Dahlem, Ehrenbergstraße 33. After divorcing his wife, he first lives in Wilmersdorf, Wittelsbacherstraße 13, before moving in 1917 to the "Bavarian Quarter" in Schöneberg, Haberlandstraße 13, where the family of his future wife Elsa lives. After the couple's marriage in the summer of 1919, they move into a large, middle-class apartment on the fourth floor. Einstein is able to work undisturbed in his turret room. The summerhouse in Caputh near Potsdam is an additional retreat for the scholar, but it is also a meeting place for friends and other visitors. Einstein is driven out of this paradise in 1933 by the Nazis.

Albert Einstein in der Haberlandstraße 5 in Berlin-Schöneberg, um 1920

Albert Einstein at Haberlandstraße 5 in Berlin-Schöneberg, ca. 1920

Einstein über die „antirelativitätstheoretische GmbH"

Artikel von Albert Einstein „Meine Antwort. Ueber die ‚antirelativitätstheoretische
G.m.b.H.'", *Berliner Tageblatt*, 27. August 1920, Morgen-Ausgabe, S. [1–2]

Einstein reagiert mit einem polemischen Artikel auf die Angriffe der Anti-Relativisten. Mit
Weylands „plumpen Grobheiten" will er sich erst gar nicht auseinandersetzen, Gehrckes
Kritik führt er mit scharfen Worten ad absurdum. Die antisemitischen Untertöne, die bereits seit längerem die Auseinandersetzung mit der Relativitätstheorie begleiten, führen
Einstein zu der Bemerkung, dass man seine Theorien vielleicht anders aufnehmen würde,
wenn er „Deutschnationaler mit oder ohne Hakenkreuz statt Jude von freiheitlicher, internationaler Gesinnung" wäre.

Einstein on the "anti-relativity theory corporation"

Article by Albert Einstein "My Response. On the 'Anti-Relativity Theory Corporation,'"
Berliner Tageblatt, 27 August 1920, morning edition, pp. [1–2]

Einstein reacts to the attacks of the anti-relativists by publishing a polemic article. He
does not want to deal with Weyland's "coarse rudeness"; with sharp words, he follows
Gehrcke's critique to its absurd logical conclusion. The anti-Semitic undertones, which
have already accompanied the dispute with the theory of relativity for some time, prompt
Einstein to remark that his theories might perhaps be received differently if he were a
"German nationalist with or without a swastika instead of a Jew with liberal international
views."

Published in: The Collected Papers of Albert Einstein, vol. 7,
Princeton: Princeton University Press, 2002, doc. 45, pp. 345–347

Insertionspreis: Zeile M. 8.— u. 70% Zuschlag. Stellen-Gesuche u. Familien-Anzeigen M. 4.—

Druck und Verlag Rudolf Mosse in Berlin.

...ageblatt
...eitung

Freitag, 27. August 1920
49. Jahrgang

Meine Antwort.
Ueber die anti-relativitätstheoretische G. m. b. H.

Von
Albert Einstein.

[Nachdruck verboten.]

Unter dem anspruchsvollen Namen „Arbeitsgemeinschaft deutscher Naturforscher" hat sich eine bunte Gesellschaft zusammengetan, deren vorläufiger Daseinszweck es ist, die Relativitätstheorie und mich als deren Urheber in den Augen der Nichtphysiker herabzuwürdigen. Neulich haben die Herren Weyland und Gehrke in der Philharmonie einen ersten Vortrag in diesem Sinne gehalten, bei dem ich selber zugegen war. [...]

(Siehe auch Seite 3.)

Die Kampagne der Pariser Presse gegen Tower.

(Telegramm unseres Korrespondenten.)

Genf, 26. August. Die Pariser Presse, die durch die Erfolge von Warschau und Luzern völlig berauscht scheint, setzt die Kampagne gegen Sir Reginald Tower fort [...]

Hegel und Heine.

Zum heutigen 150. Geburtstag Hegels.

Von
Dr. Hermann Schönhoff.

[Nachdruck verboten.]

Als Heinrich Heine vor hundert Jahren nach Berlin kam, um sich in der preußischen Residenzstadt dem Studium der Rechtswissenschaft und des Lebens zu widmen, war die Universität ein glänzendes Gestirn in der märkischen Sandwüste [...]

Die Ablehnung der russischen Friedensbedingungen durch die Polen.

Drohender Abbruch der Verhandlungen.

London, 25. August. (W.T.B.)

Kamenew hat Telegramme Tschitscherins veröffentlicht, in denen es heißt: Die Polen lehnten die Bedingungen der Bolschewisten rundweg ab und weigerten sich [...]

Die Möglichkeit einer neuen russischen Gegenoffensive.

London, 26. August. (H.R.)

Trotzdem den Berichten, daß die Russen einen neuen Vormarsch gegen Polen vorbereiten, einiges Gewicht beigemessen wird, sind die militärischen Fachleute in London und Paris der [...]

„Schießt die Schufte nieder!"

Artikel von Rudolf Lebius „Ungesühnter Landesverrat?", *Staatsbürgerzeitung*,
9. Januar 1921

Einstein – der Demokrat, der Pazifist, der Jude – wird in der Öffentlichkeit heftig angegriffen. 1921 ruft der Journalist Rudolf Lebius (1868–1946) in der antisemitischen
Staatsbürgerzeitung offen zum Mord an Einstein und anderen Mitgliedern der Liga für
Menschenrechte, dem ehemaligen Bund Neues Vaterland, auf. Seiner Ansicht nach
ist Einstein ein Vaterlandsverräter, für dessen Ermordung man dankbar sein müsse.
Die demokratische Presse solidarisiert sich sofort mit Einstein und empört sich über
die milde Geldstrafe von 500 Mark, mit der Lebius davonkommt.

"Gun the scoundrels down!"

Article by Rudolf Lebius, "Unavenged Treason?," *Staatsbürgerzeitung*,
9 January 1921

Einstein – the democrat, the pacifist, the Jew – is fiercely attacked in public. In 1921
the journalist Rudolf Lebius (1868–1946), openly calls for the murder of Einstein and
other members of the League for Human Rights, the former New Fatherland League, in
the anti-Semitic *Staatsbürgerzeitung*. In his view Einstein is a traitor to the Fatherland,
for whose death one should be grateful. The democratic press immediately shows its solidarity with Einstein and bristles at Lepsius' getting off with a mild penalty of 500 marks.

Staatsbibliothek zu Berlin – Preußischer Kulturbesitz, Germany
Call number: 2'' Ztg 758

Nr. 2. — 9. 1. 1921.　　Preis 40 Pfennig.

Staatsbürger-Zeitung

1864 begründet

Verlag: Spreeverlag G. m. b. H., Berlin C 2, Breite Str. 4. — Postscheckkonto des Spreeverlags: Berlin 81 93. — Fernsprecher: Zentrum 88 21 und Tegel 555. — Druck: Schloßdruckerei G.m.b.H., Berlin C 2, Breite Str. 4.

Bezugspreis vierteljährlich durch die Post 4.80 Mark. Anzeigenpreis: die achtgespaltene Kleinzeile 2.50 Mark. Reklamezeile 6 Mark.

Die Postbezieher der Staatsbürger-Zeitung sind unentgeltlich bei Tod durch Unfall mit 300 M., im Sterbefall mit 100 M. versichert. Die Bedingungen werden von Zeit zu Zeit, mindestens aber vierteljährlich, in der Staatsbürger-Zeitung veröffentlicht.

Ungesühnter Landesverrat?

Ein für die französische Gesetzverfassung sehr bezeichnendes Geschichtsverfahren sei hier mitgeteilt. Ein französischer Geschichtsgelehrter machte die Pariser Zeitungen darauf aufmerksam, daß sich in der preußischen Staatsbibliothek zu Berlin noch 170 Bände Originalakten der französischen Regierung aus den Jahren 1601 bis 1648 befinden. Die Bände seien seinerzeit bei der Plünderung des Palastes des Kardinals Richelieu durch den Pariser Straßenpöbel gestohlen und von dem Pariser Gesandten des Kurfürsten von Brandenburg zur Hand angekauft worden. Die Pariser Presse fordert nunmehr die Rückgabe dieser Geschichtsstücke. Nicht umsonst. Bewahre. Die Bezahlung könne ja dem Deutschen Reich auf die Kriegsentschädigung verrechnet werden!

[Der Großteil des Artikels ist in dichtem Fraktursatz gesetzt.]

Rudolf Lebius

Ein Schlemmerparadies.

Am dritten Weihnachtsfeiertag brachten die Zeitungen der Hauptstadt Berlin spaltenlange Schilderungen der Weihnachtsfeiern, die die Amerikaner den hungernden Berliner Kindern bereitet hatten.

[...]

Seneca.

Monarchistenputsch und „Abbau der antisemitischen Politik" in Oesterreich.

Wie die Habsburg-Lothringer wieder zur Herrschaft kommen wollen.

Das Wochenblättchen „Staatswehr", von einem Obersten Wolff geleitet, ist das Blatt der Partei der schwarz-gelben Legitimisten, die von der Schußspott erfüllt sind, Karl und Zita wieder in Wien als Herrscherpaar einziehen zu sehen.

[...]

Ist Einstein ein Plagiator?

Titelblatt des *The Dearborn Independent*, 30. April 1921

Der Automagnat Henry Ford, ein überzeugter Antisemit, polemisiert bereits in den frühen zwanziger Jahren in seiner Zeitung *The Dearborn Independent* gegen die „jüdische Welt-verschwörung". Der Vorwurf des Plagiats wird oft von anti-semitischen Kreisen gegen Einstein erhoben: Statt des Juden Einstein habe ein nichtjüdischer Deutscher die Relativitäts-theorie entwickelt. Diese angeblichen Vorläufer haben sich jedoch im Rahmen der klassischen Physik nur mit einzelnen durch die Relativitätstheorie erklärten Effekten befasst.

Is Einstein a plagiarist?

Title page of *The Dearborn Independent*, 30 April 1921

As early as the beginning of the 1920s, the automobile mag-nate Henry Ford, a convinced anti-Semite, ranted against the "international Jewish conspiracy" in his newspaper, *The Dear-born Independent*. The allegation of plagiarism is often raised against Einstein by anti-Semitic elements: they claim that it was not the Jew Einstein, but a non-Jewish German who developed the theory of relativity. However, these supposed forerunners had only worked within the framework of classi-cal physics to study isolated effects explained by the theory of relativity.

University of Minnesota Libraries, Minneapolis (MN), USA
TC Wilson Library, Annex Sub-Basement (Periodicals)

Albert Einstein auf
der S.S. Rotterdam
bei seiner Ankunft
in New York,
4. April 1921

Albert Einstein on
the S.S. Rotterdam
upon arrival
in New York,
4 April 1921

Das Uhrenparadoxon

Manuskript von Ernst Gehrcke „Über das Uhrenparadoxon in der Rel[ativitäts]-th[eorie]",
erschienen in: *Die Naturwissenschaften*, 9. Jg. (1921), S. 482

Für Gehrcke enthält die Spezielle Relativitätstheorie einen logischen Widerspruch: Von
zwei Uhren, von denen eine auf der Erde verbleibt und die andere ins All geschickt wird,
könne behauptet werden, dass jede Uhr sich gegenüber der anderen bewegt habe. Dann
ginge jede Uhr gegenüber der anderen nach. Der theoretische Physiker Hans Thirring hält
dagegen, dass der durch die beschleunigte Bewegung der einen gegenüber der anderen
Uhr bedingte Unterschied im Rahmen der Allgemeinen Relativitätstheorie widerspruchsfrei beschrieben wird.

The clock paradox

Manuscript by Ernst Gehrcke "About the Clock Paradox in the Theory of Relativity,"
appeared in: *Die Naturwissenschaften*, vol. 9 (1921), p. 482

Gehrcke believes that the special theory of relativity contains a logical contradiction:
Of the two clocks, where one remains on Earth and the other is sent into space, it can be
argued that each clock is moving with respect to the other. Thus each clock is slow relative to the other. Theoretical physicist Hans Thirring counters this argument, asserting
that the difference is due to the fact that one clock is accelerated with respect to the
other, and thus can be explained without contradiction within the framework of the
general theory of relativity.

1) Diese Zeitschrift 1921, S. 209.

2) Kantstudien Bd. # S. 1914. Gemeinverständlich in meiner Schrift:

Über das Uhrenparadoxon in der Rel.-Th.

Von E. Gehrcke, Berlin.

Unter obigem Titel ist Kürzlich ist an einer Stelle eine Kritik meiner früheren Einwände gegen die Rel.-Th. erschienen, in welcher der Verfasser, Herr Thirring, zum Ausdruck bringt, daß es aussichtslos und nicht verlohnend wäre, einem Gegner der Rel.-Th. klar machen zu wollen, daß die Rel.-Th. logisch einwandfrei sei. Diese Erklärung rückt mich der Ver-pflichtung entheben, es überflüssig machen, Herrn Thirring hier im Einzelnen Herrn Thirring zu antworten, indem ich nicht hoffen, meinerseits Herrn Thirring belehren zu können. Ein sachlicher Punkt, der dem Kern der Frage am nächsten steht, sei allein kurz behandelt:

Herr Thirring behauptet ist der Ansicht, daß jede der beiden Uhren A und B gegenüber der anderen nachgehe (S. 210). Genau das ist auch meine Auffassung. Weiter behauptet Herr Thirring, daß dies kein Widerspruch wäre. Demgegenüber geht meine Meinung dahin, daß hier sehr wohl ein logischer Widerspruch vorliegt. Ich habe ferner auf den Ausweg hingewiesen, der aus der Scylla des logischen Widerspruchs heraus-führt, nämlich auf die Charybdis des „Solipsismus." Diesen letzteren lehnt aber Herr Einstein ab (vergl. den Artikel von Einstein im Berliner Tageblatt vom 27. August 1920: Meine Antwort).

Also bleibt wohl der logische Widerspruch solange bestehen, bis der Solipsismus, welcher meines Erachtens den Relativismus überhaupt kennzeichnet, auch officiellen von der relativistischen Physik der Sache nach angenommen wird. Anzeichen dafür, daß der vorhanden. Auch verschiedene Stellen der Aufsätze von Herrn Thirring deuten darauf hin, daß möglicherweise in absehbarer Zeit über die theoretische Grundlage der Rel.-Th. Keine Meinungsverschiedenheit mehr geben wird.

Eine willkommene Reise

Brief von Albert Einstein an Max von Laue, Berlin, 12. Juli 1922

Am 24. Juni 1922 wird der Außenminister Walther Rathenau von Rechtsradikalen erschossen. Einstein wird gewarnt, als Nächster auf der „Mordliste" der Rathenau-Mörder
zu stehen. Er beschließt, sich für einige Zeit aus dem öffentlichen Leben zurückzuziehen.
Die seit längerem geplante Reise nach Japan bietet ihm eine willkommene Möglichkeit,
der politisch aufgeheizten Atmosphäre in Deutschland zu entkommen. Einstein bittet
Max von Laue, die Leitung des Kaiser-Wilhelm-Instituts für Physik während seiner Abwesenheit zu übernehmen.

A welcome journey

Letter from Albert Einstein to Max von Laue, Berlin, 12 July 1922

On 24 June 1922, Foreign Minister Walther Rathenau is assassinated by right-wing
radicals. Einstein is warned that his name is next on the "murder list" of Rathenau's
murderers. He decides to withdraw from public life for a time. The journey to Japan,
already in planning for quite some time, offers him a welcome opportunity to leave
the politically charged atmosphere in Germany. Einstein asks Max von Laue to take
over the direction of the Kaiser Wilhelm Institute for Physics during his absence.

Archiv zur Geschichte der Max-Planck-Gesellschaft, Berlin, Germany
Call number: Abt. I, Rep. 34, Nr. 2 (AE Korr. A–Z)

Prof. Dr. A. Einstein   Berlin W.30, den 12. VII. 22.
                                      Haberlandstr.5.

                    Lieber Laue!

        Ich bin Dir sehr dankbar dafür, dass Du den Vortrag in Leipzig
so bereitwillig übernommen hast und gebe ihn also auch meinerseits definitiv
und vertrauensvoll in Deine Hände. Nun habe ich noch ein Anliegen, dessen
Erfüllung Dir hoffentlich liegen wird. Ich verreise ja im Oktober für weiss
Gott wie lange, und es ist nötig, dass ein Anderer mich unterdessen als Direktor des K.-W.-Institut vertritt. Es ist nun mein Wunsch, dass Du diese Vertre-
tung vom 1. Oktober ab auf unbestimmte Zeit übernehmen möchtest. Selbstverständlich übertrage ich auf Dich die mit dieser Stellung verbundenen Einkünfte.

        Da ich gewissermassen offiziell schon von Berlin abgereist bin, komme
ich morgen nicht in die Sitzung und bitte Dich, im Falle Deiner Einwilligung
das Gesagte dem Direktorium als meinen Antrag zu unterbreiten. Auch bitte ich
Dich zu erklären, dass ich mit der Bewilligung von M. 40 000 an die Herren
Kallmann und Knipping für den Ankauf des Hoffmann'schen Elektrometers einverstanden bin.

            Mit den besten Ferienwünschen

                Dein

                  A. Einstein.

Herrn Prof. Dr. M. v. Laue

    Zehlendorf-Mitte

Flieht Einstein aus Deutschland?

Artikel „Austritt Einsteins aus der Kaiser-Wilhelm-Akademie. Eine Folge der reaktionären Hetze", *Neue Berliner 12 Uhr Zeitung*, 29. September 1922

Als Einstein die Leitung des Kaiser-Wilhelm-Instituts für Physik für die Dauer seines Japan-Aufenthalts an Laue übergibt, meldet die Presse alarmiert, Einstein sei aus der Kaiser-Wilhelm-Gesellschaft ausgetreten. Die heftigen Angriffe nationalistischer und antisemitischer Kreise auf die Relativitätstheorie und ihre Drohungen gegen Einsteins Person lassen das Gerücht wahrscheinlich erscheinen, Einstein wolle wegen der „reaktionären Hetze" Deutschland verlassen.

Is Einstein fleeing Germany?

Article "Einstein's Resignation from the Kaiser Wilhelm Academy. A Consequence of Reactionary Agitation," *Neue Berliner 12 Uhr Zeitung*, 29 September 1922

When Einstein turns over the direction of the Kaiser Wilhelm Institute for Physics to Max von Laue for the duration of his stay in Japan, the press reports that Einstein has resigned from the Kaiser Wilhelm Society and is leaving Germany because of "reactionary agitation." The rumor seems plausible due to the fierce attacks on the theory of relativity by nationalist and anti-Semitic groups and their threats to Einstein personally.

Austritt Einsteins aus der Kaiser-Wilhelm-Akademie

Eine Folge der reaktionären Hetze.

Telegramm der Neuen Berliner Zeitung.

K. Wien, 29. September.

Der „Abend" veröffentlicht nachstehende Mitteilung, die allenthalben das größte Aufsehen erregen wird: In Berliner wissenschaftlichen Kreisen wird soeben bekannt, daß Professor Albert Einstein, der gestern abend seine viel erörterte Reise nach Japan angetreten hat, nach seiner Rückkehr seine Beziehungen zum offiziellen preußischen Lehrkörper nicht wieder aufnehmen wird. Einstein hat bereits jetzt sein dienstliches Verhältnis zum Kaiser-Wilhelm-Institut teilweise gelöst und keinen Zweifel mehr darüber gelassen, daß er entschlossen ist, die Trennung zu einer vollständigen zu machen. Die Gründe, die den Gelehrten zu diesem bedeutsamen Schritt, den man wohl geradezu als einen tragischen Verlust für die deutsche Wissenschaft bezeichnen kann, bewogen haben, sind unschwer zu erraten. Einsteins Austritt aus der Kaiser-Wilhelm-Akademie ist der Ausdruck für die Empfindungen, die den Gelehrten angesichts der fortwährenden Anfeindungen, denen er von reaktionären und antisemitischen Mitgliedern des preußischen Lehrkörpers, teils in offener, teils in versteckter Form, ausgesetzt war, bewegen. Albert Einstein wird auf seiner Reise nach dem fernen Orient von seiner Gattin begleitet. Er wird wahrscheinlich, außer in Japan, auch in China während des gesamten Winters Vorlesungen halten.

Der Entschluß Professor Einsteins wird nicht verfehlen, peinlichsten Eindruck hervorzurufen. Dank dem nationalistisch und „vaterländisch" sich gebärdenden Klüngel, dessen Mitläufer den Namen des Gelehrten sogar auf jene Mordliste gesetzt hatten, auf der auch Rathenau verzeichnet war, und dank den Wühlern in akademischen Kreisen, die sich zwar sanfter benehmen, allein nicht minder engherzig denken und handeln, sieht sich Einstein jetzt bemüßigt, seine öffentliche akademische Tätigkeit in Deutschland aufzugeben. Es ist dies eine Schmach vor ganz Europa, für die jeder wirklich als gut deutsch Empfindende schamrot werden muß.

Aufruf zur Verhinderung eines Vortrags über Relativitätstheorie

Flugblatt, August/September 1922

Auf der Hundertjahrfeier der Gesellschaft Deutscher Naturforscher und Ärzte in Leipzig soll Einstein den Festvortrag über die Relativitätstheorie halten. Die Anti-Relativisten lancieren eine Protesterklärung: Der geplante Festvortrag über Einsteins „verfehlte und logisch unhaltbare Hypothese" sei eine „Irreführung der öffentlichen Meinung" und außerdem unvereinbar mit „Ernst und Würde der deutschen Wissenschaft".

Call to prevent a lecture on the theory of relativity

Flyer, August/September 1922

At the hundredth anniversary celebration of the Society of German Natural Scientists and Physicians in Leipzig, Einstein is supposed to hold the honorary lecture on the theory of relativity. The anti-relativists launch a declaration of protest: The planned lecture about Einstein's "misguided and logically untenable hypothesis" is a "deception of public opinion" and moreover irreconcilable with the "seriousness and dignity of German science."

Die Leitung der „Gesellschaft Deutscher Naturforscher und Ärzte" hat es für richtig gehalten, unter den wissenschaftlichen Darbietungen der Leipziger Jahrhundertfeier Vorträge über Relativitätstheorie auf die Tagesordnung einer großen, allgemeinen Sitzung aufzunehmen. Es muß und soll dadurch wohl der Eindruck erweckt werden, als stelle die Relativitätstheorie einen Höhepunkt der modernen wissenschaftlichen Forschung dar.

Hiergegen legen die unterzeichneten Physiker, Mathematiker und Philosophen entschiedene Verwahrung ein. Sie beklagen aufs tiefste die Irreführung der öffentlichen Meinung, welcher die Relativitätstheorie als Lösung des Welträtsels angepriesen wird, und welche man über die Tatsache im Unklaren hält, daß viele und auch sehr angesehene Gelehrte der drei genannten Forschungsgebiete die Relativitätstheorie nicht nur als eine unbewiesene Hypothese ansehen, sondern sie sogar als eine im Grunde verfehlte und logisch unhaltbare Fiktion ablehnen. Die Unterzeichneten betrachten es als unvereinbar mit dem Ernst und der Würde deutscher Wissenschaft, wenn eine im höchsten Maße anfechtbare Theorie voreilig und marktschreierisch in die Laienwelt getragen wird, und wenn die Gesellschaft Deutscher Naturforscher und Ärzte benutzt wird, um solche Bestrebungen unterstützen.

Dr.-Ing. L. C. Glaser, Würzburg,
Prof. Dr. F. Lipsius, Leipzig,
Prof. Dr. M. Palagyi, Darmstadt,
Dr. L. Kühn-Frobenius, Berlin,
Geh. Rat Prof. Dr. P. Lenard,
   Heidelberg,
Prof. Dr. J. Riem, Berlin,
Dr. H. Fricke, Charlottenburg,
Prof. Dr. K. Strehl, Hof,
Dr. K. Geißler, Eisenach,

Prof. Dr. E. Gehrcke, Berlin,
Prof Dr. S. Mohorovicic, Agram,
Dr. K. Vogtherr, Karlsruhe,
Dr. R. Orthner, Linz,
Dr. J. Kremer, Graz,
Dr. St. Lothigius, Stockholm,
Dr. V. Nachreiner, Neustadt a. d. H.,
Prof. Dr. M. Wolff, Eberswalde,
Dr. A. Krauße, Eberswalde,
Geh. Rat Prof. D. Dr. E. Hartwig,
   Bamberg.

„Die abscheuliche Relativitätslehre"

Artikel von Alfred Döblin „Die abscheuliche Relativitätslehre", *Berliner Tageblatt*
(Abendausgabe), 24. November 1923

Der Arzt und Schriftsteller Alfred Döblin (1878–1957) kritisiert in einem polemischen
Artikel die Mathematisierung der Physik. Selbst die populären Einführungen in die Relativitätstheorie würden den Leser oft überfordern und so breite Kreise der Bevölkerung
von Erkenntnissen der Wissenschaft ausschließen. Döblin ist der Auffassung, dass die
Natur jedem Menschen in einfacher Weise zugänglich ist und man die „Verschwörung"
und „Freimaurerei" der Mathematiker ignorieren sollte. Dieses Wissenschaftsverständnis,
das von einer einfachen und anschaulichen Beschreibung der Natur ausgeht und eine
ganzheitliche Schau der Natur der mathematischen Formulierung von Gesetzmäßigkeiten
vorzieht, ist in den zwanziger Jahren sehr populär.

"The abominable doctrine of relativity"

Article by Alfred Döblin "The Abominable Doctrine of Relativity," *Berliner Tageblatt*
(evening edition), 24 November 1923

The physician and writer Alfred Döblin (1878–1957) criticizes the mathematicization of
physics in this polemic article. Even popular introductions to the theory of relativity, he
states, often ask too much of the reader and thus exclude broad sectors of the population
from scientific findings. Döblin is of the opinion that nature is accessible to everyone in a
simple manner, and that the "conspiracy" and "freemasonry" of mathematicians should
be ignored. This understanding of science, which proceeds from the clear, simple description of nature and prefers a holistic vision of nature to the mathematical formulation of
natural laws, is very popular in the 1920s.

maßnahme aufzuheben. Ebenso bedenklich erscheint der Eingriff in die Kriminaluntersuchung in Probst-

Die abscheuliche Relativitätslehre.

Von Alfred Döblin.   [Nachdruck verboten.]

Ich hatte im Krieg, 1917, zuerst ein Buch in die Hand bekommen, das die Relativitätslehre behandelt, von Einstein selbst geschrieben, eine „gemeinverständliche" Darstellung. Die Vorrede verhieß: das Büchlein wolle möglichst exakte Einsicht in die Sache denen vermitteln, die sich vom „allgemein wissenschaftlichen Standpunkt" dafür interessieren, ohne den mathematischen Apparat der theoretischen Physik zu beherrschen. Trübe stimmte mich gleich ein Satz: es gebe Schwierigkeiten, die in der Sache gelegen seien; sie würden mir nicht vorenthalten werden. Aber zum Schluß würde mir das Werk doch einige „frohe Stunden der Anregung" bringen. Darauf habe ich das nicht einmal, sondern dutzendmal, absatzweise und im ganzen, gelesen. Um es zu kapieren, schleppte ich es in meinem Koffer und im Mantel mit mir herum. Oft habe ich mit anderen darüber gesprochen, die angaben, die Sache verstanden, durchdrungen zu haben und zu billigen. Ich blieb dumm wie zuvor. Dieses kleine Buch hat mir keine Anregung, aber viel Verwirrung und Aerger gebracht. Es begann scheinbar populär; nach einigen Seiten brachen die Formeln los, die infamen kabbalistischen Zeichen der Mathematik. Man glaubt, ich scherze? Ich scherze ganz und gar nicht. Ich hörte von allen Seiten, hier würden Dinge verhandelt, die zu den allerwichtigsten für einen denkenden Menschen gehören. Vorstellungen würden hier evident gemacht, die eine Umwälzung des gesamten Weltbildes nach sich zögen. Sagte man. In einem Dutzend Aufsätzen las ich: was hier, in der Relativitätslehre, vorgebracht würde, sei den Entdeckungen des Kopernikus, Galilei, gleichzustellen. Aber Galilei und Kopernikus verstehe ich; sie bringen einfache Tatsachen vor; diese neue Lehre aber schließt mich und die ungeheure Menge aller Menschen, auch der denkenden, aus ihrer Erkenntnis aus! Nach fünf bis zehn Seiten „populärer" Mitteilung, die mir recht trivial erscheint, kamen die Kubikwurzeln, Gleichungen, die sonderbaren geheimnisvollen Figuren. Und durch die sollte, mußte ich freier Europäer mich durchfressen?

Jedoch hat sich dieser Verfasser, und es haben sich alle diejenigen, die ihm recht geben (oder recht zu geben scheinen) geirrt, wenn sie glauben, ich lasse mich um mein angeborenes Recht auf Erkenntnis der Welt prellen. Diese Mutter Erde, dieses Licht, die Bäume, Blumen, dieser Himmel und seine Sterne sind so gewiß mein wie ihre sind. Es hat mich schon lange finster gestimmt, wenn ich in ein Buch sah, das Naturdinge behandelte — im Physikbuch besonders, aber auch Mineralogie und genug anderer Fächer — und

rung der Schuldigen an den Staatsgerichtshof nicht in Frage kommt. (?)

sah, wie diese schönen, großartigen und feinen, uns alle angehenden Dinge traktiert, einseitig angegangen, verarmt und entwürdigt wurden. Die Mathematik ist der Feind der Natur und der Naturerkenntnis. Ein Mensch, der mathematisches Wissen besitzt, den Formeljargon der Mathematik, und sich damit der Natur nähert, muß sein wie eine Frau, die die Hände eingeseift hat und damit einen Fisch greifen will: wie sicher, daß sie ihn nicht faßt ... Es ist aber eine beispiellose Arroganz der Mathematiker, sich vor die Welt und die Natur zu stellen und zu sagen, sie allein hätten die Augen für die Dinge. Würde man nicht den Musiker auslachen, der sagte, die Töne allein geben ein Verständnis der Welt, oder den Chinesen, der seine Sprache allein für das Organ der Lyrik hielte?

Man wird nicht über mich lachen, wenn ich sage, daß diese tölpelige, ungeistige und äußerliche, beckmesserische Behandlung der Naturwissenschaften es dahin gebracht hat, daß von der Schulbank ab die Erkenntnis der großen einfachen Natur, unserer aller Natur, in Mißkredit gekommen ist, und daß sie ganz in Schatten liegt. Wir werden durch die Scheinweisheiten, den Papierfortschritt der Mathematiker von den wichtigsten Quellen des Lebens abgedrängt. Die Relativitätslehre etwa wird von Millionen Gebildeter teils nicht begriffen, teils wissen sie nicht, was sie damit anfangen sollen. Wer aber ist es, der sie dazu drängt, die Lehre so überaus ernst und wichtig zu nehmen? Die Hierarchie der Wissenschaftler, der Geheimbund, die Verschwörung und Freimaurerei der Mathematiker. Ach Gott, liebe Kinder, laßt die Damen und Herren ihre Verschwörung machen. Mögen sie ihre Bücher und Formeln allein lesen. Es gibt andere bessere, tiefere, reichere Wege sich der Natur zu nähern. Wir wollen uns unsere einfachen Gedanken und unseren graden Gang von niemandem nehmen lassen. Die Natur ist wirklich unsere Mutter: wie sollte nicht jedes, jedes Kind seine Mutter erkennen.

⊙ **Sympathiekundgebung für das geistige Deutschland.** Wie die Wiener Blätter melden, hat ein Komitee, bestehend aus den Wiener unpolitischen ausländischen Klubs beschlossen, am 2. Dezember einen internationalen Tag abzuhalten, zur Bekundung der Sympathien für das notleidende geistige Deutschland.

eh. Vortragsabende. Im Meistersaal erschien Dr. Herbert Herter auf dem Vortragspodium. Seine Leistung läßt für die Zukunft Reiferes, Abgeklärteres erwarten, vorerst erscheint er noch unfertig. Er findet zwar für Seines Innigkeit den rechten Ton, besitzt aber noch nicht die Fähigkeit, das Dichtwerk wirklich sinnvoll zu gliedern. — Paul Gerhart Raspe (im Grünen Saal) bezeichnet es als seine Eigenart, die Gedichte „wie Bühnenwerke zu spielen". Der Gedanke ist keinesfalls neu; er versteht es auch, die Personen scharf gegeneinander zu kontrastieren, ohne dabei der Gefahr zu entgehen, diese Methode zu überspitzen und, folglich, dem Ganzen die Einheitlichkeit zu nehmen.

Meine „Versöhnung" mit Einstein

Manuskript von Ernst Gehrcke, 10. März 1926

Einige seiner Gegner hat Einstein persönlich gekannt. Mit dem Physiker Ernst Gehrcke,
der 1920 auf der Veranstaltung in der Berliner Philharmonie gegen die Relativitätstheorie
aufgetreten war, sitzt Einstein zusammen im Kuratorium der Physikalisch-Technischen
Reichsanstalt. Während Einstein in der Begegnung mit einem seiner verbissensten Gegner
Größe zeigt, nimmt Gehrcke die „Versöhnung" nicht wirklich ernst: Bis an sein Lebensen-
de verfasst er Spottschriften gegen Einstein.

My "Reconciliation" with Einstein

Manuscript by Ernst Gehrcke, 10 March 1926

Einstein knew a number of his opponents personally. Einstein and the physicist Ernst
Gehrcke, who appeared at the event against the theory of relativity in the Berlin Philharmonic Hall in 1920, are both members of the board of trustees of the National Institute
for Physics and Technical Standards. While Einstein shows class in his encounter with
one of his most bitter opponents, Gehrcke does not take the "reconciliation" seriously:
To his dying day, he continues to write pamphlets against Einstein.

Max Planck Institute for the History of Science, Berlin, Germany
Call number: Nachlass E. Gehrcke 3-H

Meine ‚Versöhnung' mit Einstein.

10. März 1926, ~~Dienstag~~ Mittwoch.

Nach Schluss der Kuratoriumssitzung steht auf dem Korridor plötzlich Einstein neben mir. Er sagt mit einer kleinen Verbeugung: „Guten Tag." Ich: „Guten Tag." E: „Warum sind wir eigentlich immer so grimmig gegeneinander?" Ich: „Grimmig?" E: „Ja, kommen Sie geben Sie mir die Hand, die Geschichten sind nun schon so alt." Ich gebe die Hand und sage dann: „Ja wissen Sie, ich habe mich sehr über Sie geärgert, als Sie damals im Berliner Tageblatt den Zeitungsartikel gegen mich geschrieben haben." E: „Sie haben Recht, ich bin damals zu weit gegangen, aber ich habe mich auch über Sie geärgert. Doch das ist nun schon so lange her." Ich: „Na eben, das ist schon so lange her." E: „Sie wissen doch, ich schätze Sie sehr. Wo isst man eigentlich zu Mittag?" Ich: „Das kann ich Ihnen zeigen, kommen Sie mit." Und so gingen wir, mehrfach beobachtet und begrüßt, die Treppe hinab. Unten sagte ich: „So nun gehen Sie hier entlang, dann rechts, und dann sind Sie da. Ich muss jetzt noch etwas erledigen und komme nachher auch hin." E. lächelte dazu erstaunt und, wie mir schien, gezwungen. — Wir haben uns nachher nicht mehr gesprochen oder auch nur begrüßt, auch nicht am folgenden Tage.

Einstein als öffentliche Person

**Einstein wird zu einer in den Medien gefeierten Berühmtheit.
Er setzt seinen Ruhm für Belange ein, die ihm wichtig sind.**

Einstein nutzt seinen öffentlichen Einfluss bewusst zur Durchsetzung politischer Anliegen, aber auch für die Verbreitung wissenschaftlichen Wissens. Er hält allgemein verständliche Vorträge in außeruniversitären Bildungseinrichtungen wie Volkshochschulen und Sternwarten.

In den zwanziger Jahren ist er oft auf Reisen. Dabei pflegt er nicht nur wissenschaftliche Kontakte, sondern reist auch in Sachen Politik. Für das Auswärtige Amt ist er ein „Kulturfaktor ersten Ranges", von dem man sich einen Beitrag zur Wiederanknüpfung der internationalen Beziehungen verspricht.

In Berlin verkehrt Einstein mit Prominenten aus Wissenschaft, Kultur, Politik und Wirtschaft. Er engagiert sich für Menschenrechte, Pazifismus und Völkerverständigung. Einstein fühlt sich dem Judentum als einer „Schicksalsgemeinschaft" verbunden und unterstützt unter dem Eindruck des wachsenden Antisemitismus zunehmend die zionistische Idee und setzt sich für den Aufbau der Hebräischen Universität in Jerusalem ein. Ein wichtiger Rückzugsort vom turbulenten Leben in Berlin wird das Sommerhaus in Caputh. Dort liegt auch der „Tümmler", Einsteins Segelboot.

Einstein the Public Figure

**Einstein is a media star. He uses his fame
for concerns that are important to him.**

Einstein deliberately uses his fame to support political causes – but also to spread scientific knowledge. He gives easy-to-follow lectures in non-university educational facilities such as adult education centers and observatories.

Einstein travels a good deal in the 1920s. He not only keeps up scientific contacts, but also goes on political missions. The German Foreign Ministry deems him a "cultural factor of the first rank" who, it is hoped, will help renew international relations.

In Berlin Einstein associates with prominent figures from the sciences, culture, politics and business. He devotes his energy to causes such as human rights, pacifism, and international understanding. He identifies with Jews as a "community with a shared destiny" and, influenced by the growth of anti-semitism, becomes increasingly committed to the Zionist idea, and supports the establishment of the Hebrew University in Jerusalem.

His summer house in Caputh (a village near Berlin) becomes an important retreat from his turbulent life in Berlin. Einstein's sailboat "Tümmler" (Porpoise) is moored there.

„Einstein ist für Berlin eine große Erwerbung"

Brief von Robert Wichard Pohl an seine Mutter [?], Berlin, 20. Mai 1914

Robert Wichard Pohl (1884–1976), damals Privatdozent an der Berliner Universität,
trifft Einstein kurz nach dessen Übersiedelung nach Berlin während eines Abendfestes
bei seinem Lehrer Emil Warburg (1846–1931), zu jener Zeit Präsident der Physikalisch-
Technischen Reichsanstalt. Pohl beschreibt seiner Mutter diese erste Begegnung mit
begeisterten Worten. Außerdem berichtet er über den Erfolg seiner eigenen Arbeit
zum Photoeffekt.

"Einstein is a great acquisition for Berlin"

Letter from Robert Wichard Pohl to his mother [?], Berlin, 20 May 1914

Robert Wichard Pohl (1884–1976), then a lecturer at the University of Berlin, meets
Einstein soon after the latter moves to Berlin at an evening party hosted by his teacher
Emil Warburg (1846–1931), at that time president of the National Institute for Physics and
Technical Standards. Pohl describes this first encounter to his mother in glowing terms.
He also reports on the success of his own work on the photo-effect.

Robert Otto Pohl, Ithaca (N.Y.), USA

Berlin, den 20 Mai 1914

Mein liebes Mürl,

Berlin, den 20 Mai 1914

Mein liebes Murl,

heute soll mein Brief wieder etwas weniger flüchtig ausfallen als gestern Abend, wo ich nicht gern unpünktlich beim alten Warburg sein wollte. Es war eine riesige Sache, über 100 Menschen, die Herren durchaus in der Majorität, durchweg Physik und etwas Chemie. Wir saßen nicht lange bei Tisch und infolgedessen konnten wir bald raus aus den warmen Zimmern in den schönen alten Garten. An der Verandatür sah mich Einstein, sofort verhaftete er mich mit der Bitte, ihn in den dunkelsten Teil des Gartens zu führen, wo er sich mit mir gemütlich über Physik unterhalten könnte. Das geschah dann auch mehr als ausgiebig, erst um halb zwölf erschienen wir wieder auf der dichtgefüllten Veranda. Ich hatte Einstein schon zuvor zu überreden gesucht, sich nicht so ganz zu drücken, ich brachte ihn auch einmal so um halb elf in die Nähe des Hauses, aber schnell kehrte er um, als er den Haufen Menschen bei der Bowle sah. Infolgedessen habe ich von der ganzen Gesellschaft keinen anderen Menschen gesprochen, nur ganz zum Schluß noch etwas die niedliche junge Frau Hahn. Ich habs nicht bereut, Einstein ist ein ganz ungeheuer bedeutender Mensch. Er schwört jetzt, das jahrhunderte alte Rätsel der Schwerkraft gelöst zu haben, stimmt es, wird ihn die Nachwelt neben Galilei und Newton nennen. Er hat gerade heute Nachmittag im Kolloquium angefangen, uns seinen Gedankengang auseinanderzusetzen, näher zu folgen vermag ihm von uns – außer höchstens Planck – keiner, sobald er in die näheren mathematischen Einzelheiten eingeht. Einstein ist für Berlin eine große Erwerbung und wir werden viel von ihm haben, zumal ihn gerade die Art Experimentalphysik, wie wir jüngeren sie hier im Institut treiben, sehr sympathisch ist. Er bat mich gestern Abend, als wir um 12 gingen, auch Frank und mich, mit ihm ins Café zu gehen, er müsse noch mehr mit uns fachsimpeln und vor allem ein wichtiges Ereignis feiern: Er habe heute zum ersten Mal in seinem Leben einen Frack angehabt! Wir beide suchten ihn gleich zu beruhigen er brauche in Berlin aber darum keine starke Abnutzung dieses Kleidungsstückes zu fürchten, sowohl James wie ich präsentierten uns ihm in dem Frack aus der Abituriumszeit.

Ich habe den gestrigen Abend also sehr nett zugebracht. Auf Grund des Kaffes und der aufgerührten Physik verfiel ich dem Schlaf erst gegen drei, um 8 Uhr von [[xxx]] telephonisch geweckt zu werden, ich sollte morgen mit aufs Land, ich habe aber gestreikt und zwar nach Rücksprache mit [[xxx]]. Um 9 las ich mein Kolleg, um an dessen Ende meinen seit einigen Tagen höchst üblen Rachenkatarrh zu bejammern. Du siehst ich enthalte Dir meine Sorgen so wenig vor, wie Du mir Deine schlaflosen Nächte.

Ein sehr netter Brief von Millikan aus Chikago machte mir Freude, es war ein Dank für das kleine Buch über Lichtelektrizität und die Nachricht, daß auch er dasselbe gefunden, was wir während Margots Krankheit gefunden, also die zweite Bestätigung.

Außerdem kam aus Rußland eine Einladung, ich solle auf dem neunten Kongreß für angewandte Chemie in St. Petersburg in der Zeit zwischen dem 8 und 14 Februar einen Vortrag über meine letzten Arbeiten halten. Es soll eine große internationale Sache werden, und zwar erst im August 1915, ich werde wohl zunächst zusagen, in der Hoffnung bei dieser Gelegenheit Petersburg kennen zu lernen. Das kann ja ganz intereßant werden. Du siehst, mein Photoeffekt bildet sich als Artikel für internationale Geschäftsreisen aus!

Morgen früh plane ich große Dinge: Ich will um 5 aufstehen und nach Ruppin fahren, denk Dir Dein Sohn und fünf Uhr morgens. Ich muß aber aufs Land und heute konnte ich Einsteins Vortrag nicht schwänzen. Wenn nicht Freitag Abend eine wichtige Sitzung der physikalischen Gesellschaft wäre, bliebe ich bis Montag, ich muß einen Aufsatz schreiben, um Oberlehrer zu belehren und Du weißt, in der Ländlichkeit fließt mir die Tinte leichter. Hoffentlich bewährt sich das auch im Herbst wieder, wenn ich in Glücksburg Colleg zu schreiben habe.

Wäre ich mit der Feder nicht so sträflich langsam und schwerfällig, so sollte ich eigentlich eines meiner Kollegs in Form eines kleinen Buches herausgeben, es fehlt sehr für lernende Studenten, aber ich lasse es vielleicht noch liegen, um mich nicht zu sehr von meinen Experimentalarbeiten ablenken zu lassen, die im Lauf des Semesters wohl hoffentlich noch gut in Schwung kommen.

Sonnabend wirst Du kaum von mir hören. Herzliche Grüße von Deinem Rob

Max Liebermann,
Albert Einstein,
Renée Sintenis und
Aristide Maillol
(v.l.n.r.) auf der
Terrasse der Villa
von Hugo Simon in
Berlin-Tiergarten,
15. Juli 1930

Max Liebermann,
Albert Einstein,
Renée Sintenis and
Aristide Maillol
(from l. to r.) on the
terrace of Hugo
Simon's villa in
Berlin-Tiergarten,
15 July 1930

Einstein und seine Söhne

Brief von Albert Einstein an seinen Sohn Hans Albert Einstein, [vermutlich Mai 1918]

Einstein lobt seinen Sohn unter anderem für dessen Interesse an der Musik und berichtet über seine Gesundheit; er laboriert seit Monaten an einem gefährlichen Zwölffingerdarmgeschwür. Er erkundigt sich auch nach dem Schulbeginn seines jüngeren Sohnes Eduard (Tete/Teddy). Die angekündigte Reise nach Zürich findet nicht statt.

Einstein and his sons

Letter from Albert Einstein to his son Hans Albert Einstein, [presumably May 1918]

Einstein praises his son for his interest in music, among other things, and reports on his own health; for months he has been suffering from a dangerous duodenal ulcer. He asks about his younger son Eduard's (Tete's/Teddy's) first days at school. The planned journey to Zurich does not take place.

Mein lieber Albert!

Ich habe mich sehr über Deinen Brief gefreut.
Es ist schade, dass Deine Unternehmungen
so unter der Kriegsnot leiden, aber langsam langsam wirds doch gehen. Die
Hauptsache ist doch, dass es noch genug
gibt für Eure hungrigen Mäuler, wenn
man auch reichlich Zeit aufwenden
muss, bis man alles hat. Besonders
freue ich mich über Deine frohe Laune
und darüber, dass Du so viel Freude
an der Musik hast. Das ist etwas, was
einem das ganze Leben lang treu bleibt.
Mir geht es mit der Gesundheit recht
ordentlich, nur darf ich nicht viel gehen
und muss besonders gefüttert werden.
Aber ich bin vergnügt und arbeite ebenso
gut wie in früheren Zeiten. Auch lese
ich wieder Kolleg in der Universität.
Neulich hielt ich eine Rede auf Prof. Planck
zu seinem 60. Geburtstag, die ihm und

920

28.

vielen andern Freude gemacht hast.
Ich hätte gern Tete an seinem ersten Schultag
sehen mögen. Schreib mir etwas darüber. Er
soll mir auch einen Gruss unter Deinen
nächsten Brief schreiben, so gut er kann.
Geht es ihm gut mit der Gesundheit,
auch seinem Freund dem kleinen
Töpfer? Ist er immer noch viel mit
ihm zusammen?

In 6 Wochen komme ich zu Euch
und freue mich sehr darauf. Wir gehen
irgendwohin doch hinauf. Laufen darf
ich immer noch nicht viel, aber das macht
nichts. Vielleicht gehen wir nach der Engstlen-Alp.
Erkundige Dich auch nach Orten, die mindestens
1500 Meter hoch sind.

Jetzt beide geküsst von Eurem

Papa.

Albert Einsteins
Söhne Hans Albert
und Eduard,
um 1917

Albert Einstein's
sons Hans Albert
and Eduard,
ca. 1917

Einstein wird wegen Ehebruchs geschieden

Scheidungsurteil aus der Scheidungsakte von Albert und Mileva Einstein,
Zürich, 14. Februar 1919

Nicht nur die Hoffnung auf neue wissenschaftliche Impulse zieht Einstein nach Berlin.
Dort lebt auch seine Cousine Elsa, in die er sich bei Berlin-Aufenthalten in den Jahren
1912 und 1913 verliebt. 1914 siedelt er gemeinsam mit Ehefrau Mileva und den Söhnen
nach Berlin über. Bereits nach wenigen Wochen zerbricht die Ehe endgültig. Doch erst im
Februar 1919 willigt Mileva in die Scheidung ein. Das Gericht erkennt auf „Scheidung
wegen Ehebruchs", Einstein hat zugegeben „mit einer Cousine in Berlin fortgesetzt intime
Beziehungen unterhalten zu haben". Dem Ehebrecher wird ein Eheverbot für die nächsten
zwei Jahre auferlegt. Einstein hält sich nicht daran: Wenige Monate später heiratet er Elsa.

Einstein is divorced on grounds of adultery

Decree of divorce from the divorce records of Albert and Mileva Einstein,
Zurich, 14 February 1919

It is not only his search for new scientific inspiration that attracts Einstein to Berlin. His
cousin Elsa also lives there, and he falls in love with her during his stays in Berlin in 1912
and 1913. He moves to Berlin with his wife, Mileva, and their sons in 1914. The marriage
breaks down for good within a few weeks, but Mileva does not consent to a divorce until
February 1919. The court pronounces "divorce by reason of adultery." Einstein admits
"having maintained constant intimate relations with a cousin in Berlin." A two-year
marriage ban is imposed on the adulterer. Einstein ignores the ruling and marries Elsa
a few months later.

Staatsarchiv des Kantons Zürich, Switzerland
Call number: BXII Zch 6314 43

Published in: The Collected Papers of Albert Einstein, vol. 9,
Princeton: Princeton University Press, 2004, doc. 6, pp. 8–11

Bezirksgericht Zürich

Proz. Nr. 1386/1918   **II.Abteilung**

Das Gericht

hat

in seiner Sitzung vom   14.Februar 1919 ,

an welcher teilnahmen die Bezirksrichter: E.Lang,Vicepräsident,

Dr. Huber   und Bänninger ,

sowie der Substitut des Gerichtschreibers: E. Wild   ,

in Sachen

der **Frau Mileva Einstein geb. Marit**, geb. 1875,

ursprünglich von Neusatz (Ungarn) cop.1903, mosaisch,

wohnhaft an der Gloriastrasse 59, Zürich 7,

Klägerin ,

vertreten durch Staatsanwalt Dr.Zürcher, Zürich 7 ,

gegen

Professor Dr. Albert Einstein, geb. 1879, von Zürich

mosaisch, wohnhaft Haberlandstrasse, No.5, in Berlin,

z.Zt. in der Pension Sternwarte; Hochstrasse Zürich 7,

Beklagten ,

- betreffend -

E h e s c h e i d u n g

über die Streitfrage :

" Ist die Ehe der Litiganten gestützt auf Art. 137

des Z.G.B. zu scheiden ? "

gestützt auf folgende Tatsachen und Rechtsgründe :

F. = 3.

- 2 -

I.   Die Parteien wurden am 6.Januar 1903
in Bern getraut. Sie hatten^bis im Juni 1914 in der
Schweiz, zuletzt in Zürich, ihren gemeinsamen ehelichen Wohnsitz. Seit jener Zeit leben sie faktisch
getrennt.

Aus der Ehe sind zwei Knaben hervorge-
gangen, Hans,Albert geb.14.Mai 1904 und Eduard geb.
28.Juni 1910. Dieselben befinden sich seit der Auf -
hebung der ehelichen Gemeinschaft bei der Mutter.

II.   Die Klägerin ruft zur Begründung
ihrer Klage den absoluten Scheidungsgrund des Art.
137 des Z.G.B. an. Da Scheidungsgründe seitens des
Beklagten nicht geltend gemacht werden, der Beklagte unumwunden zugegeben hat, schon seit etwa 4½
Jahren mit einer Cousine in Berlin fortgesetzt in -
time Beziehungen unterhalten zu haben, muss die
Klägerin ohne weiteres als berechtigt erklärt werden, die Scheidung wegen Ehebruches zu verlangen.
Die in Art. 137 genannten Klageausschliessungs -
gründe der Verjährung oder der Verzeihung kommen
bei dieser Sachlage nicht in Frage. Die Klage ist
deshalb gutzuheissen.

Nach Art. 150 des Z.G.B. ist im Falle
der Scheidung wegen Ehebruches dem schuldigen Ehegatten ein Eheverbot von 1 - 3 Jahren aufzuerlegen.
Von die ser Strafmassnahme vorliegend Umgang zu
nehmen liegt kein besonderer Grund vor.

III.   Bezüglich der Folgen der Scheidung
haben die Parteien am 12.Juni 1918 folgende Ver -

– 3 –

einbarung abgeschlossen :

1) Herr Prof. Einstein in Berlin hinterlegt bei einer
   schweizerischen Bank Mk. 40,000.– in Wertpapieren,
   mit der Bestimmung, dass im Falle der Scheidung
   der Ehegatten diese Summe Eigentum der Frau
   Mileva Einstein geb. Marit wird.

2) Frau Mileva Einstein bezieht vom Zeitpunkt der
   Hinterlegung an die Zinsen. Sie verfügt aber
   nicht über das Kapital ohne Einwilligung des
   Hrn. Prof. Einstein (d.h. ohne seine Zustimmung
   werden die Wertpapiere weder veräussert noch
   verpfändet, noch umgetauscht).

3) Herr Prof. Einstein sendet in vierteljährlichen
   Raten der Frau Mileva Einstein eine Unterhalts-
   summe, die einschliesslich der Zinsen der so –
   eben erwähnten Schenkungssumme und einschliesslich der unter Ziff. 4 dieses Vertrages zu nen-
   nenden Zinsen des Nobelpreises jährlich im
   ganzen 8000 Fr. ausmacht, über deren Verwendung
   Frau M. Einstein keine Rechenschaft ablegt.

4) Herr Prof. Einstein überträgt im Falle der Schei-
   dung und falls er den Nobelpreis erhält, das
   Kapital desselben, abzüglich 40,000 Mk., der
   Frau Mileva Einstein zu Eigentum, und hinterlegt
   dieses Kapital auf einer schweizerischen Bank.
   Bezüglich dieser Summe gilt folgendes :

   a. Frau M. Einstein verfügt nicht über das Kapital ohne Zustimmung von Prof. Einstein. Sie verfügt jedoch frei über die Zinsen.

   b. Im Falle der Wiederverheiratung oder des
   Todes der Frau Einstein fallen die oben genannten

- 4 -

40,000 Mk., bezw. die oben genannten 40,000 Mk.
nebst dem an Frau Einstein abgegebenen, um
40,000 Mk. verringerten Nobelpreis an die Kinder
Albert und Eduard Einstein.

5) Herr Prof.Einstein sorgt dafür, dass bei einer
deutschen Bank Mk.20,000.- deponirt werden,
deren Zinsen nach seinem Tode an Frau M.Einstein
ausbezahlt werden, falls der Nobelpreis nicht
an Herrn Prof.Einstein fällt.

6) Frau Mileva Einstein übernimmt die Sorge für die
Kinder und übt die elterliche Gewalt in allen
Teilen aus - unter dem selbstverständlichen
Vorbehalt der gesetzlichen Vorschriften - .
Sie verpflichtet sich, während der Zeit der
Schulferien die Kinder dem in der Schweiz auf-
haltenden Vater zu überlassen.

7) Frau Einstein unterbreitet bei Anlass des Schei-
dungsprozesses diese Vereinbarung dem Richter
zur Genehmigung.

Zur Aenderung dieser Vereinbarung, die den
Interessen der Klägerin und der Kinder in weitgehendem Masse Rechnung trägt, besteht kein Anlass.

Zu Ziff. 3 der Vereinbarung ist lediglich zu be -
merken, dass der Beklagte selbstredend verpflichtet
ist, gemäss bestehender Uebung die Unterhaltsbeiträge
regelmässig und in gleich grossen vierteljährlichen
Raten zu entrichten.

IV. Bei diesem Ausgang des Verfahrens hat
der Beklagte als der unterliegende Teil die Kosten zu

-. 5 -

tragen. Auf Prozessentschädigung hat die Klägerin
verzichtet. -

b e s c h l o s s e n :

Die dem Beklagten durch Beschluss vom 20. November 1918 auferlegte Ordnungsbusse von 10 Fr. wird
aufgehoben,

& sodann

e r k a n n t :

1) Die Ehe der Parteien wird gestützt auf Art.137
des Z.G.B. geschieden.

2) Dem Beklagten wird die Eingehung einer neuen
Ehe auf die Dauer von zwei Jahren, von der Rechts -
kraft an grechnet, untersagt.

3) Die aus der Ehe hervorgegangenen Knaben
Hans Albert und Eduard werden der Klägerin zur
Pflege und Erziehung zugesprochen.

4) Der von den Parteien hinsichtlich der
weiteren Folgen der Scheidung am 12.Juni 1918
abgeschlossene Vergleich wird genehmigt.

5) Die Gerichtsgebühr wird auf
Frs.100.- Cts. festgesetzt; die übrigen Kosten

betragen :

Vorladungsgebühren ,

Schreibgebühren ,

Stempel ,

Porto .

6) Die Kosten werden dem Beklagten auferlegt.

7) Schriftliche Mitteilung an die Parteien,
sowie im Dispositiv nach beschrittener Rechtskraft
des Urteils an den Stadtrat Zürich und an die Civil-
standsämter von Zürich und Bern, je gegen Empfang -
schein.

- 6 -

8) Die Appellation gegen dieses Urteil
kann innert 10 Tagen von der schriftlichen Mittei -
lung gerechnet bei der Bezirksgerichtskanzlei Zch.
schriftlich erklärt werden.

Im Namen des Bezirksgerichtes Zürich
II. Abteilung ,
Der Vicepräsident :

Zang.

Der Substitut des Gerichtsschreibers :

i.V. Dr. Asper.

Einstein und Elsa

Albert Einstein kennt seine Cousine Elsa Löwenthal-Einstein seit ihrer Kinderzeit. Sie ist geschieden und lebt mit ihren beiden Töchtern Ilse und Margot in Berlin. Während des ersten Berlinbesuchs Einsteins im Frühjahr 1912 entwickelt sich zwischen den beiden eine Liebesbeziehung. Einsteins erste Ehe zerbricht. Als Einstein 1917/18 schwer erkrankt, pflegt Elsa ihn aufopferungsvoll. Nach der Heirat genießt Elsa das Leben an der Seite ihres berühmten Mannes und die bürgerliche Gesellschaft Berlins. Die Emigration nach Amerika bedeutet für sie nicht zuletzt in dieser Hinsicht einen tiefen Bruch in ihrem Leben. Ihre letzten Jahre sind von einer schweren Erkrankung überschattet.

Albert und Elsa Einstein in Chicago, 1931

Albert and Elsa Einstein in Chicago, 1931

Einstein and Elsa

Albert Einstein knows his cousin Elsa Löwenthal-Einstein since childhood. Elsa is divorced and lives with her two daughters Ilse and Margot in Berlin. During Einstein's first visit to Berlin in the spring of 1912, a love affair develops between them. Einstein's first marriage breaks up. When Einstein falls seriously ill in 1917/1918, Elsa nurses him selflessly. After they are married, Elsa enjoys life at the side of her famous husband and Berlin society life. Not least in this respect, emigration to America represents a considerable break in her life. Elsa's last years are overshadowed by a serious illness.

Einstein distanziert sich von der Idee der Assimilation

Offener Brief von Albert Einstein an den Central-Verein Deutscher Staatsbürger jüdischen Glaubens, abgedruckt im *Israelitischen Wochenblatt für die Schweiz*, 24. September 1920, S. 10; (Originalbrief vom 5. April 1920)

In seinem Brief an den Central-Verein Deutscher Staatsbürger jüdischen Glaubens äußert sich Einstein kritisch zu dem, was er „die knechtische Gesinnung unter uns Juden" nennt. Er fordert mehr Selbstachtung und „die Liebe zu unseresgleichen".

Albert Einstein distances himself from the idea of assimilation

Open Letter from Albert Einstein to the Central Association of German Citizens of the Jewish Faith, reprinted in the *Israelitisches Wochenblatt für die Schweiz*, 24 September 1920, p. 10; (original letter from 5 April 1920)

In his letter to the Central Association of German Citizens of the Jewish Faith, Einstein speaks out critically about what he calls "the submissive disposition among us Jews." He calls for more self-respect and "love for our own people."

Published in: The Collected Papers of Albert Einstein, vol. 7,
Princeton: Princeton University Press, 2002, doc. 37, p. 303
Original letter published in: The Collected Papers of Albert Einstein, vol. 9,
Princeton: Princeton University Press, 2004, doc. 368, pp. 494–495

behandelt und uns das alte Schrifttum aufs Neue erschließt, hat er seine Aufmerksamkeit entscheidend der literarischen Produktion in unserer nationalen Sprache und den unserem Verständnis besonders nahen Sprachen zuzuwenden.

Notwendig erwies sich zunächst die Vereinigung des Jüdischen Verlags mit dem Weltverlag, der sich in der kurzen Zeit seiner Tätigkeit eine beachtliche Stellung in unserer Bewegung errungen hatte. Statt zweier konkurrierender Unternehmungen haben wir jetzt eigentlich nur noch ein Unternehmen, das eine doppelte Firmenbezeichnung nur aufrecht erhält, um unter sich wie nach außen seine Tätigkeitsgebiete sichtbar abzugrenzen. Innerhalb des dem Jüdischen Verlag gesetzten umfassenden Rahmens, wie wir ihn eben umrissen haben, soll der Weltverlag nämlich vorwiegend die gegenwärtigen jüdisch-literarischen Leistungen in den Ländern der Diaspora, besonders im deutschen Sprachgebiet, durch Heranziehung möglichst aller bewußt jüdischen Autoren als geistiges Eigentum des jüdischen Volkes kenntlich machen und außerdem das große Gebiet der sozialen Probleme, das für uns von besonderem Interesse ist, in weitgehendem Maße berücksichtigen.

Beide Verlage haben in der Person von Martin Buber eine oberste literarische Leitung gewonnen, durch die für eine wertvolle und gediegene Produktion Gewähr geleistet wird. Besondere Erwartungen sind an die hebräische Abteilung des Jüdischen Verlags zu knüpfen, die von Jakob Klatzkin geleitet wird. Ein Beirat von hervorragenden hebräischen Schriftstellern ist in Bildung begriffen, und jetzt schon kann Achad haam als Mitarbeiter genannt werden. Das hebräische Programm des Verlags sieht die Neuausgabe klassischer Werke unseres Schrifttums, die Schaffung wertvoller Lehr- und Lesebücher und die Pflege neuhebräischer Belletristik vor. Dem Jiddischen wird — vorwiegend seitens des Weltverlags — durch Uebersetzung bedeutsamer Erscheinungen der Weltliteratur ins Jiddische Rechnung getragen.

Gleichzeitig besteht die große Aufgabe der Schaffung einer entsprechenden Vertriebsorganisation. Die Grundlage zu einem solchen gutorganisierten Vertrieb innerhalb und außerhalb Deutschlands haben die beiden Verlage durch die Begründung der „Ewer-Gesellschaft m. b. H." für Buch- und Kunsthandel gelegt. Die Errichtung einer besonderen Auslieferungsstelle in Leipzig, der Zentrale des deutschen Büchermarktes, und die bereits gesicherten Vertretungen im Ausland, leisten Gewähr für prompteste Beschaffung aller Erscheinungen des Buch- und Kunsthandels. Es ist selbstverständlich, daß der zionistischen, hebräischen, jiddischen und Palästina-Literatur besondere Aufmerksamkeit zugewandt wird. Um allen Buchinteressenten fachmännischen Rat erteilen zu können, hat die Gesellschaft eine bibliographische Auskunfts- und literarische Beratungsstelle eingerichtet, die jedermann auf Anfrage kostenlos berät. Ueberdies wird ab 1. Dezember eine bibliographische Monatsschrift, die

„Ewer"-Zeitschrift

erscheinen, die außer einer allgemeinen Information über wesentliche Neuerscheinungen kurze Essais, literarische Selbstanzeigen und Belletristik namhafter Autoren enthalten wird. Vorabdrucke aus Neuerscheinungen werden größtenteils im Originalsatzspiegel wiedergegeben werden und damit nicht nur den Inhalt, sondern auch das Bild des angekündigten Buches vermitteln. Die Zeitschrift wird kostenfrei abgegeben. Es bedarf nur einer Postkarte mit genauer Adresse an die „Ewer"-Gesellschaft, Berlin N. W. 7, Dorotheenstraße 35.

In den Rahmen der „Ewer"-Gesellschaft gehören endlich die „Ewer"-Buchhandlungen, von denen eine bereits in Berlin besteht, während die Einrichtung weiterer geplant und teilweise schon in Angriff genommen ist. Die „Ewer"-Buchhandlung, Berlin W. 15, Knesebeckstr. 54/55, hat bekanntlich ein reichhaltiges Lager in allen jüdischen Büchern und darüber hinaus an allgemeinen wissenschaftlichen literarischen und künstlerischen Erscheinungen des Buchhandels.

Nach ihrem Muster werden die Neugründungen vorgenommen werden.

Geschäftsführung und Lektorat des jüdischen Verlags und Weltverlags besteht aus den Herren: Dr. Martin Buber, Dr. Victor Jacobson, Dr. Gustav Krojanker und Alwin Löwenthal. Die Geschäftsführung der „Ewer"-Gesellschaft liegt den Herren Dr. Victor Jacobson und Alwin Löwenthal ob. Die „Ewer"-Buchhandlung in Berlin wird von Herrn Dr. Ahron Eliasberg geleitet. Alle fünf Herren bilden ein gemeinsames Direktorium, dem das Gesamtunternehmen untersteht.

Ein Bekenntnisbrief Einsteins.

Es wird jetzt ein Brief bekannt, den Prof. Einstein vor einiger Zeit an den Zentralverein Deutscher Staatsbürger jüdischen Glaubens in Berlin gerichtet hat, und der von einer bemerkenswerten Klarheit ist. Er lautet:

Ich erhalte heute Ihre Einladung zu einer Sitzung am 14. d. Mts., welche der Bekämpfung des Antisemitismus in akademischen Kreisen gewidmet sein soll. Ich würde gern kommen, wenn ich an einen möglichen Erfolg eines derartigen Unternehmens glaubte. Zuerst aber müßte der Antisemitismus und die knechtische Gesinnung unter uns Juden selbst durch Aufklärung bekämpft werden. Mehr Würde und Selbständigkeit in unseren Reihen! Erst wenn wir es wagen, uns selbst als Nation anzusehen, erst wenn wir uns selbst achten, können wir die Achtung anderer erwerben, bezw. sie kommen dann von selbst. Antisemitismus im Sinne eines psychologischen Phänomen wird es geben, solange Juden mit Nichtjuden in Berührung kommen — was schadet es? Vielleicht verdanken wir es ihm, daß wir uns als Rasse erhalten können; ich wenigstens glaube es.

Wenn ich zu lesen kriege „Deutsche Staatsbürger jüdischen Glaubens", so kann ich mich eines schmerzlichen Lächelns nicht erwehren. Was steckt in dieser Bezeichnung, was ist denn jüdischer Glaube? Gibt es eine Art Unglauben, kraft dessen man aufhört, Jude zu sein? Nein. In jener Bezeichnung stecken aber zwei Geständnisse schöner Seelen, nämlich 1. ich will nichts zu tun haben mit meinen armen jüdischen (ostjüdischen) Brüdern, 2. ich will nicht als Kind meines Volkes angesehen werden, sondern nur als Mitglied einer religiösen Gemeinschaft. Ist das aufrichtig? Kann der Arier vor solchen Leisetretern Respekt haben? Ich bin nicht deutscher Staatsbürger..., aber ich bin Jude und freue mich, dem jüdischen Volke anzugehören, wenn ich dasselbe auch nicht irgendwie für ein auserwähltes halte. Lassen wir doch ruhig dem Arier seinen Antisemitismus und bewahren wir uns die Liebe zu unseresgleichen.

Macht nicht böse Gesichter wegen dieses Bekenntnisses! Es ist nicht böse und unfreundlich gemeint!

Mit vorzüglicher Hochachtung

gez. A. Einstein.

Offizielle Mitteilungen des Zentral-Komitee's des Schweizerischen Zionistenverbandes.

Aus Anlaß der Anwesenheit des englischen Ministerpräsidenten Lloyd George in der Schweiz richtete das Zentralkomitee des Schweizerischen Zionistenverbandes unter

Einsteins Reise nach Amerika 1921 – eine Treulosigkeit?

Brief von Albert Einstein an Fritz Haber, [Berlin], 9. März 1921

Am 21. März 1921 reist Einstein im Auftrage der Zionistischen Weltorganisation für etwa zwei Monate in die USA, um – unter anderem durch Vortragstätigkeit – Gelder für den Aufbau eines jüdischen Staates in Palästina und insbesondere für die Gründung einer jüdischen Universität in Jerusalem zu sammeln. Auf der Rückreise macht er Mitte Juni noch für einige Tage in England Station. Diese Reise zu den „Siegermächten" verübeln ihm nicht nur Gegner, sondern auch Freunde wie Fritz Haber und Walther Nernst. Im vorliegenden Brief legt Einstein seine Gründe dar.

Einstein's journey to America in 1921 – a betrayal?

Letter from Albert Einstein to Fritz Haber, [Berlin], 9 March 1921

On 21 March 1921 Einstein embarks on a two-month journey through the USA on behalf of the World Zionist Organization in order to raise funds – among other things by lecturing – for the establishment of a Jewish state in Palestine and especially for the founding of a Jewish university in Jerusalem. On his return journey he stops in England for a few days in mid-June. This journey to the "victorious powers" earns him the displeasure not just of his enemies, but also of friends such as Fritz Haber and Walther Nernst. In this letter Einstein explains his reasons.

The Hebrew University, Jewish National & University Library, Albert Einstein Archives,
Jerusalem, Israel
Call number: 12 - 332.00

9. III. 21.

Lieber Freund Haber!

Mit dieser Amerika-Reise, an der sich unter
keinen Umständen mehr etwas ändern lässt, ist
es mir folgt gegangen. Vor ein paar Wochen, als niemand
an politische Verwicklungen dachte, kam ein von
mir geschätzter hiesiger Zionist zu mir mit
einem Telegramm Prof Waizmanns des Inhaltes, dass
die zionistische Organisation mich bittet mit einigen
deutschen und englischen Zionisten nach Amerika
zu fahren zur Beratung der Schulangelegenheiten Palästinas.
Mich braucht man natürlich nicht wegen meiner
Fähigkeiten sondern nur wegen meines Namens, von
dessen werbender Kraft sie sich einen ziemlichen
Erfolg bei den reichen Stammesgenossen von Dollaria
versprechen. Trotz meiner ausgesprochen internationalen
Gesinnung halte ich mich doch stets für verpflichtet,
für meine verfolgten und moralisch gedrückten
Stammesgenossen einzutreten, soweit es irgend in
meiner Macht steht. So sagte ich freudig zu, ohne
mich mehr als 5 Minuten zu besinnen, obwohl ich
eben erst allen amerikanischen Universitäten abgeschrieben
hatte. Es handelt sich also da weit mehr um einen
Akt der Treue als um einen solchen der Treulosigkeit.
Gerade die Aussicht auf die Errichtung einer jüdischen Universität erfüllt mich mit besonderer Freude, nachdem ich
in letzter Zeit an unzähligen Beispielen gesehen habe,
wie perfid und lieblos man hier mit prächtigen jungen
Juden umgeht und ihnen die Bildungsmöglichkeiten
abzuschneiden sucht. Auch noch andere Vorkommnisse
des letzten Jahres könnte ich anführen, die einen Juden
von Selbstgefühl dazu treiben müssen, die jüdische Solidarität

2

ernster zu nehmen, als es in früheren Zeiten angezeigt und natürlich erschienen wäre. Denken Sie an Röthe Willern–Möllendorf, und die famose Nauheimer Garde, die nur endlich aus Opportunitätsgründen endlich den Narren Wieland abschüttelte.

Untreue gegenüber den deutschen Freunden kann mir kein verständiger Mensch vorwerfen. Viele verlockende Rufe nach der Schweiz, nach Holland, nach Norwegen und nach England habe ich abgelehnt, ohne auch nur daran zu denken, einen anzunehmen. Dies That ich übrigens nicht aus Anhänglichkeit an Deutschland sondern an meine lieben deutschen Freunde, von denen Sie einer der ausgezeichnetsten und wohlwollendsten sind. Anhänglichkeit an das politische Gebilde Deutschland wäre für mich als Pazifisten unnatürlich. Nun gibt es aber allerdings Taktrücksichten, die der Moment gebietet; diese bringen im gegenwärtigen Moment allerdings eine konfliktartige Situation mit sich, die aber nicht vorausgesehen werden konnte.

Die Situation wird dadurch verschärft, dass ich vor einigen Wochen eine Einladung für einen Vortrag an der Universität Manchester angenommen habe, welche mir übrigens die Wahl des Zeitpunktes ziemlich weitgehend freistellt. Ablehnung hätte vor einigen Wochen kein verständiger Deutscher gebilligt; heute sieht meine Zusage wie eine Provokation gegenüber Deutschland aus, aber gewiss ganz ohne meine Schuld. Wenn die trübe politische Situation andauern sollte, würde ich vielleicht von dem Besuch in Manchester absehen können; sie wird von den dortigen Kollegen verstanden werden, wenn ich in aller Freundlichkeit und Ehrlichkeit ihnen die Gründe auseinandersetzte. Übrigens ist eine wissenschaftliche Korporation noch lange nicht der Staat. Wenn die Gelehrten ihren Beruf ernster nähmen als ihre politischen Leidenschaften,

-3-

würden sie ihre Handlungen mehr nach kulturellen als nach politischen Gesichtspunkten einrichten. Es muss sogar gesagt werden, dass in dieser Beziehung die Engländer sich viel schöner verhalten als unsere hiesigen Kollegen. Sie sind grossenteils Quäker und Pazifisten. Wie prächtig ist ihre Haltung mir gegenüber und der Relativitätstheorie gegenüber gewesen! Sie haben es vielleicht nicht so genau verfolgt, ich aber kann nur sagen: Hut ab vor den Kerlen! Übrigens bin ich für die Engländer durchaus ein Berliner, dessen internationale Gesinnung sie allerdings kennen. Da ist es doch auch anzuerkennen, dass sie mich freundlich einladen. Sie haben mich neulich auch durch den deutschen Gesandten in England anfragen lassen, ob ich nach London zu Besuch käme, wenn ich auf offizielle Art eingeladen würde. Es ist ein Glück, dass diese Einladung noch nicht erfolgt ist. Jedenfalls zeigt aber auch diese Begebenheit, dass die Englischen Gelehrten keine Feindschaft haben wollen.

All dies ist cura posterior. Nach Amerika muss ich aber, da ich fest zugesagt habe und bereits die Dampfer-plätze besorgt sind. Ich erfülle da nur eine selbstverständliche Pflicht.

Zum Solvay-Kongress wäre ich gerne gegangen, und ich habe auf den Besuch nur schweren Herzens verzichtet. Nernst war übrigens wütend, als er hörte, dass ich dorthin eingeladen war und gesonnen war hinzugehen. Sie bedauern es ausden - ebenfalls aus nationalen Gründen - dass ich absagen musste. Denkt man da nicht an die hübsche antike Fabel vom Vater, Sohn und Esel?

~4~

~~viele unabhängiger zu machen~~

Lieber Haber! Ein Bekannter hat mich neulich „wildes Tier" tituliert. Sei's drum. Das wilde Tier hat sie gern und wird sie noch vor der Abreise aufsuchen, wenn es bei diesem Gezappel möglich ist. Einstweilen grüsst Sie herzlich

Ihr Einstein.

Einsteins Reisen

Einstein ist weltweit ein gern gesehener Gast. Seine Reisen dienen sowohl wissenschaftlichen als auch politischen Zwecken. Für die Weimarer Außenpolitik ist er ein „Kulturfaktor
ersten Ranges". Kurz nach dem Ersten Weltkrieg wirbt der Gelehrte aus Deutschland in
Paris und London für die Wiederaufnahme der wissenschaftlichen Beziehungen. 1921 begleitet er Chaim Weizmann auf eine Reise nach Amerika, um Spenden für die Gründung der
Hebräischen Universität einzuwerben. Auf der Rückreise von Japan im Frühjahr 1923 legt
Einstein in Jerusalem den Grundstein der Hebräischen Universität. 1925 reist er nach Südamerika, um wissenschaftliche Vorträge zu halten und jüdische Gemeinden zu besuchen.

Albert Einstein im
Weißen Haus mit
Präsident Warren
G. Harding (Mitte)
während seiner
ersten Reise in die
USA, Washington
D.C., 1921

Albert Einstein at
the White House
with President
Warren G. Harding
(center) during his
first trip to the
USA, Washington
D.C., 1921

Einstein's travels

Einstein is a popular guest all over the world. His travels serve both scientific and political
purposes. For the foreign policy of the Weimar Republic he is a "cultural factor of the first
rank." Shortly after World War I, the German scholar canvasses in Paris and London for
the re-establishment of scientific dialogue. In 1921, he accompanies Chaim Weizmann
on a journey to America to raise funds for the founding of the Hebrew University. In the
spring of 1923, returning from Japan, he lays the foundation stone of the Hebrew University in Jerusalem. He travels to South America in 1925 to give scienctific lectures and visit
Jewish communities.

Begründung des Zionismus

Entwurf einer Rede von Albert Einstein, die er am 27. Juni 1921 im Blüthner-Saal in Berlin hält, [Juni 1921]

Einstein zeichnet die Entwicklung des Judentums in Europa nach und kommt zu dem Schluss: „Die Anpassung der Juden an die europäischen Völker [...] konnte nicht jenes Fremdheitsgefühl auslöschen, das zwischen den Juden und ihren europäischen Wirtsvölkern besteht. Auf dieses spontane Gefühl der Fremdheit ist in letzter Instanz der Antisemitismus zurückzuführen. Dieser ist deshalb auch nicht durch wohlgemeinte Traktate aus der Welt zu schaffen."

The foundations of zionism

Draft of a speech by Albert Einstein, held on 27 June 1921 in the "Blüthner-Saal" in Berlin, [June 1921]

Einstein sketches the development of Jewry in Europe and reaches the conclusion that, "The Jewish adaption to the European nations [...] could not possibly have triggered the climate of alienation that exists between the Jews and their European host nations. In its last consequence anti-Semitism has its origin in this spontaneous feeling of being alien. For that reason, even well-meaning treatieses cannot eliminate it."

The Hebrew University, Jewish National & University Library, Albert Einstein Archives,
Jerusalem, Israel
Call number: 28 - 10.00

This and an amended version of the speech are published in:
The Collected Papers of Albert Einstein, vol. 7,
Princeton: Princeton University Press, 2002, doc. 59/60, pp. 434–441

1921

Meine D. u. H.!

Palästina bedeutet für uns Juden keine blosse
Wohltätigkeits- oder Kolonial - Angelegenheit sondern ein
Problem von zentraler Wichtigkeit für das jüdische Volk.
Palästina ist in erster Linie nicht ein Refugium für Ostjuden sondern
die Verkörperung des wiedererwachenden nationalen Gemeinschafts-
gefühls aller Juden. Ist es zeitgemäss und notwendig, dies
Gemeinschaftsgefühl zu erwecken und zu stärken? Auf diese
Frage glaube ich nicht nur aus meinem spontanen Gefühl heraus
sondern aus Vernunftsgründen mit einem unbedingten „ja"
antworten zu müssen.

Lasst uns einen kurzen Blick werfen auf den Entwicklungs-
gang der deutschen Juden in den letzten hundert Jahren. Vor
hundert Jahren noch lebten unsere Vorfahren mit wenigen
Ausnahmen im Ghetto. Sie waren arm, politisch entrechtet, von den
Nichtjuden durch einen Wall von religiösen Traditionen und weltlichen
Lebensformen und gesetzliche Beschränkungen getrennt, in ihrer geistigen Entwicklung auf die eigene
Litteratur beschränkt, nur relativ schwach beeinflusst durch den
gewaltigen Aufschwung, den das europäische Geistesleben seit
der Renaissance erfahren hatte. Aber eins hatten diese
wenig beachteten, bescheiden lebenden Menschen vor uns voraus:
Jeder von ihnen gehörte mit allen Fasern seines Herzens einer Gemeinschaft an, in der er ganz auf-
ging, in der er sich als vollwertiges Glied fühlte, die nichts von ihm
forderte, was seiner natürlichen Denkweise widerstrebte. Unsere damaligen
Vorfahren waren körperlich und geistig ziemlich verkümmert aber in sozialer
Beziehung in einem beneidenswerten seelischen Gleichgewicht.

Dann kam die Emanzipation. Sie bot dem Individuum plötzlich
ungeahnte Entwicklungsmöglichkeiten. Die einzelnen Individuen erlangten
rasch Stellungen in höheren wirtschaftlichen und sozialen Schichten der
Gesellschaft. Sie sog gierig das herrlichen Errungenschaften in sich auf, die Kunst
und Wissenschaft des Abendlandes geschaffen hatten. Sie beteiligten
sich mit glühender Leidenschaft an dieser Entwicklung, indem sie
selbst bleibende Werte schufen. Dabei nahmen sie die äusseren Daseins-
formen der nichtjüdischen Welt an, wandten sich in steigendem Masse
von ihren religiösen Überlieferungen und Sitten mehr ab, indem sie nichtjüdische
Sitten, Formen und Denkweise an. Es schien, als lösten sie sich restlos

TELEPHONE-VANDERBILT 6000

THE COMMODORE

FORTY-SECOND STREET AND LEXINGTON AVENUE

GRAND CENTRAL TERMINAL

PERSHING SQUARE

NEW YORK

JOHN MC E. BOWMAN
PRESIDENT
GEORGE W. SWEENEY
VICE PRES. & MGR.

erst überlegenen, in dass den zahlenmässig, politisch und kulturell höher organisierten Volk Wirtsvölkern auflösen auf, sodass nach einigen Generationen nichts sichtbares von ihnen übrig bliebe. Eine vollständige Auflösung des jüdischen Volkstrums schien unvermeidlich.

Es kam aber anders. Es scheint Instinkte zu geben, welche einer Vermischung entgegen wirken. Die Anpassung der Juden an die europäischen Völker, unter denen sie leben, in Sprache Sitte, ja zum Teil sogar in den religiösen formen, konnte nicht jenes Fremdheitsgefühl auslöschen, das zwischen den Juden und ihrer europäischen Wirtsvölkern besteht. Auf dieses spontane Gefühl der Fremdheit ist in letzter Instanz der Antisemitismus zurückzuführen. Dieser ist deshalb auch nicht durch wohlgemeinte traktate aus der Welt zu schaffen. Nationalitäten wollen nicht vermischt sein sondern ihren eigenen Weg gehen. Ein befriedigender Zustand ist nur dadurch herbeizuführen, dass sie sich gegenseitig dulden und achten.

Dazu gehört vor allem, dass wir Juden uns unserer Existenz als Nationalität wieder bewusst werden und dass wir diejenige Selbstachtung wieder erwerben, die wir zu einer gedeihlichen Existenz brauchen. Wir müssen wieder lernen, uns freudig zu unseren Vorfahren und unserer Geschichte zu bekennen und wir müssen als Volk wieder Kulturaufgaben auf uns nehmen, welche geeignet sind, unser Gemeinschaftsgefühl zu stärken. Es genügt nicht dass wir uns als Individuen an der kulturellen Entwicklung der Menschheit beteiligen, wir müssen auch solche Aufgaben in Angriff nehmen, die nur nationale Gesamtheiten zu lösen imstande sind. Nur so kann das Judentum wieder sozial gesunden.

Von diesem Standpunkte aus bitte ich Sie die zionistische Bewegung anzusehen. Die Geschichte hat uns heute die Aufgabe zugewiesen, am wirtschaftlichen und kulturellen Aufbau unseres Stammlandes thätig mitzuwirken. Begeisterte und hoch begabte Männer haben die Arbeit vorbereitet und viele vortreffliche Stammesgenossen sind bereit, sich ihr voll und ganz zu widmen. Möchte jeder von Ihnen die Wichtigkeit dieses Werkes voll würdigen und nach Kräften zu dessen Gelingen beitragen.

Albert Einstein
pflanzt einen
Baum in Midgal,
Palästina, 1923

Albert Einstein
plants a tree
in Midgal,
Palestine, 1923

Der „Kulturfaktor ersten Ranges"

Brief der Deutschen Botschaft in Frankreich an das Auswärtige Amt in Berlin,
Paris, 29. April 1922

Für die deutschen Diplomaten wird Einstein in Zeiten der außenpolitischen Krise zu einem
nationalen Aushängeschild. Die Militanz der Sprache mag man sich nicht abgewöhnen,
und so wird die Anerkennung der Argumente des Physikers zu einem „unbestrittenen Sieg
des deutschen Gelehrten". Der „Krieg der Geister", den Einstein nie gewollt hat, spukt
weiter.

A "cultural factor of the first rank"

Letter from the German Embassy in France to the Foreign Ministry in Berlin,
Paris, 29 April 1922

At a time of foreign policy crisis, Einstein becomes a national showpiece for Germany's
diplomats. Unwilling to abandon martial rhetoric, the Embassy calls the recognition of the
physicist's arguments an "undisputed victory for the German scholar." The "war of minds"
that Einstein never wanted lives on.

Politisches Archiv des Auswärtigen Amtes, Berlin, Germany
Call number: R 64677 (unfoliated)

Published in: Kirsten, Christa, and Hans-Jürgen Treder, eds.:
Albert Einstein in Berlin 1913–1933, vol.1,
Berlin: Akademie-Verlag, 1979, pp. 227–228

DEUTSCHE BOTSCHAFT IN FRANKREICH

J.Nr. 1817.

Paris, den 29.April 1922.

3 Anlagen.

Auf den Erlaß Nr.VI.B.3618 vom 21.d.M.
und im Anschluß an den Bericht vom 1.d.M.Nr.1521.

Durchschlag gegeben an IIa

Professor   E i n s t e i n   ist auch im weiteren Verlauf seines Pariser Aufenthalts hier viel beachtet und als
führender wissenschaftlicher Geist gewürdigt worden. Angriffe der Presse blieben vereinzelt und riefen scharfe Entgeg-
nungen liberalerer Organe hervor. Vom wissenschaftlichen
Standpunkt ist ein voller Erfolg festzustellen. Dis Diskussion mit Professor Guillaume endete mit einem unbestrittenen
Sieg des deutschen Gelehrten.

Einen Besuch auf der Botschaft hat Herr Einstein
nicht gemacht. Zu dem Vertreter des Berliner Tageblatts,
Herrn Block,der ihm einen Besuch bei mir nahelegte, hat er
sich dahin geäußert, er sei lediglich Gelehrter und stünde
der Welt und ihren Formen fern.

Ebensowenig wie zu seiner Antrittsvorlesung sind der
Botschaft zu den späteren Vorlesungen Einladungen zugegangen.
Herr Wertheimer, der für einen seiner Mitarbeiter vom Wolff-
büro eine Einlaßkarte nachgesucht hatte, hat eine verschlei-
erte Absage erhalten.

Seine Eindrücke von seinem Pariser Aufenthalt hat Einstein in einem im "Petit Parisien" vom 10.April veröffentlich-
ten Interview niedergelegt, das ich mich beizufügen beehre.

Er ist nach Beendigung seines Aufenthalts in Paris von

An   hier

das Auswärtige Amt,

B e r l i n .

2

hier aus in das zerstörte Gebiet gefahren. Sein begeisterter
Verehrer Nordmann hat dieser Reise einen Artikel in der "Illus
tration" vom 15. April gewidmet, den ich beilege.

Endlich füge ich einen Ausschnitt aus "Intransigeant"
vom 10.April bei, der die Teilnahme Einstein's an einem Tee
bei Herrn Jean Becquerel,Professor am Museum, schildert.

Es wäre unrichtig,anzunehmen, das geglückte Auftreten
Einstein's in Paris habe den Beweis dafür geliefert, daß Deutsche auf dem Boden der Wissenschaft ungestört jetzt wieder in
alter Weise die Beziehungen mit dem französischen Geistesleben
aufnehmen und auch persönlich pflegen können. Wenn der Besuch
Einstein's ohne größeren Mißton, ja sogar sehr befriedigend
verlaufen ist, so ist dies hauptsächlich auf zweierlei Gründe
zurückzuführen. Einmal handelte es sich bei Einstein um eine
Sensation, die der geistige Snobismus der Hauptstadt sich
nicht entgehen lassen wollte. Zum anderen war Einstein für
Paris sorgfältigst „möglich" gemacht worden dadurch, daß in
der Presse allenthalben schon vor seinem Eintreffen festgestellt wurde, er habe das Manifest der 93 nicht unterzeichnet,
er habe im Gegenteil ein Gegenmanifest unterschreiben wollen,
seine oppositionelle Haltung zur Deutschen Regierung während
des Krieges sei bekannt, endlich sei er überhaupt Schweizer
und nur aus Deutschland gebürtig.

Wie aber dem auch sei, es unterliegt keinem Zweifel,daß
Herr Einstein,der eben schließlich doch als Deutscher angesehen werden mußte, deutschem Geist und deutscher Wissenschaft hier Gehör verschafft und neuen Ruhm erworben hat.

Charles Nordmann,
Maurice Solovine,
Albert Einstein und
Paul Langevin am
Rand eines großen
Minentrichters
bei Berry-au-Bac,
Frankreich, 1922

Charles Nordmann,
Maurice Solovine,
Albert Einstein and
Paul Langevin on
the edge of a large
mine crater near
Berry-au-Bac,
France, 1922

Missklänge vor der Argentinienreise

Bericht der Deutschen Gesandtschaft in Buenos Aires an das
Auswärtige Amt in Berlin, Buenos Aires, 4. Oktober 1922

Bereits drei Jahre vor Einsteins Reise nach Südamerika 1925 sorgt die
an ihn gerichtete Einladung für Unruhe unter den dort lebenden Deutschen. Man wirft dem Pazifisten seine Haltung im Krieg vor und erregt
damit auch den Unmut der Diplomaten. Die Reise selbst wird dann
aber doch ein großer Erfolg. Einstein notiert: „Ich bin ihnen eine stin-
kende Blume, und sie stecken mich doch immer wieder ins Knopfloch."

Notes of discord before the journey to Argentina

Report from the German Embassy in Buenos Aires to the
Foreign Ministry in Berlin, Buenos Aires, 4 October 1922

Even three years before Einstein's voyage to South America in 1925, his
invitation causes an upheaval among the Germans living there. They
criticize the pacifist for his stance during the war, thus also arousing
the diplomats' displeasure. The journey itself is a great success, however. Einstein notes, "They consider me a stinking flower, yet they keep
sticking me in their buttonhole."

Politisches Archiv des Auswärtigen Amtes, Berlin, Germany
Call number: R 64677 (unfoliated)

Published in: Kirsten, Christa, and Hans-Jürgen Treder, eds.:
Albert Einstein in Berlin 1913–1933, vol.1,
Berlin: Akademie-Verlag, 1979, pp. 228–230

Albert Einstein: Diary trip South America, 1925
The Hebrew University, Jewish National & University Library,
Albert Einstein Archives, Jerusalem, Israel
Call number: 29-132.00:Image 12

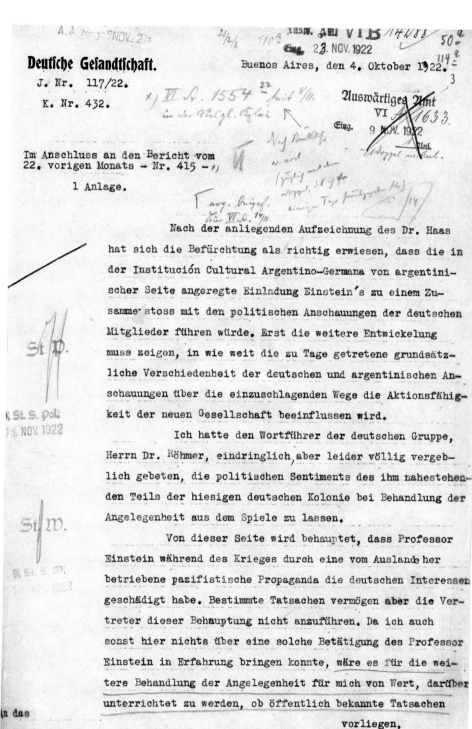

Deutsche Gesandtschaft.

J. Nr. 117/22.

K. Nr. 432.

Buenos Aires, den 4. Oktober 1922.

Auswärtiges Amt

VI ☓ 1633.

Eing. 9. NOV. 1922.

Im Anschluss an den Bericht vom
22. vorigen Monats – Nr. 415 –x)

   1 Anlage.

        Nach der anliegenden Aufzeichnung des Dr. Haas
hat sich die Befürchtung als richtig erwiesen, dass die in
der Institución Cultural Argentino-Germana von argentini-
scher Seite angeregte Einladung Einstein's zu einem Zu-
samme stoss mit den politischen Anschauungen der deutschen
Mitglieder führen würde. Erst die weitere Entwickelung
muss zeigen, in wie weit die zu Tage getretene grundsätz-
liche Verschiedenheit der deutschen und argentinischen Anschauungen über die einzuschlagenden Wege die Aktionsfähig-
keit der neuen Gesellschaft beeinflussen wird.

        Ich hatte den Wortführer der deutschen Gruppe,
Herrn Dr. Röhmer, eindringlich, aber leider völlig vergeblich gebeten, die politischen Sentiments des ihm nahestehen-
den Teils der hiesigen deutschen Kolonie bei Behandlung der
Angelegenheit aus dem Spiele zu lassen.

        Von dieser Seite wird behauptet, dass Professor
Einstein während des Krieges durch eine vom Auslande her
betriebene pazifistische Propaganda die deutschen Interessen
geschädigt habe. Bestimmte Tatsachen vermögen aber die Vertreter dieser Behauptung nicht anzuführen. Da ich auch
sonst hier nichts über eine solche Betätigung des Professor
Einstein in Erfahrung bringen konnte, wäre es für die weitere Behandlung der Angelegenheit für mich von Wert, darüber
unterrichtet zu werden, ob öffentlich bekannte Tatsachen

                                  vorliegen,

An das

Auswärtige Amt,

  B e r l i n .

vorliegen, die dem Standpunkt der Gegner der Einladung
als Stütze dienen können.

Diese ist einstweilen vom Programm der Gesellschaft
abgesetzt worden, der Plan kann aber im Anschluss an die
Reise Einstein's nach Japan in einiger Zeit wieder auf-
tauchen.

Anlage *1* zu Bericht *117/22*,
K. Nr. *432* von *4.10.22*

A u f z e i c h n u n g .

Die erste Sitzung des Consejo Directivo der neuen
Institución Argentino-Germana fand gestern Nachmittag statt.
Von deutscher Seite waren u. a. Herr Baron von dem Bussche
Haddenhausen, Dr. Roehmer und der Chefredakteur der Deut-
schen La Plata Zeitung, Dr. Grotewold, erschienen.

Zunächst wurden technische Fragen verhandelt, bis
bei Besprechung des Paragraphen der Statuten, der von den
Ehrenmitgliedern handelt, ein anwesender Vertreter der
Studentenschaft von Buenos Aires beantragte, Professor Dr.
Einstein zum Ehrenmitglied zu ernennen. Der Betreffende gehörte nicht zum Consejo Directivo. Da jedoch durch ein Versehen die Sitzung in der Presse als öffentliche angekündigt
worden war, hatte er sich eingefunden, und die argentinischen
Mitglieder hatten es vorgezogen, ihn an den Verhandlungen
teilnehmen zu lassen.

Der Vorsitzende, Herr Dr. Seeber, antwortete auf
den Antrag, dass Einstein unter den deutschen Mitgliedern
des Consejo als " Défaitist " gelte, der während des Krieges Propaganda gegen Deutschland getrieben habe, also ein
Vaterlandsverräter sei. Aus diesem Grunde würde eine Ehrung
des Gelehrten in der deutschen Kolonie von Buenos Aires
Unwillen erregen. Deshalb sei es ratsam, von einem solchen
Schritte abzusehen. Diese Aeusserung des Vorsitzenden hatte
einen scharfen und erregten Protest von Seiten des argentinischen Universitätsprofessor Dr. Korn, der bis vor kurzem
Dekan der philosophischen Fakultät an der Universität Buenos Aires war, zur Folge. Er wandte sich in lebhaften Worten
dagegen, dass auf diese Weise die Politik mit den Fragen
des intellektuellen Austausches zwischen den beiden Ländern

vermischt

- 2 -

vermischt werde. Ausserdem habe niemand stärker auf die ganze
Welt zum Vorteile Deutschlands eingewirkt als Einstein. Dem
schloss sich ein anderer, gleichfalls dem Consejo angehörender
Universitätsprofessor an, dessen Name ich nicht kenne. Er
sagte, dass Argentinien nichts von den kleineren zünftigen
Gelehrten habe, welche fleissig Monographien schreiben und
schätzenswerte Kleinarbeit leisten. Diesen Männern eine über-
triebene Bedeutung beizumessen, sei eine deutsche Gewohnheit,
welche den Ruf des deutschen Geisteslebens schwer geschädigt
habe. An Stelle dieser Analytiker wünsche der argentinische
Intellektuelle die grossen synthetisch denkenden Geister
Deutschlands kennen zu lernen. Einstein sei nicht nur der
grösste Deutsche sondern überhaupt der grösste jetzt lebende
Gelehrte. Ihn abzulehnen vertrage sich nicht mit den Aufgaben
des neuen Institutes.

Da im Verlaufe der Erörterungen auch die Frage der
Staatsangehörigkeit Einsteins erwähnt worden war, ergriff Dr.
Röhmer das Wort zur offenbar vorher sachlich vorbereiteten
Aufklärung. Er teilte mit, dass Einstein als deutscher Staats-
angehöriger geboren, in frühem Alter (soweit ich mich entsinne
wurde das von 15 Jahren angegeben)"nach der Schweiz überge-
siedelt sei und dort im vollen Bewusstsein der Bedeutung eines
solchen Schrittes die deutsche Staatsangehörigkeit aufgegeben
habe, um die schweizerische zu erwerben ". Dr. Röhmer fügte
hinzu, dass im übrigen die Richtigkeit der Relativitätstheorie
ja noch nicht bewiesen sei. Man tue also gut abzuwarten, ob er
wirklich ein grosser Mann sei. Inzwischen gebe es deutsche Gelehrte, die ebenso Grosses geleistet und wegen der wissenschaft
lich erwiesenen Richtigkeit ihrer Theorien endgiltige Anerkennung gefunden hätten, wie z. B. Röntgen. Letztere Aeusserung
wurde von den anwesenden argentinischen Universitätslehrern

mit

3.

mit Lachen abgelehnt.

Der neben Dr. Röhmer sitzende Dr. Grotewold ergriff jetzt das Wort und sagte, dass Einstein ja weder um
das neue Institut noch um den deutsch-argentinischen Ge-
dankenaustausch sich Verdienste erworben habe, seine Ernennung zum Ehrenmitglied sich also aus diesem selbstverständlichen Grunde verbiete. Der bereits erwähnte Vertreter
der Studentenschaft ging schlagfertig auf diesen, von seinen
Urhebern wahrscheinlich für geschickt gehaltenen Antrag ein,
indem er seinerseits die Ernennung des an der Universität
Cordoba im Dienste der geistigen Annährung beider Länder
arbeitenden Professor Dr. Nicolai zum Ehrenmitglied beantragte.

Angesichts der Erregung unter den anwesenden
Argentiniern betonte nunmehr der Vorsitzende Dr. Seeber,
dass seine Worte eine tatsächliche und vertrauliche Mitteilung bedeutet hätten, dass er sich aber nicht mit den
Einwänden gegen Einstein identifiziere. Seine Worte würden
auch nicht in das Protokoll kommen, da sie gleichsam eine
private Zwischenbemerkung seien, in der er die Opportunität
einer Diskussion über die Frage Einstein habe bezweifeln
wollen. Würde Professor Dr. Einstein nach Buenos Aires
kommen, so wäre es für ihn selbstverständlich, dass die Institución Argentino-Germana sich an dem Empfang u.s.w. stark
beteiligen müsse. Schliesslich wurde die Erledigung der Frage dem engeren Ausschusse überwiesen.

An die Sitzung schlossen sich private Erörterungen
an, in deren Verlauf Dr. Röhmer dem Dr. Seeber erklärte,
dass kein Mensch die Einsteinschen Theorien verstehe, seine
Berufung zu Vorträgen also nichts mit der Wissenschaft zu

tun

4.

tun haben sondern der Reklame und der Mode dienen würde.
Dr. Seeber erwiderte, dass das eben das Wichtigste für
das neue Institut sei. Wenn er die bevorstehende Ankunft
von Einstein als Vortragsredner des Institutes ankündigen
könnte, würde er wissen, dass damit dessen Ansehen und
Einfluss endgiltig gesichert seien. Professor Dr. Gans
fügte hinzu, dass Professor Dr. Abderhalden ein viel
besserer Vortragsredner sein würde. Er würde von mehreren
Unterabteilungen der naturwissenschaftlichen Fakultät, die
er auch anführte, verstanden werden. Die Argentinier lehnten es ab, sich hierdurch überzeugen zu lassen.

                    Buenos Aires, den 26.September 1922.

Albert Einstein
bei seiner Ankunft
in Cordoba,
Argentinien, 1925

Albert Einstein
on his arrival
in Cordoba,
Argentina, 1925

Gruß aus Japan

Postkarte von Albert Einstein an Heinrich Zangger, Nagoya, [11. Dezember 1922]

Einstein schreibt seinem langjährigen Freund: „Solange Sie nicht in Japan waren, wissen Sie noch nicht, wo es wirkliche Menschen gibt und wie sie aussehen."

Greetings from Japan

Post card from Albert Einstein to Heinrich Zangger, Nagoya, [11 December 1922]

Einstein writes to his friend of many years, "If you've never been to Japan, you do not know where real people exist, and what they look like."

Zentralbibliothek, Zurich, Switzerland
Call number: Nachlass H. Zangger 1a

SHIRO NaGoYa.　　（城洲清元）城屋古名　　（所名屋古名）

Die Begreiflichkeit der Welt

Briefentwurf zur Religion an einen nicht genannten Empfänger, Kyoto, 14. Dezember 1922

Einstein glaubt, dass Wissenschaft den Aberglauben mindern kann. Die Überzeugung, dass die Welt begreiflich ist, liegt nach Einstein aller weiteren wissenschaftlichen Forschung zugrunde. Sein Gottesbegriff beruht auf der Idee einer „überlegenen Vernunft, die sich in der erfahrbaren Welt offenbart". Konfessionelle Traditionen könne er nur historisch oder psychologisch betrachten.

The comprehensibility of the world

Draft of a letter on religion to an unnamed recipient, Kyoto, 14 December 1922

Einstein believes that science has the ability to diminish superstition. According to him, the conviction that the world can be understood is the basis of all further scientific research. His notion of God rests on the idea of a "superior reason, which is revealed in the empirical world." He can only view confessional traditions from an historical or psychological perspective.

CABLE ADDRESS:

"MIYAKO" KYOTO

TEL. NOS. 421 & 338 (KAMI)

THE MIYAKO HOTEL, KYOTO.

KYOTO, _14. XII,_   _19ZZ_

Sehr geehrter Herr!

1) Es ist schon nicht leicht, mit dem Wort „wissenschaftliche Wahrheit" einen klaren Sinn zu verbinden. So ist der Sinn des Wortes „Wahrheit" verschieden, je nachdem es sich um eine Erlebnisthatsache, einen mathematischen Satz oder eine naturwissenschaftliche Theorie handelt. Unter „religiöser Wahrheit" kann ich mir etwas Klares überhaupt nicht denken.

2) Wissenschaftliche Forschung kann durch Förderung des kausalen Denkens und Überschauens der Aberglauben vermindern. Es ist gewiss, dass eine mit religiösem Gefühl verwandte Überzeugung von der Vernunft bezw. Begreiflichkeit der Welt aller feineren wissenschaftlichen Arbeit zugrunde liegt.

3) Jene mit tiefem Gefühl verbundene Überzeugung von einer überlegenen Vernunft, die sich in der erfahrbaren Welt offenbart, bildet meinen Gottesbegriff, man kann ihn also in der üblichen Ausdrucksweise als „pantheistisch" (Spinoza) bezeichnen.

4) Konfessionelle Traditionen kann ich nur historisch und psychologisch betrachten; ich habe zu ihnen keine andere Beziehung.

Mit freundlichem Gruss

A. Einstein.

Enthusiastischer Empfang in Japan

Bericht der Deutschen Botschaft in Tokio an das Auswärtige Amt in Berlin,
Tokio, 3. Januar 1923

In einer Mischung aus Verwunderung und Freude berichtet die deutsche Botschaft in
Tokio vom überwältigenden Empfang Einsteins in Japan im November und Dezember
1922. Er ist dort für einige Wochen Zentrum des gesellschaftlichen Lebens und hält
zahlreiche Vorträge.

Enthusiastic reception in Japan

Report from the German Embassy in Tokyo to the Foreign Ministry in Berlin,
Tokyo, 3 January 1923

The German Embassy in Tokyo reports with a mixture of astonishment and joy on
Einstein's overwhelming reception in Japan in November and December 1922. For a
few weeks he becomes the center of social life there and gives numerous lectures.

Politisches Archiv des Auswärtigen Amtes, Berlin, Germany
Call number: R 64677 (unfoliated)

Published in: Kirsten, Christa, and Hans-Jürgen Treder, eds.:
Albert Einstein in Berlin 1913–1933, vol.1,
Berlin: Akademie-Verlag, 1979, pp. 230–232

Deutsche Botschaft.

J.Nr. 8

K.Nr. 1

Unter Bezugnahme auf Erlaß VI B
12048 vom 30. September 1922.

TOKIO, den 3. Januar 1923.

Ausw. Amt VI B 462/?

Eing. 21. APR. 1923

Professor EINSTEIN ist am 17. November in Japan eingetroffen und am 29. Dezember wieder abgereist.
Seine Reise durch Japan glich einem Triumpfzug. Bei den
Besuchen des Prinzen von WALES und des Feldmarschalls
JOFFRE war höfisches und militärisches Gedränge, war
programmatische Vorbereitung und offiziöses Echo in der
japanischen Presse. Bei dem Empfang EINSTEIN's war von
alle dem nichts, umsomehr beteiligte sich das gesamte
japanische Volk, vom höchsten Würdenträger bis zum
Ricksha-Kuli, spontan, ohne Vorbereitung und ohne Mache!
Bei EINSTEIN's Ankunft in TOKIO war eine solche Menge
von Menschen an der Bahn, daß die Polizei machtlos das
Lebensgefährliche Gedränge dulden mußte. Wie in TOKIO
war auch der Empfang in den anderen Städten, in denen
er Vorträge hielt oder Land und Leute beschauend von
den Anstrengungen der Reise sich erholte. Da man füg-
lich nicht annehmen kann, daß die Tausende und aber
Tausende von Japanern, die in seine Vorlesungen stürm-
ten – für 3 Yen pro Kopf –, Interesse an der den Laien
unverständlichen Relativitäts-Theorie hatten, ist von
den Deutschen hier mancher auf die Idee gekommen, daß
nach

An das

Auswärtige Amt

Berlin.

- 2 -

*nach England (Prinz von WALES), Amerika (DENBY) und
Frankreich (JOFFRE) nunmehr aus Paritätsrücksichten ein
Deutscher gefeiert werden sollte ! Das stimmt aber
nicht, schon deswegen nicht, weil von dem Verlage, der
EINSTEIN eingeladen hat, die ganze Reise des berühmten
Mannes als ein geschäftliches, und zwar recht einbrin-
gendes, Unternehmen eingeleitet und durchgeführt wor-
den ist. Der Vertrag, soweit einige Bestimmungen durch-
gesickert sind, hatte sogar etwas demütigendes für EIN-
STEIN : durfte er doch außerhalb der vorgeschriebenen
Vorlesungen nicht öffentlich reden ! Seine gelehrten
Worte flossen in Yen verwandelt in die Taschen des
Herrn YAMAMOTO, Verlegers der KAIZO, einer populärwis-
senschaftlichen Monatsschrift etwas radikalen Charak-
ters.*

*Meine persönlichen Beziehungen zu EINSTEIN haben
sich zu freundschaftlichen entwickelt. Trotz der super-
lativen Ehrungen, die ihm überall zu Teil geworden,
blieb er bescheiden, freundlich und schlicht. Der Höhepunkt der Auszeichnungen des berühmten Mannes war das
diesjährige Chrysanthemum-Fest ! Nicht die Kaiserin,
nicht der Prinzregent und die Kaiserlichen Prinzen waren es, die Cercle abhielten, unbewußt und ungewollt
drehte sich alles um EINSTEIN. Die Herren der Botschaft,
die das Fest mitgemacht hatten - ich traf ein paar Tage
danach ein - haben mir geschildert, wie die ungefähr
3 000 Teilnehmer an diesem traditionellen Fest der Vereinigung der Kaiserlichen Familie mit dem Volk über
EINSTEIN völlig vergaßen, was der Tag bedeutete. Alle
Blicke waren auf EINSTEIN gerichtet, jeder wollte dem
berühmtesten Manne der Gegenwart wenigstens die Hand
gedrückt haben. Ein Admiral in voller Uniform drängte
sich*

- 3 -

sich durch die Reihen, trat auf EINSTEIN zu und sagte :
»I admire you« und ging wieder weg.

Die Presse war voll von EINSTEIN-Geschichten, von
wahren und falschen. Schüchtern wagte auch der eine oder
der andere NEWTON oder GALILEI zu verteidigen. Ein Pro-
fessor hatte sogar den Mut, mit EINSTEIN über das Wesen
des Absoluten zu disputieren, mußte aber zum Jubel des
Auditoriums schließlich bekennen, daß Irrtum ihn geblen-
det hätte. Auch Karikaturen von EINSTEIN gab es, bei de-
nen seine kurze Pfeife und sein üppiges, kammtrotziges
Haar eine Hauptrolle spielten und seine, nicht immer mit
Treffsicherheit der Gelegenheit angepaßte Kleidung leicht
angedeutet wurde.

Während seiner Anwesenheit, und zwar am 15. Dezember,
als er bereits im Süden des Landes weilte, druckte der
ADVERTISER ein KOKUSAI-REUTER Telegramm ab, wonach Maxi-
milian HARDEN in BERLIN vor Gericht ausgesagt hätte: »Pro-
fessor EINSTEIN went to Japan because he did not consider
himself safe in Germany«.- Da diese Nachricht geeignet
schien, die außerordentlich günstige Wirkung des EINSTEIN-
Besuches für die deutsche Sache zu beeinträchtigen, bat
ich EINSTEIN telegraphisch um die Ermächtigung sie zu de-
mentieren. Ich erhielt zunächst ein Telegramm, daß die
Sachlage für eine Drahtantwort zu kompliziert sei und daß
Brief folgen würde. In dem darauf folgenden Brief aus MI-
YAJIMA vom 20. v.M. schreibt EINSTEIN wörtlich folgendes:
»Ich beeile mich, Ihnen die näheren Angaben als Ergänzung
zu meiner telegraphischen Antwort zugehen zu lassen. Die
HARDEN'sche Aeußerung ist mir gewiß unangenehm, indem sie
meine Situation in Deutschland erschwert, sie ist auch
nicht ganz richtig, aber ganz falsch ist sie auch nicht.
Denn Menschen, die die Zustände in Deutschland gut über-
sehen, sind tatsächlich der Meinung, daß für mich eine

                                              gewisse

– 4 –

gewisse Lebensgefahr bestehe. Allerdings habe ich die
Situation vor dem RATHENAU-Mord nicht so eingeschätzt
wie nachher. Zu einem guten Teil war es die Sehnsucht
nach dem fernen Osten, welche mich die Einladung nach
Japan annehmen ließ, zu einem anderen Teil das Bedürfnis, einige Zeit aus der gespannten Atmosphäre unserer
Heimat für einige Zeit herauszukommen, die mich so oft
vor schwierige Situationen stellt. Nach dem RATHENAU-
Mord begrüßte ich es allerdings sehr, daß mir die Gelegenheit einer längeren Abwesenheit aus Deutschland gegeben war, die mich der zeitweilig gesteigerten Gefahr
entzog, ohne daß ich irgend etwas hätte tun müssen, was
meinen deutschen Freunden und Kollegen hätte unangenehm
sein können." – Daraufhin konnte ich nicht wohl demen-
tieren. –

EINSTEIN reist von hier nach HOLLAENDISCH-INDIEN und
dann nach PALAESTINA.

Wenn dieser Bericht in BERLIN ankommt, wird man dort
übersehen können, wann und an welchem Ort er in Deutschland einreist. Ich würde dankbar sein, wenn die betreffende Grenzstelle angewiesen würde, ihm beim Eintritt
in das deutsche Gebiet alle mit den Bestimmungen verein-
baren Erleichterungen zu verschaffen. Er hat allerlei
Ehrengeschenke in seinem Gepäck und seine Frau hat gebeten, daß diese Gegenstände zollfrei eingelassen werden
möchten.

Volf.

Inhalt:

Professor EINSTEIN.

Albert und Elsa
Einstein bei einem
Empfang in Japan,
1922

Albert and Elsa
Einstein at a
reception in Japan,
1922

Einstein in Spanien

Bericht der Deutschen Botschaft in Spanien an das Auswärtige Amt in Berlin,
Madrid, 19. März 1923

In Spanien werden Einstein hohe Ehrungen zuteil. Auch hier zeigt sich die deutsche
Botschaft sehr erfreut über den freundlichen Empfang und wertet die Reise zudem
als Erfolg mit Blick auf die auswärtigen Beziehungen des Deutschen Reiches.

Einstein in Spain

Report from the German Embassy in Spain to the Foreign Ministry in Berlin,
Madrid, 19 March 1923

High honors are bestowed upon Einstein in Spain. Here, too, the German Embassy
is very pleased with his friendly reception and also deems the trip to have been a
success for Germany's foreign relations.

Published in: Kirsten, Christa, and Hans-Jürgen Treder, eds.:
Albert Einstein in Berlin 1913–1933, vol. 1,
Berlin: Akademie-Verlag, 1979, pp. 232–233

DEUTSCHE BOTSCHAFT
IN SPANIEN.

J.Nr. 924/23.

Madrid, den 19. Maerz 1923.

2 Durchschlaege
1 Heft Zeitungsausschnitte.

Ausw. Amt VIB 3843
Eing. -4. APR. 1923
1 Anl.

Professor Einstein traf am 1. Maerz von Barcelona kommend in Begleitung seiner Gattin in Madrid ein. Auf dem Bahnhof begruesste ihn ausser einigen hier wohnenden deutschen Verwandten sowie verschiedenen Mitgliedern der deutschen Kolonie und mir eine Kommission spanischer Professoren der Madrider Universitaet. Eine grosse Menge Schaulustiger hatte sich ebenfalls eingefunden. Dass Reporter und Photographen nicht fehlten, versteht sich von selbst. Der Vertreter des »ABC« hatte sogar bereits einige Stationen vor Madrid den Zug bestiegen und sich noch vor der Ankunft ein Interview verschafft.

Professor Einstein hielt in Madrid drei Vortraege in dem physikalischen Hoersaal der Universitaet. Trotzdem die Ausgabe der Karten in erster Linie auf die rein wissenschaftlich interessierten und entsprechend vorgebildeten Personen beschraenkt war, hatten alle drei Vorlesungen ausserordentlichen Zulauf. Weitere Vortraege fanden im Atheneum, der Residencia de los Estudiantes, der Academia de Ciencias und in der Asociación de Alumnos de Ingenieros statt. Ueberall herrschte grosse Begeisterung, obwohl sicher die Wenigsten Einsteins Ausfuehrungen wirklich zu folgen vermochten.

Prof. Einstein wurde mit Ehrungen aller Art ueberhäuft, und man kann wohl, ohne zu uebertreiben, sagen, dass seit Menschengedenken kein auslaendischer Gelehrter eine so begeisterte und aussergewoehnliche Aufnahme in der spanischen Hauptstadt gefunden hat.

Die Presse brachte taeglich spaltenlange Berichte ueber

sein

An

das Auswaertige Amt

B e r l i n .

II

sein Treiben und Tun; die wissenschaftlichen Mitarbeiter der be-
deuteren Zeitungen beschaeftigten sich in langen Aufsaetzen mit
der Relativitaetstheorie; in den Berichten ueber Einsteins Vortraege bemuehten sich Journalisten, dem Laienpublikum in allgemein-
verstaendlicher Form die grossen physikalischen Probleme naeher
zu bringen, »in die die Einstein'schen Entdeckungen neues Licht
gebracht haetten«; die Zeitungsphotographen brachten in immer
neuen Stellungen sein Bild und das der Teilnehmer an den ihm zu
Ehren veranstalteten Festlichkeiten. Die Karrikaturistengriffel
versuchten sich an der Wiedergabe seines praegnanten Kopfes, und
bis in die volkstuemlichen Witzblaetter hinein beherrschten Einstein und das Wort »relativ« die Stunde.

Nur in dem klerikalen »Debate« regte sich einmal leiser
und sehr vorsichtig gefasster Widerspruch gegen die »Einstein-
Manie«. Es wurde vor Ueberschaetzung der Leistungen des Gelehrten
gewarnt und angedeutet, dass wohl erst die Zeit den Beweis fuer
die Richtigkeit der »Einsteinlehre« erbringen koenne.

Ausser den Vortraegen fanden folgende Veranstaltungen statt:

Eine Begruessungsadresse des Magistrats, fuer die Professor
Einstein durch einen persoenlichen Besuch auf dem Ayuntamiento
dankte. Es folgte ein ihm von der Madrider Doktorvereinigung im
Palace-Hôtel gegebenes Bankett, bei dem der Vorsitzende Dr. Bauer
und der Rektor der Universitaet Dr. Carrecido die Verdienste des
deutschen Gelehrten feierten. Am 4. Maerz fand in der Akademia de
Ciencias eine feierliche Sitzung unter Vorsitz S.M. des Koenigs
statt, der Prof. Einstein das Diplom eines korrespondierenden
auswaertigen Mitgliedes ueberreichte. Bei dieser Gelegenheit hielt
der spanische Minister fuer Kunst und Wissenschaften eine Rede,
in der er zum Schluss dem Gelehrten den gastlichen Boden Spaniens
und die finanzielle Unterstuetzung der Regierung anbot fuer den
Fall, dass ihm die Zustaende in seiner Heimat augenblicklich die
Weiterfuehrung seiner Forschungen voruebergehend unmoeglich machen
sollten! Am gleichen Tage gab der Marqués de Torrevieja einen
Empfang zu Ehren von Herrn und Frau Einstein, waehrend am Abend des

7.

III

7. Maerz ein Empfang von ueber 110 Personen auf der Botschaft
stattfand. Zahlreiche hiesige Professoren und andere Wissenschaftler sowie Mitglieder der Gesellschaft und der Kolonie
nahmen daran teil, sodass Professor Einstein zu angeregten Un-
terhaltungen mit den verschiedensten Persoenlichkeiten Gelegenheit fand.

Am 8. Maerz wurde derselbe in einer Extrasitzung der Universitaet in den althergebrachten Formen als Ehrendoktor einge-
kleidet. Neben dem Rektor, einem Professor und einem Studenten,
verlass auch ich hiesigem Brauch gemaess eine Rede, und zwar
in spanischer Sprache. Das von mir gewaehlte Thema betraf die
historische Entwickelung der kulturellen Beziehungen zwischen
Deutschland und Spanien. Die Rede wurde im Auszug von fast allen Blaettern Madrids wiedergegeben und scheint allgemein
freundlich aufgenommen zu sein.

Vor seinem Scheiden wurde Professor Einstein von Koenig
und Koenigin Mutter empfangen, waehrend die regierende Koenigin
bei ihrer Mutter in Algeciras weilte.

Am 10. Maerz verliessen Professor Einstein und Frau Madrid,
um ueber Zaragoza, wo er drei Vortraege zugesagt hatte, die Heim-
reise anzutreten. Eine Einladung der Universitaet Valencia war
von ihm wegen Zeitmangel abschlaegig beschieden worden.

Zusammenfassend ist ueber den Besuch Einsteins zu sagen,
dass es ein voller und ungetruebter Erfolg war. Dem Ansehen der
deutschen Wissenschaft und der Hochachtung von ihren Leistungen
hat Prof. Einstein einen unschaetzbaren Dienst durch seine spanische Reise erwiesen, die auch von der englischen Presse bemerkt worden ist. Das schlichte und sympathische Wesen des Gelehrten hat zu diesem Erfolg wesentlich beigetragen.

Einige Zeitungsausschnitte beehre ich mich beizufuegen.

Inhalt: Professor Einstein
in Madrid.

Einstein zum Selbstverständnis der Hebräischen Universität Jerusalem

Artikel von Albert Einstein „The Mission of Our University", *The New Palestine*,
27. März 1925

In einer Ausgabe von *The New Palestine* erscheint Einsteins Schrift „The Mission of Our University". Er beschwört darin den Universalismus wissenschaftlicher Arbeit und warnt vor engstirnigem Nationalismus.

Albert Einstein on the self-conception of the Hebrew University of Jerusalem

Article by Albert Einstein "The Mission of Our University," *The New Palestine*,
27 March 1925

An issue of *The New Palestine* carries Einstein's essay, "The Mission of Our University." He affirms the universalism of scientific work and warns against narrow-minded nationalism.

The Mission of Our University

By ALBERT EINSTEIN

HE opening of our Hebrew University on Mount Scopus, at Jerusalem, is an event which should not only fill us with just pride, but should also inspire us to serious reflection.

A University is a place where the universality of the human spirit manifests itself. Science and investigation recognize as their aim the truth only. It is natural, therefore, that institutions which serve the interests of science should be a factor making for the union of nations and men. Unfortunately, the universities of Europe today are for the most part the nurseries of chauvinism and of a blind intolerance of all things foreign to the particular nation or race, of all things bearing the stamp of a different individuality. Under this regime the Jews are the principal sufferers, not only because they are thwarted in their desire for free participation and in their striving for education, but also because most Jews find themselves particularly cramped in this spirit of narrow nationalism. On this occasion of the birth of our University, I should like to express the hope that our University will always be free from this evil, that teachers and students will always preserve the consciousness that they serve their people best when they maintain its union with humanity and with the highest human values.

Jewish nationalism is today a necessity because only through a consolidation of our national life can we eliminate those conflicts from which the Jews suffer today. May the time soon come when this nationalism will have become so thoroughly a matter of course that it will no longer be necessary for us to give it special emphasis. Our affiliation with our past and with the present-day achievements of our people inspires us with assurance and pride *vis-à-vis* the entire world. But our educational institutions in particular must regard it as one of their noblest tasks to keep our people free from nationalistic obscurantism and aggressive intolerance.

Our University is still a modest undertaking. It is quite the correct policy to begin with a number of research institutes, and the University will develop naturally and organically. I am convinced that this development will make rapid progress and that in the course of time this institution will demonstrate with the greatest clearness the achievements of which the Jewish spirit is capable.

A special task devolves upon the University in the spiritual direction and education of the laboring sections of our people in the land. In Palestine it is not our aim to create another people of city dwellers leading the same life as in the European cities and possessing the European bourgeois standards and conceptions. We aim at creating a people of workers, at creating the Jewish village in the first place, and we desire that the treasures of culture should be accessible to our laboring class, especially since, as we know, Jews, in all circumstances, place education above all things. In this connection it devolves upon the University to create something unique in order to serve the specific needs of the forms of life developed by our people in Palestine.

All of us desire to cooperate in order that the University may accomplish its mission. May the realization of the significance of this cause penetrate among the large masses of Jewry. Then our University will develop speedily into a great spiritual center which will evoke the respect of cultured mankind the world over.

„Kakteen für Mama"

Brief von Albert Einstein an seine Söhne Hans Albert und Eduard (Tete/Teddy) Einstein,
Buenos Aires, 23. April 1925

Einstein berichtet von seiner Südamerikareise und ist stolz auf eine neue Idee über
den Zusammenhang von Elektrizität und Gravitation. Er bedauert, dass er keinen
seiner Söhne auf die Reise mitnehmen konnte und freut sich auf ein baldiges Wieder-
sehen. Seinen Söhnen schickt er Briefmarken; für Mileva sucht er Kakteen.

"Cacti for Mama"

Letter from Albert Einstein to his sons Hans Albert and Eduard (Tete/Teddy) Einstein,
Buenos Aires, 23 April 1925

Einstein reports on his South American voyage and is proud of a new idea he has had
on the relationship between electrictiy and gravitation. He regrets that he could not
take either of his sons with him on the journey and looks forward to seeing them soon.
He sends his sons postage stamps; he is looking for cacti for Mileva.

Privately owned

Buenos Aires 23. IV. 25.

BRUNO JOHN WASSERMANN
579 AZOPARDO
BUENOS AIRES
DIRECCIÓN TELEGRÁFICA
WASSERMANN – BUENOS AIRES

Liebe Buben!

Fast einen Monat war ich nun in Buenos Aires und habe ein ungeheuer anstrengendes Leben gehabt, war auch in Cordoba (schaut es Euch an auf der Karte!) Jetzt gehts noch nach Montevideo und Rio. Ende Mai komme ich wieder heim. Ich hätte so gern einen von Euch mitgenommen, wenn es die Schule erlaubt hätte. Aber selten kann man thun, was einem selber passt, immer muss man. Ich schicke ein paar hübsche Briefmarken mit und schaue, dass ich in Rio einige Kakteen für Mama erhalte. Für mich selber hab ich eine interessante Idee gefunden für das Verständnis des Zusammenhanges von Elektrizität und Gravitation. Ich freu mich schon, bis wir im Sommer zusammen sind. Ausser nach Kiel muss ich auch in die Höhe, weil der Arzt es unbedingt verlangt, ich weiss aber noch nicht genau, wann es sein wird. Schreibt mir nach Berlin. Ich werde mich sehr freuen, einen Brief von Euch vorzufinden.

Herzliche Grüsse von Euerm

Papa.

Politische Instrumentalisierung

Bericht des deutschen Gesandten in Buenos Aires an das Auswärtige Amt in Berlin,
Buenos Aires, 30. April 1925

Im Frühjahr 1925 besucht Einstein für mehrere Wochen Südamerika, hält Vorträge in
Argentinien, Uruguay und Brasilien, besucht Staats- und Akademieempfänge wie auch
Veranstaltungen jüdischer und deutscher Gemeinden.
Der Bericht des Gesandten zeigt deutlich, was sich die deutschen Diplomaten von Einsteins Auslandsreisen versprechen. Ohne Rücksicht auf das Selbstverständnis und die
Absichten Einsteins wird er im kulturpolitischen Ringen um internationale Anerkennung
als Vertreter Deutschlands in Stellung gebracht. Nach den revisionistischen Wunschvorstellungen des Gesandten geht es gar um eine Schwächung der Kriegsschuldthese und
eine Zurückdrängung des kulturellen Einflusses Frankreichs.

Political instrumentalization

Report from the German envoy in Buenos Aires to the Foreign Ministry in Berlin,
Buenos Aires, 30 April 1925

Einstein visits South America for several weeks in the spring of 1925, lecturing in
Argentina, Uruguay, and Brazil, and attending government and academic receptions
as well as events organized by Jewish and German communities.
The envoy's report shows clearly what German diplomats hoped for from Einstein's
journeys abroad. With no regard to Einstein's own intentions or view of himself, he is
put in the position of a representative of Germany in the cultural-political struggle
for international recognition. In his revisionist pipe-dreams, the envoy even envisions
a weakening of the war guilt thesis and of French cultural influence.

Politisches Archiv des Auswärtigen Amtes, Berlin, Germany
Call number: R 64678 (unfoliated)

Published in: Grundmann, Siegfried: Einsteins Akte.
Einsteins Jahre in Deutschland aus der Sicht der deutschen Politik,
Berlin: Springer, 1998, pp. 254–256

Deutsche Gesandtschaft.

J. N° 798

K. N° 144

1 Anlagen.

Buenos Aires, den 30. April 1925.

Inhalt :
Besuch des Professors E i n s t e i n
in Argentinien.

Nach vierwöchentlichem Aufenthalte hat Professor
EINSTEIN am 23. April Argentinien wieder verlassen und
sich zunächst nach Montevideo eingeschifft. Die Reise
war erfolgt auf Grund einer Einladung, die von der Universität Buenos Aires zur Abhaltung von Vorträgen an den
Gelehrten ergangen war. Geldgeber waren in erster Linie
der hiesige jüdische Bildungsverein "Asociación Hebraica" ; auch hatten die "Institución Cultural Germano-
Argentina" sowie einige reiche jüdische Geschäftsleute
durch erhebliche Geldbeträge zur Verfügung gestellt.
Den Mittelpunkt der Veranstaltungen bildeten 8 Vorlesungen, die Professor EINSTEIN vor der Ingenieur- Fakultät
der hiesigen Universität in französischer Sprache hielt.
Daneben veranstaltete er noch einen volkstümlich gehaltenen Vortrag in der Asociación Hebraica, nahm an der
feierlichen Eröffnung der Hochschulkurse in La Plata
teil und stattete während der Ostertage der Universität
Córdoba einen Besuch ab.

Man kann sagen, dass der Verlauf der Veranstaltungen in jeder Weise von Erfolg gekrönt war. Dem Gaste
wurde von allen Seiten wärmster Empfang und eine Fülle
von Ehrungen zuteil, wie sie wohl noch keinem Gelehrten
hier bereitet worden sind. Eine ununterbrochene Folge

von

An das

A u s w ä r t i g e A m t

B e r l i n .

von Festlichkeiten, Empfängen, Essen und dergl.sind
ihm zu Ehren veranstaltet worden. Die "Sociedad Cie
tífica Argentina " ernannte ihn zu ihrem Ehrenmitg
de. Der Minister der Auswärtigen Angelegenheiten er
schien bei seinen sämtlichen Vorträgen und liess es
sich nicht nehmen,den Gelehrten persönlich dem Präs
denten der argentinischen Republik vorzustellen. Be
sonders feierlich verlief der Empfang,den ihm die hi
sige Universität gab und der in der Aula des Nation
kollegs Buenos Aires in Anwesenheit des Unterrichts
ministers,der Universitätsbehörden und der Vertrete
der wissenschaftlichen Anstalten vor sich ging. Auc
ich habe Professor Einstein in meinem Hause einen E
pfang veranstaltet,wozu ich nach vorheriger Verabre
dung mit ihm die hervorragenderen argentinischen Pe
sönlichkeiten aus den Kreisen von Wissenschaft und
Kunst geladen hatte, und zu dem auch die Minister d
Auswärtigen und des Kultus erschienen waren. Einen
schnitt aus der La Plata-Zeitung vom 18.ds.Mts.über
Empfang füge ich bei.

Die Vorträge Einsteins erfreuten sich u
gemeiner Anteilnahme aller Kreise, waren stets bis
den letzten Platz besetzt und fanden regelmässig beg
sterten Beifall. Die Relativitätstheorie bildete,we
ihrem Verständnis auch zumeist recht enge Grenzen g
setzt waren,doch Gegenstand allgemeinen Interesses
war während der ganzen Dauer des hiesigen Aufenthal
von Einstein – was bei dem Abwechslungsbedürfnis de
hiesigen Kreise doppelt bemerkenswert ist – sozusag
das Tagesgespräch. Es verging kaum ein Tag,an dem di
                                                Presse

-2-

Presse nicht spaltenlange Aufsätze über alles brachte,
was mit der Person des Gelehrten und seiner Theorie zu-
sammenhing. Die Blätter aller Richtungen wetteiferten
förmlich hierin und selbstredend war das,was sie brachten,
nicht immer nur auf den sachkundigen Leser zugeschnitten.
So fanden nicht minder die Witzblätter willkommenen Stoff,
wie sich auch die Geschäftswelt für ihre Anzeigen die Relativität zunutze zu machen musste .

Neben dem eigentlichen Zwecke der Reise,das argentinische Publikum mit der Persönlichkeit des gegenwärtig meistgenannten Gelehrten der alten Welt bekannt zu
machen und zugleich den deutsch-argentinischen Geistes-
austausch zu fördern,galt der Besuch offenbar auch einem
weiteren Ziele,nämlich der Förderung und Stärkung der
zionistischen Bewegung in Lateinamerika und der Herstellung einer engeren Verbindung mit den in gleicher Richtung sich bewegenden europäischen Bestrebungen. Darauf
deutete nicht nur der Umstand hin,dass Professor Einstein
im Centro Hebraico einen besonderen Vortrag hielt; er
hat sich auch selbst in einer Unterredung,die er in Montevideo kurz vor seinem Eintreffen in Buenos Aires einem
Vertreter der Zeitung "NACION" gewährte,in ähnlichem
Sinne ausgesprochen.

Leider hielt sich die hiesige deutsche Kolonie
von allen Veranstaltungen fern,weil einzelne ihrer nationalistischen Mitglieder ein Interview Einstein's in der
Nación als pacifistisch missbilligten. Auch eine spätere
Berichtigung Einstein's in der deutschen La Plata-Zeitung
vermochte ihren Zorn nicht zu besänftigen. Die öffentliche
Meinung Argentiniens ist über diese Geschmacklosigkeit

achselzuckend

achselzuckend zur Tagesordnung übergegangen; die arge

tinische Presse hat sich mit der Sache nicht beschäft

Ich stehe nicht an zu erklären,dass der Besuc

Professor Einstein's das Interesse für unsere Kultur u

damit auch das deutsche Ansehen mehr gefördert hat,wie

das bisher irgend einem anderen Gelehrten gelungen ist

Leider bleibt der Einfluss der deutschen Kultur in Ar-

gentinien,wie in ganz Südamerika,immer noch unendlich

weit hinter dem französischen zurück. Nicht nur die Mo

sondern auch die Bildung ist in den meisten Zweigen vo

Wissenschaft und Kunst und bei den meisten Menschen au

Paris als Vorbild eingestellt. Je mehr allmählich auch

Argentinien die Wahrheit über Kriegsschuldlüge und deu

sches Barbarentum zu dämmern beginnt,umso stärker entf

tet die französische Kultur-Propaganda hier ihre Tätigk

mit grossem Geschick und mit grossen Mitteln. Bisher

konnten wir diesen Bestrebungen einen entscheidenden F

tor nicht entgegenstellen.Jetzt kam zum ersten Mal ein

deutscher Gelehrter hierher,dessen Name Weltruf besitz

und dessen naive,liebenswürdige,vielleicht ein wenig w

fremde Art dem hiesigen Volke ausserordentlich lag.Man

hätte keinen besseren Mann finden können,um der feindl

Lügenpropaganda entgegenzutreten und das Märchen von d

deutschen Barbarei zu zerstören.

Albert Einstein
steigt in ein
Flugzeug,
Argentinien,
1925

Albert Einstein
boarding an
airplane,
Argentina,
1925

Über die Theorie des Lichts

Vortragsmanuskript von Albert Einstein „Bemerkungen zur gegenwärtigen Lage der
Theorie des Lichtes", 7. Mai 1925

In Rio de Janeiro gibt die Brasilianische Akademie der Wissenschaften für Einstein anlässlich seiner Ernennung zum korrespondierenden Mitglied einen Empfang. Einstein bedankt
sich mit diesem kurzen Überblicksvortrag über die aktuellen Diskussionen in der Lichtthe-
orie. Er spricht französisch. Der Vortrag erscheint später auf Portugiesisch. Einstein geht
darin auch auf die neueste Arbeit von Bohr/Kramers/Slater zur Strahlungstheorie von
1924 ein und lenkt die Aufmerksamkeit auf das Geiger-Bothe-Experiment von 1925 zur
Überprüfung derselben, das bei seiner Abreise aus Deutschland noch nicht abgeschlossen ist. In jenen Frühjahrsmonaten bringen in Europa die Diskussionen zwischen Heisenberg, Bohr, Pauli und anderen den Durchbruch zur Quantenmechanik. In diesem Licht erweist sich auch die Bohr/Kramers/Slater-Hypothese als falsch.

On the theory of light

Manuscript for Albert Einstein's lecture "Remarks on the Current State of the Theory of
Light," 7 May 1925

The Brazilian Academy of Sciences holds a reception for Einstein in Rio de Janeiro on the
occasion of his election as a corresponding member. As thanks, Einstein presents this
short overview lecture on current discussions on the theory of light. He lectures in
French. The talk is later published in Portuguese. In it, Einstein also addresses the most
recent 1924 work on radiation theory by Bohr/Kramers/Slater, and draws the audience's
attention to the 1925 Geiger-Bothe experiment testing it–work that had not yet been completed when he left Germany. In those spring months the discussions among Heisenberg,
Bohr, Pauli and others bring the breakthrough for quantum mechanics in Europe. In the
light of this, the Bohr/Kramers/Slater hypothesis also proves incorrect.

Privately owned

Bemerkungen zu der gegenwärtigen Lage der Theorie des Lichtes.

Bis vor kurzer Zeit glaubte man, dass mit der Undulationstheorie des Lichtes in deren elektromagnetischer Fassung eine endgültige Kenntnis der Natur der Strahlung gewonnen sei. Seit etwa 25 Jahren aber weiss man, dass diese Theorie zwar die geometrischen Eigenschaften des Lichtes in genauer Weise darstellt (Brechung, Beugung, Interferenz etc.), die thermischen und energetischen Eigenschaften der Strahlung aber nicht zu verstehen gestattet. Eine neue theoretische Konzeption, die Quantentheorie des Lichtes, welche der alten Newton'schen Emanations-Theorie nahe steht, trat unvermittelt neben die Undulationstheorie des Lichtes und hat durch ihre Leistungen (Erklärung der Planck'schen Strahlungsformel, der photochemischen Erscheinungen, Bohr'sche Atomtheorie) eine sichere Stellung in der Wissenschaft erlangt. Eine logische Synthese der Quantentheorie und Undulationstheorie ist trotz aller Anstrengung der Physiker bisher nicht gelungen. Deshalb ist die Frage nach der Realität korpuskel-artiger Lichtquanten eine viel umstrittene.

Vor Kurzem hat N. Bohr zusammen mit Cramers und Slater einen interessanten Versuch unternommen, die energetischen Eigenschaften des Lichtes theoretisch zu erfassen, ohne die Hypothese heranzuziehen, dass die Strahlung aus korpuskel-artigen Quanten bestehe. Nach der Ansicht dieser Forscher hat man sich nach wie vor vorzustellen, dass die Strahlung aus nach allen Richtungen von sich verteilenden Wellen bestehe, welche von der Materie im Sinne der Undulationstheorie kontinuierlich absorbiert werden, aber trotzdem nach den statistischen Gesetzen in einzelnen Atomen quantenartige Wirkungen erzeugen, genau so, wie wenn die Strahlung aus Quanten von der Energie $h\nu$ und von dem Impuls $\frac{h\nu}{c}$ bestünde. Dieser Konception zuliebe haben die Autoren die exakte Gültigkeit der Energie- und Impuls-Satzes aufgegeben und an dessen Stelle eine Relation gesetzt, welche nur statistische Gültigkeit beansprucht.

Zur experimentellen Prüfung dieser Auffassung haben die Berliner Physiker Geiger und Bothe ein interessantes Experiment unternommen, auf das ich Ihre Aufmerksamkeit lenken möchte. Vor einigen Jahren hat Compton aus der Quantentheorie des Lichtes eine sehr wichtige Konsequenz gezogen und durch das Experiment bewahrheitet. Bei der Zerstreuung harter Röntgenstrahlen durch die die Atome konstituirenden Elektronen kann der Fall eintreten, dass der Impuls (Stoss) des zerstreuten Quants hinreichend gross ist, um das Elektron aus der Atom-Hülle herauszuschleudern. Die hiefür nötige Energie wird dem Quant bei der Kollision entzogen und äussert sich gemäss den Prinzipien der Quantentheorie als Frequenz-Verminderung der zerstreuten Strahlung gegenüber der einfallenden Röntgenstrahlung. Diese durch Experiment qualitativ und quantitativ sicher nachgewiesene Erscheinung wird als „Compton-Effekt" bezeichnet.

Um diesen nach der Theorie von Bohr, Cramers und Slater zu verstehen, muss man die Zerstreuung der Strahlung als einen kontinuierlichen Prozess auffassen, an dem sich alle Atome der zerstreuenden Substanz beteiligen, während das Hinaus-schleudern der Elektronen den Charakter von nur statistischen zeitzen folgenden Einzelereignissen hat. Nach der Theorie der Lichtquanten muss auch die Zerstreuung des Lichtes Ereignis-Charakter besitzen, und es muss jedesmal, wenn durch die zerstreute Strahlung ein Sekundäreffekt in durch die getroffene Materie erzeugt wird in einer bestimmten Richtung ein ausgeschleudertes Elektron vorhanden sein. Nach der Theorie der Lichtquanten besteht also eine statistische Abhängigkeit zwischen im Compton'schen Sinne zerstreuter Strahlung und Elektronenemission, welche statistische Abhängigkeit nach der theoretischen Auffassung der erwähnten Autoren fehlen müsste.

Um nachzusehen, wie es sich in Wirklichkeit verhält, muss man ein Apparat haben, um einen einzigen Elementar-prozess der Absorption bezw. ein einziges ausgesandtes Elektron zu konstruieren. Dieser Apparat liegt vor in der elektrisierten Spitze, an welcher ein einziges von ihr aufgefangenes Elektron durch sekundäre Ionenbildung eine messbare momentane Entladung erzeugt. Mit zwei solchen geeignet angeordneten Spitzen gelingt es Geiger und Bothe die wichtige Frage der statistischen Abhängigkeit oder Unabhängigkeit der genannten Sekundärvorgänge nachzuweisen.

Zur Zeit meiner Abreise von Europa waren die Versuche noch nicht abgeschlossen. Nach den bisherigen Ergebnissen jedoch scheint statistische Abhängigkeit vorzuliegen. Wenn sich dies bestätigt, so liegt ein neues wichtiges Argument für die Realität der Lichtquanten vor.

A. Einstein. 7.V.25.

Einsteins Haltung zum Krieg

Notiz von Albert Einstein auf einem Brief von Frida Perlen, Ende Dezember 1928

Im Dezember 1928 korrespondiert Einstein mit Frida Perlen (1870–1933), einer Mitarbeiterin der Internationalen Frauenliga für Frieden und Freiheit. Die Vereinigung organisiert im Januar 1929 einen Kongress mit dem Thema „Die modernen Kriegsmethoden und der Schutz der Zivilbevölkerung". Einstein ist zusammen mit Käthe Kollwitz, Romain Rolland und Bertrand Russell Mitglied des Ehrenkomitees. Er notiert auf einem an ihn gerichteten Brief: „Für mich ist jede Tötung von Menschen gemeiner Mord, auch wenn es der Staat im Grossen thut."

Einstein's stance on war

Note by Albert Einstein on a letter from Frida Perlen, late December 1928

In December 1928, Einstein corresponds with Frida Perlen (1870–1933), a staff member of the International Women's League for Peace and Freedom. In January 1929, this association organizes a congress on the topic of "The Modern Methods of War and the Protection of the Civilian Population." Einstein is a member of the honorary committee, along with Käthe Kollwitz, Romain Rolland, and Bertrand Russell. In a letter directed to him he notes, "For me, any killing of a human being is common murder, even when it is committed by the state on a large scale."

wunderschön, und ich wage immer noch zu hoffen, dass es geschehen
wird. Wenn je Ihre Gesundheit die Reise nicht erlauben sollte,
dann erbitte ich einige Begrüssungsworte, die verlesen werden können, aber sehr sehr viel lieber und schöner wäre Ihr Kommen.

wie hat Ihnen mein Freund Balzli gefallen. Das ist schon ein
kluger Kopf , an dem ich meine Freude habe, mit dem ich mich aber
auch ordentlich auseinanderzusetzen habe!

Darf ich Sie, sehr verehrter Herr Professor bitten, Ihre liebe
Frau herzlich von mir zu grüssen und Ihnen selbst meine freundlichsten
Grüsse zu senden.

Mit der grössten Hochachtung

Ihre sehr ergebene

Frida Perler

*Für mich ist jede Tötung von Menschen
gemeiner Mord, auch wenn es der Staat
im Grossen thut.*

Einstein und das Hellsehen

Brief von Albert Einstein an Heinrich Zangger, [Berlin, März? 1930]

Einstein nimmt im Februar 1930 an einem parapsychologischen Experiment mit dem „Metagraphologen" Otto Reimann teil und berichtet außerdem in seinem Brief vom März irritiert über die Sitzung mit einer Hellseherin: „Hier Thatsache, hier Verstand, beide in hoffnungslosem Zwiespalt."

Einstein and clairvoyance

Letter from Albert Einstein to Heinrich Zangger, [Berlin, March? 1930]

In February 1930 Einstein participates in a parapsychological experiment with the "meta-graphologist" Otto Reimann. In his letter of March he also reports with bemusement on a session with a clairvoyant: "Here fact, here reason, in hopeless conflict with each other."

Lieber Zangger!

Wir sind wirklich froh zusammen, mehr als es aus der Thatsache oder dem Bewusstsein gemeinsamen Blutes erklärt werden könnte. Der Junge hat den Instinkt, das Gewinde nicht noch einmal zu überdrehen. Er hat nicht die gesunde Trägheit gehabt und sich überlastet, sei es durch das allzu ehrliche Mädchen, sei es aus Ehrgeiz, was übrigens nicht so verschieden ist als man meinen möchte. Das Studium – so wie es sich entwickelt hat – ist thatsächlich für das nervöse Gleichgewicht und für den intellektualen Charakter eine ernste Gefährdung. Ich hielt mich in den ersten Zeiten des Studiums für einen wahren Idioten und hatte Mühe, das Gleichgewicht zu halten angesichts der Überfütterung. Ein ganzes Jahr war mir nach Beendigung des Studiums das Denken verleidet, das später wieder meine Zuflucht, mein blauer Himmel wurde. Ich glaube allen Ernstes, dass die richtige Methode für die Ausbildung der Menschen noch nicht gefunden ist. –

Mir geht es gut, besonders durch die Arbeit. Ich glaube an meinen neuen Weg, der mich wieder ganz in geistige Einsamkeit gebracht hat. Es ist köstlich und voll Spannung. Tetel schrieb Ihnen vom "Hellsehen". Das ist eine verrückte Sache Ein Weiblein von 55 Jahren sass da. Man gab ihr Schmuckgegenstände, Bleistifte, Taschenuhren. Sie nimmt einen Gegenstand und betastet ihn Der oder die betreffende meldet sich. "Sie haben eine Gasvergiftung gehabt (i. Gift eingeatmet). Sie Arbeiten in einem grossen Hause und sind gefürchtet bei Ihren Untergebenen" So geht es weiter mit grosser Treffsicherheit. Hier Thatsache, hier Verstand, beide in hoffnungslosem Zwiespalt.
        Herzliche Grüsse
              Ihr
                A. E.

Papa glaubt an Hellseher

Brief von Eduard (Tete/Teddy) Einstein an Heinrich Zangger, Berlin, 12. März 1930,
[Anlage zu einem Brief seines Vaters]

Tete schreibt: „In Berlin sind momentan die Hellseher modern. Fast jede Familie hat
einen Hellseher, Psychometer oder doch mindestens Graphologen. Papa war selber
bei einem Hellseher und glaubt jetzt an die Hellseher."

Papa believes in clairvoyants

Letter from Eduard (Tete/Teddy) Einstein to Heinrich Zangger, Berlin, 12 March 1930,
[enclosure to a letter by his father]

Tete writes, "Clairvoyants are all the rage in Berlin at the moment. Almost every family
has a clairvoyant, psychometer, or a graphologist at the very least. Papa went to a
clairvoyant, too, and now he believes in clairvoyants."

Berlin, 12. März 1930

Lieber Herr Professor,

Nach Süden war Papa doch nicht runterzukriegen, und da bin ich nun bei ihm in Berlin. Er wird aber bald nach Kaputh hinausziehen. Es geht uns gut. Ich bin schon wieder an der furchtbarn Chemie. Papa rechnet mit einem Mathematiker aus Wien neue Theorien. In Berlin sind momentan die Hellseher modern. Fast jede Familie hat einen Hellseher, Psychometer oder doch mindestens Graphologen. Papa war selber bei einem Hellseher und glaubt jetzt an die Hellseher. Hoffentlich ging es Ihnen allen in Pontresina immer gut. Ich gewöhnte mich in der Zwischenzeit sehr an mondänes Leben, ging oft in Kino und tanzen. Das einzige Mittel, ein geistiges Leben aufrechtzuerhalten, ist, es möglichst ungeistig zu machen.

Mit freundlichen Grüßen an Sie alle
Ihr Teddy Einstein.

Einstein über die Logik von Keplers Entdeckung der Gesetze der Planetenbewegung

Zeitungsartikel von Albert Einstein in der *Frankfurter Zeitung* (Reichsausgabe) am
9. November 1930 aus Anlass des 300. Todestages von Johannes Kepler

Einstein würdigt Keplers Leistung, indem er die Schwierigkeiten darstellt, denen sich
Kepler gegenüber sieht, und den Weg beschreibt, wie Kepler mithilfe hypothetischer
Voraussetzungen in mühsamer Arbeit aus den Beobachtungsdaten die Planetengesetze
gewinnt. Für Einstein ist Keplers Entdeckung ein Beispiel dafür, dass wissenschaftliche
Erkenntnisse stets aus dem Zusammenspiel von empirischen Beobachtungen und ge-
danklichen Konstruktionen hervorgehen.

Einstein on the logic of Kepler's discovery of the laws of planetary motion

Newspaper article by Albert Einstein in the *Frankfurter Zeitung* (national edition)
for 9 November 1930 on the occasion of the 300th anniversary of the death of
Johannes Kepler

Einstein honors Kepler's achievement by describing the difficulties he faced and showing
the way in which Kepler, by means of hypothetical assumptions, laboriously derived the
laws of planetary motion from empirical observations. For Einstein, Kepler's discovery is
an instance of how scientific knowledge always results from an interaction of empirical
observations and mental constructions.

den finanziellen Lockungen und behütet sein Werk; im zweiten Falle schenkt er ihnen Gehör und zeigt sich desinteressiert am Film. Gemeinsam ist beiden Fällen der Verzicht auf die Auseinandersetzung zwischen den Trägern des literarischen Ruhms und den Filmpotentaten. Es kann ein Beweis der Sauberkeit sein, wenn einer sein Werk radikal vor der Verfilmung schützt; während die Rechtfertigung seines Verschleißes nicht leicht gelingen dürfte. Aber wie dem auch sei: eine richtige Zusammenarbeit der gestaltenden Mächte wird so niemals erreicht (von der einzigen Ausnahme abgesehen, daß der Dichter, wie Chaplin, im Filmmilieu selber beheimatet ist) Brecht und Weill haben durch ihr Vorgehen die Schrecklichkeit dieses spannungslosen, undialektischen Zustands bewußt gemacht.

Erich Heckel.

In der Galerie Ferdinand Möller am Schöneberger Ufer Bilder Heckels der letzten drei Jahre. Viele Rahmen mit Landschaften, Zirkusszenen, Bildnissen, blutwenig Inhalt. Heckel hat sich allmählich immer weiter von der mehr oder weniger revolutionären jugendlichen „Brücke“ entfernt und ist dem rechten Flügel, wo die Akademiker sitzen, näher gekommen. Die „Brücke“ war ein spindeldürres Baugerüst in der Vorstadt, das vielleicht ein Haus werden konnte. Heckel hat vorzeitig Gegenstände hineingetan. Die Form ist langsam abhanden gekommen, und die Gegenstände bleiben übrig, ein bißchen vereinfacht und oben herum stilisiert, säuberlich angeordnet, ohne jede Materie. Aus bewußtem Verzicht, der Selbstzucht sein konnte, arm aber ehrlich, wird uneingestandene Armut, die sich ziert. Gemälde, Zeichnungen, Aquarelle, Graphik. Die Gemälde natürlich im Vordergrund, und gerade die fallen am meisten ab. Der Maler versagt. Die Bilder sind bemalte Motive. Farbe aus der Tube, nicht aus der Regung. Hauptbild ein Grock-Porträt. Wenn Grock so wäre, leider muß man sagen, gewesen wäre, hätte man nie gelacht. Grock bedurfte keiner modernen Aufmachung, denn er war nicht modern. Clowns vor dreißig Jahren hatten ähnliche Tricks, so der göttliche Kerl mit den Tellern und dem Fliegenpapier, der zusammen mit Littl Titch auftrat; heroische Zeiten. Grocks Jovialität war eher altmodisch, aber unbedingt echt. Er hatte Materie und besaß die Oekonomie für seine Materie, wußte, wo die Akzente hingehörten, die lauten und die leisen, beherrschte seine Klaviatur, die nicht einmal besonders umfangreich war, aber spielte hinreißend auf ihr, ein Musiker. Heckels Grock ist ein alter Herr mit Fakten. Er spielt nicht, eine unbewegliche Maske. Heckels Clownszenen haben nicht die vom Objekt unabhängige Komik der Punkte und Flecken, jene subjektive Groteske des Malers, die nicht eine in Worten darunterstehende Legende illustriert, sondern eher von der Legende illustriert wird. Sie braucht gar nicht komisch zu sein, kann ebensogut Tragik auslösen. Siehe Daumier, Lautrec! Es handelt sich nicht darum, eine bescheidene Potenz mit großen Namen zu erschlagen, will nur die Art bezeichnen, das Grockhafte, das Spiel, das unendliche Möglichkeiten für Groß und Klein, für jedes Kaliber besitzt, und meine, eine von den vielen müßte eigentlich jedem Maler zugänglich sein, wenn er nur über sich gewinnt, zu spielen, und so klug ist, die Materie zu wählen, die ihm das Spiel erlaubt. Heckel erweist das zur Genüge. Sobald er die Leinwand mit dem Papier vertauscht, zeichnet oder radiert, geht es hundertmal besser Ein paar aquarellierte Landschaften haben die Komik, die ich meine: Musik. Immer wieder das alte deutsche Problem. Als ob sie sich mit der Oelfarbe einen Panzer anzögen, der ihre Bewegung hindert. Es ist manchmal nur ein verkorkster Ernst, was das Gelingen hemmt. Das begreift man. Rätselhaft bleibt die sozusagen chemische Gebundenheit des Versagers an ein bestimmtes Material und der Ehrgeiz, trotzdem daran festzuhalten. Warum, wenn der Hanomag mit dem dicken Oel nicht angeht, sich darauf kaprizieren?

Die interessanteste Ausstellung hat Möller jetzt gegenüber auf der anderen Seite des Kanals. Als ich herauskam, war Abend, und der große Neubau an der Ecke der Bendlerstraße lag im Mondlicht. Zahllose eiserne Träger ragten in die Lüfte, mit Balken verbunden, ganz oben ein Turm aus Zahnstochern. Auf dem Gerüst spielte der Mond, auch ein Grock, eine tolle Rhapsodie.

Meier-Graefe.

Ein neuer Geiger: Milstein.

Wien, Anfang November.

Schön ist es, daß selbst die chaotische Zuchtproduktion der Solistenwelt, daß die zum Betrieb entartete monotone Unordnung der Konzertgeberei von Zeit zu Zeit doch auch entsühnt wird.

*

Immer wieder ereignet sich das Wunderbare: einer kommt, bringt seinen anonymen Namen in einen Konzertsaal mit, spielt vor einem Publikum, das aus schlimm eingeweihten Professionalen, aus nie zu enttäuschenden Liebhabern, aus Freischärlern, aus Menschen auch, die einen sogenannten „Riecher“ haben, aus Bekannten und zu ewiger Berichterstattung verurteilten Kritikern sich zusammensetzt; spielt vor diesem Publikum um einen Einsatz, den nebst der Vorsehung die Konzertagenten bestimmen — — und erspielt an einem Abend: Glanz einem Namen, Ruhm und Verdammung zu den größten Erfolgen.

*

Ist das der Sinn der Solistenkonzerte? Dilemmen umschleichen diese Frage, Dilemmen, denen nur des standfesten Fachmannes klärende Kompetenz gewachsen ist. Kein Fachmann, kein Laie — ein Fachlaie bloß, allen Abenteuern des Podiums zugetan, riskiere ich die Behauptung: Der Sinn der Solistenkonzerte ist es nicht, es ist ihr tieferer Sinn!

*

Daher die helle Traurigkeit, die auf dem Konzertpodium so gut zu Hause ist wie in der Manege. Verlorene Abende, verlorene Abende vieler Jahre geistern um das Podium, wohnen im Saal, um dem Triumph eines Abends beizuwohnen und sein Glück durch die Trauer vieler Niederlagen zu verschönen.

*

Wo hier der Geiger Milstein steht, standen viele, die es werden wollten und nun — Professoren sind in Kairo, in Los Angeles und auch in Czernowitz. Wo hier ein Geiger steht, das Instrument des Gelingens unterm Arm, ein Sieger, da stehen sie in langer Reihe hinter ihm, beileibe fern und gelb vor Neid, im Geiste nah und flammend im Mit-Glück. Bruder nimm die Brüder mit, die gefallenen Geiger, die Professoren. Zwischen vielem Mißlingen und einem Gelingen besteht auch eine magische Beziehung, die Beteiligte und Zeugen zu Dank und Wehmut verbindet. Das Wunderbare ist nicht anzutasten — zufällig ist es darum nicht.

Albert Einstein über Kepler.

Aus Anlaß des 300-jährigen Jubiläums.

Gerade in so sorgenschwerer und bewegter Zeit wie der unsrigen, in welcher es schwer ist, Freude zu hegen an den Menschen und der Entwicklung der menschlichen Dinge, ist es besonders tröstlich, eines so großen, stillen Menschen wie Keplers zu gedenken. Er lebte in einer Zeit, in welcher das Bestehen einer allgemeinen Gesetzlichkeit des Natur-Ablaufes noch keineswegs gesichert war. Wie groß mußte sein Glaube an diese Gesetzlichkeit sein, daß er ihn mit der Kraft zu erfüllen vermochte, der empirischen Erforschung der Planetenbewegung und der mathematischen Gesetzmäßigkeiten dieser Bewegung Jahrzehnte geduldiger schwerer Arbeit zu opfern, als ein Einsamer, von niemand Gestützter und wenig Verstandener! Wenn wir dies Andenken würdig ehren wollen, so müssen wir uns sein Problem und die Etappen von dessen Lösung möglichst deutlich vor Augen stellen.

Kopernikus hatte den besten Köpfen die Augen darüber geöffnet, daß ein klares Begreifen der scheinbaren Bewegungen der Planeten am Himmel dadurch am besten zu gewinnen war, daß man diese Bewegungen als Umlaufbewegungen der Planeten um die ruhend gedachte Sonne auffaßte. Wäre die Bewegung eines Planeten eine gleichmäßige Bewegung in einem Kreise um die Sonne als Mittelpunkt, so wäre es verhältnismäßig leicht gewesen, herauszufinden, wie diese Bewegungen von der Erde aus aussehen müssen. Da aber viel kompliziertere Erscheinungen vorlagen, so war die Aufgabe weit schwieriger. Es galt, jene Bewegungen zunächst einmal empirisch aus den Planetenbeobachtungen Tycho Brahes zu ermitteln. Dann erst konnte daran gedacht werden, die allgemeinen Gesetze zu finden, denen diese Bewegungen genügen.

Um zu erfassen, wie schwierig schon die Aufgabe der Ermittlung der faktischen Umlauf-Bewegungen war, muß man sich folgendes klar machen: Man sieht nie, wo sich ein Planet zu einer bestimmten Zeit wirklich befindet, sondern nur in welcher Richtung er von der Erde aus jeweils gesehen wird, welch letztere aber selber eine Bewegung von unbekannter Art um die Sonne beschreibt. Die Schwierigkeiten scheinen also so gut wie unüberwindlich!

Kepler mußte einen Weg finden, um in dieses Chaos Ordnung zu bringen. Zunächst erkannte er, daß zuerst versucht werden mußte, die Bewegung der Erde selbst zu ermitteln. Dies würde einfach unmöglich gewesen sein, wenn es nur Sonne, Erde und Fixsterne, aber keine sonstigen Planeten gäbe. Man könnte dann nämlich nichts anderes empirisch feststellen, als wie sich die Richtung der Verbindungs-Gerade Sonne—Erde im Laufe des Jahres ändert (scheinbare Bewegung der Sonne gegen die Fixsterne). Man konnte so erfahren, daß diese Richtungen alle in einer gegen die Fixsterne festen Ebene lagen, wenigstens mit der damals erzielten Genauigkeit der Beobachtungen, welche ja ohne Fernrohr gewonnen waren. Auch wäre so zu ermitteln, in welcher Weise die Verbindungs-Linie Sonne—Erde um die Sonne rotiert. So ergab sich, daß die Winkelgeschwindigkeit dieser Bewegung im Laufe des Jahres sich gesetzmäßig ändert. Aber dies konnte noch nicht viel helfen, da man ja noch nicht wußte, wie sich die Distanz Sonne—Erde im Laufe des Jahres ändert. Erst wenn die Veränderungen dieser Distanz während des Jahres bekannt waren, war die wahre Gestalt der Erdbahn bekannt sowie die Art, wie diese Bahn durchlaufen wurde.

Aus diesem Dilemma fand Kepler einen wunderbaren Ausweg Zunächst folgte aus den Sonnenbeobachtungen, daß der scheinbare Weg der Sonne am Fixstern-Hintergrunde zwar zu verschiedenen Jahreszeiten verschieden rasch war, daß die Winkelgeschwindigkeit dieser Bewegung aber zu derselben Zeit des astronomischen Jahres stets dieselbe war, daß also die Drehgeschwindigkeit der Verbindungsgerade Erde—Sonne stets gleich groß war, wenn sie nach derselben Fixstern-Gegend zeigte. Es durfte also angenommen werden, daß die Erdbahn eine in sich geschlossene sei, die jährlich immer in gleicher Weise von der Erde zurückgelegt wurde. Dies war keineswegs a priori selbstverständlich. Für den Anhänger des kopernikanischen Systems war es also so gut wie sicher, daß dies auch für die Bahnen der übrigen Planeten gelten mußte.

Dies war gewiß eine Erleichterung. Aber wie nun die wahre Gestalt der Erdbahn ermitteln? Man denke sich irgendwo in der Ebene der Erdbahn eine hell leuchtende Laterne M, von der wir wüßten, daß sie ihre Lage dauernd beibehielte, daß sie also für die Bestimmung der Erdbahn eine Art festen Triangulationspunkt bildete, welche die Erdbewohner zu jeder Jahreszeit anvisieren könnten. Diese Laterne M sei weiter von der Sonne weg als die Erde. Mit Hilfe einer solchen Laterne war die Erdbahn zu bestimmen und zwar wie folgt:

Zunächst gibt es in jedem Jahr einen Zeitpunkt, in welchem die Erde E genau auf der Verbindungslinie zwischen der Sonne S und der Laterne M liegt. Visiert man in diesem Zeitpunkt von der Erde E aus nach der Laterne M, so ist diese Richtung zugleich auch die Verbindung S—M (Sonne—Laterne). Letztere denke man sich am Himmelsgewölbe markiert. Nun denke man sich die Erde an einem anderen Orte und zu einer anderen Zeit. Da man von der Erde aus sowohl die Sonne S als auch die Laterne M sehen könnte, wäre im Dreieck S E M der Winkel bei E bekannt. Man hat aber auch durch direkte Sonnenbeobachtung die Richtung S E gegenüber dem Fixsternhimmel, während früher ein für allemal die Richtung der Verbindungslinie S M gegenüber dem Fixsternhimmel ermittelt war. Man kennt also im Dreieck S E M auch den Winkel bei S. Man kann also von der auf einem Papier willkürlich angenommenen Standlinie S M aus vermöge der Kenntnis der beiden Winkel bei E und bei S das Dreieck S E M konstruieren. Diese Konstruktion könnte man oft während des Jahres machen und erhielte auf dem Zeichnungsblatt jedesmal einen Erdort E mit zugehörigem Zeitdatum in seiner Lage gegenüber der ein für allemal festgehalten Standlinie S M. Die Erdbahn wäre somit empirisch ermittelt, bis auf ihre absolute Größe, versteht sich.

Aber — werdet ihr sagen — woher nahm Kepler die Laterne M? Diese lieferte ihm sein Genie und die in diesem Falle gütige Natur. Da gab es nämlich beispielsweise den Planeten Mars und man wußte, wie lange das Marsjahr währte, d. h. ein Umlauf des Mars um die Sonne. Einmal mag es sich ereignen, daß Sonne, Erde und Mars recht genau in gerader Linie liegen. Dieser Marsort wiederholt sich jedesmal nach einem, zwei usw. Marsjahren, weil ja der Mars eine geschlossene Bahn durchläuft. In diesen bekannten Zeitmomenten bildet also S M immer wieder dieselbe Standlinie dar, während die Erde immer wieder an einem anderen Orte ihrer Bahn steht. Die Sonne- und Mars-Beobachtungen in den so hervorgehobenen Zeitpunkten bilden also ein Mittel zur Bestimmung der wahren Erdbahn, indem in jenen Zeitpunkten der Mars die Rolle der oben fingierten Laterne spielt! So fand Kepler die wahre Gestalt der Erdbahn und die Art, wie diese von der Erde durchlaufen wird, und wir spätergeborenen Menschen, Europäer, Deutsche oder gar noch Schwaben dürfen ihn darob wohl bewundern und preisen.

War nun die Erdbahn empirisch ermittelt, so war zu jeder Zeit die Linie S E in ihrer wahren Lage und Größe bekannt, und es war nun nicht mehr gar bitter für Kepler, aus den Planetenbeobachtungen auch die Bahnen und Bewegungen der übrigen Planeten zu berechnen — im Prinzip. Aber eine unermeßliche Arbeit war es doch, zumal bei dem damaligen Stande der Mathematik.

Nun kam der zweite und nicht minder schwierige Teil von Keplers Lebensarbeit. Die Bahnen waren empirisch bekannt, aber ihre Gesetze mußten aus den empirischen Ergebnissen erraten werden. Zuerst eine Vermutung über die mathematische Natur der Bahnkurve aufstellen und dann an dem ungeheuren Zahlenmaterial prüfen. Wenn's nicht stimmte, eine andere Hypothese ausklügeln und wieder nachprüfen. Nach ungeheurem Suchen stimmte es bei der Annahme: die Bahn ist eine Ellipse; die Sonne sitzt in einem Brennpunkt. Er fand auch das Gesetz, nach welchem die Geschwindigkeit sich während des Umlaufs ändert: derart, daß die Verbindung Sonne-Planet in gleichen Zeiten gleiche Flächen durchläuft. Endlich fand er auch, daß die Quadrate der Umlaufszeiten sich verhalten wie die dritten Potenzen der großen Ellipsen-Achsen.

Zu der Bewunderung für diesen herrlichen Mann gesellt sich noch ein anderes Gefühl der Bewunderung und Ehrfurcht, das aber keinem Menschen gilt, sondern der rätselhaften Harmonie der Natur, in die wir hineingeboren sind. Die Menschen erdachten schon im Altertum die Linien denkbar einfachster Gesetzmäßigkeit. Darunter waren neben der geraden Linie und dem Kreise in erster Linie Ellipse (und Hyperbel). Diese letzteren Formen sehen wir in den Bahnen der Himmelskörper realisiert — wenigstens mit großer Annäherung.

Es scheint, daß die menschliche Vernunft die Formen erst selbständig konstruieren muß, ehe wir sie in den Dingen nachweisen können. Aus Keplers wunderbarem Lebenswerke erkennen wir besonders schön, daß aus bloßer Empirie allein die Erkenntnis nicht erblühen kann, sondern nur aus dem Vergleich von Erdachtem mit dem Beobachteten.

Erinnerung an eine Pariser Straße.

Von S. Kracauer.

Fast drei Jahre ist es her, daß ich in jene Straße im Quartier Grenelle verschlagen wurde. Der Zufall führte mich dorthin; das heißt, nicht eigentlich ein Zufall, sondern der Rausch. Der Straßenrausch, der mich in Paris immer ergreift Damals, als ich der Straße begegnete, verbrachte ich vier Wochen ganz allein in Paris und lief jeden Tag mehrere Stunden durch die Quartiere Es war eine Besessenheit, der ich nicht zu widerstehen vermochte. Von ihrer Macht legt am besten die Tatsache Zeugnis ab, daß ich es als Verrat empfand, wenn ich einmal über die Schlafenszeit hinaus in meinem Hotelzimmer blieb oder einen Abend dem Theaterbesuch opferte. Sogar die gelegentlichen Zusammenkünfte mit Frauen erschienen mir wie eine Pflichtvergessenheit, wie eine törichte Ablenkung von den Straßen, die mich ungleich stärker beanspruchten als irgendein einzelnes Mädchen. Ich genoß sie blindlings und ließ mich von ihnen verbrauchen, und kehrte ich auch stets matt von den Ausschweifungen heim, so hielt mich doch nichts davon zurück, meiner Leidenschaft am andern Tag wieder nachzugeben Im Gegenteil: hinter dem Nebel, den die zunehmende Müdigkeit um mich verbreitete, winkten mir die Straßen nur noch verführerischer. Straßen gibt es in allen Städten. Während sie aber sonstwo aus Trottoirs, Häuserreihen und leicht gewölbten Asphaltflächen bestehen, spotten sie in Paris der Zerlegung in die verschiedenen Elemente. Was immer sie seien: enge Schluchten, die in den Himmel einmünden, ausgetrocknete Flußläufe und blühende Steintäler — ihre Bestandteile sind ineinandergewachsen wie die Glieder von Lebewesen. Oft fließen die Seitenwände und Pflasterböden unmerklich zusammen, und ehe er sich's versieht, gerät der Träumende wie

Kriegsdienstverweigerer berufen sich auf Einstein

Brief der Brüder Schönholzer an den Schweizerischen Bundesrat, Zürich,
17. September 1931

Anlässlich der Konferenz der Internationalen Kriegsdienstgegner in Lyon hat sich Einstein
im *Aufbau* vom 4. September 1931 für die Kriegsdienstverweigerung ausgesprochen. Mehrere schweizerische Wehrpflichtige, darunter die Brüder Schönholzer, verweigern
daraufhin mit Berufung auf Einstein den Kriegsdienst. Die Schweizer Behörden prüfen, ob
Einstein wegen Anstiftung zur Kriegsdienstverweigerung angeklagt werden solle. Letztlich
entscheidet man sich dagegen, den berühmten Pazifisten anzuklagen – die Grundlage ist
zu dürftig.

Conscientious objectors invoke Einstein

Letter from the Schönholzer brothers to the Swiss Executive National Council, Zurich,
17 September 1931

On the occasion of the War Resisters' International conference in Lyon, Einstein speaks
out in favor of conscientious objection in the 4 September 1931 edition of *Aufbau*. Several
Swiss men liable for military service, among them the Schönholzer brothers, thereupon
refuse to serve, invoking Einstein. The Swiss authorities explore the possibility of charging
Einstein with incitement to resist military service. They ultimately decide not to charge the
renowned pacifist because the basis for the case is too weak.

Ernst Schönholzer
Milchbuckstrasse 56
Zürich 6

[stamp: SCHWEIZERISCHE BUNDESKANZLEI -2. X. 31]

[stamp: EIDGENÖSSISCHES MILITÄRDEPARTEMENT 3 - OKT. 1931 1/151]

erh. 5.10.31
16.30

Militär

Zürich 6, den 17. Sept. 31

An den Schweizerischen Bundesrat

Bern
Schweiz

Erklärung:

Wie Sie beiliegendem Appell entnehmen können, fordert Herr Professor Albert Einstein, Ehrendoktor der Eidgenössischen Technischen Hochschule, Zürich alle ernsthaften Friedensfreunde auf, sich definitiv für den Frieden, oder für das Gegenteil: Die Kriegsvorbereitung dessen sichtbarer Ausdruck ja das Militär ist, zu entscheiden.

Gestützt auf den Kellogg - oder Kriegsächtungspakt, dem die Schweiz offiziell auch beigestimmt hat, gestützt auf die eigene Überzeugung, dass jede militärische Landesverteidigung heute eine äusserst gefährliche Illusion ist, ferner aus dem uns im staatlichen Religionsunterricht beigebrachten religiösen Gebot: Du sollst nicht töten!

– 2 –

Du sollst deine Feinde lieben ···etc heraus,

erklären wir Unterzeichnete ausdrücklich, niemals und unter keinen Umständen an einem Kriege in irgend welcher Form teilzunehmen, also folgerichtig auch nicht an einer kriegsvorbereitenden, militärischen Handlung. Prof. Einstein bittet jeden entschiedenen Friedensfreund seinen Entschluss der Regierung seines eigenen Landes schriftlich mitzuteilen und Dr. h.c. Einstein selbst von der ihr zugestellten Erklärung in Kenntnis zu setzen.

In Nachachtung obigen Appells und desjenigen aus dem eigenen Herzen, zeichnen hochachtungsvoll

Elektro Ing. Ernst Schönholzer

Paul Schönholzer

Alb. Schönholzer

Beilage erwähnt

Albert und Elsa
Einstein bei
den Hopi am
Grand Canyon,
1931

Albert and Elsa
Einstein with
Hopi at the
Grand Canyon,
1931

Emigration

Die Preußische Akademie der Wissenschaften verliert eines ihrer Glanzlichter und sieht keinen Anlass zum Bedauern.

Personenschutz für den bedrohten Emigranten Albert Einstein durch Commander Oliver Locker Lampson bei Cromer in England, Herbst 1933

Einstein hält sich in den Vereinigten Staaten auf, als die Nationalsozialisten die Macht übernehmen. Empört wendet er sich gegen die einsetzende Judenverfolgung und geht mit seiner Meinung an die Öffentlichkeit. Aus der Preußischen Akademie der Wissenschaften tritt er aus. Die Akademie wirft Einstein „Greuelhetze" vor und formuliert, sie habe keinen Anlass, Einsteins Schritt zu bedauern. Kein Mitglied der Akademie distanziert sich öffentlich von dieser Haltung. Einstein löst alle Verbindungen zum deutschen Geistesleben.
Er erhält Rufe aus verschiedenen Ländern. Einstein nimmt einen Ruf an das Institute for Advanced Study in Princeton an, wo er sich ungestört seinen Forschungen widmen kann. Das Exil empfindet er als Befreiung. Im Hinblick auf Deutschland sieht er seine früheren Einschätzungen bestätigt und beklagt die Feigheit und den Opportunismus der deutschen Gelehrten.

Emigration

The Prussian Academy of Sciences loses one of its shining stars and sees no cause for regret.

Commander Oliver Locker Lampson serves as bodyguard to the emigré Albert Einstein, who is under threat, near Cromer in England, autumn 1933

Einstein is in the United States when the Nazis rise to power. He is outraged by the beginning persecution of Jews and makes his disdain public. He resigns from the Prussian Academy of Sciences. The Academy accuses him of "atrocious agitation" and declares that there is no reason to regret Einstein's resignation. None of Einstein's former colleagues openly denounce this stance. Einstein severs his ties to all German institutions of higher learning and research.
He receives invitations from numerous countries. He accepts a call to Princeton where he can dedicate himself to his research undisturbed. For him exile means liberation. He sees his former judgement concerning Germany confirmed and bemoans the cowardice and the opportunism of the German scholars.

Austritt aus der Akademie

Brief von Albert Einstein an die Preußische Akademie der Wissenschaften, an Bord der
S.S. Belgenland, 28. März 1933

Einstein erklärt seinen Austritt aus der Akademie. Er begründet seinen Entschluss mit
den in Deutschland herrschenden politischen Verhältnissen und kommt damit einer
Entlassung durch die Nationalsozialisten zuvor.

Resignation from the Academy

Letter from Albert Einstein to the Prussian Academy of Sciences, from on board the
S.S. Belgenland, 28 March 1933

Einstein declares his resignation from the Academy. He invokes the political conditions
prevailing in Germany as the grounds for his decision, and anticipates his dismissal by
the National Socialists.

Archiv der Berlin-Brandenburgischen Akademie der Wissenschaften, Berlin, Germany
Call number: II-III, Bd. 57, Bl. 6

Published in: Kirsten, Christa, and Hans-Jürgen Treder, eds.:
Albert Einstein in Berlin 1913–1933, vol. 1,
Berlin: Akademie-Verlag, 1979, p. 246

RED STAR LINE

[Antwerpen]   S.S. BELGENLAND

28. III. 33.
66 5. 33.

Eingegangen
30. MRZ. 1933
Erledigt

An die Preussische Akademie der Wissenschaften, Berlin.

Die in Deutschland gegenwärtig herrschenden Zustände veranlassen mich, meine Stellung bei der Preussischen Akademie der Wissenschaften hiemit niederzulegen.

Die Akademie hat mir 19 Jahre lang die Möglichkeit gegeben, mich frei von jeder beruflichen Verpflichtung wissenschaftlicher Arbeit zu widmen. Ich weiss, in wie hohem Masse ich ihr zu Dank verpflichtet bin. Ungern scheide ich aus ihrem Kreise auch der Anregungen und der schönen menschlichen Beziehungen wegen, die ich während dieser langen Zeit als ihr Mitglied genoss und stets hoch schätzte.

Die durch meine Stellung bedingte Abhängigkeit von der Preussischen Regierung empfinde ich aber unter den gegenwärtigen Umständen als untragbar.

Mit aller Hochachtung

Albert Einstein.

Die Akademie bedauert Einsteins Austritt nicht

Presseerklärung der Preußischen Akademie der Wissenschaften, Berlin, 1. April 1933

Der geschäftsführende Sekretar Ernst Heymann antwortet auf Einsteins Austritt am
1. April 1933 mit einer Presseerklärung, die ganz auf der Linie der neuen Machthaber
liegt. Trotz des Protests Max von Laues und weniger anderer Mitglieder wird die Erklärung
vom Plenum der Akademie nachträglich gebilligt. Auch Max Planck, der im Urlaub weilt,
erklärt sich nachträglich einverstanden.

The Academy does not regret Einstein's resignation

Prussian Academy of Sciences press release, Berlin, 1 April 1933

The executive secretary, Ernst Heymann, responds to Einstein's resignation on 1 April 1933
with a press release wholly in line with the new regime. Despite protests from Max von Laue
and a few other members, the press release is subsequently approved by the Academy's
plenum. Max Planck, who is on vacation at the time, later expresses his agreement.

Archiv der Berlin-Brandenburgischen Akademie der Wissenschaften, Berlin, Germany
Call number: II-III, Bd. 57, Bl. 16

Published in: Kirsten, Christa, and Hans-Jürgen Treder, eds.:
Albert Einstein in Berlin 1913–1933, vol. 1,
Berlin: Akademie-Verlag, 1979, p. 248

Konzept, unterschrieben *abgeschickt* III /6 33   16 14

Preußische
Akademie der Wissenschaften

Berlin   **1. April**   19**33**.
NW 7. Unter den Linden 38

Anlage
zu Nr. 66 7. 33.

    Die Preußische Akademie der Wissenschaften hat
mit Entrüstung von den Zeitungsnachrichten über die Beteiligung Albert Einsteins an der Greuelhetze in Amerika und
Frankreich Kenntnis erhalten. Sie hat sofort Rechenschaft
von ihm gefordert. Inzwischen hat Einstein seinen Austritt
aus der Preußischen Akademie der Wissenschaften erklärt
mit der Begründung, daß er dem Preußischen Staate unter der
jetzigen Regierung nicht mehr dienen könne. Da er Schweizer
Bürger ist, scheint er auch zu beabsichtigen, die Preußische
Staatsangehörigkeit aufzugeben, die er 1913 lediglich durch
die Aufnahme in die Akademie als ordentliches hauptamtliches
Mitglied erlangt hat.

    Die Preußische Akademie der Wissenschaften empfindet
das agitatorische Auftreten Einsteins im Auslande umso schwerer, als sie und ihre Mitglieder seit alten Zeiten sich aufs
engste mit dem Preußischen Staate verbunden fühlt und bei
aller gebotenen strengen Zurückhaltung in politischen Fragen
den nationalen Gedanken stets betont und bewahrt hat. Sie
hat aus diesem Grunde keinen Anlaß den Austritt Einsteins
zu bedauern.

    Für die Preußische Akademie der Wissenschaften

Heymann

    Beständiger Sekretar

Einstein wehrt sich gegen die Angriffe aus Deutschland

Brief von Albert Einstein an die Preußische Akademie der Wissenschaften, Le Coq [sur Mer]
bei Ostende, 5. April 1933

In Deutschland werden Einsteins Äußerungen im Ausland von den Machthabern und von
der Akademie als „Greuelhetze" verunglimpft. Einstein wehrt sich in sachlicher Form gegen
den Vorwurf, ohne seine Verurteilung des NS-Regimes zurückzunehmen.

Einstein defends himself against attacks from Germany

Letter from Albert Einstein to the Prussian Acadamy of Sciences, Le Coq [sur Mer] near
Ostende, 5 April 1933

Einstein's remarks abroad are disparaged by the German rulers and the Prussian Academy
as "atrocious agitation." Einstein defends himself against the reproach in a matter-of-fact
manner, without retracting his condemnation of the Nazi regime.

Archiv der Berlin-Brandenburgischen Akademie der Wissenschaften, Berlin, Germany
Call number: II-III, Bd. 57, Bl. 47

Published in: Kirsten, Christa, and Hans-Jürgen Treder, eds.:
Albert Einstein in Berlin 1913–1933, vol. 1,
Berlin: Akademie-Verlag, 1979, p. 254–255

Le Coq bei Ostende. 5. IV. 33

Eingegangen
10. APR. 1933
Erledigt

748.33.

44

38

An die Preussische Akademie der Wissenschaften.

Ich habe von durchaus zuverlässiger Seite die Nachricht erhalten, dass die Akademie der Wissenschaften in einer offiziellen Erklärung von einer „Beteiligung Albert Einsteins an der Greuel-Hetze in Amerika und Frankreich" gesprochen hat.

Ich erkläre hiemit, dass ich mich niemals an einer Greuel-Hetze beteiligt habe, und ich muss hinzufügen, dass ich von einer solchen Hetze überhaupt nirgends etwas gesehen habe. Man begnügte sich im grossen Ganzen damit, die offiziellen Kundgebungen und Anordnungen der verantwortlichen deutschen Regierungs-Personen sowie das Programm betreffend die Vernichtung der deutschen Juden auf wirtschaftlichem Wege wiederzugeben und zu kommentieren.

Die Erklärungen, welche ich der Presse gegeben habe, beziehen sich darauf, dass ich meine Stellung an der Akademie niederlegen und mein preussisches Bürgerrecht aufgeben würde; ich begründete dies damit, dass ich nicht in einem Staate leben will, in dem dem Individuum nicht gleiches Recht vor dem Gesetze sowie Freiheit des Wortes und der Lehre zugestanden wird.

Ich erklärte ferner den Zustand im jetzigen Deutschland als einen Zustand psychischer Erkrankung der Massen und sagte auch einiges über die Ursachen dieses Zustandes.

In einem Schriftstück, das ich der internationalen Liga zur Bekämpfung des Antisemitismus zu Werbezwecken überliess, und das überhaupt nicht für die Presse bestimmt war, forderte ich ferner alle besonnenen und den Idealen einer bedrohten Zivilisation treu gebliebenen Menschen auf, alles daran zu setzen, dass diese in Deutschland in so furcht-barer Weise sich äussernde Massen-Psychose nicht weiter um sich greife.

Emigration

Es würde der Akademie ein Leichtes gewesen sein, sich in den Besitz des richtigen Textes meiner Aussagen zu setzen, bevor sie sich über mich in solcher Weise äussert, wie sie es gethan hat. Die deutsche Presse hat meine Aeusserungen tendenziös entstellt wiedergegeben, wie es bei der gegenwärtig dort herrschenden Knebelung der Presse auch gar nicht anders erwartet werden kann.

Ich stehe für jedes Wort ein, das ich veröffentlicht habe. Ich erwarte aber andererseits von der Akademie, zumal sie sich ja selbst an meiner Diffamierung vor dem deutschen Publikum beteiligt hat, dass sie diese meine Aussage ihren Mitgliedern sowie jenem deutschen Publikum zur Kenntnis bringe, vor welchem ich verleumdet worden bin.

Mit vorzüglicher Hochachtung

Albert Einstein.

„Herzliche Grüße
aus dem Exil!"
Albert und Elsa
Einstein, Le Coq
sur Mer, Belgien,
April 1933

"Greetings from
exile!" Albert and
Elsa Einstein,
Le Coq sur Mer,
Belgium,
April 1933

Spottgedicht auf die Preußische Akademie der Wissenschaften

Manuskript von Albert Einstein, [April 1933]

Angesichts des infamen Verhaltens der Preußischen Akademie nach der Machtübernahme der Nationalsozialisten macht sich Einstein durch Abfassung eines Spottgedichtes Luft.

Satirical poem on the Prussian Academy of Sciences

Manuscript by Albert Einstein, [April 1933]

Faced with the disgraceful behavior of the Prussian Academy after the National Socialist takeover of power, Einstein vents his feelings in a satirical poem.

1. Euer Briefchen fein und zart
   Klang so traut nach deutscher Art;
   Weil ich nichts wollt' schuldig bleiben,
   Tät¹ ich diese Verschen schreiben.

2. Tief betrübt hab' ich vernommen,
   Dass ich Euch zuvorgekommen,
   Dass mich konnte treffen nicht
   Wohlerwog'nes Strafgericht.

3. Wer da Greuelmärchen dichtet,
   Grimmig wird von uns gerichtet.
   Wenner gar die Wahrheit spricht,
   Dann verzeihen wir's ihm nicht.

4. Freilich macht es viel Vergnügen
   Uns, in corpore zu lügen.
   Ficker bringt's in gute Form.
   Ha! so trifft man ihn enorm!

5. Deutsche Würde kennt er nicht,
   Asiens verdammter Wicht!
   Preussens Hoheit, strammer Geist
   sich verschwendet da erweist.

6. Von der Vaterländerei
   Blieb er leider gänzlich frei,
   Trotzdem lange unverdrossen
   Unsere Reden er genossen.

7. Mutig sind wir dann und wann,
   Wenn uns nichts passieren kann.
   Doch vor mächt'gen Pöbels Knute,
   Wird uns manchmal schwach zumute.

8. Froh in hoher Halle wohnen

Glücklich wir, die Epigonen;

Bleibt der Geist auch meistens fort,

Fehlt doch nie das grosse Wort.

Albert Einstein bei
einer Ansprache
in der Royal Albert
Hall zugunsten
einer Stiftung für
jüdische Flücht-
linge in London,
3. Oktober 1933

Albert Einstein
during an address
at the Royal Albert
Hall to benefit a
foundation for
Jewish refugees
in London,
3 October 1933

Tragik der Emigration

Brief von Elsa Einstein an Antonina Vallentin, Scheveningen,
11. April [1933]

Antonina Vallentin ist Kulturkorrespondentin des *Manchester Guardian* und beim Völkerbund akkreditiert. Sie macht 1930 in Deutschland mit einer Biographie Gustav Stresemanns von sich reden. Ihr Mann ist der französische Diplomat Julien Luchaire, den Albert Einstein im Komitee für intellektuelle Zusammenarbeit kennen lernt. Elsa Einstein freundet sich mit der Journalistin an, der sie sich in schwierigen Zeiten anvertraut. In ihrem Brief schildert sie unter anderem die Reaktionen deutscher Juden auf Einsteins unmissverständliche Kritik des NS-Regimes.

The tragedy of emigration

Letter from Elsa Einstein to Antonina Vallentin, Scheveningen,
11 April [1933]

Antonina Vallentin is the culture correspondent of the *Manchester Guardian* and accredited to the League of Nations. In 1930, her biography of Gustav Stresemann causes a stir in Germany. Her husband is the French diplomat Julien Luchaire, whom Albert Einstein meets on the Committee for Intellectual Cooperation. Elsa Einstein becomes friends with the journalist and confides in her during difficult times. Among other things, her letter describes the reactions of German Jews to Einstein's unequivocal criticism of the Nazi regime.

Archiv zur Geschichte der Max-Planck-Gesellschaft,
Berlin, Germany
Call number: Abt. Va, Rep. 2, Bl. 105/17

2.

Durch einen Aufstehen habe man Repressalien ausgeübt und die Leben über Bemerktheit die Parole ausgegeben, sich von ihnen abzuwenden und sie zu hassen. So bekomme mir auch darauf geleite Briefe von den Juden als von den Nazis! Dabei hat er sich doch in Gefahrheit für die Juden geopfert! Man menschachtete und er hat nicht versagt! Ist es nicht tragisch, dass dieselben Menschen, für die es ein Abgott war, ihn nun mit Dreck bewerfen? Sie sind doch derart eingeschüchtert und verängstigt, dass sie statement auf statement geben, mit den schäbigen Verbindungen, die wohl es ihnen ergehe. Und sie sie alle doch nichts mit Hinweise zu tun hätten u. Leben zahlten! Nicht einmal Gedankenstörung nimmt man doch in vielen Fällen von uns an! Die Menschen stellen einen an! Im Leben uns in den Füßen, die sie uns zujubelten, mir etwas Schmes gemacht. Im Leben immer alles richtig eingeschätzt. So ist es auch Leute untrennbar.

2

3.

Aber mir bato sehr für ihr. Vergat Damenit Leute. Der Brief ist in Schevemögen begonnen und es sind inzwischen frei Tage verstrichen. Ihre ist bei uns. Sagen Sie dies Dienen Freunden, ich bitte Sie von Herzen darum. Sie will nach Berlin zurück, da sie meinen grossen Haushalt u. Capelk auflösen muss. Sie gittert aber, wenn man erzählt, dass sie bei dem Hochverräter war! Sie ist nervenkrank und wir bekommen immer die Thränen, wenn ich sie ansehe. Danke Gott, sie ginge nicht nach zurück. Aber sie ist nicht zu halten, da Mell einen 84 jährigen Vater betreut u. sie ihre Pflege nicht verlässt. Diese Beispiele hat sie aus vollständig ausser Fassung gebracht. — Ih Brief hat wunder getan. Dies erzähle ich Ihnen später einmal. Ist ist nicht uns in meinem Händen; der spanische Botschafter bekam ihn. Schimpfen Sie nicht, später erzähle ich Ihnen den Zusammenhang. Und Sie werden staunen, aber begreifen!

4.

Dieser Brief hat meinem Mann aus einem
schrecklich peinlichen Dilemma gerettet.
Darüber dann später — Sein Mann hat einen
Lehrstuhl in Paris angenommen. Aber auch
in Madrid nahm er eine Professur an, ebenso
in Brüssel, ebenso in Oxford, ebenso in
Holland. Alles ohne Verpflichtung. Je nachdem
er Zeit hat, geht er da oder dorthin. Diese
Universitäten wollten ihn eben alle berufen,
und da er sich jede vermeiden fühlt, hat er
alles angenommen. Oxford u. Holland hat er
ja oft Ferien. In Madrid hat er allerdings zugesagt, einmal jährlich dort zu verbringen.
So sind diese noch mal an der Pariser
Universität "vorübergehend") lesen. Nirgends
bindet er sich ganz fest. Außer in Princeton
bei New Jersey er einen idealen Lehrstuhl
inne hat. Ohne Lehrverpflichtung. Sein Assistent

5.

sind lebenslänglich das angestellt u. pensioniert.
Das ist meinem Mann das Wichtigste! — Unser
Haushalt hier ist winzig. Wissen Sie, dass man
unsere Bank-Banta beschlagnahmt hat?
Daran leben meine Schwestern u. Margot.
Mein Haus in Caputh alias unversehrt, ebenso die
Stadtwohnung. Aber man hat alles nach Waffen
und Munition durchsucht. Hoch intelligent!
(Es hätte ein vernünftiger Sohn in Potsdam einen
Bleistift gebraucht, damit man schreibe und
schiesse dürfte. Das war unsere einzige Waffe dort!
Die Frau nach ... in Caputh hatte nach einem
späten gebracht, um im Garten nach Munition
zu graben! — Seit einem Tagen schreibe ich
an diesem Brief. Von früh morgens bis spät
in die Nacht stehen sind Menschen hier, die der
Hilfe bedürfen. So ist bei uns ein Asyl für
gemütliche Verödungen! Nicht immer ist meine
Mann gegen, aber ich muss mir alles Leid
anhören u. Dennoch nicht zur Besinnung.
Sein Mann erholt sich und wieder Schmährufe

6.

JOLI-BOIS
HOTEL

GARAGES

A. LORPHÈVRE & Cⁱᵉ

COQ-SUR-MER, LE
AVENUE JEAN D'ARDENNE
TÉLÉPH.: 129

die armen armen verblendeten Närrchen Menschen dort! Die deutschen Juden betrachten ihn als ihren Unheilbringer. Lesen Sie diese höchst unwürdigen, von Angst und Verzweiflung diktierten Bedauerungen des Centralvereins, der jüd. Gemeinde u. vieler anderer Institutionen?? Kommen Sie doch lieber erst nächsten Monat zu mir. Vielleicht am Anfang des Monats. So begibt sich in den nächsten 14 Tagen hier gar so viel! Ich darf nie darüber sprechen! — Eines nur weiss ich: nichts darf von meinem Mann aus geschehen u. unternommen werden. Es kann nie direkt helfen. Die Juden dort sind derart verängstigt u. beurteilen ihre Lage derart falsch, dass ihnen nicht beizukommen ist von seiten meines Mannes. Sie haben alles seine Bilder entfernt oder auch verbrannt und beschmieren ihren Hass auf die drastischste Weise. Kann einer, der darf die Lage richtig beurteilt

Mit welch schmerzlichen Gefühlen ich an die Auflösung meines Hauses denke, können Sie kaum ermessen. Unzählige liebe geliebte Dinge daran, nach von den Grosseltern u. Urgrosseltern. Darunter viele besonders schöne Dinge. Und meine Epoche, wo meine Jahre am glücklichsten gewesen! So ist nicht gegen eine Dame, ist das alles dem Untergang geweiht. Ihre ist zu schwach (u. Margot kann nicht mehr zurück) um hier richtig einzugreifen. Verzeihen Sie den Jirsch-Jasch dieses Briefes. Übermorgen werd ich abgereist. Seien Sie geküsst, meine Liebe Ihre Elsa Einstein.

Verzeihen Sie die zackelige Schrift und den Salat von all Typisch!

Scheveningen 11 April. [33]

Meine Liebe! Kommen Sie am Ende dieses Monats nach Coq. Ich bitte Sie darum. Es ist uns beiden ein richtiges Bedürfnis, mit Ihnen zu sein. Ich kann Ihnen all das, was auf mir lastet, nicht in diesem Briefe sagen. Ich bin müde u. mag oft nicht mehr. Und es soll doch weiter gehen! Ich hab sehr viel gelitten meiner Kinder wegen! Mein Mann hatte keine Rücksicht genommen, ist seiner Überzeugung treu geblieben und hat gesprochen, laut u. vernehmlich! dies hat meine Kinder fast zermürbt, sie sassen dort, und zitterten! Nun sind sie ja in Sicherheit. Es ist ihnen nichts geschehen, aber Ilses Nerven versagen und sie ist in einer unglücklichen Verfassung. Ich sehe sehr düster in die Zukunft in diesem Punkt. Das Tragische in meines Mannes Schicksal ist, dass alle deutschen Juden ihn dafür verantwortlich machen, dass ihnen dort so schreckliches widerfahren. Sie glauben, durch sein Auftreten habe man Repressalien ausgeübt und sie haben in ihrer Borniertheit die Parole ausgegeben, sich von ihm abzuwenden und ihn zu hassen. So bekommen wir mehr hasserfüllte Briefe von den Juden als von den Nazis! Dabei hat er sich doch in Wahrheit für die Juden geopfert! Er war unerschrocken und er hat nicht versagt! Ist es nicht tragisch, dass dieselben Menschen, für die er ein Abgott war, ihn nun mit Dreck bewerfen? Sie sind dort derart eingeschüchtert und verängstigt, dass sie statement auf statement geben, mit den schönsten Versicherungen, wie wohl es ihnen ergehe. Und wie sie alle doch nichts mit Einstein zu tun hätten u. haben wollten! Nicht einmal Geldunterstützung nimmt man dort in vielen Fällen von uns an! Die Menschen ekeln einen an. Wir haben uns in den Zeiten, als sie uns zujubelten nie etwas daraus gemacht. Wir haben immer alles richtig eingeschätzt. So ist er auch heute unverwundbar. Aber mir tuts weh für ihn. - Margot kommt heute. Der Brief ist in Scheveningen begonnen und es sind inzwischen zwei Tage verstrichen. Ilse ist bei uns. Sagen Sei dies keinem Menschen, ich bitte Sie von Herzen darum. Sie will nach Berlin zurück, da sie unseren grossen Haushalt u. Caputh auflösen muss. Sie zittert aber, wenn man erfährt, dass sie bei dem „Hochverräter" war! Sie ist nervenkrank und mir kommen immer die Thränen, wenn ich sie anschaue. Wollte Gott, sie ginge nicht mehr zurück. Aber sie ist nicht zu halten, da Rudi seinen 84 jährigen Vater betreut u. sie ihren Mann nicht verlässt. Dieser Konflikt hat sie auch völlig ausser Fassung gebracht. - Ihr Brief hat Wunder getan. Dies erzähle ich Ihnen später eimal. Er ist nicht mehr in meinen Händen; der spanische Botschafter bekam ihn. Schimpfen Sie nicht, später erzähle ich Ihnen den Zusammenhang. Und Sie werden staunen, aber begreifen! Dieser Brief hat meinen Mann aus einem schrecklich peinlichen Dilemma gerettet. Darüber dann später - Mein Mann hat den Lehrstuhl in Paris angenommen. Aber auch in Madrid nahm er eine Professur an, ebenso in Brüssel; ebenso in Oxford. ebenso in Holland. Alles ohne Verpflichtung. Je nachdem er Zeit hat, geht er da oder dorthin. Diese Universitäten haben ihn eben alle berufen, und da er sich jeder verbunden fühlt, hat er alles angenommen. Oxford u. Holland hat er ja seit Jahren. In Madrid hat er allerdings zugesagt, einen Monat alljährlich dort zu verbringen. Er wird sicher auch mal an der Pariser Universität („vorübergehend") lehren. Nirgends bindet er sich ganz fest. Ausser in Princeton bei New York, wo er einen idealen Lehrstuhl inne hat. Ohne Lehrverpflichtung. Sein Assistent wird lebenslänglich dort angestellt u. pensioniert. Dies ist meinem Mann das Wichtigste! - Unser Häusl hier ist winzig. Wissen Sie, dass man unser Bankkonto beschlagnahmt hat? Davon lebten meine Schwestern u. Margot. Unser Haus in Caputh blieb unversehrt, ebenso die Stadtwohnung. Aber man hat alles nach Waffen und Munition durchsucht. Hoch intelligent! (Ich hatte im vergangenen Jahr in Potsdam einen Bleistift gekauft, damit konnte man schreiben und schiessen.) Dies war unsere einzige Waffe dort! Die Frau Nachbarin in Caputh hatte noch einen Spaten gebracht, um im Garten nach Munition zu graben! – Seit neun Tagen schreibe ich an diesem Brief. Von früh morgens bis spät in die Nach hinein sind Menschen hier, die der Hilfe bedürfen. Es ist bei uns ein Asyl für zerrüttete Existenzen! Nicht immer ist mein Mann zugegen, aber ich muss mir alles Leid anhören u. komme nicht zur Besinnung. Mein Mann erhält wieder und wieder Schmähbriefe die armen armen verblendeten törichten Menschen dort! Die deutschen Juden betrachten ihn als ihren Unheilbringer. Lesen Sie diese höchst unwürdigen, von Angst und Verzweiflung diktierten Beteuerungen des Centralvereins, der jüd. Gemeinde u. vieler anderer Institutionen?? – Kommen Sie doch lieber erst nächsten Monat zu uns. Vielleicht am Anfang des Monats. Es begibt sich in den nächsten 14 Tagen hier gar so viel! Ich darf nie darüber sprechen!

Eines nur weiss ich: nichts darf von meinem Mann aus geschehen u. unternommen werden Er kann nie <u>direkt</u> helfen. Die Juden dort sind derart verängstigt u. beurteilen ihre Lage derart falsch, dass ihnen nicht beizukommen ist von seiten meines Mannes. Sie haben alle seine Bilder entfernt oder auch verbrannt und bekunden ihren Hass auf die drastischste Weise. Kaum einer, der dort die Lage richtig beurteilt. Mit welch schmerzlichen Gefühlen ich an die Auflösung meines Heimes denke, können Sie kaum ermessen. Unzählige liebe geliebte Dinge waren dort, noch von den Grosseltern und Urgrosseltern. Darunter viele besonders schöne Dinge. Und mein Caputh, wo mein Mann am glücklichsten gewesen! Wo ich nicht zugegen sein kann, ist dies alles dem Untergang geweiht! Ilse ist zu schwach (u. Margot kann nicht mehr zurück), um hier richtig einzugreifen. Verzeihen Sie den Misch-Masch dieses Briefes. Immerzu werde ich abgerufen. Seien Sie geküsst, meine Liebe Ihre

Elsa Einstein.
Verzeihen Sie die wackelige Schrift und den „Salat" an Papier!

Ein Lichtblick

Brief von Albert Einstein an Thomas Mann, Le Coq [sur Mer] bei Ostende,
29. April 1933

Einstein kehrt im Frühjahr 1933 nach einer Reise in die Vereinigten Staaten nicht ins na-
tionalsozialistische Deutschland zurück. Aus Belgien, seiner ersten Exilstation, schreibt er
an Thomas Mann: „Ihre und ihres Bruders verantwortungsbewusste Haltung war eine der
wenigen Lichtblicke in dem Geschehen, das sich in letzter Zeit in Deutschland abgespielt
hat." Thomas Mann kehrt Deutschland den Rücken und geht zunächst in die Schweiz ins
Exil. Er lebt später als Gastprofessor der Universität in Princeton (bis 1940) in unmittelbarer Nachbarschaft Einsteins.

A ray of hope

Letter from Albert Einstein to Thomas Mann, Le Coq [sur Mer] near Ostende,
29 April 1933

In the spring of 1933, Einstein does not return to Nazi Germany after a trip to the United
States. He writes to Thomas Mann from Belgium, his first place of exile. "The responsible
stance adopted by you and your brother was one of the few rays of hope in recent events
in Germany." Thomas Mann turns his back on Germany and goes into exile, initially in
Switzerland. Later, as a guest professor at Princeton University (until 1940), he lives in
Einstein's immediate vicinity.

Le Cog bei Ostende. 29. $\overline{IV}$. 33.

Verehrter Herr Thomas Mann!

Es drängt mich, Ihnen etwas ganz selbstverständliches zu sagen: Ihre und Ihres Bruders verantwortungsbewusste Haltung war eine der wenigen Lichtblicke in dem Geschehen, das sich in letzter Zeit in Deutschland abgespielt hat. Die übrigen zu geistiger Führung Berufenen haben nicht den Mut und die Charakterstärke aufgebracht, einen deutlichen Trennungs-Strich zu ziehen zwischen sich und denen, welche auf Grund von Mitteln der Gewalt heute den Staat vertreten. Durch diese Unterlassung haben sie die Macht jener verhängnisvollen Elemente vergrössert und dem deutschen Namen unaussprechlich geschadet. Sie haben sich darüber hinaus der Gefahr ausgesetzt, von denselben Pöbel, dem sie geschmeichelt haben, mit Verachtung beiseite gestellt zu werden.

Man sieht wieder, dass das Schicksal einer Gemeinschaft in erster Linie durch das moralische Niveau bestimmt wird. Wenn sich wieder eine Führung bildet, die dieses Namens würdig sein wird, so wird sie nur durch Wachstum an solchen Keimen der Krystallisation erstehen können, wie solche in Ihnen und Ihrem Bruder zu erkennen sind. Auch wenn Sie es nicht erleben sollten, wird dies Ihr bester Trost sein während der bitteren Zeiten, die wir jetzt erleben und noch erleben werden.

Mit aller Hochachtung und Sympathie

Ihr

A. Einstein.

*68,100

Das Scheitern der Assimilation

Brief von Albert Einstein an Fritz Haber, 19. Mai 1933

Als deutsch-jüdischer Patriot steht Haber 1933 vor den Trümmern seiner Überzeugungen.
Einstein schreibt: „Ich kann mir Ihre inneren Konflikte denken. Es ist so ähnlich, wie wenn
man eine Theorie aufgeben muss, an der man sein ganzes Leben lang gearbeitet hat. Bei
mir ist es nicht so, weil ich nicht im geringsten je an sie geglaubt habe."

The failure of assimilation

Letter from Albert Einstein to Fritz Haber, 19 May 1933

As a German-Jewish patriot, Haber sees his beliefs shattered in 1933. Einstein writes,
"I can imagine your inner conflicts. It's much like having to give up a theory you've worked
on your entire life. This is not the case for me, because I never believed in it in the least."

The Hebrew University, Jewish National & University Library, Albert Einstein Archives,
Jerusalem, Israel
Call number: 12 - 378.00

19. V. 33.

Lieber Haber!

Danke für den lieben Brief. Ich habe Ihrem Neffen
die Empfehlung gesandt. Ich habe mich über das
unkluge Verhalten der Akademie gewundert, weniger über
den Mangel an moralischem Format(letzteres ist mir
schon geläufig). Ich kann mir Ihre inneren Konflikte
denken. Es ist so ähnlich, wie wenn man eine Theorie
aufgeben muss, an der man sein ganzes Leben lang
gearbeitet hat. Bei mir ist es nicht so, weil ich nicht
im geringsten je an sie geglaubt habe. Ich hoffe sehr,
Ihnen bald swurtwohin schreiben zu können. Einstweilen
mit herzlichen Grüssen und Wünschen.
                              Ihr
                              A. E.

„Für die Jugend in Deutschland aber wird die Tradition abbrechen"

Brief von Albert Einstein an Heinrich Zangger, Cromer, 1. Oktober 1933

Einstein informiert seinen Freund Zangger über die tragischen Schicksale von Wissenschaftlern nach der Machtergreifung der Nationalsozialisten. Er schreibt: „Für die Jugend
in Deutschland aber wird die Tradition abbrechen. Schade, aber die Verantwortlichen dort
haben sich nicht genug für die Sache gewehrt, als es noch möglich war."

"For young people in Germany, however, the tradition will be broken"

Letter from Albert Einstein to Heinrich Zangger, Cromer, 1 October 1933

Einstein informs his friend Zangger about the tragic fates of scientists after the National
Socialists seize power. He writes, "For young people in Germany, however, the tradition
will be broken. That is unfortunate, but those responsible did not put up enough of a fight
while they still had the chance."

Staatsarchiv des Kantons Zürich, Switzerland
Call number: Nachlass H. Zangger 1a

Cramer. 1. X. 33.

Lieber Zangger!

Dank für den ausführlichen Brief. Wegen Prof. Stenzel habe ich an Prof. Ross in Oxford geschrieben. Wir erleben so eine Art Inflation der wissenschaftlichen Arbeit in dem financiel geschwächten Westen. Die Engländer leisten, was sie nur können, im Unterbringen Gelehrter. Für die Jugend in Deutschland aber wird die Tradition abbrechen. Schade, aber die Verantwortlichen dort haben sich nicht genug für die Sache gewehrt, als es noch möglich war. Schrödinger geht nach Oxford. Laue, auch menschlich ein wunderbarer Kerl, ist zurückgetreten, wohl nicht freiwillig. Er hatte sich mutig für die Wahrheit eingesetzt, ohne sich in Politik zu mischen. Man sollte ihn unbedingt irgendwohin ins Ausland zu berufen.

Wegen Weyl kann ich in Spanien keine Schritte unternehmen, so gerne ich es thäte. Die Leute würden beleidigt sein. Dabei wird es mir recht schwer hinzugehen. Ich werde sozusagen aus purer Freundlichkeit in Stücke zerrissen.

Ilsberg hat sich leider getötet, das Gleiche that mein lieber alter Freund Ehrenfest in Leiden. Mein Geld in Deutschland ist nicht etwa nur festgelegt sondern enteignet unter dem Vorwand, dass es für verräterische Zwecke bestimmt sei. Darunter ist alles, was ich für meine Kinder gespart habe ausser dem Nobelpreis, der ja damals in die Hände von Mileva überging. Der schweizerische Vertreter in Berlin, der selber ein halber Nazi zu

Emigration

sein scheint, hat zur Wahrung meiner Interessen nichts Ernsthaftes gethan. Planck, der mit daran schuld war, dass ich das deutsche Bürger„recht" als zweites nach dem Kriege neben meinem schweizerischen annahm hat sich ohne Erfolg bemüht. Wenigstens für den für die Kinder bestimmten Anteil hätte sich gewiss etwas machen lassen, wenn der schweizer Botschafter ernsthaft gewollt hätte.

Selbstverständlich müssen Sie die zweite Auflage Ihres Gasschutz – Büchleins herausgeben. Man kann der Beschwindelung des bedrohten Publikums doch nicht einfach unthätig zusehen.

Ich fahre in einer Woche nach Princeton. Alles was von Ihnen kommt, wird sorgsam gelesen und erledigt. Aber Schreibmaschine! Die Schrift kann ich nicht entziffern.

Herzlich grüsst Sie Ihr

A. E.

Albert Einstein
zu Besuch bei
Winston Churchill,
1933

Albert Einstein
visits
Winston Churchill,
1933

„Liebe Königin"

Brief von Albert Einstein an Königin Elisabeth von Belgien, Princeton, 17. November 1933

Albert Einstein pflegt ein informelles und herzliches Verhältnis zum belgischen Königspaar. Er lernt die Königin 1929 und den König ein Jahr später kennen. Nachdem er sich 1933 zur Emigration entschlossen hat, verbringt er mehrere Monate als Gast des belgischen Königspaares in Le Coq sur Mer, bevor er über England im Oktober nach Princeton geht. Im Brief schildert er unter anderem seine ersten Eindrücke aus Princeton.
Der „freundliche Rat, zu schweigen [...]" bezieht sich wohl auf den Rat, sich angesichts der Bedrohung durch den Faschismus nicht weiterhin für einen radikalen Pazifismus einzusetzen.

"Dear Queen"

Letter from Albert Einstein to Queen Elisabeth of Belgium, Princeton, 17 November 1933

Albert Einstein maintains an informal and warm relationship with the Belgian royal king and queen. He meets the queen in 1929 and the king a year later. After deciding to emigrate in 1933 he spends several months in Le Coq sur Mer as the guest of the Belgian royal couple before traveling to Princeton via England in October. In the letter he describes his first impressions of Princeton, among other things. The "friendly advice to keep silent..." probably refers to the suggestion that, given the threat of fascism, he should not continue to support radical pacifism.

Archives Générales du Royaume, Brussels, Belgium
Call number: Sekrétariat privé du Roi Albert et de la Reine Elisabeth, n° 860,
document n° 10, (only available as copy)

10

Copie.

Princeton,17.XI.33

Liebe Königin!

Längst hätte ich Ihnen geschrieben, wenn Sie nicht
Königin wären. Und doch ist es mir eigentlich nicht klar,wieso
dies ein Hinderungsgrund sein kann. Dies zu beantworten ist
aber ein Geschäft für einen Psychologen, während wir andern
lieber nach aussen schauen als in uns selbst; denn im letzteren
Fall sieht man nur ein finsteres Loch, d.h. gar nichts.

Ich weiss,dass Sie Ihre schützende Hand für mich aus-
gestreckt haben,und zwar nicht nur in Belgien, sondern auch in
Barbarien,wo es am ärgsten brodelt. Ich habe auch den freundlichen
Rat zu schweigen beherzigt, aber nicht aus Angst um meinen
abgetragenen Leichnam,sondern aus sachlichen Erwägungen. Am
schönsten hat sich Ihr edles Herz in dem Verhalten gegenüber dem
alten Lewin gezeigt. Nicht nur das <u>Was</u> sondern auch das <u>Wie</u>
war herzerquickend. Solche Verbindung von Ernst,Grazie und Güte
findet sich sonst kaum in der Märchen-Romantik, niemals in der
Wirklichkeit Sonst plagen die Menschen einander weit mehr als
es der Kampf um die Existenz bedingt; sie tun es, weil meist Neid
und Eifersucht an ihrer Leber nagt. Es scheint wie ein Versehen der
Natur, wenn einer von dieser Geisel verschont ist.

Princeton ist ein wundervolles Stückchen Erde und dabei ein
ungemein drolliges ceremonielles Krähwinkel winziger stelzbeiniger
Halbgötter. Man kann sich aber durch absichtliche Verstösse gegen den
guten Ton eine schöne Ungestörtheit verschaffen; dies tat ich.

-2-

Die Menschen der sogenannten Gesellschaft sind hier noch viel
unfreier als in Europa. Es scheint aber, dass sie es gar nicht
empfinden, weil die Lebensform die Entwicklung der Persönlichkeit
von Jugend auf unterbindet. Wenn Europa wirklich kaput geht wie
einst Griechenland, so wird die damit verbundene geistige Verödung
keine geringere sein als damals. Das Tragische liegt darin, dass
derselbe Eigenwille der Individuen und nationalen Teilgebilde
der den Wert und den Reiz in Europa ausmacht, auch die Zwietracht
und den Untergang herbeiführt.

　　　Besonders möchte ich für das liebe Briefchen danken,
das die Erinnerung an schöne Stunden und die Hoffnung auf künftige
aufleben lassen. Die Geigerei lasse ich auch bestimmt nicht einrosten.

　　　Mit den herzlichsten Wünschen grüsst Sie und Ihren Herrn
Gemahl

　　　　Ihr

　　　　　sign.A.Einstein.

Thomas Mann
zu Besuch bei
Albert Einstein in
Princeton, 1938,
Fotografin:
Lotte Jacobi

Thomas Mann
visits Albert
Einstein in
Princeton, 1938,
photographer:
Lotte Jacobi

Illusionslos

Brief von Elsa Einstein an Lilli Petschnikoff, Princeton, 21. Dezember 1933

Elsa Einstein fällt es schwerer als ihrem Mann, sich mit dem Umstand der erzwungenen Emigration abzufinden. Sie versucht, das Beste aus der Situation zu machen und vertraut sich dabei ihrer Freundin, der Violinistin Lilli Petschnikoff an. Sie berichtet vom gemeinsamen Musizieren Einsteins mit dem Dirigenten und Komponisten Bruno Walter, der später ebenfalls von den Nationalsozialisten vertrieben wird. Über die politische Zukunft Deutschlands macht sie sich keine Illusionen.

Without illusions

Letter from Elsa Einstein to Lilli Petschnikoff, Princeton, 21 December 1933

Elsa Einstein has more trouble than her husband adjusting to the circumstance of their forced emigration. She tries to make the best of the situation and confides in her friend, the violinist Lilli Petschnikoff. She writes to her about Einstein playing music with the conductor and composer Bruno Walter, who was later also forced into exile by the National Socialists. She harbors no illusions about Germany's political future.

Max Planck Institute for the History of Science, Berlin, Germany
Call number: 100-F

Princeton, den 21.Dezember 1933

Meine liebe Frau Petschnikoff!

Ihr lieber Brief hat uns dieses Mal besonders erfreut,
weil er uns die Nachricht gebracht hat, dass Sie mit Ihrer
geliebten Nadja wieder in Verbindung gekommen sind. Wenns
auch noch nicht ganz so ist, als Sie es sich gewünscht haben,
so ist es doch ein grosser Fortschritt. Erschütternd ist,
wie Sie an ihrem Manne hängt, der ihm doch in keiner Beziehung
viel bieten und geben kann. Der Herrgott hat uns Menschen
wahrhaftig sehr sonderbar geschaffen. Da hängt sich so ein
feines Wesen an einen Menschen und kommt nicht mehr los,trotz-
dem sie sich mit ihrem Verstande sagen muss, dass er nicht
allzuviel als Mann für sie taugt. Svhade um die Kleine,die so
reizvoll ist. Vielleicht kommt sie doch noch einmal zur
Besinnung, später, wenn es doch nicht allzu spät ist.

Ihr Märchen ist sehr fein empfunden, man spürt daraus
wie tief Sie als Mutter fühlen. Ist es nicht ein Hohn, dass
gerade die wertvollsten und besten Mütter nicht das von ihren
Kindern bekommen, was ihnen eigentlich von Natur aus zustehn
würde? Wir haben neulich viel von Ihnen gesprochen, als wir
mit Walters zusammen waren. Was ist er für ein prachtvoller
Mensch. Albert war auch dieses Mal wieder hell entzückt von
ihm. Die Beiden haben zusammen gespielt und haben so viel
Freude aneinander gehabt. Die Frau hat mir auch besser gefallen wie früher. Die bösen Zeiten haben auch sie gewandelt
und sie erschien mir milder und gefügiger als früher. Sie
haben wunderbar zusammen gespielt. Ich habe gehört, wie er
im Nebenzimmer zu dem Pianisten Friedberg, der auch anwesend
war, sagte, dass er für ihn ein musikalisches Wunder ist. Er
war ganz entzückt, das habe ich deutlich gemerkt, von Alberts
Spiel. Er hat es gar nicht für möglich halten wollen, dass
ein Mensch, der nicht richtig studiert hat, so viel zu geben
vermag. Schade, dass die Beiden sich so selten sehen, die
würden sich sehr anfreunden, sie sind so gleichartig.

Wir haben uns hier wunderbare ingelebt und fühlen uns
sehr behaglich. Wenn die Trennung von den Kindern nicht wäre
und wenn man nicht das Empfinden hätte, dass es denen daheim
und draussen so elend ergeht, so könnte man sich wirklich
seines Lebens freuen. Aber die Nachrichten von dort sind
schauerlich und die Aussichten für die Zukunft äusserst düster.
Man frägt sich, was daraus noch entstehen kann und wundert
sich, wenn nicht alles und alle zugrunde gehen.

Meine Kinder sind natürlich draussen. Ilse ist in
Holland, Margot in Paris. Beide Schwiegersöhne sind selbstverständlich existenzlos wie alle oder fast alle, die von dort
fortmussten. Die amerikanischen Juden tun sehr wenig für die
deutschen. Man sorgt nicht dafür, dass genügend einwandern und
fühlt sich sicher und geborgen in der Wolle sitzend. Ein

himmelschreiendes Unrecht, das sich später einmal bitter rächen wird. England hält auch seine Türen zu sehr verschlossen. Sie haben zwar die grossen Rosinen herausgepickt und haben die bedeutendsten Gelehrten aufgenommen und angestellt. Aber die unzähligen tüchtigen Menschen, die gerade nicht dieprominentesten sind, laufen herum ohne Subsistenzmittel und wissen keinen Ausweg. Im Kleinen und Einzelnen tut man was man kann, aber im Grossen und Ganzen steht man machtlos da. Es ist eine fürchterliche Tragödie.

In Deutschland geht unterdessen alles kaput,was man Kultur nannte. Wir leben hier unter sehr angenehmen Bedingungen, haben ein ganz besonders schönes, sehr grosses Haus, das herrlich gelegen ist. Ganz anders als in Pasadena damals, wo wir das nette kleine Bungalowchen hatten. Alles strotzt hier von Fürnehmheit und Noblesse und mutet ganz englisch an.

Kürzlich traf ich Frau Steinway, als Albert dort mit einigen Musikkollegen spielte. Wir unterhielten uns auch über Ihre Freundin Frl. v. Bernuth. Grüssen Sie sie sehr herzlich von mir und seien Sie selbst innig gegrüsst und lassen Sie sich alles Liebe und Schöne zum neuen Jahre von mir wünschen

Ihre

Elsa.

Ganz besondere Grüsse für die lieben beiden Altchen.

Albert Einstein im
Gespräch mit Ernst
Lubitsch (l.), dem
New Yorker Anwalt
Samuel Unter-
meyer (r.) und Elsa
Einstein in
Palm Springs,
Kalifornien,
1. März 1933

Albert Einstein
conversing with
Ernst Lubitsch (l.),
the New York
lawyer Samuel
Untermeyer (r.)
and Elsa Einstein
in Palm Springs,
California,
1 March 1933

Elsa Einstein über den Terror der Nationalsozialisten

Brief von Elsa Einstein an Lilli Petschnikoff, Princeton, 5. Februar 1934

Aufgeschreckt über Gerüchte zur politischen Einstellung ihrer Freundin, schildert Elsa Einstein die Schrecken der nationalsozialistischen Herrschaft aus persönlicher Sicht. Schicksale von Freunden und Bekannten kommen zur Sprache. Aus ihren Worten sprechen Verunsicherung und Angst, selbst in der Emigration.

Elsa Einstein on National Socialist terror

Letter from Elsa Einstein to Lilli Petschnikoff, Princeton, 5 February 1934

Alarmed by rumors of her friend's political views, Elsa Einstein describes the horrors of National Socialist rule from her personal viewpoint. She mentions the fates of friends and acquaintances. Her words reveal a sense of uncertainty and fear that persisted even in exile.

Princeton, den 5.Februar 1934

Meine liebe Frau Lilli!

Wir waren immer solch aufrichtige Freunde, wir gegenseitig,meine ich. Und deshalb lässt es mich nicht ruhen, bis ich Ihnen
das gesagt habe, was ich auf dem Herzen habe. Von verschiedenen Seiten
höre ich aus Kalifornien, von wirklich guten Freunden, dass unsere
Freundin Lilli Petschnikoff manchmal in ihren Reden so etwas wie ein
bischen Sympathie für die Naziregierung ausgesprochen hat. Wenn das
wahr wäre, so täte uns dies aufrichtig leid, besonders leid von Ihnen,
der wir wirklich in Freundschaft ergeben waren. Ich glaube nicht, dass
Sie bei Ihrer Gerechtigkeitsliebe, wenn Sie wirklich wüssten, was sich
dort abspielt, einen Funken von Sympathie dafür übrig hätten. Ihre eigenen Kinder sind ja auch jüdischer Abstammung, denn ich weiss ganz genau,
dass Ihr gewesener Gatte Petschnikoff jüdischer Abstammung ist. Seien
Sie froh,ein ̶E̶i̶n̶x̶S̶i̶x̶f̶x̶o̶h̶ Teil der Begabung und Schönheit dieser Kinder ist diesem Erbe zum grossen Teil zuzuschreiben.
            Sie hatten immer sehr viel Sympathie für meinen Mann. Das
darf doch nicht in die Brüche gehn dadurch, dass Sie sich zu einer Richtung bekennen, oder wenigstens zum Teil bekennen, die mein Mann mit jeder Faser seines Herzens bekämpft. Glauben Sie nur, es ist nicht nur die
Tragödie der Juden, die sich hier abspielt.Hier handelt es sich noch um
ganz andere Dinge, die zugrunde gerichtet werden mit einer unerhörten
Brutalität. Oder glauben Sie, mein Mann sei so wenig objektiv, dass nur
das Drama,das sich in Bezug auf die Juden dort abspielt,für ihn allein
massgebend wäre? Schreiben Sie mir offen darüher. Ihre besten Freunde
sind fast alle Juden. Bruno Walter ist so durch und durch Jude,vom Scheitel
bis zur Sohle. Lotte Lehmann ist wohl auch Jüdin, sie wirkt nämlich so.
Und Ihre Freundin Aimé Israel, was muss die leiden für sich und ihre
Familie. Sie darf nicht klagen,mit keinem Wort,ganz im Gegenteil,sie muss
dies alles stumm über sich ergehen lassen und tun, als ob nichts wäre,
sonst bringt sie wegen Verbreitung von Greuelmärchen sich und ihre Familie ins tiefste Unglück. Sie dürfen ihr also nicht einmal schreiben,
dass sie so viel durchmacht, das wäre schon gefährlich für sie. Was
glauben Sie, was es bedeutet,in einem Lande zu leben, wo solcher Terror
herrscht. Diese Menschen, die dort ihre Existenz haben und von deren
̶s̶o̶n̶s̶ Tausende andere Existenzen abhängen, können doch nicht alles dort im
Stiche lassen und davon gehn. Der feine zarte Wilfried ist zweimal furcht-
bar misshandelt worden,war auch einmal bereits verhaftet. Aber davon dürfen Sie kein Wörtchen schreiben, sonst bringen Sie die Leute ins tiefste
Elend. Mit uns darf niemand in Verbindung dort sein, denn mein Mann ist
der schlimmste Landesverräter,vor dem alle gewarnt werden.
            So spielt sich dort eine Tragödie ab, wiex es die Weltge-
schichte kaum jemals erlebt hat. Nennen Sie aber um Gotteswillen uns ern
Namen nie, wenn Sie nach Deutschland schreiben, das wäre für jeden dort

ein Verhängnis.

Nun zu etwas anderem: Ist Nadja mehr zurückgekommen zu ihrer Mutter und was machen die beiden lieben Alten. Sind sie noch so interessiert und rüstig? Wie geht es Ihnen gesundheitlich? Und wie schlafen Sie? Nehmen Sie noch Ihre erfrischenden Ozeanbäder und schlafen Sie immer noch mit jenem Schlafmittel, das Sie mir damals empfohlen hatten?

Seien Sie von ganzem Herzen gegrüsst *und umarmt*

von Ihrer

Elsa Einstein

Albert, Margot
und Elsa Einstein
(v.l.n.r.) in
Princeton,
1935

Albert, Margot
and Elsa Einstein
(from l. to r.) in
Princeton,
1935

Nationalistischer Putschversuch in Paris

Brief von Elsa Einstein an Lilli Petschnikoff, 4. März 1934

In der Nacht vom 6. zum 7. Februar 1934 gibt es in Paris heftige Straßenschlachten.
Faschistische und nationalistische Gruppen unternehmen einen Putschversuch, es gibt
mehrere Tote und Hunderte von Verletzten. Wenige Tage später tritt der französische
Ministerpräsident zurück, die Gewerkschaften rufen den Generalstreik aus. Elsa ist höchst
beunruhigt über die neuesten Entwicklungen und hofft, dass Einstein nicht aufgrund von
Lehrverpflichtungen nach Frankreich reisen muss.
Elsa beschreibt des Weiteren ihre ersten Monate in Amerika, geht auf einige Treffen mit
Politikern und Künstlern ein. Sie ist entsetzt über antisemitische Äußerungen des vor-
maligen Reichsbankpräsidenten und derzeitigen deutschen US-Botschafters Hans Luther.

Nationalist coup attempt in Paris

Letter from Elsa Einstein to Lilli Petschnikoff, 4 March 1934

In the night of 6/7 February 1934 street battles rage in Paris. Fascist and nationalist
groups attempt a coup, leaving several dead and hundreds wounded. A few days later, the
French prime minister steps down and the unions call a general strike. Elsa is extremely
disturbed by recent developments and hopes that teaching duties will not require Einstein
to travel to France.
Elsa describes furthermore her first months in America, agrees to several meetings with
politicians and artists. She is appalled at the anti-Semitic statements of the former president of the Reich bank and, at that time, German ambassador to America, Hans Luther.

Max Planck Institute for the History of Science, Berlin, Germany
Call number: 100-H

den 4.März 1934

Meine Liebe Frau Petschnikoff!

Hier haben Sie ein sehr schönes Einführungsschreiben.
Chaplin versteht deutsch, er kann es nur nicht sprechen. Aber
er versteht zu lesen. Nun rate ich Ihnen, ihm der Bequemlichkeit
halber die englische Uebersetzung nebenbei zu geben und wir
wissen, dass Sie dies dem Sinn nach und ganz wortgetreu über-
setzen werden. Ich wollte es Ihnen erst beilegen, aber ich
mache Fehler und Sie machen keine. Ihr Englisch wird ein
klassisches sein, das weiss ich.

Ich hab Sie damals nicht zu den Nazis geworfen, wie Sie
sagten; das habe ich keinen Moment gedacht. Aber wir haben gemeint, dass Sie der Bewegung nicht so unfreundlich gegenüber-
stehn und in mancher Beziehung sogar mit ihr sympathisieren und sie
in Schutz nehmen. Das ist ja noch weit entfernt von der Zugehörigkeit zu dieser Partei. Inzwischen macht die Krise in Frankreich
weitere Fortschritte und damit sind auch die Türen für den Faschismus eher geöffnet. Je schlechter es irgendwo wirtschaftlich
geht, desto grösser ist die Chance, dass der Faschismus kommt.
Nun hoffentlich wirkt es sich nicht so grausam und so grauenerregend
in den andern Ländern aus als wie in Deutschland, wo es sich wirklich um die Verelendung von Millionen Menschen handelt. Denn es
sind ja nicht nur die Juden jetzt an der Reihe, sondern alle
liberaldenkenden Menschen, die nicht in ihr Lager übergelaufen sind.

Was wir in nächster Zeit zu tun gedenken, steht noch nicht
fest. Das Heimweh nach meinen Kindern würde mich nach Europa zurück-
treiben, wenn..... Aber da ist wieder ein anderer Konflikt und zwar
fürchte ich für meinen Mann, der dort ganz anderen Gefahren ausgesetzt
ist als hier in Amerika. Er hat einen Lehrstuhl in Frankreich letztes
Jahr angenommen und müsste eigentlich dorthingehen. Man erwartet ihn
dort dringend seit nahezu einem Jahr. Aber nirgends gärt es mehr als in
Paris und nirgends sind die politischen Verhältnisse so zugespitzt und
die Gemüter so erregt auf allen Seiten, als dort. So tue ich mein
Möglichstes, um von dort aus zu erreichen, dass er nicht hingehen muss.
Dass sie auf seine Anwesenheit vorerst verzichten. Er selbst kann
nicht die Initiative ergreifen. Frankreich hat eine zu noble Geste ihm
gegenüber letztes Jahr gemacht. Seinen Oxforder Lehrstuhl hat er Gottsei-
dank abgegeben, darüber bin ich heilfroh. Er gab ihn weg zugunsten von
einigen exilierten Professoren. Den spanischen Lehrstuhl hat er gottlob
auch los, den hat er sich noch abwimmeln können.

Wie gehts denn den lieben alten Damen, der Grossmutter und der
Tante? Und wen haben Sie jetzt bei sich, um dieselben zu betreuen?
Die Tante von Frl.Meta traf ich einigemale. Mein Mann hat vor seinem
Konzert Steinway-Hall zum Absteigequartier genommen. Sooft er in
New York war, hat er sich alles dahinbestellt und schliesslich tauchte
auch noch der Schneider da auf und hat seinen Anzüge ihm dort anpro-
biert. So heimatlich fühlte er sich schon dort. Frau Steinway trafen

wir zum letzten Mal bei einer Abendgesellschaft bei Mischa Elman. Mein
Mann hatte das Doppelkonzert von Bach wunderbar mit Mischa Elman zusammen gespielt. Walters sind scheints jetzt in Holland gewesen, er
hat dort öfter meinen Schwiegersohn getroffen. Er ist ein prachtvoller
Kerl, so ein Vollblutmensch. Ihre Freundin, Lotte Lehman, so habe ich
gelesen, hat in Washington dem Luther vorgespielt. Ich weiss nicht,
ob Sie Jüdin ist, aber wenn sie Jüdin ist, dann kann sie nicht viel
Rückgrat haben, wenn sie dahingeht, um zu singen.   Zu einem unserer
besten Freunde hier sagte Luther vor vier Monaten: "nun was ist schon,
wenn eine halbe Million Juden draufgehen, wenn so und so viele andere
dadurch gerettet werden können." Dies ungefähr ist die Einstellung von
diesem edeln Manne. Und ich hatte ihn in Berlin des öfteren gastlich aufgenommen. Das tut mir heute noch leid. Als wir zu Roosevelt zu Besuch
gingen, haben wir den Luther weiss Gott nicht gesehn, wie haben wohl
gegenseitig keine Sehnsucht nacheinander gehabt.
      Wir waren im White House prachtvoll aufgenommen, er und sie
sind besonders feingeartete, noble Menschen. Wir hatten einen ausgezeichnete
Eindruck von Ihnen. Es war eine so nette Geste von ihm, dass man meinem
Manne das Zimmer gab, in welchem Lincoln damals die Deklaration zur
Befreiung der Sklaven gab.
      Ich kann Ihnen sagen, das war ein doller Winter. Seit Mitte
November permanent in Eis und Schnee gebettet. Wir wohnen inmitten einer
sehr schönen Parklandschaft und die ist verschneit so lange schon, dass
ich sie mir kaum mehr ohne das Winterkleid vorstellen kann. Manche Tage
war der Schnee so hoch, dass man bis über die Knie darin versank,
hier ist ja nicht gebahnt wie in den grossen Städten, sondern man lässt
meistens die Herrlichkeit liegen. Nur in den Hauptstrassen konnte man
gehen. Ich hab wohl solche Schneemassen nur im Engadin gesehen, sonst
noch nie.
      Nun seien Sie herzlichst gegrüsst und grüssen Sie auch Sergeij
und schreiben Sie mir, was mit Nadja momentan ist.

Ihre Elsa

Albert Einstein,
von Journalisten
umringt,
Pittsburgh,
28. Dezember
1934

Albert Einstein,
surrounded by
journalists,
Pittsburgh,
28 December
1934

Einsteins Feinde sehen ihre Stunde gekommen

Schreiben aus dem Büro von Rudolf Hess an den Preußischen Kultusminister
Bernhard Rust, München, 1. März 1934

Philipp Lenard, Antisemit und Vertreter einer so genannten „Deutschen Physik",
konstruiert in dem hier zitierten Brief das Feindbild eines „Einsteinkreises". Bereits nach
dem Ersten Weltkrieg agitiert Lenard gegen Einstein und seine Theorien. Zusammen mit
Johannes Stark versucht er die Relativitätstheorie als Betrug zu entlarven. Beide verlieren
jedoch gegen Ende der dreißiger Jahre an Einfluss.

Einstein's enemies believe their hour has come

Letter from the Office of Rudolf Hess to the Prussian Minister of Culture
Bernhard Rust, Munich, 1 March 1934

In the letter quoted here, Philipp Lenard, anti-Semite and advocate of a so-called
"German physics," constructs the fictitious idea of a hostile "Einstein circle." Lenard had
begun agitating against Einstein and his theories immediately after World War I. Together
with Johannes Stark, he attempts to expose the theory of relativity as a fraud. However,
the influence of both men declines in the late 1930s.

Geheimes Staatsarchiv Preußischer Kulturbesitz, Berlin, Germany
Call number: I Rep 76 V C, Sekt 2, Tit 23, Lit F, Nr. 2, Bd. 16, Bl. 147

147

Nationalsozialistische Deutsche Arbeiterpartei

Der Stellvertreter
des Führers

—

Stab
Bou/M

München, Briennerstraße 45
Fernruf: 54901 und 58344

UI 35761 34

Vahl

München, 1.März 1934.

An den

Preussischen Kultusminister
Herrn Dr. Bernhard R u s t ,

Preuß. Ministerium f. Wissensch.
Kunst u. Volksbildung 5. MRZ 1934
Eing.: - 3. MRZ 1934

B e r l i n

Sehr geehrter Herr Doktor!

Nachstehend darf ich Ihnen
Kenntnis geben von einem Schreiben, das der bekannten Chemiker
Professor Dr.Lenard,Heidelberg an den Stellvertreter des Führers
gesandt hat. Professor Lenard schreibt unter anderem:

"Herr v.Laue,Professor in Berlin, darf es sich
leisten, den unlängst verstorbenen jüdischen Professor
Haber (den ich als wissenschaftlichen Betrüger kenne)
als Märtyrer des 3.Reiches öffentlich hinzustellen
(Zeitschrift "Die Naturwissenschaften"), ebenso wie
er auch fortwährender Einstein - Preiser ist; dabei erwartet er jetzt vom Preussischen Ministerium für Kultus
eine Akademie-Pfründe zu bekommen.
Planck, Heisenberg, Sommerfeld sind in Alledem Haupt-
stützen des Einsteinkreises in Deutschland. Nobelpreise
der letzten 10 Jahre täuschen; sie sind vom internationalen Einsteinkreis inspiriert. Präsident Stark
hat neulich auch gewarnt vor diesen Leuten ("N.S. u.
Wirtschaft",Verlag Eher); Naturwissenschaft ist auch
geistesbildend und erzieherisch nicht so unwichtig,
als meist gedacht wird, da sie fast nur judengeistig bekannt ist."

Heil Hitler!

Höflichkeitsformeln fallen bei allen Parteiangehörigen Schreiben weg.

Einstein verteidigt den Militärdienst

Manuskript von Albert Einstein „Antwort auf einen Artikel von B.D. Allinson",
[recte: Allison], 1934

Unter dem Eindruck der nationalsozialistischen Machtergreifung in Deutschland und der
aggressiven deutschen Außenpolitik ändert Einstein seine Haltung zur Kriegsdienstverweigerung. Wegen dieser Änderung seiner Auffassung hat ihn der amerikanische Pazifist
Brent Dow Allison in einem im November 1934 in der Zeitschrift *Polity* erschienenen
Artikel „Speak, Einstein, for the Peace of Europe" angegriffen. Einstein nutzt die Gelegenheit einer Erwiderung zur öffentlichen Darlegung seiner Haltung: Die demokratischen
Staaten müssen Mittel haben, dem nationalsozialistischen Deutschland Widerstand zu
leisten. Sein Artikel erscheint 1935 in der Januar-Ausgabe der Zeitschrift *Polity* unter dem
Titel „A Re-examination of Pacifism".

Einstein defends military service

Manuscript by Albert Einstein "Response to an article by B.D. Allinson,"
[recte: Allison], 1934

Under the influence of the National Socialist takeover in Germany and aggressive German
foreign policy, Einstein changes his stance on the refusal to perform military service. On
account of this change of view, the American pacifist Brent Dow Allison attacks him in
an article published in November 1934 in the journal *Polity*. Einstein takes this opportunity
to respond and states his position publicly. He emphasizes that democratic states must
have the means to resist National Socialist Germany. His article is published in 1935 in
the January issue of *Polity* unter the heading "A Re-examination of Pacifism."

Antwort auf einen Artikel von B. D. Allinson.

Herr Allinson hat mich in einer ziemlich lebenswür-
digen Form auf eine Anklagebank plaziert. Dies freut mich
insofern, als sich dadurch eine passende Gelegenheit bietet, etwas öffentlich
zu sagen, was ohnehin gesagt werden musste.

Die Anklage lautet in kurzer, schmuckloser Form etwa so: "Vor einigen
Jahren hast du öffentlich zur Verweigerung des Militärdienstes
aufgefordert. Nun — obwohl die internationale Lage sich
in ungeahnter Weise verschärft und verschlimmert hat —
hüllst du dich in Stillschweigen oder nimmst gar deine
früheren Aeusserungen zurück. Hat dein Verstand oder
dein Mut oder gar alle beide unter der Wucht der Ereignisse
gelitten? Wenn nicht, dann zeige ohne Zögern, dass du noch
zu der Gilde der Aufrechten gehörst."

Nun meine Antwort. Grundsätzlich steht für mich fest:
eine wirkliche Lösung des pazifistischen Problems kann nur
die Schaffung einer internationalen schiedsrichterlichen
Institution herbeiführen, die zum Unterschiede von
dem heutigen Genfer Völkerbund über die Mittel verfügt,
die Durchführung ihrer Entscheidungen zu erzwingen —
kurz eine internationale Justiz mit permanentem mächtigen
Militär- bezw. Polizei-Apparat. Einen vortrefflichen Ausdruck
findet diese Ueberzeugung in Lord Davies Buch "Force" (London
Ernest Benn Ltd. 1934), dessen Lektüre hiermit jedem eindringlich
empfohlen sei, der das Grundproblem der Menschheit
wirklich ernst nimmt.

Von dieser Grundüberzeugung ausgehend trete ich ein für jede
Massnahme, die mir geeignet erscheint, die Menschheit diesem Ziele
näher zu bringen. Eine solche Massnahme war bis vor wenigen
Jahren die Verweigerung des Militärdienstes durch mutige und
opferwillige Personen. Sie ist — wenigstens in Europa — heute
keine zu empfehlende Methode mehr. Solange nämlich
alle mächtigeren Staaten ungefähr gleichartig demokratisch verwaltet
waren, und keiner dieser Staaten seine Zukunftspläne auf militärischen
Überfall stützte, konnte Verweigerung des Militärdienstes durch
eine einigermassen erhebliche Zahl von Bürgern, die Regierungen aller
Staaten einer gesetzlichen internationalen Regelung der internationalen
Konflikte geneigter machen. Auch war ein solches Vorgehen geeignet

das Bewusstsein der Öffentlichkeit im Sinne eines wahren Pazifismus zu erziehen. Sie war geeignet, den Zwang des Staates gegenüber den Bürgern zur Übernahme militärischer Pflichten als einen in höherem Sinne unmoralischen Zwang erscheinen zu lassen und dadurch zu breiter Masse segensreich zu wirken.

Heute stehen wir aber vor der Thatsache, dass mächtige Staaten jede selbständige politische Haltung ihrer Einwohner unmöglich machen und gleichzeitig die übrige Welt durch Schaffung einer die ganze Einwohnerschaft umfassenden militärischen Organisation und durch unleidliche Information durch eine geknebelte Presse, einen gefesselten zentralisierten Radio-Dienst und einen in den Dienst einer aggressiven Aussenpolitik gestellten Schulunterricht irre zu leiten. In solchen Staaten bedeutet Verweigerung des Militärdienstes Martyrium und Tod für die wertvoll Widerstehenden. In dieser Zeit bedeutet Verweigerung des Militärdienstes in denjenigen Staaten, welche an den politischen Rechten ihrer Bürger festhalten, eine Schwächung der Widerstandskraft des gesund gebliebenen Teiles unserer zivilisierten Welt. Aus diesem Grunde kann kein einsichtsvoller Mensch – wenigstens in dem besonders gefährdeten gegenwärtig Europa – für die Militärdienst-Verweigerung eintreten. Ich glaube unter den heutigen Verhältnissen nicht an die Wirksamkeit der Methode der passiven Resistenz, auch wenn diese noch so heldenhaft durchgeführt werde. Andere Zeiten, andere Mittel, wenn auch das Endziel dasselbe bleibt.

Deshalb muss der überzeugte Pazifist gegenwärtig auf andere Art zu wirken suchen als in früheren, ruhigeren Zeiten. Er muss dahin zu wirken suchen, dass die auf eine friedliche Entwicklung bedachten Staaten sich so eng als möglich zusammenschliessen, um die Chancen einer kriegerischen Abenteuer-Politik der auf Gewalt und Raub eingestellten Staaten möglichst zu vermindern. Ich denke hier in erster Linie an ein dauerndes und planvolles Zusammenwirken der vereinigten Staaten und des englischen Weltreiches, womöglich zusammen mit Frankreich und Russland.

Vielleicht vermag die gegenwärtige Gefahr einen solchen Zusammenschluss zu erleichtern und auf diese Weise eine ersprießliche Lösung des internationalen Problems zu begünstigen. Dies ist die Lichtseite der gegenwärtigen trüben Situation; hier kann konsequentes Wirken im Sinne der Aufklärung der öffentlichen Meinung Wertvolles beitragen.

Einstein als Erfinder

Der ehemalige Patentbeamte Einstein hat Zeit seines Lebens großes Vergnügen an technischen Entwicklungen. Er macht knapp fünfzig Erfindungen im Laufe seines Lebens und hält zahlreiche Patente, oft gemeinsam mit Freunden und Kollegen. Es gibt eine Kühlschrankpumpe, die er mit Leo Szilard erfindet, ein Hörgerät in Zusammenarbeit mit dem Elektroingenieur Rudolf Goldschmidt und zahlreiche gemeinsame Projekte mit dem Radiologen Gustav Bucky. Dazu gehören eine automatische Blende für Kameras und ein Füllstandsmesser für Autotanks. Dieses Gerät sollen die beiden ausgetüftelt haben, nachdem sie bei einer Spritztour mit leerem Tank liegen geblieben waren.

Albert Einstein an der Setzmaschine der amerikanischen Zeitung *Jewish Bulletin*, 1934

Albert Einstein at the typesetting machine of the American newspaper *Jewish Bulletin*, 1934

Einstein as inventor

Throughout his entire life, the former patent examiner Einstein takes great pleasure in technical developments. Einstein makes nearly fifty inventions during the course of his lifetime, often in cooperation with friends and colleagues, and holds many patents. These include a refrigerator pump, invented together with Leo Szilard, a hearing aid in cooperation with the electrical engineer Rudolf Goldschmidt and numerous projects with his friend, the radiologist Gustav Bucky. Together, Einstein and Bucky invent an automatic camera aperture and a level indicator for automobile tanks. Apparently they thought up the latter device after going out for a spin in a car and running out of gas.

Einsteins Einwanderungsbüro

Brief von Hermann Broch an Albert Einstein, St. Andrews, 4. September 1938

Einstein bemüht sich in Amerika, bedrohten jüdischen Künstlern und Wissenschaftlern
aus Deutschland und später auch Österreich die Emigration in die USA zu ermöglichen,
was wegen der restriktiven amerikanischen Einwanderungspolitik der dreißiger Jahre mit
großen Schwierigkeiten verbunden ist. Er schreibt zahlreiche Empfehlungsbriefe, übernimmt Bürgschaften, so genannte Affidavits, hilft mit Reisegeld und anderem. „Ich habe
[...] eine Art Einwanderungs-Bureau", schreibt er seiner Schwester Maja 1938.
Im vorliegenden Brief bedankt sich der aus Österreich vertriebene Schriftsteller Hermann
Broch bei Einstein für ein Affidavit.

Einstein's immigration office

Letter from Hermann Broch to Albert Einstein, St. Andrews, 4 September 1938

In America, Einstein works to enable persecuted Jewish artists and scientists from
Germany, and later Austria, to emigrate to the USA, no easy task given the restrictive
American immigration policy of the 1930s. He writes numerous letters of recommenda-
tion, vouches for immigrants by providing so-called affidavits, and helps pay their travel
expenses, among other assistance. "I have ... a sort of immigration office," he writes to
his sister Maja in 1938.
In this letter, the author Hermann Broch, who was forced to leave Austria, thanks Einstein
for his affidavit.

The Hebrew University, Jewish National & University Library, Albert Einstein Archives,
Jerusalem, Israel
Call number: 34 – 37.00

Hermann Broch
2o Queens Gardens
St.Andrews
Fife, Scotland
4.September 38

Hochzuverehrender Herr Professor ,

als ich vor wenigen Tagen wegen meines U.S.A.-Visums,
das ich in Wien nicht mehr abwarten konnte, beim amerikanischen Konsul in Glasgow vorsprach, zeigte mir dieser -- auch er hievon sichtlich beeindruckt -- das Emp-
fehlungsschreiben, mit dem Sie mich bei der amerikanischen Behoerde eingefuehrt hatten. Jch brauche wohl nicht
zu sagen, dass es mir mehr war als nur eine freudige Ue-
berraschung : ich bin von Jhrem Schritt, der fuer die Moeglichkeit meiner Einreise und wahrscheinlich damit auch fuer
mein kuenftiges Leben wohl von ausschlaggebender Bedeutung
ist, aufs tiefste bewegt und scheue mich fast, das Wort
Dank auszusprechen, da es eben in solchen Situationen nicht
mehr ausreicht.

Jch glaube annehmen zu duerfen, dass ich nur durch eine
ausserordentliche Schicksalsgunst -- zu der ich auch Jhre
Stellungnahme rechnen muss -- vor einem Lose bewahrt worden bin, gegen welche meine Unzukoemmlichkeiten in Deutschland als durchaus milde und glimpfliche zu bezeichnen sind.
Und ich empfinde diese Beguenstigung als weitaus unver-
dient, denn unendlich viel wertvolle Menschen, und wertvol-
lere als ich es bin, haben keine Moeglichkeit, sich dem
tollblinden Vernichtungswillen zu widersetzen oder ihm zu
entgehen. Doch war es mir schon vor der Katastrophe klar
gewesen, dass die psychische Epidemie, an deren Ausbruch
und Wachsen wir teilgenommen haben und teilnehmen, unauf-
haltsam weitergreifen wird, wenn gegen sie -- fast ist es
schon zu spaet -- nicht wirksame Schutzdaemme errichtet
werden, so haben mich diese letzten Monate gelehrt, wie sehr
gerade fuer denjenigen, dem es, wenigstens vorderhand, ver-
goennt worden ist, zu entrinnen und nicht Opfer zu werden,
die oberste Pflicht erwachsen ist, rueckhaltlos mitzuhelfen,
dass einerseits die unbeschreibliche Not gelindert, andererseits die psychische Ansteckung abgewehrt werde. Jch weiss,
wie schwach die Kraefte des Menschen und im besondern die
meinen sind, ich weiss auch, dass man mit Papier und Tinte
weder Tanks,noch eine Sturmflut aufzuhalten vermag, indes
ich weiss auch, dass in der Seele des Menschen sowohl das

Gute wie das Boese ruht, seltsam unvermittelt nebeneinander,
und dass es zwar leichter ist, das Boese zu entfesseln, dass
es aber trotzdem nicht ausgeschlossen ist, in gleicher Weise das Gute zu mobilisieren. Waere dem nicht so, ich wuerde
meine Rettung als vollkommen sinnlos betrachten.

Mit meiner dankbaren Verehrung, bitte ich Sie, Herr Professor, den Ausdruck herzlicher Ergebenheit entgegen nehmen zu
wollen; aufrichtigst Jhr

Albert Einstein
am Strand,
um 1938,
Fotografin:
Lotte Jacobi

Albert Einstein
on the beach,
ca. 1938,
photographer:
Lotte Jacobi

Einstein hilft verfolgten Künstlern

Brief von Albert Einstein an William E. Rappard, Princeton, 11. September 1941

Einsteins Einsatz für in Europa aus politischen und rassistischen Gründen verfolgte Bürger übersteigt bald seine Möglichkeiten. So kann er Anfang der vierziger Jahre finanzielle Bürgschaften nicht mehr übernehmen - sie werden von den Behörden wegen ihrer Vielzahl nicht mehr akzeptiert. Dennoch versucht er weiterhin, sich für die Verfolgten einzusetzen. Rappard ist Wirtschaftshistoriker und Delegierter der Schweiz beim Völkerbund. Robert Musil ist nach der Machtübernahme 1933 aus Berlin in sein Geburtsland Österreich zurückgekehrt. 1936 emigriert er in die Schweiz und arbeitet dort unter ärmlichen Verhältnissen an dem zweiten Band von *Der Mann ohne Eigenschaften*. Er stirbt 1942 in Genf.

Einstein helps persecuted artists

Letter from Albert Einstein to William E. Rappard, Princeton, 11 September 1941

Einstein's commitment to helping people persecuted in Europe for political and racist reasons soon outstrips his capacities. Thus by the early 1940s he can no longer act as a financial guarantor for further immigrants. The authorities refuse to accept his affidavits any more because of their large number. Nonetheless he continues to do what he can to help the persecuted.
Rappard is historian of economy and a Swiss delegate to the League of Nations. Robert Musil returned to his native Austria from Berlin after the Nazis took power in 1933. In 1936 he emigrates to Switzerland, where he lives in poverty and works on the second volume of *The Man Without Qualities*. He dies in Geneva in 1942.

THE INSTITUTE FOR ADVANCED STUDY

SCHOOL OF MATHEMATICS

PRINCETON, NEW JERSEY

11.September 1941

Professor W.E.Rappard
G e n f,Schweiz

Sehr geehrter Professor Rappard:

Ich höre,dass der verdienstvolle
Schriftsteller Robert Musil unter schwierigen Umständen in Genf lebt. Es wäre lieb von
Ihnen,wenn Sie nach Möglichkeit seinen Weg erleichtern könnten. Er scheint zu versuchen,
nach Amerika auszuwandern. Meine Empfehlung an
die hiesige Behörde stände zu Diensten, es werden aber keine Affidavits mehr von mir angenommen. Wenn Sie denken,dass ich sonstwie in
der Sache von Nutzen sein könnte,so bitte ich
um Information.

Mit freundlichen Grüssen und Wünschen

Ihr

A. Einstein.

Professor Albert Einstein.

Einstein in Amerika

Auch nach seiner Emigration in die USA betätigt
sich Einstein als streitbarer Intellektueller.

Albert Einstein
in Princeton,
um 1940,
Fotograf:
David Eisendraht Jr.

Schon vor der Machtübernahme der Nationalsozialisten erhält Einstein Angebote aus
den Vereinigten Staaten. Am Institute for Advanced Study in Princeton findet er 1933
die Wirkungsstätte, an der er bis zu seinem Tod bleibt. Die Führung in der physikalischen Forschung hat bereits eine jüngere Generation übernommen. Einstein empfiehlt
1939 aus Angst vor einer deutschen Atombombe die Erforschung einer militärischen
Nutzung der Kernspaltung. Er setzt sich jedoch später gegen das atomare Hochrüsten
ein. Auch für die Bürgerrechtsbewegung engagiert er sich.
Einstein fühlt sich in Amerika heimisch. Er bezieht dennoch offen Position gegen sozi-
ale und politische Missstände und bleibt für viele ein unbequemer Zeitgenosse.

Einstein in America

Einstein remains a critical intellectual after
his emigration to the United States.

Albert Einstein
in Princeton,
ca. 1940,
photographer:
David Eisendraht Jr.

Even before the Nazis rise to power, Einstein receives invitations from the United
States. At the Institute for Advanced Study in Princeton he finds a position for the rest
of his life. Leadership in physics has meanwhile been taken over by the younger generation. In 1939 fearing a German atomic bomb he recommends research in the military
use of nuclear fission. Later, however, he speaks out against nuclear armament. He
also supports the civil rights movement. Einstein feels at home in the United States. Yet
he continues to be openly critical of social and political injustice and remains an irrita-
ting presence for many.

Einstein warnt vor einer deutschen Atombombe

Brief von Albert Einstein an den amerikanischen Präsidenten Franklin D. Roosevelt,
Nassau Point Peconic, Long Island, 2. August 1939

Ende 1938 wird in Berlin die Kernspaltung entdeckt. Wenige Monate später mehren sich
die Anzeichen, dass man dort über eine militärische Nutzung nachdenkt. Auf Drängen
der Physiker Leo Szilard und Eugene Wigner schreibt Einstein einen im Wesentlichen von
Szilard entworfenen Brief an den amerikanischen Präsidenten, in dem er vor den möglichen deutschen Plänen warnt und intensivere Forschungen in dieselbe Richtung anmahnt.

Einstein warns of a German atomic bomb

Letter from Albert Einstein to the American President Franklin D. Roosevelt,
Nassau Point Peconic, Long Island, 2 August 1939

Nuclear fission is discovered in Berlin in 1938, and less than one year later there are
increasing signs that a possible military use is being considered. At the instigation of Leo
Szilard and Eugene Wigner, Einstein writes a letter to the American President, warning of
the Germans' plans and advocating that the Americans perform more intensive research
in the same direction.

Franklin D. Roosevelt Presidential Library and Museum, New York, USA
Call number: a64a01, a64a02

Albert Einstein
Old Grove Rd.
Nassau Point
Peconic, Long Island

August 2nd, 1939

F.D. Roosevelt,
President of the United States,
White House
Washington, D.C.

Sir:

Some recent work by E.Fermi and L. Szilard, which has been com-
municated to me in manuscript, leads me to expect that the element uranium may be turned into a new and important source of energy in the immediate future. Certain aspects of the situation which has arisen seem
to call for watchfulness and, if necessary, quick action on the part
of the Administration. I believe therefore that it is my duty to bring
to your attention the following facts and recommendations:

In the course of the last four months it has been made probable -
through the work of Joliot in France as well as Fermi and Szilard in
America - that it may become possible to set up a nuclear chain reaction
in a large mass of uranium,by which vast amounts of power and large quantities of new radium-like elements would be generated. Now it appears
almost certain that this could be achieved in the immediate future.

This new phenomenon would also lead to the construction of bombs,
and it is conceivable - though much less certain - that extremely powerful bombs of a new type may thus be constructed. A single bomb of this
type, carried by boat and exploded in a port, might very well destroy
the whole port together with some of the surrounding territory. However,
such bombs might very well prove to be too heavy for transportation by
air.

-2-

The United States has only very poor ores of uranium in moderate quantities. There is some good ore in Canada and the former Czechoslovakia, while the most important source of uranium is Belgian Congo.

In view of this situation you may think it desirable to have some permanent contact maintained between the Administration and the group of physicists working on chain reactions in America. One possible way of achieving this might be for you to entrust with this task a person who has your confidence and who could perhaps serve in an inofficial capacity. His task might comprise the following:

a) to approach Government Departments, keep them informed of the further development, and put forward recommendations for Government action, giving particular attention to the problem of securing a supply of uranium ore for the United States;

b) to speed up the experimental work, which is at present being carried on within the limits of the budgets of University laboratories, by providing funds, if such funds be required, through his contacts with private persons who are willing to make contributions for this cause, and perhaps also by obtaining the co-operation of industrial laboratories which have the necessary equipment.

I understand that Germany has actually stopped the sale of uranium from the Czechoslovakian mines which she has taken over. That she should have taken such early action might perhaps be understood on the ground that the son of the German Under-Secretary of State, von Weizsäcker, is attached to the Kaiser-Wilhelm-Institut in Berlin where some of the American work on uranium is now being repeated.

Yours very truly,

A. Einstein

(Albert Einstein)

Einstein und Maja

Mit seiner Schwester Maria (1881–1951), genannt Maja, fühlt sich Einstein ein Leben lang verbunden. Maja, eine begabte Pianistin, studiert Romanistik und heiratet 1910 den Juristen und Maler Paul Winteler (1882–1952), mit dem sie in Italien lebt. Die Einführung faschistischer „Rassegesetze" in Italien zwingt sie 1939 zur Emigration. Während Maja zu ihrem Bruder in die USA zieht, erhält ihr Ehemann kein US-Visum und lebt in der Schweiz. Maja ist ihrem Bruder im Alter äußerlich immer ähnlicher geworden. Ein Schlaganfall verhindert 1946 ihre Rückkehr nach Europa. Einstein sorgt sich in den letzten Jahren rührend um sie und liest der Bettlägerigen jeden Abend aus Büchern vor.

Albert Einstein und seine Schwester Maja Winteler-Einstein auf der Weltausstellung in New York, wo er den Palästinensischen Pavillon einweiht, 28. Mai 1939

Albert Einstein and his sister Maja Winteler-Einstein at the New York World Fair, where he opened the Palestinian Pavilion, 28 May 1939

Einstein and Maja

Einstein has a warm and affectionate relationship with his sister Maria (1881–1951), or Maja, all his life. Maja, a talented pianist, studies Romance languages and literature. In 1910 she marries the lawyer and painter Paul Winteler (1882–1952) and lives with him in Italy. The introduction of fascist "race laws" in Italy forces her to emigrate in 1939. While Maja moves to her brother's home in the United States, her husband is refused a U.S. visa and lives in Switzerland.

Maja increasingly resembles her brother in appearance in later years. In 1946 a stroke prevents her from returning to Europe. Einstein lovingly cares for her during her final years and reads aloud to the bedridden lady every evening.

Ist das Erdmagnetfeld symmetrisch?

Brief von Albert Einstein an Erwin Schrödinger, Princeton, 10. September 1943

Einstein bittet Schrödinger, anhand von Erfahrungsmaterial zu prüfen, ob das Erdmagnetfeld symmetrisch ist. Er nimmt an, dass dieses von elektrischen Strömen induziert wird. In der Erdkruste müssten solche Ströme wegen der hohen Leitfähigkeit der Meere ein unsymmetrisches, im Erdkern ein symmetrisches Feld erzeugen.

Is the Earth's magnetic field symmetrical?

Letter from Albert Einstein to Erwin Schrödinger, Princeton, 10 September 1943

Einstein asks Schrödinger to scrutinize empirical evidence to determine whether the magnetic field of the Earth is symmetrical. He assumes that this field is induced by electrical currents. Such currents would be symmetrical in the Earth's core but, because of the high conductivity of the oceans, generate an asymmetrical field in the Earth's crust.

Princeton. 10. IX. 43.

Lieber Schrödinger!

Heute erhielt ich Deinen neuen interessanten Brief. Was mich am meisten beeindruckt hat, ist die Bemerkung, dass man zur Darstellung des thatsächlichen Feldes einer äusseren Kugelfunktion bedarf. Das erste Glied ist ja einfach ein konstantes Feld, das sich an den Polen von dem „inneren" Feld subtrahiert. Bei all unserer beschämenden Unwissenheit über die Ursache des Erdfeldes ist dies überaus verblüffend. Da ich nun auf Deine Theorie mit richtiger Sympathie, aber auch mit Skepsis schaue, fragte ich mich, ob es für diese Merkwürdigkeit nicht eine andere Erklärung geben könnte. Da kam mir folgendes in den Sinn.

Ich denke mir, dass das Feld in der Hauptsache berechnet ist aus Beobachtungsmaterial, das auf der nördlichen Halbkugel gewonnen ist. Man kann sich nun fragen, ob das Feld zum magnetischen Äquator symmetrisch ist. Dieser Zweifel stammt aus folgender launiger Überlegung. Nehmen wir an, dass das Feld von elektrischen Strömen erzeugt sei, wobei wir allerdings keine Ahnung von der Natur der elektromotorischen Kräfte haben, die solche Ströme erzeugen könnten. Wenn diese Auffassung zutreffen sollte, so würden die Ströme wohl dort stärker sein, wo der elektrische Widerstand schwächer ist. Da kommt es in den Sinn, dass die südliche Halbkugel meist von Meer bedeckt ist, das ja viel besser leitet als feste Erdkruste. Dies würde eine gewisse Asymmetrie des Stromsystems zur Folge haben, und vor allem verlangen, dass die Vertikalkomponente des Feldes auf der südlichen Halbkugel grösser wäre als auf der nördlichen.

Schau doch das Erfahrungs-Material einmal daraufhin an. Es ist ja an und für sich interessant, auch abgesehen von Deinem besonderen Gesichtspunkt. Meine Neugier ist auf diesen Punkt gelenkt worden durch eine Korrespondenz, mit einem richtigen „Crank" in Kanada, wenn auch nur auf indirekte Weise. Wenn es sich zeigt, dass nichts derartiges vorhanden ist, so wird es wahrscheinlich, dass wenigstens nicht Ströme (im gewöhnlichen Sinn) Ursache des Erdfeldes sind — es seien denn Ströme tief im Erdinnern allein.

Verzeih auf jeden Fall diese kindliche Escapade und sei herzlich gegrüsst von Deinem
A. Einstein.

One World or None

Manuskript von Albert Einstein „Der Ausweg", 1946

Im März 1946 erscheint eine Schrift der Federation of American Scientists, in der prominente Wissenschaftler vor den Gefahren der Atombombe warnen. Einsteins Beitrag mahnt
die friedliche Kooperation aller Staaten an und fordert eine internationale Sicherheitsor-
ganisation.

One World or None

Manuscript by Albert Einstein "The Way Out," 1946

In March 1946 the Federation of American Scientists publishes a booklet in which
prominent scientists warn about the dangers of the atomic bomb. Einstein's contribution
calls for peaceful cooperation among all states and calls for an international security
organization.

The Hebrew University, Jewish National & University Library, Albert Einstein Archives,
Jerusalem, Israel
Call number: 28 – 684.00

Slightly amended version published in English: Masters, D., and K. Way, eds.:
One World or None, New York: McGraw-Hill, 1946, pp. 76–77
Original German text published in: Nathan, Otto, and Heinz Norden, eds.:
Albert Einstein. Über den Frieden. Weltordnung oder Weltuntergang?
Bern: Herbert Lang & Cie AG, 1975, pp. 371–374

1946
f. publ... 1946

Der Ausweg.

Die Herstellung der Atombombe hat es dahin gebracht, dass die Menschen, zumeist sie in Städten wohnen, überall und beständig mit plötzlicher Vernichtung bedroht sind. Niemand zweifelt, dass diesem Zustand ein Ende gemacht werden muss, wenn es sich der Mensch des übrigen Geltung Namens „homo sapiens" als einigermassen würdig erweisen soll. Es bestehen aber noch weitgehende Meinungsverschiedenheiten darüber, wieviel von den überkommenen, geschichtlich gewachsenen Formen geopfert werden muss, um die erstrebte Sicherheit zu erreichen.

Gegenwärtig besteht bezüglich der Lösung internationaler Konflikte eine paradoxe Situation. Man hat einen Weltgerichtshof zur friedlichen Lösung der Konflikte auf der Basis internationalen Rechtes geschaffen und ferner in der league of nations nach dem letzten Kriege ein politisches Instrument zur Sicherung des Friedens auf dem Wege internationaler Verhandlung in einer Art Weltparlament geschaffen. Die in der league vereinigten Nationen haben ferner die Methode der Lösung von Konflikten auf kriegerischem Wege als Verbrechen gebrandmarkt.

Es ward so eine Illusion von Sicherheit in den Völkern erzeugt, die zu grimmiger Enttäuschung führen musste. Denn das beste Gericht bedeutet nichts, wenn hinter ihm nicht die Macht zur Durchführung seiner Entscheidungen steht und genau Entsprechendes gilt auch für ein Weltparlament. Jeder einzelne Staat von hinreichender militärischer und wirtschaftlicher Macht kann ja den Weg der Gewalt beschreiten und die ganze nur auf Worte und Dokumente gegründete Struktur der internationalen Sicherung nach seinem freien Ermessen zerstören. Auch moralische Autorität allein ist kein hinreichendes Mittel zur Sicherung des Friedens.

Diese Situation wird noch durch andere Umstände verschärft, von denen wir uns zwei hier vorbringen wollen. Solange der einzelne Staat trotz seiner offiziellen Verurteilung des Krieges die Möglichkeit, Krieg führen zu müssen, überhaupt in Erwägung ziehen muss, muss er seine Bürger, und insbesondere seine Jugend, so beeinflussen und erziehen, dass sie im Kriegsfalle leicht in brauchbare Soldaten verwandelt werden können. Deshalb ist er gezwungen, nicht nur Technisch-militärische Schulung und Denkweise zu kultivieren, sondern auch patriotischen Geist, bezw. nationale Eitelkeit in die Menschen einzupflanzen, um ihre innere Bereitschaft für den Kriegsfall sicher zu stellen. Diese Art Erziehung wirkt natürlich der Bestrebung direkt entgegen, irgend welchen übernationalen Sicherheits-Institutionen moralische Autorität zu verschaffen.

Dazu kommt noch der Umstand technischer Art, der in unseren Tagen die Kriegsgefahr ausserordentlich vergrössert. Die modernen Waffen, insbesondere aber die Atombombe, haben es mit sich gebracht, dass der Angreifer gegenüber dem Verteidiger stark im Vorteil ist. Dies mag wohl dazu führen, dass sich selbst verantwortungs-bewusste Staatsmänner dazu getrieben sehen, einen Präventiv-krieg zu wagen. —

Mit Rücksicht auf diese klare Sachlage gibt es nach meiner Überzeugung nur einen Ausweg. 1) Es müssen Verhältnisse geschaffen werden, die dem einzelnen Staate die Garantie geben, auf Grund internationaler gerichtlicher Entscheidung seine Konflikte mit anderen Staaten auf rechtlicher Basis zu lösen.

2) Es muss dem einzelnen Staate durch übernationale Institutionen unmöglich gemacht werden, gestützt auf ihm allein unterstehende militärische Macht zum Kriege zu schreiten.

Erst wenn diese beiden Forderungen voll erfüllt sind, werden wir einige Garantie dafür haben, nicht am nächsten Tage in Atome aufgelöst im Luftmeer zu verschwinden.

Vom Gesichtspunkte der gegenwärtig unter den Menschen herrschenden politischen Mentalität aus betrachtet, erscheint die Hoffnung, solchen Zustand im Zeitraum weniger Jahre herbeizuführen, illusorisch, ja phantastisch. Und doch gibt es zu seiner Herbeiführung nicht den Weg gradueller historischer Entwicklung; denn solange die militärische übernationale Sicherung nicht erzielt ist, bleiben die oben angedeuteten Faktoren mit unentrinnbarer Gewalt zum Kriege. Mehr noch als das Streben nach Macht wird sich die Furcht vor plötzlichem Angriff als unser Verhängnis erweisen, wenn wir nicht offen und voll entschlossen die Aufgabe angreifen, die militärische Macht dem nationalen Machtbereich zu entziehen und der übernationalen Instanz unterzuordnen.

Bei aller Würdigung der Schwierigkeit der Aufgabe erscheint mir eines unzweifelhaft. Die Menschen werden das Problem lösen, wenn sie klar einsehen, dass es keinen anderen, allgemeinen Ausweg aus der gegenwärtigen Sachlage gibt.

Nun ist es meine Pflicht, etwas zu sagen über die einzelnen Schritte, welche geeignet sein dürften, die Realisierung des Sicherheitsproblems zu ermöglichen.

1) Gegenseitige Einsichtnahme der militärischen Haupt-Mächte in die Methoden und Installationen für die Herstellung der Angriffswaffen verbunden mit gegenseitiger Mitteilung der einschlägigen technischen und wissenschaftlichen Erkenntnisse.

Diese Massregel ist geeignet, Furcht und Misstrauen der verantwortlichen militärischen und politischen Personen wenigstens für den Augenblick zu vermindern. Die Durchführung dieser Schrittes wird eine Atempause erzielen, welche die Vorbereitung der durchgreifenderen Massregeln ermöglicht. Dieser erste Schritt müsste aber erfolgen mit dem ausgesprochenen Bewusstsein, dass er im Hinblick auf die Ent-Nationalisierung der militärischen Macht überhaupt erfolgt.

Dieser erste Schritt ist nötig, um die folgenden zu ermöglichen. Man muss sich aber wohl davor hüten zu glauben, dass seine Realisierung schon die Sicherheit im Gefolge habe. Denn es bleibt die Möglichkeit des Wettrüstens mit Rücksicht auf einen möglichen Krieg, und es besteht die Versuchung, aufs Neue — sozusagen nach einer „Untergrund-Methode" auf Methode der militärischen Geheimnisse zurückgegriffen. Denn wirkliche Sicherheit ist an die Entnationalisierung der militärischen Kräfte geknüpft.

2) Diese Entnationalisierung kann durch einen wachsenden Austausch an Mannschaften, und Offizieren und wissenschaftlich-technischem Personal zwischen den Armeen der Nationalstaaten vorbereitet werden, welcher Austausch nach einem sorgfältig ausgearbeiteten Plane erfolgen müsste. Diese Massnahme würde die Gefahr eines überraschenden Angriffs weiter vermindern und die Internationalisierung der militärischen Kräfte auch psychologisch vorbereiten.

Gleichzeitig könnte von den militärisch stärksten Mächten die Konstitution für die internationale Sicherheits-Institution und das Schiedsgericht ausgearbeitet werden nebst der rechtlichen Grundlage und der präzisen Festlegung der Pflichten, Kompetenzen und Beschränkung der letzteren gegenüber den Einzelstaaten, ferner der Wahlmodus für die Bildung und Aufrechterhaltung dieser Körperschaften.

Wenn eine Einigung über all diese Punkte erzielt ist, dann ist das Zustandekommen einer Sicherung gegen Kriege von weltweiten Ausmass gesichert.

3) Die genannten Körperschaften können nun in Funktion gesetzt werden. Die bisher nationalen Armeen werden dem Oberbefehl der übernationalen Behörde übergeben, nachdem sie für diesen Übergang durch das endliche Austausch-Verfahren vorbereitet sind.

4) Nachdem die Zusammenarbeit der militärisch wichtigsten Staaten

gesichert ist, soll versucht werden, möglichst alle Staaten in die internationale Organisation einzugliedern, und zwar auf der Basis völliger Freiwilligkeit, freien Entschlusses, soweit der Eintritt in die Organisation in Frage steht.

Es mag vielleicht erscheinen, dass nach dieser Skizze der gegenwärtig prävalierenden Militärmächten eine zu präponderierende Rolle zugedacht sei. Ich habe aber versucht das Problem in solcher Weise darzustellen, dass einer genügend raschen Realisierung nicht grössere Schwierigkeiten entgegenstehen, als sie der Natur der Sache nach unvermeidlich sind. Die Aufgabe stellt auch so an die Weisheit und Mässigung der Beteiligten die höchsten Anforderungen, welchen nur durch die harte Not der Umstände genügt werden kann.

Albert Einstein während einer Besprechung mit den Marine-Offizieren Geoffrey E. Sage und Lieutenant Commander Frederick L. Douthit. Einstein diente der US-Navy als Berater für hochexplosive Sprengstoffe, Princeton, 1943

Albert Einstein during a meeting with the naval officers Geoffrey E. Sage and Lieutenant Commander Frederick L. Douthit. Einstein served as a consultant on high explosives for the U.S. Navy, Princeton, 1943

Ein Gedenkbuch für die ermordeten Juden

Manuskript von Albert Einstein zur Buchpräsentation, [1946]

Als Ehrenpräsident des Amerikanischen Komitees jüdischer Schriftsteller, Künstler und Wissenschaftler gehört Einstein auch zu den Unterstützern des von sowjetischen Künstlern und Schriftstellern 1942 gegründeten Jüdischen-Antifaschistischen Komitees, dessen Ziel es unter anderem ist, politische und materielle Unterstützung von jüdischen Gemeinden im westlichen Ausland für die Sowjetunion zu organisieren. Im Zusammenwirken mit diesen beiden Komitees initiiert Einstein die Idee, die Verbrechen der Nazis an den Juden in einem Schwarzbuch zu dokumentieren. Eine fragmentarische amerikanische Version des Schwarzbuches erscheint im Juli 1946 in New York (*The Black Book*); Einstein hat ein Vorwort geschrieben, das jedoch nicht abgedruckt wird. Vorliegendes Manuskript entstand wahrscheinlich im Zusammenhang mit der Buchpräsentation. Die parallel geplante russische Veröffentlichung wird von Stalin verboten (und kann vollständig erst 1993 erfolgen).
Einstein führt aus, dass das Schwarzbuch „… ein Ankläger sein [soll] gegen das Volk, das zu solcher Bestialität herabgesunken ist. Es soll aber auch eine schaurige Warnung sein, gerichtet an alle Völker […]. Sind sie sich des Umstandes bewusst, dass sie diese Katastrophe hätten verhindern können, wenn sie nur ernsthaft gewollt hätten?"

A commemorative book for the murdered Jews

Manuscript for book-presentation by Albert Einstein, [1946]

In his function as Honorary President of the American Committee of Jewish Writers, Artists and Scientists Einstein is also one of the supporters of the Jewish Anti-Fascist Committee, founded in 1942 by Soviet artists and writers. One of its aims is to organize political and material support for the Soviet Union from the Jewish communities in the West. In cooperation with both committees Einstein initiates the idea of documenting the anti-Jewish crimes of the Nazis in a Black Book. A fragmentary American version of *The Black Book* is published in July 1946 in New York; Einstein writes a preface, which, however, is not printed. The manuscript at issue here probably was written in connection with the presentation of the book. The simultaneously planned Russian edition was prohibited by Stalin (it is first published only in 1993).
Einstein explains that the Black Book is intended as "… a prosecutor of the people who sank to such a bestial level. It should also, however, be a dire warning to all peoples […]. Are they aware of the fact that they could have prevented this catastrophe if only they had seriously wished to do so?"

In den letzten Dezennien haben die Deutschen etwa die
Hälfte des jüdischen Volkes planmässig hingemordet. Wie,
die Überlebenden haben die Thatsachen und Methoden dieses
Massenmordes in einem Buche gesammelt, das nun der Menschenwelt
übergeben wird. Dies Buch soll ein Ankläger sein gegen das Volk,
das zu solcher Bestialität herabgesunken ist. Es
soll aber auch eine schaurige Warnung sein, gerichtet an alle
Völker, die Zeugen des Unfalles menschlichen Gewissens und
Verantwortlichkeits-Gefühls gewesen sind. Sind sie sich
des Grade Umstandes bewusst, dass sie diese Katastrophe hätten
verhüten können, wenn sie nur ernstlich gewollt hätten?
Fühlen sie, dass auch sie sich haben zuviel abstumpfen
lassen, dass das Gefühl für die Heiligkeit des Lebens
und die Unantastbarkeit der Person eine erschreckende
Schmälerung erfahren hat in der heutigen Menschheit?
Sind sie sich des Umstandes bewusst, dass das steigende
Raffinement des Wissens und des technischen Könnens
das lebendige Gefühl für Gerechtigkeit und Menschlichkeit
nicht zu ersetzen vermag? Haben sie ihr Mögliches gethan,
um jene zu retten, die zu retten gewesen wären oder sogar
noch gerettet werden könnten? Wissen sie, dass diese
Menschheit dem Niedergang und raschem Verderben geweiht
ist, wenn sie die Gesetze vergisst, auf deren Erfüllung allein
die friedliche Existenz von Menschen in produktiver Gemeinschaft
gegründet werden kann? Ist es ein Zufall, dass sich die
Zerstörungswut gerade gegen das Volk richtete, von dem aus
jene moralischen Gesetze in den westlichen Völkern verbreitet worden sind? Betroffen steht man vor dieser
beklemmenden Frage, auf die unser Dichter Heine's Wort
traurig sagt: "Und ein Narr wartet auf Antwort."

Hier stehen wir vor dem Massengrabe, die Überlebenden haben in dem Buche, das nun erscheint, den
Millionen Hingeopferten ein Denkmal gesetzt, dass
sie und ihr Leiden und Sterben nicht dem Vergessen
anheimfalle sondern den Überlebenden als Warnung
diene. Den sinnlosen Macht- und Vernichtungswillen
in uns selbst und anderen bekämpfen, und uns um
die Frage bemühen, wie die Menschen beschützt
befreit und zu harmonischem Streben erzogen werden können,
das allein, ist die Aufgabe des sozialen Menschen würdig.

Auch sollen wir die Schädlichkeit (und Ungerechtigkeit) unserer Vorurteile, besonders der Rassen-Vorurteile uns beständig vor Augen halten. Mögen die Deutschen der übrigen Welt ein warnendes Beispiel sein; wo landet, dass welches ein Volk durch Verachtung von Recht und Menschlichkeit verlässt und verödet, und sich einem oder Militarismus ergibt. Seien wir uns auch des Umstandes bewusst, dass militärischer Erfolg schwere Gefahren in sich birgt; mit Bismarck beginnt es und mit Hitler endet es.

Wer in diesem Buche liest und die furchtbaren Wirklichkeit Ereignisse an sich vorüberziehen lässt, (und auf sich wirken) dem wird eines klar werden: Der Schutz des Menschen ist wichtiger als die Souveränität der Staaten. Im Besonderen soll bei dem Friedensproblem nicht vergessen werden, dass das jüdische Volk, welches als ein Ganzes, als Nation, so schwer gelitten hat, nicht vergessen werden. Möge ihm Gerechtigkeit widerfahren durch Erfüllung der feierlichen Verpflichtungen bezüglich des Aufbau-Werkes in Palästina. Mögen überhaupt alle nationalen Minderheiten jenes auf internationaler Basis auch Mass von Schutz zuteil werden, das im Interesse der Sicherung des Friedens unentbehrlich ist.

Einstein und Kinder

„Er respektierte Kinder und mochte ihre Neugier sowie ihre unverfälschte Annäherung an das Leben ..." [Evelyn Einstein über ihren Großvater]

Einstein hat immer ein freundliches Verhältnis zu Kindern und ist gern mit ihnen zusammen. Als Superstar der Wissenschaft erhält er in den späteren Jahren auch zahlreiche Briefe von Kindern und Jugendlichen. Erhoffen sich einige von ihm einen Rat, wollen andere nur wissen, wie er aussieht oder gratulieren zum Geburtstag. So manchen Brief beantwortet Einstein mit einfachen, natürlichen und verständnisvollen Worten.

Albert Einstein erhält an seinem 70. Geburtstag Besuch von Kindern, die zur Gruppe der so genannten „displaced persons" zumeist aus Osteuropa zählen. Rechts neben Albert Einstein sitzt William Rosenwald, Vorsitzender des United Jewish Appeal, Princeton, 12. März 1949

Albert Einstein is visited on his 70th birthday by children from among the group of so-called "displaced persons," mainly from Eastern Europe. Seated at Albert Einstein's right is William Rosenwald, chairman of the United Jewish Appeal, Princeton, 12 March 1949

Einstein and children

"He respected children; he liked their curiosity and their unspoilt approach to life ..." [Evelyn Einstein on her grandfather]

Einstein always has a friendly relationship with children and enjoys being with them. In later years, as a well-known public icon, he receives many letters from children and young people. Whereas some ask him for advice, others just want to know what he looks like or to congratulate him on his birthday. Einstein replies to many letters using simple, natural and sympathetic words.

Einstein lehnt den Wiedereintritt in die Berliner Akademie nach 1945 ab

Telegramm von Johannes Stroux an Albert Einstein, 26. Juli 1946

Nach dem Zweiten Weltkrieg und dem Holocaust bleibt Einstein Deutschland gegenüber
auf Distanz. Versuche verschiedener Wissenschaftsorganisationen, ihn wieder als Mitglied
zu gewinnen, scheitern. Die Preußische Akademie firmiert seit ihrer von der sowjetischen
Besatzungsmacht angeordneten Wiedereröffnung als Deutsche Akademie der Wissenschaften zu Berlin. Ihre Vorgängerin sah nach der Machtübernahme 1933 „keinen Anlass",
Einsteins politisch begründeten Austritt zu bedauern. Auf der Rückseite des Telegramms
notiert Einstein seine Antwort.

Einstein declines re-admittance to the Berlin Academy after 1945

Telegram from Johannes Stroux to Albert Einstein, 26 July 1946

After World War II and the Holocaust, Einstein keeps his distance from Germany. All attempts by various scholarly organizations to regain him as a member prove unsuccessful.
Since the Prussian Academy's re-opening, decreed by the Soviet occupation, it is called
the German Academy of Sciences at Berlin. After the seizure of power in 1933, its
predecessor had seen "no occasion" to regret Einstein's politically motivated resignation.
Einstein notes his reply on the reverse side of the telegram.

WESTERN UNION

26. Juli 1946

1201

A. N. WILLIAMS
PRESIDENT

CLASS OF SERVICE

This is a full-rate Telegram or Cablegram unless its deferred character is indicated by a suitable symbol above or preceding the address.

SYMBOLS

DL = Day Letter

NL = Night Letter

LC = Deferred Cable

NLT = Cable Night Letter

Ship Radiogram

The filing time shown in the date line on telegrams and day letters is STANDARD TIME at point of origin. Time of receipt is STANDARD TIME at point of destination

P   148 INTL FR=CD BERLIN VIA MACKAY RADIO 50 25 1650

PROFESSOR ALBERT EINSTEIN=

PRINCETON-UNIVERSITY (PRINCETON NJER)=

Ift. reply on back

SOEBEN BESTATIGT RICHTET DEUTSCHE AKADEMIE DER WISSENSCHAFTEN
BERLIN AN SIE DIE BITTE IHRE MITGLIDSCHAFT WIDER AUFZUNEHMEN
IN WIURDIGUNG UND VEREHRUNG IHRER AUTORITAT ERSTREBT
AKADEMIE UNTER INNERSTER ABKEHR VON ALLEM GESCHEHENEN
UNRECHT DIE WIE DERHERSTELLUNG DER DIE AKADEMIC EHRENDEN
ZUSAMMENGERHERIGKEIT EREFFNUNGSFEIER AM 1 AUGUST PRESIDENT
STROUX.

AM 1.

THE COMPANY WILL APPRECIATE SUGGESTIONS FROM ITS PATRONS CONCERNING ITS SERVICE

A. Einstein Archive
36 - 074

Nach all dem Furchtbaren, das geschehen ist, sehe ich mich ausserstande, das freundliche Anerbieten der deutschen Akademie anzunehmen.

A. Einstein Archive
36 - 075

Einstein lehnt die Mitgliedschaft in der Max-Planck-Gesellschaft ab

Brief von Albert Einstein an Otto Hahn, 28. Januar 1949

Die Max-Planck-Gesellschaft wird nach dem Zweiten Weltkrieg in Westdeutschland als Nachfolgerin der Kaiser-Wilhelm-Gesellschaft gegründet. Einstein ist vor der Machtübernahme der Nationalsozialisten Wissenschaftliches Mitglied und bekleidet eine Direktorenstelle. Im Gegensatz zu Einstein lassen einige der vertriebenen Wissenschaftler sich 1948 wieder zu Auswärtigen Wissenschaftlichen Mitgliedern ernennen. Darunter sind Lise Meitner, Otto Meyerhof, Richard Goldschmidt und Rudolf Ladenburg.

Einstein declines membership in the Max Planck Society

Letter from Albert Einstein to Otto Hahn, 28 January 1949

The Max Planck Society is founded in West Germany after World War II as the successor to the Kaiser Wilhelm Society. Before the Nazi seizure of power, Einstein is a scientific member and holds a director's position. In contrast to Einstein, a number of the persecuted scientists agree to their re-appointment after 1948 as non-resident scientific members. Among them are Lise Meitner, Otto Meyerhof, Richard Goldschmidt, and Rudolf Ladenburg.

28.Januar 1949

4.Ⅱ.4

Professor Otto Hahn
Präsident der
Max Planck Gesellschaft
zur Förderung der Wissenschaften
Bunsenstr.10
Goettingen (20 b)
Deutschland

Lieber Herr Hahn:

Ich empfinde es schmerzlich, dass ich gerade
Ihnen, d.h. einem der Wenigen, die aufrecht geblieben
sind und ihr Bestes taten während dieser bösen Jahre,
eine Absage senden muss. Aber es geht nicht anders.
Die Verbrechen der Deutschen sind wirklich das Ab-
scheulichste, was die Geschichte der sogenannten
zivilisierten Nationen aufzuweisen hat. Die Haltung der
deutschen Intellektuellen-als Klasse betrachtet- war
nicht besser als die des Pöbels. Nicht einmal Reue und
ein ehrlicher Wille zeigt sich, das Wenige wieder gut zu
machen, was nach dem riesenhaften Morden noch gut zu machen
wäre. Unter diesen Umständen fühle ich eine unwiderstehliche
Aversion dagegen, an irgend einer Sache beteiligt zu sein,
die ein Stück des deutschen öffentlichen Lebens verkörpert,
einfach aus Reinlichkeitsbedürfnis.

2- Professor Otto Hahn, Göttingen

Sie werden es schon verstehen und wissen, dass dies nichts zu tun hat mit den Beziehungen zwischen uns Beiden, die für mich stets erfreulich gewesen sind.

Ich sende Ihnen meine herzlichen Grüsse und Wünsche für fruchtbare und frohe Arbeit.

Ihr

A. Einstein.

Albert Einstein.

Albert Einstein
in seinem
Arbeitszimmer in
Princeton, 1939,
Fotograf:
Eric Schaal

Albert Einstein
in his study in
Princeton, 1939,
photographer:
Eric Schaal

Einstein als Präsident Israels?

Telegramm von Azriel Carlebach an Albert Einstein, 18. November 1952

Carlebach ist Herausgeber der israelische Zeitung *Maariv* und plädiert nach dem Tod von Chaim Weizmann öffentlich für Einsteins Präsidentschaft. Einstein jedoch verwirft den Vorschlag gegenüber dem israelischen Botschafter Abba Eban in Washington, der am 17. November im Auftrag Ben Gurions eine entsprechende Anfrage an ihn gerichtet hat. Er fühlt sich dem Amt nicht gewachsen, ist aber sehr bewegt von dem Anerbieten.

Einstein as the President of Israel?

Telegram from Azriel Carlebach to Albert Einstein, 18 November 1952

Carlebach is the editor of the Israeli newspaper *Maariv*. After the death of Chaim Weizmann, he publicly advocates Einstein's presidency. Einstein, however, rejects the suggestion in conversation with the Israeli ambassador Abba Eban in Washington, who on 17 November makes a corresponding request on behalf of Ben Gurion. He does not feel up to the position, but is very moved by the offer.

WESTERN UNION

1952 NOV 18 PM 5 48

W. P. MARSHALL, PRESIDENT

PA178

P.CWW209 515/514 1/50 PD INTL=CD TELAVIVYAFO VIA

LT PROFESSOR ALBERT EINSTEIN=

=112 MERCERST PRINCETON (NJER)=

PLEASE ALLOW AN ISRAELI CITIZEN WHO HAPPENED TO BE FIRST
PUBLICLY PROPOSING YOUR PRESIDENCY TO OFFER MOST
RESPECTFULLY SOME FOOD YOUR THOUGHTS WHILE PONDERING MORE
AUTHORITATIVE INVITATION

PARAGRAPH EVERYBODY KNOWS YOUR POSITIVE ATTITUDE
ZIONISM AND YOUR MENTAL RESERVATIONS TOWARDS STATEHOOD IN
GENERAL AND=

WESTERN UNION

W. P. MARSHALL, PRESIDENT

=P.CDW209/2/50=

OFFICIAL POLITICAL LIFE IN PARTICULAR STOP BUT HERE UNIQUE
CHANCE REMAIN FAITHFUL AND INDEED MANIFEST BOTH YOUR
VIEWPOINTS STOP THERE HAVE BEEN ENOGH POLITICIANS DEGENERATES
USURPERS AT HEAD OF STATES STOP NEVER HAS HUMANITYS AGEOLD
DREAM ENTRUSTING HIGHEST SOVEREIGNTY TO THE THINKER HAD NAY
PRACTICAL OPPORTUNITY STOP HERE FIRST TIME=

WESTERN UNION

W. P. MARSHALL, PRESIDENT

=P.CDW209/3/50=

IN KNOWN HISTORY IT IS TOP AFTER HITLERISM AND MIDST
WORLDWIDE GROWING VENERATION FOR FIRST POWER ONE STATE
ENTHUSIASTICALLY PREPARED TO DEMONSTRATE HIGHER PRINCIPLE OF
RULE OF THE SPIRIT STOP THIS EXAMPLE WOULD IF UNIVERSALLY
FOLLOWED CURE THE WORLD STOP AS CITIZEN OF THE WORLD YOU
CANNOT SAY NO

PARAGRAPH

WESTERN UNION

W. P. MARSHALL, PRESIDENT

=P.CDW209/4/50=

THIS ISRAEL IS NOT JUST ANOTHER SMALL STATE STOP CONSCIOUS
ITS MIRACULOUS EMERGENCE OUT OF PROUD AND TRAGIC PAST IT
WANTS TO BE MORE STOP THIS IS EVIDENCED BY VERY IDEA AND
POPULAR SUPPORT OF ENTHRONING THE VISION YOU EMBODY STOP IF
YOU DECLINE YOU AUTOMATICALLY INSTALL POLITICIANS AND
ESTABLISH=

WESTERN UNION

W. P. MARSHALL, PRESIDENT

=P.CDW209/5/50=

=ALL FUTURE MEDIOCRITY OF ISRAELS PRESIDENCY AND STATE STOP
YOU CANNOT THUS CONDEMN A PEOPLE AND FRUSTRATE ITS NOBLEST
AMBITIONS PARAGRAPH JEWS HERE AS EVERYWHERE PARTY STRIFE
RIDDEN STOP BUT TONIGHTS IMPRESSIONS PARLIAMENT SESSION
CONVINCED THAT IF YOU AGREE NO OTHER CANDIDATE WOULD BE NAMED
STOP EVEN WEIZMANN WAS ELECTED=

WESTERN UNION

W. P. MARSHALL, PRESIDENT

=P.CDW209/6/50=

SECOND BALLOT ONLY BY MAJORITY ONLY STOP YOU UNQUESTIONABLY
WOULD BE ELECTED IMMEDIATELY AND UNANIMOUSLY STOP NO MAN ON
EARTH BUT YOU COULD THUS UNITE JEWRY STOP THE ONE MAN WHO CAN
MUST NOT REFUSE

PARAGRAPH WE LOST AMONGST EUROPES SIX MILLION
SLAUGHTERED OUR BEST INTELLIGENTSIA AND CANNOT DO ENOUGH=

WESTERN UNION

P.CDW209/7/50=

TO SECURE SURVIVAL OF JEWISH GENIUS IN STILL EXISTING ENDANGERED DIASPORA STOP WHO KNOWS BETTER THAN YOU FROM YOUR SWISS AND GERMAN DAYS HOW JEWISH HOMELESSNESS STATELESSNESS HAMPER TALENTS ADVANCEMENT AND OF HOW MANY JEWISH IMPACTS ON CIVILIZATION WE HAVE BEEN DEPRIVED STOP IF YOU ACCEPT EVERY JEWISH INTELLECTUAL WORLD

WESTERN UNION

P.CDW09/8/50=

=OVER WILL LIFT HIS HEAD FEELING THAT IF HE SO CHOOSES HE AND HIS INDIVIDUALITY TOO POSSESS NATIONAL HOMELAND STOP IF YOU ACCEPT PRESIDENCY YOU WOULD ONLY BE DRAWING THE LESSON FHAUUDNGT EXPERIENCES OF YOUR OWN LIFE STOP YOU CANNOT DECLINE ASSURING FUTURE EINSTEINS THEIR REFUGE PARAGRAPH TRUE ENOUGH=

WESTERN UNION

P.CDW209/9/50=

ACCEPTANCE WOULD ENTAIL PERSONAL INCONVENIENCES STOP BUT YOU HAVE TAUGHT AND DEMONSTRATED THAT SCIENTISTS SUPREME TEST IS HIS PERSONAL LIFE STOP CROWN OF ISRAEL MAY FOR ALL POSTERITY CROWN YOUR LIFEWORK WITH THAT PERSONAL SACRIFICE STOP HAPPILY OWING WEIZMANNS AILMENT CONSTITUTIONALLY AND HABITUALLY NO PUBLIC FUNCTIONS EXPECTED FROM YOU STOP

WESTERN UNION

P.CDW209/10/50=

ADDITIONALLY EVERYBODY HERE GLADLY WILLING REDUCE YOUR SACRIFICE TO MEREST MINIMUM AND PROVIDE UNDISTURBED CONTINUATION YOUR SCHOLARLY LIFE AND RESEARCHES PARAGRAPH PLEASE FORGIVE AN ISRAELI WHO AS EDITOR LARGEST CIRCULATIONS NEWSPAPER BELIEVES TO ADVOCATE YOUR PRESIDENCY OUT OF INTIMATE KNOWLEDGE PUBLIC FEELING FOR ADDRESSING OUSPOKEN LENGHTY CABLE WHICH NATURALLY WILL=

WESTERN UNION

P.CDW205/11/14=

NOT BE PUBLISHED WITHOUT YOUR AUTHORIZATION DOCTOR AZRIEL CARLEBACH CHIEFEDITOR MAARIV TELAVIV=

Israels Minister-
präsident David
Ben Gurion
besucht Albert
Einstein in
Princeton, 1951

The Israeli
prime minister
David Ben Gurion
visits Albert
Einstein in
Princeton, 1951

Einstein lehnt das ehrenvolle Angebot, Präsident Israels zu werden, ab

Brief von Albert Einstein an Azriel Carlebach, 21. November 1952

Neben den persönlichen und pragmatischen Gründen für die Ablehnung scheinen in diesem Schreiben auch politische Bedenken durch. Einstein ist besorgt über mögliche Gewissenskonflikte, vor die ihn Entscheidungen von Parlament und Regierung stellen könnten.
Daran, dass Einstein die Präsidentschaft annehmen würde, glaubt in der politischen Führung Israels auch niemand ernsthaft. Man entspricht eher nur einem sehnlichen Wunsch vieler Juden weltweit.

Einstein refuses the honorable offer to become President of Israel

Letter from Albert Einstein to Azriel Carlebach, 21 November 1952

In addition to the personal and pragmatic reasons Einstein cites for his refusal, political reservations also show through in this letter. Einstein is worried that decisions by the parliament and government might present him with moral conflicts.
No one in the Israeli political leadership seriously expects Einstein to accept the presidency. Rather, the offer reflects the ardent wish of many Jews all over the world.

The Hebrew University, Jewish National & University Library, Albert Einstein Archives, Jerusalem, Israel
Call number: 41 – 93.00

den 21.November 1952

Herrn
Dr.Azriel Carlebach, Chef-Redakteur
MAARIV
Tel-Aviv, Israel.

Sehr geehrter Herr Dr.Carlebach:

          Ich schreibe Ihnen deutsch, einmal weil es mir
leichter ist, ferner weil Sie Ihren Ursprung dadurch genügend
manifestiert haben, dass Sie sich Doktor bezeichnen.

          Als einem hausväterischen Kleinbürger hat die
Länge Ihres Cabels einen geradezu niederschmetternten Eindruck
auf mich gemacht. Es kam aber post festum an,indem ich infolge
einer Indiskretion zu frühzeitig gezwungen wurde, zu der Angelegenheit Stellung zu nehmen.

          Sie können sich denken, wie schwer es mir wurde,
ein so rührendes Angebot, das von den Eigenen kommt, abzulehnen.
Aus der J.T.A. sehe ich, dass meine wirkliche Antwort (die vor
Eintreffen Ihres Cabels bereits an unsere Botschaft in Washington
abgegangen war) dem Wortlaute nach bekannt ist. Das dort Gesagte
ist genau der Ausdruck meines Fühlens und Denkens. Es ist kein
Zweifel, dass ich der Aufgabe, die mich dort erwartet hätte,nicht
gewachsen gewesen wäre, obschon das Amt in der Hauptsache nur
dekorativen Character hat. Mein Name allein kann diese Schwächen
nicht ausgleichen.

          Ich habe auch daran gedacht, was für eine schwierige
Situation entstünde, wenn die Regierung,bezw. das Parlament Dinge
beschliessen würde, die mich einen Gewissenskonflikt bringen würden,
zumal die moralische Verantwortung nicht durch die Tatsache aufgehoben wird, dass man de facto keinen Einfluss auf die Ereignisse
hat. - Ich habe alle Hochachtung vor der grossen Energie, die
Sie dieser Sache gewidmet haben und bin dankbar für das Vertrauen,
das aus Ihrer Handlungsweise spricht. Ich bin aber auch davon überzeugt, dass ich der grossen Sache einen schlechten Dienst geleistet
hätte, wenn ich dem ehrenvollen und verführerischen Rufe gefolgt
wäre.
          Herzlich grüsst Sie

               Ihr

          Albert Einstein.

P.S.
     Inwieweit es angezeigt ist,von Ihrem Telegram und dieser meiner
     Antwort öffentlichen Gebrauch zu machen,kann ich von hier aus
     nicht beurteilen. Ich überlasse die Entscheidung hierüber Ihrem
     Takt und Ihrer Erfahrung.

Zivilcourage

Briefentwurf von Albert Einstein an William Frauenglass, [16. Mai 1953]

Der Lehrer Frauenglass wurde in der McCarthy-Ära aufgrund seiner politischen Einstellung zu Verhören durch die amerikanischen Behörden vorgeladen. In einem offenen Brief
rät Einstein dazu, jede Zusammenarbeit mit „solcher Inquisition" zu verweigern und die
Konsequenzen in Kauf zu nehmen, um die intellektuelle Freiheit zu verteidigen.

Moral courage

Draft of letter from Albert Einstein to William Frauenglass, [16 May 1953]

During the McCarthy era, Frauenglass, a teacher, was subpoenaed because of his political
views to testify before the authorities. In an open letter, Einstein advises to refuse any col-
laboration with "such an inquisition" and to accept the consequences in order to defend
intellectual freedom.

The Hebrew University, Jewish National & University Library, Albert Einstein Archives,
Jerusalem, Israel
Call number: 34 - 636.00

Published in: Nathan, Otto, and Heinz Norden, eds.:
Albert Einstein. Über den Frieden. Weltordnung oder Weltuntergang?
Bern: Herbert Lang & Cie AG, 1975, pp. 544–547

Ich danke Ihnen für Ihre Aufklärungen. Mit dem „right field" meinte ich die theoretischen Grundlagen der Physik. —

Das Problem, vor welches sich die Intelligenz dieses Landes gestellt sieht, ist ein sehr ernstes. Es ist den reaktionären Politikern dieses Landes gelungen, durch Vorspiegelung einer äusseren Gefahr das Publikum gegen alle intellektuellen Bemühungen misstrauisch zu machen. Auf der Basis dieses Erfolges sind sie daran, die freie Lehre zu unterdrücken und die nicht Gefügsamen aus ihren Stellungen zu verdrängen, d. h. sie auszuhungern.

Was soll die Minderheit der Intellektuellen thun gegen das Übel? Ich sehe offen gestanden nur den revolutionären Weg der Non-cooperation im Sinne Ghandi's. Jeder Intellektuelle, der vor einen der committee's geladen wird, müsste jede Aussage verweigern, d. h. bereit sein, sich einsperren und wirtschaftlich ruinieren zu lassen, kurz, seine persönlichen Interessen den kulturellen Interessen des Landes zu opfern.

Wenn sich genug Personen finden, die diesen harten Weg zu gehen bereit sind, wird ihnen Erfolg beschieden sein. Wenn nicht, dann verdienen die Intellektuellen dieses Landes eben nichts Besseres als die Sklaverei, die ihnen zugedacht ist.

— A. Einstein

Diese Verweigerung dürfte aber nicht gegründet werden auf den bekannten Trick der möglichen Selbstinkriminierung sondern darauf, dass es eines unbescholtenen Bürgers unwürdig ist, sich solcher Inquisition zu unterziehen, und dass diese Art der Inquisition gegen den Geist der Verfassung verstosse.

P. S. Dieser Brief ist nicht als „vertraulich" zu behandeln.

Gegen die Wiederaufrüstung Deutschlands

Brief von Albert Einstein an André Bly, Princeton, 22. Januar 1954

Im Zuge der Verschärfung der Konfrontation zwischen Ost und West wird 1949 die NATO als transatlantisches Verteidigungsbündnis unter Führung der USA gebildet. Insbesondere die USA und Großbritannien haben bald ein Interesse daran, die 1949 gegründete Bundesrepublik Deutschland in die NATO einzubeziehen und damit zu bewaffnen. Mit der Unterzeichnung der Pariser Verträge im Oktober 1954 wird dieses Bestreben realisiert. Im Vorfeld und danach gibt es heftige Diskussionen im In- und Ausland unter anderem darüber, wie weit dies einer möglichen Wiedervereinigung Deutschlands schadet und wie gefährlich ein wieder aufgerüstetes Deutschland für seine Nachbarn ist.
Auch Einstein hegt Befürchtungen, dass die Bundesrepublik für solch einen Schritt noch längst nicht reif ist und konstatiert gegenüber Commandant Bly in Brüssel: „Eine Aufrüstung Deutschlands ist der beste Weg zu einem neuen Krieg."

Against German rearmament

Letter from Albert Einstein to André Bly, Princeton, 22 January 1954

As part of the intensifying confrontation between East und West, NATO is established in 1949 as a transatlantic defensive alliance under the leadership of the USA. The USA and Great Britain, in particular, soon have an interest in integrating the Federal Republic of Germany, which was founded in 1949, into NATO and thus rearming the country. This aspiration is realized with the signing of the Paris Accords in October 1954. Both beforehand and afterwards, heated discussions take place in Germany and elsewhere concerning the extent to which this might adversely affect possible German reunification, and how dangerous a rearmed Germany would be for its neighbors.
Einstein, too, fears that the Federal Republic is far from ready for such a step, and tells Commander Bly in Brussels, "Arming Germany is the best way to start a new war."

A. EINSTEIN,
112, MERCER STREET
PRINCETON,
NEW JERSEY, U.S.A.

January 22, 1954

M.Commandant André Bly
50 Ave.Princesse Elisabeth
Schaerbeck-Bruxelles, Belgium

Dear Mr.Bly:

Thank you very much for your letter of
December 21rst. I am glad to see from it that your life
is going on satisfactorily and that you and your family
are in good health.

Your remark about Germany I find quite justified.
The whole matter shows anew that nations learn nothing by their
experiences. Arming Germany is the best way to produce a new war.
To believe that the Germans will be reliable partners is folly of
the worst kind. May I make you the compliment that you are, in
my opinion, the least militaristic of all military men.

With kind regards and wishes,

yours,

A. Einstein.

Albert Einstein.

Ein außergewöhnlicher Fall

Brief von Albert Einstein an Max von Laue, 3. Februar 1955

Wenige Monate vor seinem Tod schreibt Einstein in Reaktion auf die geplante Einladung zu einer gemeinsamen Veranstaltung der west- und ostdeutschen physikalischen Gesellschaften aus Anlass des 50-jährigen Jubiläums der Relativitätstheorie - ein außergewöhnlicher Fall. Der Brief ist in einem überraschend versöhnlichen Ton gehalten. Der mit der Veranstaltung verbundene Personenkult ist ihm jedoch peinlich. Alter und Gesundheitszustand veranlassen ihn, die Einladung abzulehnen.
Von allen deutschen Physikern genießt Max von Laue bei Einstein den größten Respekt. Laue hatte Distanz zum Nationalsozialismus bewahrt und gelegentlich auch die Feigheit seiner Kollegen kritisiert.

An unusual case

Letter from Albert Einstein to Max von Laue, 3 February 1955

A few months before his death, Einstein writes in response to the planned invitation to a celebration of the 50th anniversary of the theory of relativity organized jointly by the West and East German Physical Societies – an unusual case. The letter is written in a surprisingly conciliatory tone. He is, however, embarrassed by the cult of personality associated with the event. Age and poor health cause him to decline the invitation.
Einstein respects Max von Laue more than any other German physicist. Laue had kept his distance from National Socialism, and occasionally also criticized the cowardice of his colleagues.

den 3.Februar 1955

Herrn
Professor Dr.Max von Laue
Faradayweg 8
Berlin-Dahlem, Deutschland

Lieber Laue:

Ich habe bisher mit der Beantwortung Deines
lieben Briefes vom 16.Januar so lange gewartet, weil ich
erst das Eintreffen einer offiziellen Einladung abwarten
wollte, die aber bisher nicht eingetroffen ist. Vor allem
freut es mich, dass ich in diesem aussergewöhnlichen Falle
zu brüderlichem Zusammenwirken und nicht zu Kontroversen
Veranlassung gewesen bin.

Alter und Krankheit machen es mir unmöglich, mich
bei solchen Gelegenheiten zu beteiligen und ich muss auch ge-
stehen, dass diese göttliche Fügung für mich etwas Befreiendes
hat. Denn alles was irgendwie mit Personenkultus zu tun hat,
ist mir immer peinlich gewesen. In diesem Falle ist es umsomehr
so, weil es sich hier um eine gedankliche Entwicklung handelt,
an der Viele ganz wesentlich beteiligt waren, eine Entwicklung,
die weit davon entfernt ist,beendigt zu sein. So habe ich mich
entschlossen,mich an diesen Veranstaltungen,deren mehrere an verschiedenen Orten geplant sind, überhaupt in keiner Weise zu beteiligen.

Wenn ich in den Grübeleien eines langen Lebens eines
gelernt habe,so ist es dies,dass wir von einer tieferen Einsicht
in die elementaren Vorgänge viel weiter entfernt sind als die
meisten unserer Zeitgenossen glauben(Dich aber nicht eingeschlossen),

sodass geräuschvolle Feiern der tatsächlichen Sachlage wenig

entsprechen.

　　　　　　　　Herzlich grüsst Dich

　　　　　　　　　　　　Dein

　　　　　　　　　　　　A. Einstein

　　　　　　　　　　Albert Einstein.

Einstein – Ingenieur des Universums

Einstein ist so berühmt, dass sein bloßer Name auf einem Briefumschlag ausreicht, um den Brief sein Ziel erreichen zu lassen. Oft wird die Post mit ungewöhnlichen Adresszusätzen versehen. Man schreibt an den „Diener der Menschheit" oder den „Chef-Ingenieur des Universums". Einstein ist für manche ein Prophet, der alle Menschheitsfragen und die Schicksalsfragen Einzelner beantworten soll. Andere Briefe zeugen davon, wie nachhaltig Einstein die Alltagsbegriffe von Raum und Zeit verändert und als Konstrukteur unseres Weltbildes gewirkt hat. Viele bewundern ihn dafür, doch bekommt er auch empörte Zuschriften, wie eine Postkarte mit der Aufforderung: „Hören Sie sofort auf, den Raum gekrümmt zu nennen!"

Einstein – chief engineer of the universe

Einstein is so famous that just his name on an envelope is enough to make sure the letter reaches its destination. His post often contains unusual additions to the address. People write to the "servant of mankind" or the "chief engineer of the universe". For some people Einstein is a prophet, and they expect him to answer all issues affecting mankind – and fateful questions affecting their individual lives. Other letters show how lastingly Einstein has changed our ideas of space and time and fashioned our conception of the world. Many are full of admiration, but he also receives indignant letters – like the postcard calling upon him to "immediately stop calling space curved!"

Albert Einstein
empfängt seine
Post, Princeton,
1939,
Fotograf:
Eric Schaal

Albert Einstein
receives his mail,
Princeton,
1939,
photographer:
Eric Schaal

Friedenssicherung

Unvollendetes Manuskript von Albert Einstein für eine Fernsehsendung zum
israelischen Unabhängigkeitstag, [1955]

Kurz vor seinem Tod charakterisiert Einstein in seinem letzten Manuskript den Konflikt
zwischen Israel und Ägypten ebenso wie den Kalten Krieg als „Machtstreit alten Stiles".
Frieden sei nicht durch nationale Aufrüstung, sondern nur durch „übernationale Sicherung" zu erzielen.

Keeping the peace

Unfinished manuscript by Albert Einstein for a television broadcast on
Israeli Independence Day, [1955]

In his last manuscript, shortly before his death, Einstein characterizes both the conflict
between Israel and Egypt and the Cold War as "old-fashioned power struggles." Peace
cannot be achieved through national armament, but only through "supranational safe-
guards."

The Hebrew University, Jewish National & University Library, Albert Einstein Archives,
Jerusalem, Israel
Call number: 28 – 1098.00

Published in: Nathan, Otto, and Heinz Norden, eds.:
Albert Einstein. Über den Frieden. Weltordnung oder Weltuntergang?,
Bern: Herbert Lang & Cie AG, 1975, pp. 634–637

Ich spreche zu Euch heute nicht als ein amerikanischer Bürger und auch nicht als Jude sondern als ein Mensch, der in allem Ernst danach strebt, die Dinge objektiv zu betrachten. Was ich anstrebe, ist einfach, mit meinen schwachen Kräften der Wahrheit und Gerechtigkeit zu dienen auf die Gefahr hin, niemand zu gefallen.

Zur Diskussion steht der Konflikt zwischen Israel und Aegypten. – ein kleines und unwichtiges Problem, wird ihr denken, neben haben grössere Sorgen. So ist es aber nicht. Wenn es sich um Wahrheit und Gerechtigkeit handelt, gibt es nicht die Unterscheidung zwischen kleinen und grossen Problemen. Denn die allgemeinen Gesichtspunkte, die das Handeln der Menschen betreffen, sind unteilbar. Wer es in kleinen Dingen mit der Wahrheit nicht ernst nimmt, dem kann man auch in grossen Dingen nicht vertrauen.

Diese Unteilbarkeit gilt aber nicht nur für das Moralische sondern auch für das Politische; denn die kleinen Probleme können nur richtig erfasst werden, wenn sie in ihrer Abhängigkeit von den grossen Problemen verstanden werden. Das grosse Problem präsentiert sich gegenwärtig als Trennung der Menschenwelt in zwei feindliche Lager die sogenannte free world und die kommunist World. Da es nur wenig klar ist, was hier unter free und communist zu verstehen ist, will ich lieber von einem Machtstreit zwischen Ost und West reden, obwohl es wegen der Kugelgestalt der Erde auch nicht recht klar ist, was nun da unter West und Ost zu verstehen ist.

Es ist im Grunde ein Machtstreit alten Stiles, der wie frühere Kämpfe um die Macht der Menschen in halb-religiöser Verhüllung dargeboten wird. Dieser Machtstreit hat aber durch die Entwicklung der Atomwaffe einen gespenstischen Charakter angenommen. Jede Partei weiss nämlich und gibt es auch zu, dass unsere Menschheit verloren ist, wenn der Streit in einen wirklichen Krieg ausartet. Trotzdem wird von den verantwortlichen Staatsmännern auf beiden Seiten der Streit in altgewohnter Weise auf den Versuch gegründet, den Gegner durch Entwicklung überlegener militärischer Machtmittel einzuschüchtern und mürbe zu machen. Dabei muss man allerdings Krieg und Untergang riskieren. Aber den Weg der übernationalen Sicherung wagt kein verantwortlicher Staatsmann, weil dies seinen politischen Tod bedeuten würde. Denn die allenthalben entfachte politische Leidenschaft verlangt ihre Opfer.

Albert-Einstein-Schulen

Brief von Albert Einstein an das Albert-Einstein-Gymnasium in Berlin,
Princeton, 2. April 1955

Einstein gibt im Mai 1954 einer Schule in Berlin-Neukölln die Genehmigung, seinen
Namen zu tragen. Bereits 1949 hat er dies auch einer Grundschule in Caputh erlaubt.
Obwohl er kurz nach dem Kriege mit Deutschland nichts mehr zu tun haben will und
deshalb Einladungen zu Tagungen, Mitgliedschaften in wissenschaftlichen Gesellschaften und anderes ablehnt, setzt er hiermit ein positives Zeichen für die junge Generation.
Im vorliegenden Brief, kurz vor seinem Tode geschrieben, dankt er Lehrern und Schülern
für ihm – wahrscheinlich anlässlich seines Geburtstages – übersandte Schülerarbeiten.

Schools named after Einstein

Letter from Albert Einstein to the Albert Einstein Gymnasium in Berlin,
Princeton, 2 April 1955

In May 1954, Einstein gives permission for a school in the Neukölln district of Berlin to
bear his name. He had already allowed an elementary school in Caputh to do so in 1949.
Although he does not wish to have anything to do with Germany so soon after the war,
and thus declines invitations to conferences, memberships in scientific societies, and
the like, he sets a positive example for the younger generation here. In this letter, written
shortly before his death, he thanks the teachers and pupils for the school essays they
had sent, probably on the occasion of his birthday.

Albert-Einstein-Gymnasium, Berlin-Neukölln, Germany

den 2.April 1955

An die Lehrer und Schüler der
Albert Einstein Schule
Berlin-Neukölln, Deutschland

   Ihr habt mir mit Eurer Sendung
eine grosse Freude bereitet. Vor allem hat mich die geschmack-
volle Ausstattung gefreut, die ganz das Werk Eurer Hände ist.
Nicht minder haben mir die Aufsätze gefallen, die sowohl die
Eigenart der Schreiber als auch den ganzen Betrieb der Schule
getreulich darstellen. Nicht wenig haben mir auch die geschmack-
vollen Bildwerke gefallen, die von der Pflege der künstlerischen
Tradition zeugen. Besonders möchte ich auch des schönen Bildes
gedenken, das die Schule selbst darstellt. Das Ganze macht
den erfreulichen Eindruck von einem frohen Geist der alle
beseelt.

   Indem ich allen,die an dieser schönen
Sendung mitgewirkt haben,meinen herzlichen Dank ausspreche
bin ich

   mit besten Grüssen und Wünschen

    Eurer

    Albert Einstein.

Anti-Atomkriegsbewegung deutscher Wissenschaftler

Brief von Otto Hahn an Max Born, [Göttingen], 5. Februar 1955

Wenige Wochen nach dem hier abgedruckten Brief hält Hahn seinen darin erwähnten
Vortrag über Cobalt-60 im Rundfunk. Die Reaktionen auf diesen Vortrag ermutigen ihn
dazu, die Lindauer Nobelpreisträgertagung im Juli des gleichen Jahres zu nutzen, um die
internationale Öffentlichkeit vor den Gefahren eines Atomkrieges zu warnen. Die daraus
hervorgehende *Mainauer Erklärung* steht dann allerdings im Schatten des *Russell-Einstein-
Manifestes*, nicht zuletzt, weil Hahn im Gegensatz zu Bertrand Russell die Medien zu
wenig nutzt. Born unterzeichnet beide Appelle.
Zwei Jahre später wird dann die *Göttinger Erklärung*, die sich gegen die atomare Bewaff-
nung der Bundeswehr richtet, von 18 deutschen Naturwissenschaftlern – unter ihnen
Born und Hahn – unterzeichnet und veröffentlicht.

German scientists support the movement against atomic war

Letter from Otto Hahn to Max Born, [Göttingen], 5 February 1955

A few weeks after writing this letter, Hahn gives the radio address on Cobalt-60 men-
tioned here. The reactions to his talk encourage him to take the opportunity of the meeting of Nobel laureates held in Lindau in July of that year to warn the international public of
the dangers of atomic war. The resulting *Mainau Declaration*, however, is overshadowed
by the *Russell-Einstein Manifesto*, not least because Hahn, in contrast to Bertrand Russell,
makes too little use of the media. Born signs both appeals.
Two years later, the *Göttingen Declaration*, which speaks out against the nuclear armament of the Bundeswehr, is signed and published by 18 German scientists, among them
Born and Hahn.

5. Febr. 1955
Bunsenstrasse 10

Herrn
Professor Dr. Max B o r n

B a d   P y r m o n t

Marcardstrasse 4

Lieber Herr B o r n !

Ich danke Ihnen sehr für Ihren Brief vom 1. Februar mit den verschiedenen
Beilagen, von denen ich Ihnen den Artikel von Sir Bertrand RUSSELL wieder
beilege.

Sie haben recht in Ihrer Beunruhigung über die Weltlage, die ja im Augenblick sehr wenig erfreulich ist. Auch ich mache mir seit längerer Zeit
Sorgen, ob und was man als Wissenschaftler tun könnte. Sie werden mir
glauben, wenn ich Ihnen sage, dass ich sehr häufig Aufforderungen von den
verschiedensten Seiten bekomme, etwas zu unternehmen, teilweise direkt
aus der Ostzone, teilweise von Organisationen im Westen, teilweise aus
dem Ausland, worunter ich die von Ihnen mir empfohlene SSRS rechne.
Ich hatte schon unabhängig von Ihrem Schreiben Sonderdrucke der "News
Letters" bekommen. Hinzukommt ein langer Brief von Professor JOLIOT /
Paris, der mich nun wieder für seine Gruppe, zu der auch die Engländer
POWELL und BERNAL gehören, interessiert.

Ich habe nun schon vor etwa 10 Tagen, bevor ich Ihren Brief hatte, den Entwurf zu einem Artikel gemacht, den ich entweder in unseren Max-Planck-
Gesellschaft-"Mitteilungen" oder besser noch vielleicht in der "Frankfurter Allgemeinen" veröffentlichen lassen möchte. Der Artikel heisst:
"Cobalt 60: Gefahr oder Segen für die Menschheit". Darin habe ich in
ziemlich scharfer Weise die ungeheure Gefahr der Wasserstoffbombe resp.
der mit ihr ermöglichten Cobalt-Aktivität beschrieben, bin auch etwas auf
die Verantwortung des Wissenschaftlers eingegangen, dessen Einstellung
ja die beiden Möglichkeiten sind, entweder prinzipiell jede Aufrüstung mit
den die Welt gefährdenden Atomwaffen abzulehnen oder sie aus dem gleichen
Grunde, nämlich zur Erhaltung des Friedens, mit vorzubereiten. Der Grund
für die letztere Einstellung ist ja der, dass, wenn beide Gruppen die tödliche
Waffe haben, keiner wagen wird, sie anzuwenden.

Mittlerweile habe ich mich entschlossen, den Artikel vielleicht noch ein
bisschen umzuändern, auch die Überschrift noch etwas drastischer zu
wählen. Wenn ich dann weiss, wie die endgültige Fassung ist, werde ich
Ihnen einen Durchschlag schicken. Der 2. Teil des gleichen Artikels
bringt allerdings Beispiele über die friedliche Anwendung der Atomenergie,
vor allem, was die radioaktiven Isotope anbelangt. Und hier bringe ich
wieder, wie beim Cobalt 60 als Zerstörungsmittel, auch die wohl technischen
Auswirkungen des radioaktiven Cobalts für eine Reihe wichtiger Arbeits-

-2-

- 2 -

gebiete, wie Medizin, Landwirtschaft und dergleichen.

Ich halte es für möglich, dass ich der SSRS beitrete, allerdings nur
unter der Bedingung, dass ich nicht irgendwie herausgestellt werde.
Es kann gar kein Gedanke daran sein, dass ich etwa nur mit EINSTEIN
und Cathleen LONSDALE allein genannt würde. Auch Herr EINSTEIN
würde sich da wundern, wenn ich mit ihm in einem Atem genannt würde.
Ich erinnere mich, dass er einmal veröffentlicht hat, in diese Uranspal-
tung seien wir irgendwie hineingeschliddert, und STRASSMANN und
ich hätten gar nicht gewusst, was wir machen; die Erklärung wäre
erst von Lise MEITNER gegeben worden. (Tatsache ist, dass ich
loyalerweise der Lise MEITNER als einziger Physikerin vor der Veröffentlichung unserer Ergebnisse diese vertraulich mitgeteilt habe).

Falls ich den Artikel veröffentliche, bin ich natürlich bereit, ihn der
SSRS und verschiedenen Persönlichkeiten zur Verfügung zu stellen
zur freien Verwendung. Auch halte ich den Vorschlag von Bertrand
RUSSELL eigentlich für recht gut, zunächst einmal das neutrale Aus-
land zu interessieren. Einen grossen Einfluss in der Schweiz hat de_
Physiologe Professor v. MURALT und - wie Sie wissen - Professor
SCHERRER. Diesen Herren könnte sich natürlich auch PAULI, viel-
leicht auch KARRER, der Organiker, anschliessen.

In Deutschland würde bei einem grösseren Aufruf wohl Herr v. LAUE,
Professor WIELAND/München, dann auch Professor WINDAUS mit-
machen. Ob die anderen Nobelpreisträger dazu geneigt wären, weiss
ich nicht. Damit will ich nicht sagen, dass sie einen Atomkrieg be-
fürworten; sie lehnen ihn genauso ab wie wir, fürchten aber vielleicht, sich zu sehr in die Politik einzumischen.

Dies ist auch der Hauptgrund, warum ich nicht irgendwie vor anderen
herausgehoben werden möchte. Es ist mir unmöglich, in meinem Alter
neben meiner Tätigkeit in der Max-Planck-Gesellschaft noch quasi in
die Politik einzusteigen. Es wird immer gleich alles in die Öffentlichkeit gebracht, was ich sage, und dann noch meist verzerrt. Als ich
vor einiger Zeit einmal nur mit einer kurzen Bemerkung die "Fliegenden
Untertassen" als Unsinn bezeichnete, kam dies gleich in alle möglichen
Zeitungen, und ich bekam eine ganze Reihe von Briefen; in den meisten
von ihnen wurde ich beschimpft.

Vielleicht interessiert Sie auch ein Artikel, der vor einiger Zeit in
zwei deutschen Zeitschriften erschienen ist. Ich lege ihn Ihnen (mit
der Bitte um Rückgabe) hier bei.

Da Sie am 19.II. nach Göttingen kommen, haben wir vielleicht Gelegenheit, uns noch kurz zu unterhalten, obgleich ich allerdings bisher nicht
vorhabe, ausser der amtlichen Feierlichkeit evt. andere geplante Veranstaltungen mitzumachen.

Mit meinen besten Grüssen an Sie und Ihre liebe Frau bin ich

Ihr

2 Anlagen

Albert Einstein in
Princeton, 1954

Albert Einstein in
Princeton, 1954

„In der heutigen für die Menschheit so tragischen Situation …“

Russell-Einstein-Manifest, London, 9. Juli 1955

Das Manifest warnt vor den Folgen eines Atomkriegs und fordert nukleare Abrüstung. Es wird von dem Philosophen und Mathematiker Bertrand Russell auf einer Pressekonferenz in London vorgestellt. Elf prominente Wissenschaftler, darunter neun Nobelpreisträger sind die Unterzeichner. Russell initiiert das Manifest mit der Unterstützung Albert Einsteins, der es wenige Tage vor seinem Tode unterzeichnet.

"In the tragic situation which confronts humanity today …"

The Russell-Einstein manifesto, London, 9 July 1955

The manifesto warns of the consequences of atomic war and calls for nuclear disarmament. It is introduced by the philosopher and mathematician Bertrand Russell at a press conference in London. The declaration is signed by eleven prominent scientists, among them nine Nobel laureates. Russell initiates the manifesto with the support of Albert Einstein, who signs it just a few days before his death.

Pugwash United Kingdom, Archives, London

the Russell-Einstein manifesto

In the tragic situation which confronts humanity, we feel that scientists should assemble in conference to appraise the perils that have arisen as a result of the development of weapons of mass destruction, and to discuss a resolution in the spirit of the appended draft.

We are speaking on this occasion, not as members of this or that nation, continent or creed, but as human beings, members of the species Man, whose continued existence is in doubt. The world is full of conflict; and, overshadowing all minor conflicts, the titanic struggle between Communism and anti-Communism.

Almost everybody who is politically conscious has strong feelings about one or more of these issues; but we want you, if you can, to set aside such feelings and consider yourselves only as members of a biological species which has had a remarkable history, and whose disappearance none of us can desire.

We shall try to say no single word which should appeal to one group rather than to another. All, equally, are in peril, and, if the peril is understood, there is hope that they may collectively avert it.

We have to learn to think in a new way. We have to learn to ask ourselves, not what steps can be taken to give military victory to whatever group we prefer, for there no longer are such steps; the question we have to ask ourselves is: what steps can be taken to prevent a military contest of which the issue must be disastrous to all parties?

The general public, and even many men in position of authority, have not realised what would be involved in a war with nuclear bombs. The general public still thinks in terms of the obliteration of cities. It is understood that the new bombs are more powerful than the old, and that, while one A-bomb could obliterate Hiroshima, one H-bomb could obliterate the largest cities, such as London, New York and Moscow.

No doubt in an H-bomb war great cities would be obliterated. But this is one of the minor disasters that would have to be faced. If everybody in London, New York and Moscow, were exterminated, the world might, in the course of a few centuries, recover from the blow. But we now know, especially since the Bikini test, that nuclear bombs can gradually spread destruction over a very much wider area than had been supposed.

It is stated on very good authority that a bomb can now be manufactured which will be 2,500 times as powerful as that which destroyed Hiroshima. Such a bomb, if exploded near the ground or under water, sends radioactive particles into the upper air. They sink gradually and reach the surface of the earth in the form of a deadly dust or rain. It was this dust which infected the Japanese fishermen and their catch of fish.

No one knows how widely such lethal radioactive particles might be diffused, but the best authorities are unanimous in saying that a war with H-bombs might quite possibly put an end to the human race. It is feared that if many H-bombs are used there will be universal death—sudden only for a minority, but for the majority a slow torture of disease and disintegration.

Many warnings have been uttered by eminent men of science and by authorities in military strategy. None of them will say that the worst results are certain. What they do say is that these results are possible, and no one can be sure that they will not be realised. We have not yet found that the views of experts on this question depend in any degree upon their politics or prejudices. They depend only, so far as our researches have revealed, upon the extent of the particular expert's knowledge. We have found that the men who know most are the most gloomy.

Here, then, is the problem which we present to you, stark and dreadful, and inescapable: Shall we put an end to the human race; or shall mankind renounce war? People will not face this alternative because it is so difficult to abolish war.

The abolition of war will demand distasteful limitations of national sovereignty. But what perhaps impedes understanding of the situation more than anything else is that the term "mankind" feels vague and abstract. People scarcely realise in imagination that the danger is to themselves and their children and their grandchildren, and not only to a dimly apprehended humanity. They can scarcely bring themselves to grasp that they, individually, and those whom they love are in imminent danger of perishing agonisingly. And so they hope that perhaps war may be allowed to continue provided modern weapons are prohibited.

This hope is illusory. Whatever agreements not to use H-bombs had been reached in time of peace, they would no longer be considered binding in time of war, and both sides would set to work to manufacture H-bombs as soon as war broke out, for, if one side manufactured the bombs and the other did not, the side that manufactured them would inevitably be victorious.

Although an agreement to renounce nuclear weapons as part of a general reduction of armaments would not afford an ultimate solution, it would serve certain important purposes. First: any agreement between East and West is to the good in so far as it tends to diminish tension. Second: the abolition of thermonuclear weapons, if each side believed that the other had carried it out sincerely, would lessen the fear of a sudden attack in the style of Pearl Harbour, which at present keeps both sides in a state of nervous apprehension. We should, therefore, welcome such an agreement, though only as a first step.

Most of us are not neutral in feeling, but, as human beings, we have to remember that, if the issues between East and West are to be decided in any manner that can give any possible satisfaction to anybody, whether Communist or anti-Communist, whether Asian or European or American, whether White or Black, then these issues must not be decided by war. We should wish this to be understood, both in the East and in the West.

There lies before us, if we choose, continual progress in happiness, knowledge and wisdom. Shall we, instead, choose death, because we cannot forget our quarrels? We appeal, as human beings, to human beings: Remember your humanity, and forget the rest. If you can do so, the way lies open to a new Paradise; if you cannot, there lies before you the risk of universal death.

9ᵗʰ JULY 1955

Bertrand Russell
1872–1970

Albert Einstein
1875–1955

resolution

We invite this Congress, and through it the scientists of the world and the general public, to subscribe to the following resolution:

"In view of the fact that in any future world war nuclear weapons will certainly be employed, and that such weapons threaten the continued existence of mankind, we urge the Governments of the world to realise, and to acknowledge publicly, that their purposes cannot be furthered by a world war, and we urge them, consequently, to find peaceful means for the settlement of all matters of dispute between them".

Professor Max Born
Professor of Theoretical Physics at
Göttingen; Nobel Prize in Physics

Professor P.W. Bridgman
Professor of Physics, Harvard University,
Foreign Member of the Royal Society;
Nobel Prize in Physics

Albert Einstein

Professor L. Infeld
Professor of Theoretical Physics,
University of Warsaw;
Member of the Polish Academy of Sciences

Professor J.F. Joliot-Curie
Professor of Physics at the College de France;
Nobel Prize in Chemistry

Professor H.J. Muller
Professor of Zoology, University of Indiana;
Nobel Prize in Physiology or Medicine

Professor L. Pauling
Professor of Chemistry,
California Institute of Technology;
Nobel Prize in Chemistry

Professor C.F. Powell
Professor of Physics, Bristol University;
Nobel Prize in Physics

Professor J. Rotblat
Professor of Physics in the University of
London, at St. Bartholomew's Hospital
Medical College

Bertrand Russell

Professor Hideki Yukawa
Professor of Theoretical Physics,
Kyoto University; Nobel Prize in Physics

Following the release of the Russell-Einstein Manifesto on 9 July 1955, efforts were begun to convene an international conference of scientists for a more in-depth exchange of views on ways to avert a nuclear catastrophe. With the support of Cyrus Eaton, the first Pugwash Conference was held at the Eaton summer home in Pugwash, Nova Scotia, from 7–10 July 1957. A total of 22 participants from 10 countries attended and issued conference reports on nuclear radiation hazards, control of nuclear weapons, and the social responsibilities of scientists. From this first meeting the Pugwash Conferences have evolved into an international organization with national groups in more than 50 countries, which by the summer of 2001 had organized 265 meetings, involving more than 3,500 individual scientists, academics, and policy specialists. In recognition of its efforts to eliminate the nuclear threat, Pugwash and its then President, Joseph Rotblat, were jointly awarded the 1995 Nobel Peace Prize.

Bertrand Russell
and Joseph Rotblat

14. März 1879   Albert Einstein wird als erstes Kind des jüdischen Kaufmanns Hermann und
                    seiner Frau Pauline Einstein in Ulm geboren.

Seit / from 1850   *Die Industrialisierung verändert das Gesicht Europas. 1876 wird das erste*
                    Telefon entwickelt. Thomas Edison erfindet 1879 die Glühbirne, die kurz darauf
                    von der AEG Berlin in Massenproduktion gefertigt wird. Das 1871 gegründete
                    Deutsche Kaiserreich entwickelt sich zur stärksten Industrienation Europas.

1880–1881   Die Familie zieht nach München und etabliert dort die elektrotechnische Firma
                    Einstein & Cie, die u. a. die elektrische Straßenbeleuchtung von Schwabing
                    installiert. 1881 wird Schwester Maja geboren, die Einstein zeitlebens sehr
                    nahe steht.

1885–1889   Im Alter von sechs Jahren beginnt Einstein, Geige zu spielen. Er überspringt
                    die erste Klasse der Volksschule, 1888 wechselt er ans Luitpold-Gymnasium.
                    Früh begeistert er sich für naturwissenschaftliche Inhalte.

1881–1886   *Albert Michelson und Edward Morley scheitern bei dem Versuch, die Existenz*
                    des Äthers experimentell nachzuweisen. Heinrich Hertz gelingt der Nachweis
                    elektromagnetischer Wellen.

1894–1896   Nach der Liquidation der Firma Einstein & Cie siedelt die Familie nach Italien
                    über. Einstein verlässt im Dezember 1894 das Gymnasium ohne Abschluss
                    und folgt der Familie. Im Oktober 1896 besteht er die Abiturprüfung an der
                    Kantonsschule Aarau.

1895–1896   *Am 28. Dezember 1895 findet in Paris die erste öffentliche Filmvorführung der*
                    Brüder Lumière statt. Willhelm Conrad Röntgen entdeckt die später nach ihm
                    benannten durchdringenden Strahlen, Antoine Henri Becquerel entdeckt die
                    radioaktive Strahlung.

1896–1900   Einstein nimmt sein Studium am Polytechnikum, der späteren ETH, in Zürich
                    auf, das er 1900 mit dem Diplom als „Fachlehrer in mathematischer Richtung"
                    abschließt. Er verliebt sich in seine Kommilitonin Mileva Marić

1896   *Theodor Herzl erhebt in seinem Buch Der Judenstaat die Forderung nach einer*
                    zionistischen, jüdischen Besiedlung Palästinas.

1898   *Pierre und Marie Curie entdecken die Elemente Radium und Plutonium.*

1901–1902   Im Januar bringt Mileva bei ihrer Familie in Ungarn eine Tochter, Lieserl, zur
                    Welt. Sie kehrt allein zurück, das weitere Schicksal des Kindes ist unklar.
                    Einstein wird Schweizer Staatsbürger. Er publiziert erstmals in den Annalen
                    der Physik. 1902 tritt er eine Stelle als „Experte III. Klasse" am Patentamt
                    in Bern an. Im Oktober 1902 stirbt sein Vater in Mailand.

1903–1904   Im Januar 1903 heiraten Albert und Mileva. Der erste Sohn, Hans Albert, wird
                    1904 geboren.

1902–1903   *Philipp Lenards Studien zum photoelektrischen Effekt bereiten den Weg für*
                    Einsteins Theorie der Photoelektrizität und seine Lichtquantenhypothese.
                    Erste Motorflüge der Brüder Wright in den USA.

annus mirabilis Einstein veröffentlicht vier epochale wissenschaftliche Arbeiten, die seinen
      1905   späteren Weltruhm begründen: Zur Lichtquantenhypothese (spätere Ehrung
                    mit dem Nobelpreis), zur Brownschen Bewegung (Bestätigung des Atomismus)
                    und zur Elektrodynamik bewegter Körper (spätere Spezielle Relativitätstheorie)
                    sowie die legendäre Formel zur Äquivalenz von Masse und Energie: $E=mc^2$. Er
                    reicht außerdem seine Dissertation zur Bestimmung der Moleküldimensionen ein.

1908   Einstein schließt seine Habilitation an der Universität Bern ab.

1909–1912   Einsteins akademische Laufbahn beginnt: Er wird außerordentlicher Professor
                    für Theoretische Physik an der Universität Zürich. 1910 wird sein zweiter Sohn,
                    Eduard, geboren. 1911 zieht die Familie nach Prag, wo Einstein als Ordinarius
                    für Theoretische Physik an die Deutsche Universität berufen wird. Ab 1912
                    unterrichtet er als Professor für Theoretische Physik an der ETH Zürich.

Albert Einstein is born in Ulm as the first child of the Jewish businessman
Hermann Einstein and his wife Pauline.
Industrialization changes the face of Europe. In 1876 the first telephone is de-
veloped. Thomas Edison invents the electric light bulb in 1879, and shortly after
that it goes into mass production at AEG in Berlin. The German empire founded
in 1871 develops into the most powerful industrial nation in Europe.

The family moves to Munich and there establishes the electrical engineering
company Einstein & Cie which, among other projects, installs electric street
lighting in Schwabing. In 1881 Einstein's sister Maja is born and remains very
close to him throughout his life.

At the age of six years Einstein starts to play the violin. He skips the first year
of elementary school and in 1888 transfers to the Luitpold High School. He is
very interested in the natural sciences from an early age.
Albert Michelson and Edward Morley fail in their attempt to prove the existence
of the aether experimentally. Heinrich Hertz is successful in proving the
existence of electromagnetic radiation.

After the liquidation of Einstein & Cie the family moves to Italy. Einstein leaves
high school in December 1894 without any qualifications and follows the family
abroad. In October 1896 he graduates from high school at the cantonal school
in Aarau.
On the 28th of December 1895 the first public film show by the Lumière broth-
ers' takes place in Paris. Wilhelm Conrad Röntgen discovers the penetrating rays
which are later named after him, and Antoine Henri Becquerel discovers radio-
active radiation.

Einstein starts his studies at the Polytechnic, later called the ETH, in Zurich,
and qualifies in 1900 with a diploma as "Teacher specializing in mathematics."
He falls in love with his fellow student Mileva Marić.
In his book The Jewish State Theodor Herzl demands a Zionist, Jewish colonization
of Palestine.
Pierre and Marie Curie discover the elements radium and plutonium.

In January Mileva gives birth to a daughter, Lieserl, at home with her family
in Hungary. She returns alone and the fate of the child is unclear. Einstein
becomes a Swiss citizen. He first publishes in the Annalen der Physik.
In 1902 he takes up a post as "Expert III. Class" at the Patent Office in Berne.
In October 1902 his father dies in Milan.

In January 1903 Albert and Mileva marry. Their first son, Hans Albert, is born
in 1904.
Philipp Lenard's studies on the photoelectric effect prepare the way for
Einstein's theory of photoelectricity and his quantum theory of light. The first
motorized flights by the Wright brothers took place in the USA.

Einstein publishes four revolutionary scientific papers which establish his later
worldwide fame: on the quantum theory of light (later honored with the Nobel
Prize), on Brownian motion (confirmation of atomism), on the electrodynamics
of moving bodies (later the special theory of relativity) and the legendary
formula defining the equivalence of mass and energy: $E=mc^2$. He also submits
his dissertation on the determination of molecule dimensions.

Einstein concludes his habilitation at the University of Berne.

Einstein's academic career begins: he is appointed associate professor of
theoretical physics at the University of Zurich. In 1910 his second son Eduard
is born. In 1911 the family moves to Prague, where Einstein is appointed as full
professor of theoretical physics at the Deutsche Universität. From 1912 he
lectures as professor of theoretical physics at the ETH Zurich.

1914 Einstein geht als hauptamtliches Mitglied der Preußischen Akademie der Wissenschaften nach Berlin. Im Juli trennen sich Mileva und Albert; sie kehrt mit den beiden Kindern nach Zürich zurück.

1914 *Am 28. Juni wird der österreichische Thronfolger Franz Ferdinand ermordet. Im August erklärt Deutschland Russland und Frankreich den Krieg. Nach dem Einmarsch deutscher Truppen in Belgien folgt die Kriegserklärung Englands an Deutschland.*

1915 Nachweis des Einstein-De Haas-Effekts. Einstein schließt seine Arbeit an der Allgemeinen Relativitätstheorie ab.

1915 *Einsteins Freund und Kollege, der Chemiker Fritz Haber, ist mitverantwortlich für den Einsatz von Giftgas an der belgischen Westfront, der tausende Soldaten das Leben kostet.*

1916 Einstein wird Vorsitzender der Deutschen Physikalischen Gesellschaft. Er publiziert über Gravitationswellen und legt Arbeiten zur Quantentheorie vor, von denen eine die Grundlage für das Laserprinzip liefert.

1917 Einstein wird Direktor des neu gegründeten Kaiser-Wilhelm-Instituts für physikalische Forschung. Er erkrankt schwer; seine Cousine Elsa Löwenthal pflegt ihn fürsorglich.

1917 *Die USA treten in den Krieg ein. Die sozialen und politischen Unruhen in Russland finden in der Oktoberrevolution ihren Höhepunkt.*

1918 Einstein engagiert sich für die Weimarer Republik und demokratische sowie pazifistische Ziele.

1918–1919 *Novemberrevolution in Deutschland. Kaiser Wilhelm II. dankt ab, Philipp Scheidemann ruft die Republik aus. Der Friedensvertrag von Versailles wird geschlossen, Völkerbund und Internationaler Gerichtshof gegründet.*

1919 Einstein lässt sich von Mileva scheiden und heiratet Elsa noch im selben Jahr. Eine britische Sonnenfinsternisexpedition liefert die empirische Bestätigung der Allgemeinen Relativitätstheorie. Diese Nachricht macht Einstein schlagartig weltberühmt.

1919 *Der Architekt Walter Gropius gründet das Bauhaus in Weimar. Rosa Luxemburg und Karl Liebknecht werden verhaftet und ermordet.*

1920–1922 Einsteins Mutter stirbt. Er beginnt sich für die zionistische Idee zu engagieren. Gemeinsam mit Chaim Weizman reist er nach Amerika. Weitere Reisen führen ihn nach Frankreich, Palästina und in den Fernen Osten. Im November 1922 wird ihm für das Jahr 1921 der Nobelpreis für Physik zuerkannt.

1920 *Der Kapp-Putsch bringt das Deutsche Reich an den Rand eines Bürgerkrieges und zwingt die Reichsregierung zur Flucht aus Berlin.*

1923 Einstein ist Gründungsmitglied der Vereinigung der Freunde des Neuen Russland. Bei seinem Aufenthalt in Palästina wird er zum ersten Ehrenbürger von Tel Aviv ernannt. In Deutschland mehren sich antisemitisch und antidemokratisch geprägte Angriffe auf Einstein und seine Theorie.

1922 *Der Außenminister Walther Rathenau wird von Mitgliedern einer rechtsradikalen Organisation erschossen.*

1923 *Die Inflation erreicht ihren Höhepunkt. Mit dem Hitler-Ludendorff-Putsch versuchen Nationalsozialisten, die Regierungsmacht in München gewaltsam an sich zu reißen.*

1924 Der Einsteinturm in Potsdam wird fertig gestellt, Einstein wird Vorsitzender des Kuratoriums des angeschlossenen Einstein-Instituts.

1924 *Wladimir Iljitsch Lenin stirbt nach einem Schlaganfall. Der im Mai gewählte zweite Reichstag wird im Oktober wegen Beschlussunfähigkeit aufgelöst. Im Dezember wird die erste deutsche Funkausstellung eröffnet.*

Einstein goes to Berlin as a full-time member of the Prussian Academy of Sciences. In July Mileva and Albert separate; she returns to Zurich with the two children.

On the 28th of June the successor to the Austrian throne, Franz Ferdinand, is murdered. In August Germany declares war on Russia and France. Following the invasion of Belgium by German troops, England declares war on Germany.

Detection of the Einstein-De Haas effect. Einstein concludes his work on the general theory of relativity.

Einstein's friend and colleague, the chemist Fritz Haber, shares responsibility for the use of poison gas on the Belgian western front, which costs thousands of soldiers their lives.

Einstein becomes Chairman of the German Physical Society. He publishes papers on gravitational waves and presents works on the quantum theory, one of which provides the basis for the laser principle.

Einstein is appointed director of the newly founded Kaiser-Wilhelm Institute for Physical Research. He becomes seriously ill; his cousin Elsa Löwenthal solicitously takes care of him.

The USA enters the war. Social and political unrest in Russia reaches its climax in the October Revolution.

Einstein becomes active on behalf of the Weimar Republic as well as for democratic and pacifist goals.

The November Revolution takes place in Germany. Kaiser Wilhelm II abdicates, Philipp Scheidemann proclaims the Republic. The Peace Treaty of Versailles is signed; the League of Nations and the International Court of Justice are founded.

Einstein divorces Mileva and marries Elsa in the same year. A British solar-eclipse expedition provides the empirical confirmation of the general theory of relativity. This news instantly makes Einstein world famous.

The architect Walter Gropius founds the Bauhaus in Weimar. Rosa Luxemburg and Karl Liebknecht are arrested and murdered.

Einstein's mother dies. He starts to engage himself for Zionism. Together with Chaim Weizman he travels to America. Further travels take him to France, Palestine and the Far East. In November 1922 he is awarded the 1921 Nobel Prize for Physics.

The Kapp Putsch brings the German Reich to the brink of civil war and forces the Reich Government to flee Berlin.

Einstein is a founding member of the Association of Friends of the New Russia. During his stay in Palestine he is granted the first honorary citizenship of Tel Aviv. In Germany, anti-Semitic- and anti-democratic-oriented attacks on Einstein and his theory are on the increase.

Foreign Minister Walther Rathenau is shot by members of an extreme right-wing organization.

Inflation reaches its height. With the Hitler-Ludendorff putsch, National Socialists attempt in Munich to take over the government by force.

The Einstein Tower in Potsdam is completed; Einstein is appointed Chairman of the Board of Trustees of the attached Einstein Institute.

Vladimir Ilyich Lenin dies after an apoplectic stroke. The German Parliament elected in May is suspended in October because of a lack of a quorum. In December the first German radio show is inaugurated.

1925	Einstein formuliert die Bose-Einstein-Statistik. Er reist nach Südamerika und wird Mitglied des Akademischen Rats und Kuratoriums der Hebräischen Universität Jerusalem, der er später seinen Nachlass anvertraut.	Einstein formulates the Bose-Einstein statistics. He travels to South America and becomes a member of the Academic Advisory Board and the Board of Trustees of the Hebrew University of Jerusalem, to which he later leaves his estate.
1925	*Der erste Band von Hitlers Mein Kampf erscheint. Reichspräsident Friedrich Ebert stirbt. Die NSDAP gründet die Schutzstaffel SS.*	*The first volume of Hitler's Mein Kampf is released. Friedrich Ebert, the first democratically elected German President, dies. The NSDAP establishes the SS.*
1927	Einstein und Niels Bohr führen heftige Diskussionen über die Grundlagen der Quantenmechanik.	Einstein and Niels Bohr conduct passionate discussions on the fundamentals of quantum mechanics.
1929	Einstein wird die Max-Planck-Medaille der Deutschen Physikalischen Gesellschaft verliehen. Er engagiert sich zunehmend in politischen Belangen. Der Bauhaus-Architekt Conrad Wachsmann baut ein Sommerhaus für Einstein in Caputh.	Einstein is awarded the Deutsche Physikalische Gesellschaft's Max-Planck Medal. He becomes increasingly active in political issues. The Bauhaus architect Conrad Wachsmann builds a summer house for Einstein in Caputh.
1929	*Der Schwarze Freitag an der New Yorker Börse löst die Weltwirtschaftskrise aus. Die deutsche Regierung setzt auf eine Deflationspolitik, die mit rapidem Sozialabbau einhergeht.*	*Black Friday on the New York Stock Exchange triggers a worldwide economic crisis. The German government puts its faith in a policy of deflation, which is accompanied by rapid social disintegration.*
1930–1933	Nach mehreren Forschungsaufenthalten in den USA wird Einstein 1932 an das Institute for Advanced Study in Princeton berufen. In Reaktion auf die nationalsozialistische Machtübernahme im Januar 1933 bezieht Einstein im Ausland öffentlich und vehement Stellung gegen Verfolgung und Diskriminierung von jüdischen Kollegen und Mitbürgern. Mit seinem Austritt aus der Preußischen Akademie der Wissenschaften kommt er einem Ausschluss zuvor. Er legt die deutsche Staatsbürgerschaft nieder und emigriert in die USA.	Following several research stays in the USA, Einstein is appointed in 1932 to a position at the Institute for Advanced Study in Princeton. In reaction to the National Socialist takeover of power in January 1933, Einstein publicly and vehemently takes a position abroad against the persecution of and discrimination against Jewish colleagues and fellow citizens. With his resignation from the Prussian Academy of Sciences he preempts his exclusion from that institution. He renounces his German citizenship and immigrates to the USA.
1930–1932	*Im Winter 1931/32 sind über 6 Millionen Deutsche ohne Arbeit. Die NSDAP wird zur Massenbewegung und 1932 zur stärksten Partei im Reichstag.*	*In the winter of 1931/32 there are more than 6 million Germans unemployed. The NSDAP becomes a mass movement and in 1932 the strongest party in the Reichstag.*
1933	*Adolf Hitler wird am 30. Januar zum Reichskanzler ernannt. Am 27. Februar brennt der Reichstag. Alle Parteien außer der NSDAP werden aufgelöst, das kulturelle und politische Leben wird gleichgeschaltet.*	*Adolf Hitler is appointed as Chancellor of the Reich on the 30th of January. On the 27th of February the Reichstag goes up in flames. All parties except the NSDAP are disbanded and conformity is imposed upon cultural and political life.*
1935–1938	Einstein arbeitet zum Einstein-Podolsky-Rosen-Paradoxon. Elsa Einstein stirbt 1936. Der Sohn Hans Albert emigriert ebenfalls in die USA.	Einstein works on what later came to be called the "Einstein-Podolsky-Rosen paradox." Elsa Einstein dies in 1936. His son Hans Albert also immigrates to the USA.
1939–1940	Schwester Maja zieht nach Princeton. Einstein weist in einem Brief an Präsident Roosevelt auf die mögliche Entwicklung einer deutschen Atombombe hin. Er wird amerikanischer Staatsbürger.	His sister Maja moves to Princeton. Einstein indicates in a letter to President Roosevelt the possible development of a German atomic bomb. He becomes an American citizen.
1939	*Mit dem Einmarsch deutscher Truppen in Polen beginnt der Zweite Weltkrieg.*	*The Second World War begins with the invasion of Poland by German troops.*
1941–1948	Einstein engagiert sich für die schwarze Bürgerrechtsbewegung und die Anti-Lynch-Bewegung. Nach Kriegsende setzt er sich verstärkt gegen Atomwaffen, nukleares Wettrüsten und für eine Weltregierung ein. 1948 stirbt Mileva in Zürich.	Einstein becomes involved in the black-civil-rights and anti-lynching movements. Following the end of the war he reinforces his opposition to atomic weapons and the nuclear arms race and champions the concept of a world government. In 1948 Mileva dies in Zurich.
1945	*Deutschland kapituliert bedingungslos. Im Juni unterzeichnen 51 Staaten die Charta der Vereinten Nationen. Im August werfen die USA Atombomben über Hiroshima und Nagasaki ab.*	*Germany surrenders unconditionally. In June, 51 states sign the United Nations Charter. In August, the USA drops atom bombs on Hiroshima and Nagasaki.*
1950–1954	Einstein wird die Präsidentschaft des Staates Israel angetragen; er lehnt ab. 1953 ruft Einstein zum zivilen Ungehorsam gegen den McCarthy-Ausschuss für „unamerikanische Umtriebe" auf. Er selbst steht seit Jahren unter Beobachtung durch das FBI.	Einstein is offered the Presidency of the State of Israel; he declines. In 1953 Einstein calls for civil disobedience vis-à-vis the McCarthy Committee on Un-American Activities. He himself has for years been under surveillance by the FBI.
1946–1955	*Der Kalte Krieg beginnt. 1949 werden die Bundesrepublik Deutschland und die Deutsche Demokratische Republik gegründet.*	*The Cold War begins. In 1949 the Federal Republic of Germany and the German Democratic Republic are founded.*
18. April 1955	Einstein stirbt in Princeton.	Einstein dies in Princeton.